Jürgen Eichler · Andreas Mod

Physik für das Ingenieurstudium

Prägnant mit vielen Lernkontrollfragen und Beispielaufgaben

7. Auflage

 Springer Vieweg

Jürgen Eichler
FB II Mathematik, Physik und Chemie
Berliner Hochschule für Technik
Berlin, Deutschland

Andreas Modler
FB II Mathematik, Physik und Chemie
Berliner Hochschule für Technik
Berlin, Deutschland

ISBN 978-3-658-38833-1   ISBN 978-3-658-38834-8   (eBook)
https://doi.org/10.1007/978-3-658-38834-8

Die Deutsche Nationalbibliothek verzeichnet diese Publikation in der Deutschen Nationalbibliografie;
detaillierte bibliografische Daten sind im Internet über http://dnb.d-nb.de abrufbar.

Planung/Lektorat: Eric Blaschke
Springer Vieweg ist ein Imprint der eingetragenen Gesellschaft Springer Fachmedien Wiesbaden GmbH und ist
ein Teil von Springer Nature.
Die Anschrift der Gesellschaft ist: Abraham-Lincoln-Str. 46, 65189 Wiesbaden, Germany

Physik für das Ingenieurstudium

Vorwort

In guten Lehrbüchern müssen Inhalte und didaktische Konzepte regelmäßig überprüft und den aktuellen Anforderungen angepasst werden. Zur Verbesserung dieses Prozesses und zur Erhöhung der Qualität wurde ein zweiter Autor bereits für die vorhergehende Auflage dieses Lehrbuch gewonnen. Damit wurden bereits in der vorhergehenden Auflage aber auch in dieser neue didaktische Wege beschritten. Die Lehrinhalte wurden weiter gestrafft, um sich besser auf das Wesentliche zu konzentrieren und zu fokussieren.

Die Physik ist eine der wichtigen Grundlagen für die Tätigkeit eines Ingenieurs. In diesem Sinne wurde das Basiswissen der klassischen Physik in den Kapiteln der Mechanik, Thermodynamik, Schwingungen und Wellen, Akustik, Elektromagnetismus und Optik anschaulich dargestellt. Daneben dient die Physikvorlesung auch einer naturwissenschaftlichen Allgemeinbildung, die zum Verstehen von Erscheinungen der Umwelt notwendig ist. Dies spiegelt sich in den moderneren Kapiteln der Atom-, Festkörper- und Kernphysik sowie der Gravitation wieder.

Das Buch entstand aus Vorlesungsunterlagen der Kurse „Physik" für Hörer unterschiedlicher Fachrichtungen an der Berliner Hochschule für Technik.

Es wendet sich an Studierende an Hochschulen für angewandte Wissenschaften und Universitäten in den Fächern Mechatronik, Maschinenbau, Feinwerktechnik, Mikrosystemtechnik, Elektronik, Elektrotechnik, Energietechnik, Laser Science and Photonics, Physikalische Technik, Medizinphysik, Mathematik, Chemie, Biotechnologie, Verfahrenstechnik, Umwelttechnik, Informatik, Patentwesen, Wirtschaftsingenieurwesen, u. a. Neben diesem Hörerkreis eignet es sich auch für Ingenieure in der Praxis als Nachschlagewerk.

Wir danken dem Verlag Springer Vieweg und dem Lektorat Maschinenbau für die sehr gute Zusammenarbeit bei der Realisierung und dem Druck der neuen Auflage. Die fachgerechten Hinweise von unseren Lektoren Herrn Thomas Zipsner und Eric Blaschke haben zu wichtigen Verbesserungen geführt, wofür wir ihnen herzlich danken. Darüber hinaus sind wir den Kolleginnen Tina Fuhrmann und Eva-Maria Brüning für Ihre Anmerkungen und Korrekturhinweise dankbar, die zur Verbesserung dieser Auflage beigetragen haben.

Wir widmen dieses Buch Evelyn, Sascha, Ivelina und Daniel.

Berlin, Deutschland   Jürgen Eichler
Herbst 2022   Andreas Modler

Inhaltsverzeichnis

Physikalische Größen

1

Die moderne Technik ist ohne die Physik nicht denk- und verstehbar, die Naturwissenschaft von heute ist die Grundlage der Technik von morgen. Beispiele dafür sind die Mikroelektronik, die Lasertechnik und die sich stürmisch entwickelnde Photonik. Bedauerlicherweise zählen dazu auch einige 10.000 Atombomben und andere Waffensysteme. Die Frage, ob die Auswirkungen der Physik zum Wohl der Menschheit dienen, bleibt damit gegenwärtig noch unbeantwortet – es hängt von uns ab.

Im ersten Kapitel werden die Basisgrößen und Einheiten des SI-Systems sowie die Naturkonstanten beschrieben.

Die Physik, vom griechischen „physis = Natur" stammend, beschäftigt sich mit der Erforschung und dem Verstehen der unbelebten Natur. Sie bildet ein unentbehrliches Fundament für andere Naturwissenschaften, wie die Chemie und die Biologie. Es ist ein Ziel der Physik, die Vielfalt der Erscheinungen einheitlich durch Naturgesetze zu beschreiben. Die Naturvorgänge werden gezielt durch Experimente studiert und nach einer gedanklichen Durchdringung in der Sprache der Mathematik formuliert. Die Aussagen und Ergebnisse einer physikalischen Beschreibung sollen in messbaren, zahlenmäßig erfassbaren Werten gemacht werden.

1.1 Basisgrößen und -einheiten

1.1.1 SI-System

1.1.1.1 Zahlenwert und Einheit

Zur Formulierung von Zusammenhängen und Gesetzen werden mathematische Gleichungen aufgestellt. In diesen erscheinen physikalische Größen G. Sie bestehen aus einem Zahlenwert $\{G\}$ und der Einheit $[G]$:

© Springer Fachmedien Wiesbaden GmbH, ein Teil von Springer Nature 2023
J. Eichler und A. Modler, *Physik für das Ingenieurstudium,*
https://doi.org/10.1007/978-3-658-38834-8_1

$$G = \{G\} \cdot [G].$$ (1.1)

Beispiel 1.1.1a
Die Körpergröße eines Kindes beträgt $H = 1,1$ m. Damit gilt: $\{H\} = 1,1$ und $[H] = $ m.

Beispiel 1.1.1b
Die Fläche F eines Rechtecks mit den Kantenlängen a und b ist gegeben durch: $F = ab$ mit $[F] = $ m^2, $[a] = $ m und $[b] = $ m.

Beispiel 1.1.1c
Eine gleichförmige Geschwindigkeit v berechnet sich aus dem zurückgelegtem Weg Δs und der dafür benötigten Zeit Δt: $v = \Delta s / \Delta t$ mit $[v] = $ m/s, $[\Delta s] = $ m und $[\Delta t] = $ s.

1.1.1.2 Vektoren

Physikalische Größen, welche die Angabe einer Richtung erfordern, werden durch Vektoren dargestellt. Vektorielle Größen werden durch Pfeil über den Buchstaben hervorgehoben, die entsprechenden Buchstaben ohne Pfeil symbolisieren die Beträge. Beispiele sind der Weg $\vec{s}$, die Geschwindigkeit $\vec{v}$, die Beschleunigung $\vec{a}$ oder die Kraft $\vec{F}$ und deren Beträge s, v, a und F.

Beispiel 1.1.1d
Welche physikalischen Größen sind keine Vektoren: Weg, Masse, Zeit, Geschwindigkeit, Energie, Temperatur?
   Die Größen Masse, Zeit, Energie und Temperatur erfordern keine Angabe der Richtung und sie sind daher keine Vektoren. Man bezeichnet diese Größen, die keine Vektoren sind, auch als Skalare.

1.1.1.3 Internationales Einheitensystem SI (Systéme International)

Im deutschen und internationalen Bereich haben sich die SI-Einheiten durchgesetzt. Das internationale System beruht nach dem Inkrafttreten der letzten Revision am 20. Mai 2019 auf den in Tab. 1.1 definierenden Konstanten, deren Werte festgelegt wurden. Aus diesen können alle SI-Einheiten gleichermaßen abgeleitet werden. Die Neudefinitionen

Tab. 1.1 Die definierenden Konstanten des Internationalen Einheitensystems (SI)

Bezeichnung		Wert
Lichtgeschwindigkeit im Vakuum	c_0	$= 299\ 792\ 458$ m/s
Cäsiumfrequenz*	$\Delta \nu$	$= 9\ 192\ 631\ 770$ s^{-1}
Planck'sches Wirkungsquantum	h	$= 6,626\ 070\ 15 \cdot 10^{-34}$ J s
Elementarladung	e	$= 1,602\ 176\ 634 \cdot 10^{-19}$ C
Avogadro'sche Konstante	N_A	$= 6,022\ 140\ 76 \cdot 10^{23}$/mol
Boltzmann'sche Konstante	k	$= 1,380\ 649 \cdot 10^{-23}$ J/K
Photometrisches Strahlungsäquivalent	K_{cd}	$= 683$ lm/W

* Frequenz des ungestörten Hyperfeinübergangs des Grundzustands des Cäsium-Isotops 133 Cs

der sieben Basiseinheiten: Länge in m, Zeit in s, Masse in kg, elektrische Stromstärke in A, Temperatur in K, Lichtstärke in cd und Stoffmenge in mol sind in Tab. 1.2
zusammengestellt und ihr Zusammenhang mit den definierenden Konstanten wird in
Abb. 1.1 veranschaulicht.

Das Urkilogramm und seine Kopien wurden seit 1889 durch Prototypen aus Platin-
Iridium-Zylindern im Rahmen der Meterkonvention realisiert, die der Definition des
Kilogramms als Einheit der Masse dienten. Die Revision des Einheitensystems war notwendig geworden, da Abweichungen von mehr als $50\,\mu g$ zwischen dem Urkilogramm
und seinen Kopien auftraten, was dem aktuellen Stand der Technik und dessen Anspruch
auf Messgenauigkeit nicht mehr gerecht wurde. Die Rückführung der Einheiten auf
Naturkonstanten besitzt den Vorteil, dass die Werte der Naturkonstanten nach dem
heutigen Stand der Wissenschaft immer und überall gleich sind. Durch die Festlegung
der Werte der definierenden Konstanten ergeben sich damit exakte und universelle
Definitionen aller SI-Einheiten.

Neben den Basiseinheiten wurden zahlreiche abgeleitete Größen eingeführt, wovon
eine Auswahl in Tab. 1.3 aufgeführt ist.

Umrechnung von eV in J

$$1\,eV = 1{,}602 \cdot 10^{-19}\,J \tag{1.2}$$

Beispiel 1.1.1e
Bestätigen Sie:

Kraft: $\quad [F] = N = kg\,m/s^2$
Energie: $\quad [W] = J = kg\,m^2/s^2$
Leistung: $\quad [P] = W = kg\,m^2/s^3$

1.1.2 Naturkonstanten

In den physikalischen Gesetzen treten eine Reihe universeller Proportionalitätsfaktoren
auf, die man Naturkonstanten nennt. Neben den definierenden Konstanten mit ihren
exakt festgelegten Werten (Tab. 1.1) sind direkt aus ihnen berechnete Konstanten wie
beispielsweise die Faraday-Konstante innerhalb des SI ebenfalls exakt (Tab. 1.4). Bei
Naturkonstanten, die nicht aus den definierenden Konstanten direkt abgeleitet werden
können, ist man zur Bestimmung auf möglichst genaue Messungen angewiesen, da die
Konstanten nicht theoretisch berechenbar sind. Die wichtigsten Naturkonstanten sind in
Tab. 1.3 zusammengestellt.

Tab. 1.2 SI-System: Basisgrößen, Basiseinheiten, Definitionen

Basisgröße	Basiseinheit		Definition
Zeit	Sekunde	s	Die Sekunde wird definiert durch die Konstante der Cäsiumfrequenz $\Delta\nu$, der Frequenz des ungestörten Hyperfeinübergangs des Grundzustands des Cäsium-Isotops ^{133}Cs. Der Zahlenwert dieser Konstante ist auf 9 192 631 770 festgelegt, wenn sie in der Einheit Hz bzw. s^{-1} angegeben wird
Länge	Meter	m	Das Meter wird definiert durch die Konstante der Lichtgeschwindigkeit im Vakuum c. Der Zahlenwert dieser Konstante ist auf 299 792 458 festgelegt, wenn sie in der Einheit $m \cdot s^{-1}$ angegeben wird und die Sekunde durch $\Delta\nu$ definiert ist
Masse	Kilogramm	kg	Das Kilogramm wird definiert durch die Konstante des Planck'schen Wirkungsquantums h. Der Zahlenwert dieser Konstante ist auf $6{,}626\ 070\ 15 \cdot 10^{-34}$ festgelegt, wenn sie in der Einheit $J \cdot s$ bzw. $kg \cdot m^2 \cdot s^{-1}$ angegeben wird und die Sekunde und der Meter durch $\Delta\nu$ und c definiert sind
Elektrische Stromstärke	Ampere	A	Das Ampère wird definiert durch die Konstante der Elementarladung e. Der Zahlenwert dieser Konstante ist auf $1{,}602\ 176\ 634 \cdot 10^{-19}$ festgelegt, wenn sie in der Einheit C bzw. $A \cdot s$ angegeben wird und die Sekunde durch $\Delta\nu$ definiert ist
Temperatur	Kelvin	K	Das Kelvin wird definiert durch die Boltzmann-Konstante k. Der Zahlenwert dieser Konstante ist auf $1{,}380\ 649 \cdot 10^{-23}$ festgelegt, wenn sie in der Einheit $J \cdot K^{-1}$ bzw. $kg \cdot m^2 \cdot s^{-2} \cdot K^{-1}$ angegeben wird und das Kilogramm, der Meter und die Sekunde durch h, c und $\Delta\nu$ definiert sind
Lichtstärke	Candela	cd	Das Candela wird definiert durch die Konstante K_{cd}, das photometrische Strahlungsäquivalent einer monochromatischen Strahlung von $540 \cdot 10^{12}$ Hz. Der Zahlenwert dieser Konstante ist auf 683 festgelegt, wenn sie in der Einheit $lm \cdot W^{-1}$ bzw. $cd \cdot sr \cdot W^{-1}$ oder $cd \cdot sr \cdot kg^{-1} \cdot m^{-2} \cdot s^3$ angegeben wird und das Kilogramm, der Meter und die Sekunde durch h, c und $\Delta\nu$ definiert sind
Stoffmenge	Mol	mol	Das Mol enthält genau $6{,}022\ 140\ 76 \cdot 10^{23}$ Einzelteilchen. Diese Zahl ist der festgelegte numerische Wert der Avogadrokonstante N_A, ausgedrückt in der Einheit mol^{-1}, und wird als Avogadrozahl bezeichnet. Die Stoffmenge, Symbol n, eines Systems ist ein Maß für eine Anzahl spezifizierter Einzelteilchen. Dies kann ein Atom, Molekül, Ion, Elektron sowie ein anderes Teilchen oder eine Gruppe solcher Teilchen genau angegebener Zusammensetzung sein

Abb. 1.1 Das neue
Internationale Einheitensystem
(SI). Im inneren Kreisring sind
die definierenden Konstanten
dargestellt, durch die mit
ihren festgelegten, exakten
Werten die im äußeren Ring
gezeigten Basiseinheiten
definiert werden. Bildquelle:
Bureau International des Poids
et Mesures. Creative Commons
Attribution 3.0 IGO. (https://
creativecommons.org/licenses/
by/3.0/igo/)

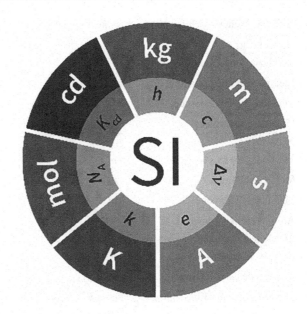

Tab. 1.3 Einige physikalische Größen, die von den Basisgrößen abgeleitet werden

Größe	Definition	Einheit	
Winkel	$\varphi = \frac{\text{Bogen}}{\text{Radius}}$	$\frac{\text{m}}{\text{m}} = \text{rad}$	Radiant
Raumwinkel	$\Omega = \frac{\text{Fläche}}{\text{Radius}^2}$	$\frac{\text{m}^2}{\text{m}^2} = \text{sr}$	Steradiant
Kraft	$F = \text{Masse} \cdot \text{Beschleunigung}$	$\frac{\text{kg} \cdot \text{m}}{\text{s}^2} = \text{N}$	Newton
Energie, Arbeit	$W = \text{Kraft} \cdot \text{Weg}$	$\frac{\text{kg} \cdot \text{m}^2}{\text{s}^2} = \text{J}$	Joule
Leistung	$P = \frac{\text{Arbeit}}{\text{Zeitintervall}}$	$\frac{\text{kg} \cdot \text{m}^2}{\text{s}^3} = \text{W}$	Watt
Ladung	$Q = \text{Strom} \cdot \text{Zeit}$	$\text{A} \cdot \text{s} = \text{C}$	Coulomb
Spannung	$U = \frac{\text{Arbeit}}{\text{Ladung}}$	$\frac{\text{kg} \cdot \text{m}^2}{\text{A} \cdot \text{s}^3} = \frac{\text{J}}{\text{C}} = \text{V}$	Volt
Widerstand	$R = \frac{\text{Spannung}}{\text{Strom}}$	$\frac{\text{kg} \cdot \text{m}^2}{\text{A}^2 \cdot \text{s}^3} = \frac{\text{V}}{\text{A}} = \Omega$	Ohm
Magnetischer Fluss	$\Phi = \text{ind. Spannung} \cdot \text{Zeit}$	$\frac{\text{kg} \cdot \text{m}^2}{\text{A} \cdot \text{s}^2} = \text{V} \cdot \text{s} = \text{Wb}$	Weber
Magn. Induktion	$B = \frac{\text{magn. Fluss}}{\text{Fläche}}$	$\frac{\text{kg}}{\text{A} \cdot \text{s}^2} = \frac{\text{Wb}}{\text{m}^2} = \text{T}$	Tesla
Beleuchtungsstärke	$E = \frac{\text{Lichtst.} \cdot \text{Raumw.}}{\text{Fläche}}$	$\frac{\text{cd} \cdot \text{sr}}{\text{m}^2} = \text{lx}$	Lux

Die Zahlenwerte sind der CODATA-Datenbank im September 2022 entnommen
(https://physics.nist.gov/cuu/Constants/index.html).

Die Ziffern in Klammern hinter einem Zahlenwert geben die Messunsicherheit in den
letzten Stellen des Wertes als einfache Standardabweichung an (Beispiel: Die Angabe
6,672 59 (85) ist gleichbedeutend mit 6,672 59 ± 0,000 85).

Tab. 1.4   Weitere wichtige Naturkonstanten

Bezeichnung		Wert
Fundamentalkonstanten:		
Elektrische Feldkonstante	ε_0	$8,8541878128(13) \cdot 10^{-12} \ F \cdot m^{-1}$
Magnetische Feldkonstante	μ_0	$1,25663706212(19) \cdot 10^{-6} \mathrm{N} \cdot \mathrm{A}^{-2}$
Gravitationskonstante	γ	$6,67430(15) \cdot 10^{-11} m^3 kg^{-1} s^{-2}$
Massen:		
Masse des Elektrons	m_e	$9,1093837015(28) \cdot 10^{-31} kg$
Masse des Protons	m_p	$1,67262192369(51) \cdot 10^{-27} kg$
Masse des Neutrons	m_n	$1,67492749804(95) \cdot 10^{-27} kg$
Atommassenkonstante $m\left(^{12}\mathrm{C}\right)/12$	m_u	$1,66053906660(50) \cdot 10^{-27} kg$
Abgeleitete Naturkonstanten:		
Faraday-Konstante	$F = e \, N_A$	$96485,33212... C mol^{-1}$
Universelle Gaskonstante	$R = k \, N_A$	$8,314462618... \ J \, mol^{-1} K^{-1}$
Stefan-Boltzmann-Konstante	$\sigma = \pi^2 k^4 / \left(60 c^2 h^3\right)$	$5,670374419... \cdot 10^{-8} \ W m^{-2} \ K^{-4}$

Mechanik fester Körper

Die Kinematik beschreibt den Ablauf von Bewegungen, ohne auf deren Ursachen einzugehen. Zur Beschreibung der Bewegungen werden die Begriff der Geschwindigkeit v und der Beschleunigung a eingeführt. Drehbewegungen werden durch die Winkelgeschwindigkeit ω und die Winkelbeschleunigung α beschrieben. In der Dynamik werden die Ursachen der Bewegung untersucht. Die wichtigsten Begriffe sind die Masse m, die Kraft F, der Impuls p, die Energie W, die Leistung P, das Drehmoment M und der Drehimpuls L. Es werden die Erhaltungssätze und wichtige praktische Anwendungen in Naturwissenschaft und Technik beschrieben.

2.1 Kinematik (Lehre von der Bewegung)

Die Kinematik beschreibt den Ablauf von Bewegungen, ohne auf deren Ursachen einzugehen. Dabei werden die Begriffe Geschwindigkeit v und a Beschleunigung benutzt. Besondere Bedeutung hat die geradlinige und kreisförmige Bewegung.

2.1.1 Geradlinige Bewegung

Die Beschreibung der Kinematik wird einfach, wenn die Bewegung auf einer Geraden abläuft. Die geradlinige Bewegung nennt man auch Translation.

2.1.1.1 Geschwindigkeit

2.1.1.1.1 Konstante Geschwindigkeit
Bei *konstanter Geschwindigkeit* v ist der zurückgelegte Weg $\Delta s = (x - x_0)$ dem verstrichenen Zeitintervall $\Delta t = (t - t_0)$ direkt proportional:

© Springer Fachmedien Wiesbaden GmbH, ein Teil von Springer Nature 2023
J. Eichler und A. Modler, *Physik für das Ingenieurstudium*,
https://doi.org/10.1007/978-3-658-38834-8_2

$$\begin{aligned}\Delta s &= v\Delta t \qquad\qquad \text{und}\\ v &= \tfrac{\Delta s}{\Delta t}\ (v = const.)\quad [v] = \tfrac{\text{m}}{\text{s}}.\end{aligned} \qquad \text{Geschwindigkeit } v \qquad (2.1)$$

Die SI-Einheiten sind: $[\Delta s] = $ m, $[\Delta t] = $ s und $[v] = $ m/s.

Daraus ergibt sich die Ortsfunktion $x = v(t - t_0) + x_0$. Wird die Zeitmessung zum Zeitpunkt $t_0 = 0$ gestartet, so entspricht die gemessene Zeitangabe dem verstrichenen Zeitintervall und die Ortsfunktion ergibt die im Weg-Zeit-Diagramm (Abb. 2.1 dargestellte lineare Funktion).

2.1.1.1.2 Definition der Geschwindigkeit

Im allgemeinen Fall ändert sich die Geschwindigkeit v eines Körpers mit der Zeit t. Es besteht kein linearer Zusammenhang mehr zwischen dem Ort x und t (Abb. 2.2a). Beschränkt man sich jedoch auf sehr kurze Wege Δs und dementsprechend sehr kurze Zeiten Δt, so ist der Zusammenhang zumindest näherungsweise linear. Die mittlere Geschwindigkeit in dem Zeitintervall Δt berechnet sich zu:

$$v = \frac{\Delta s}{\Delta t} \qquad (2.2)$$

Abb. 2.1 Bewegung mit konstanter Geschwindigkeit: zurückgelegter Weg s in Abhängigkeit von der Zeit t (Weg-Zeit-Diagramm)

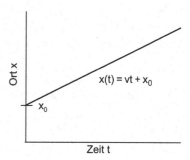

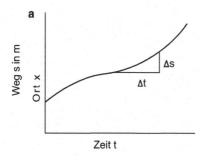

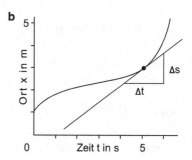

Abb. 2.2 Bewegung mit veränderlicher Geschwindigkeit: Darstellung im x, t-Diagramm: **a** Näherungsweise Bestimmung der Geschwindigkeit v, **b** Die genaue Geschwindigkeit v kann aus dem Anstieg der Tangente ermittelt werden: $v = \Delta s / \Delta t$

Zur Ermittlung der *momentanen Geschwindigkeit* müssen die Intervalle Δs und Δt möglichst klein sein (Δs und $\Delta t \to 0$). Mathematisch wird dies durch den Übergang vom Differenzen- zum Differenzialquotienten beschrieben:

$$v = \lim_{\Delta t \to 0} \frac{\Delta s}{\Delta t} \quad \text{oder}$$
$$v = \frac{ds}{dt} = \dot{s} \quad [v] = \frac{m}{s}. \qquad \text{Geschwindigkeit } v \qquad (2.3)$$

> Die Geschwindigkeit v ist der Differenzialquotient, der die Ortsänderung d s durch das entsprechende Zeitintervall d t teilt: $v = ds/dt = \dot{s}$.

Das Differenzieren nach der Zeit t wird durch einen aufgesetzten Punkt symbolisiert: $v = \dot{s}$.

Man kann den Ablauf einer Bewegung in einem Weg-Zeit-Diagramm skizzieren. In einer derartigen Darstellung hat die Geschwindigkeit $v = ds/dt$ eine anschauliche Bedeutung (Abb. 2.2b):

> Die Geschwindigkeit v stellt die Steigung der Kurve im Weg-Zeit-Diagramm bzw. der Ortsfunktion $x(t)$ dar.

2.1.1.1.3 Mittlere Geschwindigkeit

Bei veränderlicher Geschwindigkeit beschreibt die Gleichung $v = \Delta s / \Delta t$ (2.1) die mittlere oder durchschnittliche Geschwindigkeit.

Beispiel 2.1.1.1a

Ein Kfz benötigt für eine Reise von 650 km eine Zeit von 8 h und 23 min. Zwischendurch wird zwischen zwei „Kilometersteinen" im Abstand von 500 m eine Zeit von 15 s gemessen. Wie groß sind die mittlere und die momentane Geschwindigkeit (unter der Annahme, dass zwischen den Kilometersteinen mit konstanter Geschwindigkeit gefahren wird)?

Die mittlere Geschwindigkeit beträgt:

$$v = \bar{v} = \Delta s / \Delta t = 650 \text{ km}/(8 \text{ h und } 23 \text{ Min}) = 650 \cdot 10^3 \text{ m}/30.180 \text{ s} = 21,54 \text{ m/s}.$$

Die momentane Geschwindigkeit beträgt:

$$v = \Delta s / \Delta t = 500 \text{ m}/15 \text{ s} = 33,33 \text{ m/s}.$$

Beispiel 2.1.1.1b

Man ermittle in Abb. 2.2b die Geschwindigkeit im Punkt $t = 5$ s.

Man liest folgende Werte ab: $\Delta s \approx 1,3$ m und $\Delta t \approx 1,7$s. Damit erhält man $v \approx 0,76$ m/s.

Beispiel 2.1.1.1c

Ein Flugzeug fliegt mit einer Geschwindigkeit von 800 km/h. Wie viele Minuten dauert die reine Flugzeit zwischen Berlin und München (560 km)?

Aus $v = \Delta s / \Delta t$ folgt: $\Delta t = \Delta s / v = 560 \text{ km}/800 \text{ km/h} = 0,7 \text{ h} = 42$ min.

Frage 2.1.1.1d

Was ist der Unterschied zwischen den Gleichungen (a) $v = \Delta s/\Delta t$ und (b) $v = \mathrm{d}s/\mathrm{d}t$?

(a) $v = \Delta s/\Delta t$ gilt für eine konstante Geschwindigkeit. (b) $v = \mathrm{d}s/\mathrm{d}t$ gilt immer, also auch für ungleichförmige Geschwindigkeiten.

Frage 2.1.1.1e

Bedeutet $v = \mathrm{d}s/\mathrm{d}t$ und $v = \Delta s/\Delta t$ das Gleiche? In der Praxis gibt es wenig Unterschiede. Δ bedeutet eine sehr kleines Intervall und das Symbol d ein unendlich kleines Intervall, das in der Differenzialrechnung eingeführt wurde.

2.1.1.2 Beschleunigung

Bei vielen Bewegungsabläufen ist die Geschwindigkeit nicht konstant. Zur Beschreibung der Änderungen der Geschwindigkeit dient die *Beschleunigung*. Beim Kfz wird beispielsweise angegeben, in wie viel Sekunden sich die Geschwindigkeit von 0 auf 100 km/h erhöht.

2.1.1.2.1 Konstante Beschleunigung

Eine Bewegung ist gleichmäßig beschleunigt, wenn die Geschwindigkeitsänderung $\Delta v = (v - v_0)$ dem verstrichenen Zeitintervall $\Delta t = (t - t_0)$ direkt proportional ist:

$$\boxed{\begin{array}{ll} \Delta v = a\Delta t & \text{und} \\ a = \frac{\Delta v}{\Delta t} \quad (a = const.) \quad [a] = \frac{\mathrm{m}}{\mathrm{s}^2}. & \text{Beschleunigung } a \end{array}} \qquad (2.4)$$

Die Konstante a mit der Einheit $[a] = \mathrm{m/s}^2$ wird *Beschleunigung* genannt. Wird die Zeitmessung zum Zeitpunkt $t_0 = 0$ gestartet, so entspricht die gemessene Zeitangabe dem verstrichenen Zeitintervall. Die Geschwindigkeitsfunktion ist dann durch die lineare Funktion (Abb. 2.3) gegeben:

$$v = at + v_0 \quad (a = const.). \qquad (2.5)$$

Abb. 2.3 Bewegung mit konstanter Beschleunigung a, die Geschwindigkeit v nimmt linear mit der Zeit t zu. Zur Zeit $t = 0$ besitzt der Körper die Geschwindigkeit v_0

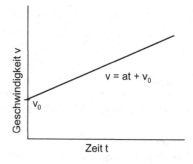

2.1.1.2.2 Definition der Beschleunigung

Im allgemeinen Fall ändert sich die Beschleunigung a mit der Zeit t. Zur Ermittlung der *momentanen Beschleunigung* werden in (2.4) sehr kleine Messintervalle eingesetzt (Abb. 2.4a). Die Definition der Beschleunigung a ergibt sich aus dem Differenzialquotienten:

$$
\begin{aligned}
a &= \lim_{\Delta t \to 0} \frac{\Delta v}{\Delta t} \quad \text{oder} \\
a &= \frac{dv}{dt} = \dot{v} = \ddot{s} \quad [a] = \frac{m}{s^2}.
\end{aligned}
\qquad \text{Beschleunigung } a
\qquad (2.6)
$$

> Die Beschleunigung a ist der Differenzialquotient, der die Geschwindigkeitsänderung d v durch das entsprechende Zeitintervall d t teilt: $a = dv/dt = \dot{v} = \ddot{s}$.

Das Differenzieren nach der Zeit t wird durch einen aufgesetzten Punkt symbolisiert, zweimal differenzieren durch zwei Punkte: $a = \dot{v} = \ddot{s}$. Da das Differenzial die Steigung der Tangente einer Kurve angibt, gilt mit Abb. 2.4b:

> Die Beschleunigung a stellt die Steigung in der Geschwindigkeit-Zeit-Kurve $v(t)$ dar.

Beispiel 2.1.1.2a

Ein Fahrzeug ändert seine Geschwindigkeit von 0 auf 100 km/h in 12 s. Wie groß ist die Beschleunigung?

Es gilt: $a = \Delta v / \Delta t = 100 \text{ km/h}/12 \text{ s} = 27{,}777/12 \text{ m/s}^2 = 2{,}31 \text{ m/s}^2$.

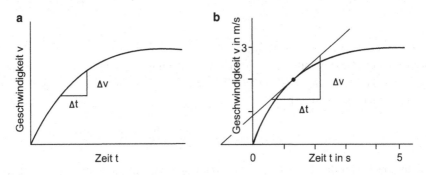

Abb. 2.4 Bewegung mit veränderlicher Beschleunigung a: Darstellung im v-t-Diagramm: **a** Näherungsweise Bestimmung der Beschleunigung, **b** Die genaue Beschleunigung a lässt sich aus dem Anstieg der Tangente ermitteln: $a = \Delta v / \Delta t$

Beispiel 2.1.1.2b
Ein Fahrzeug ändert seine Geschwindigkeit von 50 auf 60 km/h in 2 s. Wie groß ist die Beschleunigung?

Es gilt: $a = \mathrm{d}v/\mathrm{d}t = 10 \text{ km/h}/2 \text{ s} = 2,77/2 \text{ m/s}^2 = 1,39 \text{ m/s}^2$.

Beispiel 2.1.1.2c
Man ermittle in Abb. 2.4b die Beschleunigung im Punkt $t = 1,4$ s.

Man liest folgende Werte ab: $\Delta v \approx 1,3$ m/s und $\Delta t \approx 1,6$s. Damit erhält man $a \approx 0,81$ m/s^2.

Beispiel 2.1.1.2d
Ein Flugzeug beschleunigt mit 5 m/s^2. Wie groß ist die Geschwindigkeit in km/h nach 20 s?

Aus $v = at + v_0$ mit $v_0 = 0$ m/s folgt $v = 100$ m/s $= 360$ km/h.

Frage 2.1.1.2e
Beschreiben Sie den Begriff „Beschleunigung" in Worten.

Die Beschleunigung ist die Geschwindigkeitsänderung pro Zeitänderung.

2.1.1.2.3 Anmerkung zur Relativitätstheorie

Eine Bewegung schneller als mit Lichtgeschwindigkeit c ist unmöglich (Abschn. 4.2.1). (2.4) kann deshalb nicht völlig korrekt sein, da sie bei genügend langen Zeiten keine Begrenzung der Geschwindigkeit liefert. Einstein leitete in der Relativitätstheorie statt (2.4) folgende Formel ab:

$$v = \frac{at}{\sqrt{1 + (at/c_0)^2}}.$$

c_0 ist die Lichtgeschwindigkeit und a die konstante Beschleunigung. Wenn at bei größer werdender Zeit t wächst, wird $at \gg c_0$. Die „1" unter der Wurzel kann dann vernachlässigt werden und man erhält $v = c_0$. Die Lichtgeschwindigkeit wird folglich nicht überschritten. Für Geschwindigkeiten $v \ll c_0$, die in der Technik von Bedeutung sind, erhält man $at \ll c_0$. Obige Gleichung geht dann mit sehr hoher Genauigkeit in $v = at$ über.

2.1.1.2.4 Integration, Geschwindigkeit

Bisher wurde die Geschwindigkeit v und die Beschleunigung a durch die ein- und zweimalige zeitliche Ableitung des zurückgelegten Weges $s(t)$ beschrieben (symbolisiert durch einen oder zwei Punkte):

$$v = \frac{\mathrm{d}s}{\mathrm{d}t} = \dot{s} \quad \text{und} \quad a = \frac{\mathrm{d}v}{\mathrm{d}t} = \frac{\mathrm{d}^2 s}{\mathrm{d}t^2} = \ddot{s}.$$

Man kann auch von der Beschleunigung $a(t)$ ausgehen und daraus Geschwindigkeit v und Weg s berechnen. Man muss dann die Umkehroperation der Differenzialrechnung einsetzen, d. h. die Integralrechnung.

Zur Ableitung der Geschwindigkeit aus der Beschleunigung a (2.6), geht man von $dv = adt$ aus.

Durch Integration resultiert für die Geschwindigkeit v:

$$v = \int_0^t adt + v_0. \tag{2.7}$$

Die Größe v_0 stellt die Integrationskonstante dar. Damit wird berücksichtigt, dass der Körper zur Zeit $t = 0$ die Geschwindigkeit v_0 besitzen kann. Da das Integral einer Funktion die Fläche unter der entsprechenden Kurve darstellt, gilt gemäß Abb. 2.5:

Die durch die Beschleunigung erreichte Geschwindigkeitsänderung stellt die Fläche unter der Beschleunigung-Zeit-Kurve $a(t)$ dar.

Für eine gleichmäßig beschleunigte Bewegung kann $a = const.$ vor das Integral gezogen werden und man erhält (2.5): $v = at + v_0$.

2.1.1.2.5 Integration, Weg

Ausgangspunkt für die Berechnung des Ortes x (2.3) aus der Geschwindigkeit v bildet $ds = vdt$.

Durch Integration erhält man den Ort x:

$$x = \int_0^t vdt + x_0. \tag{2.8}$$

Am Anfang der Integration, d. h. bei $t = 0$, befindet sich der Körper an der Stelle x_0. Die Größe x_0 ist die Integrationskonstante. Da das Integral einer Funktion der Fläche unter der entsprechenden Kurve entspricht, gilt nach Abb. 2.6a:

Der zurückgelegte Weg $\Delta s = (x - x_0)$ stellt die Fläche unter der Geschwindigkeit-Zeit-Kurve $v(t)$ dar.

Abb. 2.5   Die während der Beschleunigung gewonnene Geschwindigkeitsänderung Δv entspricht der Fläche (= Integral) im a-t-Diagramm

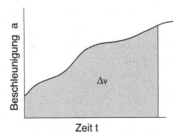

Abb. 2.6 a Der zurückgelegte
Weg Δs entspricht der Fläche
(= Integral) im v-t-Diagramm.
b Für eine gleichmäßig
beschleunigte Bewegung beträgt
die Fläche im v-t-Diagramm:
$s = v/2 \cdot t = (at)/2 \cdot t = 1/2 \, at^2$.

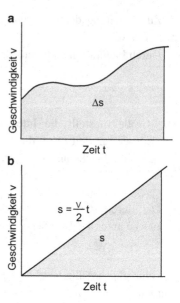

Bemerkung zu den Integrationsgrenzen von (2.7) und (2.8): In der Mathematik werden die Integrationsgrenzen von bestimmten Integralen anders benannt als die Variable, über die integriert wird. In der Physik kann man etwas großzügiger vorgehen und man kann das Integral wie in (2.7) und (2.8) schreiben, da jeder weiß, was gemeint ist.

2.1.1.2.6 Bewegungsgleichung

Aus (2.8) wird der zurückgelegte Weg für eine konstant beschleunigte Bewegung berechnet, die zu Beginn ($t = 0$) die Geschwindigkeit v und den Weg s aufweist. Es wird in das Integral (2.8) $v = at + v_0$ (2.5) eingesetzt und man erhält die *Bewegungsgleichung*:

$$s = \frac{a}{2}t^2 + v_0 t + s_0 \quad (a = const). \quad \text{Weg } s \qquad (2.9)$$

Die Gleichung beschreibt die Überlagerung einer Bewegung mit konstanter Geschwindigkeit v und konstanter Beschleunigung a.

Wenn man in (2.9) $v_0 = 0$ und $s_0 = 0$ setzt, erhält man:

$$s = \frac{a}{2}t^2 \quad (a = const). \quad \text{Weg } s \qquad (2.10a)$$

Da $a = $ const gilt $a = v/t$ und es folgt (2.10b). Das gleiche Ergebnis erhält man auch aus Abb. 2.6b.

$$s = \frac{v}{2}t \quad (a = const). \quad \text{Weg } s \qquad (2.10b)$$

In der Praxis sind Bewegungen mit konstanter Geschwindigkeit v oder mit konstanter Beschleunigung a von besonderer Bedeutung. Für diese beiden Sonderfälle sind die entsprechenden Gleichungen in Tab. 2.1 zusammengefasst.

Beispiel 2.1.1.2e
Man zeige, dass $s = at^2/2 + v_0 t + s_0$ (2.10a) bei konstanter Beschleunigung a aus Integration von (2.9) folgt.
Beweis: Mit $v = at + v_0$ folgt: $s = \int_0^t v \, dt + s_0 = \int_0^t (at + v_0) \, dt + s_0 = at^2/2 + v_0 t + s_0$.

Beispiel 2.1.1.2f
Ein Fahrzeug mit der Geschwindigkeit von 45 km/h beschleunigt 3 s lang mit 3 m/s². Wie groß ist dann die Geschwindigkeit?
Es gilt: $v = at + v_0$ und man erhält mit $a = 3$ m/s², $t = 3$ s und $v_0 = 45$ km/h $= 12,5$ m/s die Geschwindigkeit $v = (9 + 12,5)$ m/s $= 77,4$ km/h.

Beispiel 2.1.1.2 g
800 m vor einem Fahrzeug, das mit 80 km/h fährt, befindet sich ein zweites mit 60 km/h. Nach welcher Strecke und Zeit hat das schnellere Fahrzeug das langsamere eingeholt?
Es gilt für die Differenzgeschwindigkeit: $t = s/v = 0,8$ km$/((80 - 60)$ km/h$) = 0,04$ h $= 144$ s. Nach 144 s sind die beiden Fahrzeuge auf gleicher Höhe. Das schnellere Fahrzeug hat in dieser Zeit $s = vt = 80 \cdot 0,04$ km $= 3,2$ km zurückgelegt. Das langsamere 0,8 km weniger.

Beispiel 2.1.1.2h
Ein Läufer benötigt für 100 m eine Zeit von 11,2 s. Dabei beschleunigt er auf den ersten 18 m gleichmäßig auf die maximale Geschwindigkeit v_{max}, die er bis zum Schluss beibehält. Wie groß sind v_{max} und die durchschnittliche Geschwindigkeit?
Gegeben: $s_2 = 100$ m; $s_1 = 18$ m; $t_2 = 11,2$ s.
$s_1 = v_{max} t_1/2 \Rightarrow t_1 = 2s_1/v_{max}$ (Gl. 1) $\quad s_2 - s_1 = v_{max}(t_2 - t_1)$ (Gl. 2).
Gl. 1 in Gl. 2 einsetzen und nach v_{max} auflösen:

$$v_{max} = \frac{s_2 + s_1}{t_2} = \frac{(100 + 18)\ \text{m}}{11,2\ \text{s}} = 10,5\ \frac{\text{m}}{\text{s}} \quad \bar{v} = \frac{s_2}{t_2} = \frac{100\ \text{m}}{11,2\ \text{s}} = 8,93\ \frac{\text{m}}{\text{s}}.$$

Frage 2.1.1.2i
Wie verläuft die Beschleunigung beim Anfahren eines Zuges?

Tab. 2.1 Geradlinige Bewegung mit konstanter Geschwindigkeit v oder konstanter Beschleunigung a (Anfangsbedingungen: s, v bei $t = 0$)

Bedingung	Beschleunigung	Geschwindigkeit	Zurückgelegter Weg
$v = const.$	$a = 0$	$v = v_0$	$s = s_0 + vt$
$a = const.$	$a = a_0$	$v = v_0 + at$	$s = s_0 + v_0 t + at^2/2$
Allgemein	$a = a(t)$	$v = v_0 + \int a(t) dt$	$s = s_0 + \int v(t) dt$
Definition	$a = dv/dt = \dot{v} = \ddot{s}$	$v = ds/dt = \dot{s}$	s

In der ersten Phase des Anfahrens ist die Beschleunigung nahezu konstant. Dann nimmt die Beschleunigung ab und erreicht bei konstanter Geschwindigkeit den Wert Null.

2.1.1.2.7 Abbremsen und schneller werden

Auch Bremsvorgänge sind beschleunigte Bewegungen, bei denen die Geschwindigkeit und Beschleunigung unterschiedliche Vorzeichen haben. Die abgeleiteten Gleichungen gelten damit auch für Verzögerungen. Dabei ist zu beachten, dass die Beschleunigung zu Null wird, wenn ein Körper zum Stehen gekommen ist. Ein Körper wird schneller, wenn Beschleuingung und Geschwindigkeit beide positiv oder beide negativ sind.

Beispiel 2.1.1.2j

Ein Kfz hat bei einer Geschwindigkeit von 40 km/h einen Bremsweg von 15 m. Wie groß sind die Bremsverzögerung und die Bremszeit?

Für eine gleichmäßige Verzögerung gilt $s = vt/2$ (2.10b). Daraus erhält man die Bremszeit $t = 2s/v = (30/11, 11)$ s $= 2, 7$ s. Die Bremsverzögerung berechnet sich aus (2.10a) zu $a = 2s/t^2 = 30$ m$/2, 7$ s$^2 = 4, 1$ m/s^2.

Beispiel 2.1.1.2k

1. Wie lange dauert es, ein Fahrzeug mit der Verzögerung $a = -2$ m/s^2 von 72 km/h auf 36 km/h abzubremsen?

   Gegeben: $a = -2$m/s^2; $v_1 = 72$ km/h $= 20$ m/s; $v_2 = 36$ km/h $= 10$ m/s.

$$v_2 = v_1 + at \Rightarrow t = \frac{v_2 - v_1}{a} = \frac{(10 - 20)\ \text{m}\ \text{s}^2}{-2\ \ \ \ \text{s}\ \text{m}} = 5\ \text{s}.$$

2. Über welche Strecke S erstreckt sich der Bremsvorgang?

$$s = v_1 t + \frac{1}{2}at^2 = 20 \cdot 5\ \text{m} - \frac{1}{2}2 \cdot 5^2\ \text{m} = 75\ \text{m}.$$

2.1.1.3 Fallbewegung

2.1.1.3.1 Erdbeschleunigung g

Galilei stellte als erster fest, dass der freie Fall eine gleichmäßig beschleunigte Bewegung mit der Gleichung $s = gt^2/2$ darstellt. Alle Körper erfahren an der Erdoberfläche die gleiche Beschleunigung g, wenn die Luftreibung vernachlässigt werden kann. Die mittlere Erdbeschleunigung g ist international auf folgenden Wert festgelegt:

$$\boxed{g = 9,80665\frac{\text{m}}{\text{s}^2} \approx 9,81\frac{\text{m}}{\text{s}^2}. \quad \text{Erdbeschleunigung } g} \qquad (2.11)$$

Aufgrund der rotationselliptischen Form der Erde und der Dichteschwankungen treten jedoch örtliche Abweichungen auf, die in der Geologie von Bedeutung sind. Für Potsdam beträgt der Wert

$$g = 9,8126670\frac{\text{m}}{\text{s}^2}.$$

Beispiel: Senkrechter Wurf

Als Beispiel für die Fallbewegung eines Körpers wird der senkrechte Wurf beschrieben. Die Bewegung weist zwei Anteile auf. Der erste Anteil nach oben ist durch die konstante Abwurfgeschwindigkeit v gegeben:

$$y_1 = v_0 t.$$

Der zweite Anteil nach unten stellt eine Bewegung mit der Beschleunigung $-g$ dar:

$$y_2 = -\frac{g}{2}t^2.$$

Die Überlagerung $y = y_1 + y_2$ liefert die Beschreibung des senkrechten Wurfes nach oben:

$$y = v_0 t - \frac{g}{2}t^2.$$

Für kleine Zeiten t wächst die Höhe y zunächst und der Körper erreicht seine maximale Steighöhe y_m. Danach nimmt y wieder ab, da der negative zweite Anteil in der Gleichung überwiegt.

Die Geschwindigkeit beim senkrechten Wurf erhält man durch Differenzieren der letzten Gleichung $v = \dot{y}$ oder durch Überlagerung der Geschwindigkeiten beider Teilbewegungen:

$$v = v_0 - gt.$$

Der höchste Punkt beim senkrechten Wurf ist dadurch gegeben, dass die Geschwindigkeit Null ist ($v = 0$). Man errechnet damit die Steigzeit t_m und die maximale Höhe y_m zu:

$$t_m = \frac{v_0}{g} \quad \text{und} \quad y_m = \frac{v_0^2}{2g}.$$

Beispiel 2.1.1.3a

Aus einem Springbrunnen tritt das Wasser senkrecht mit der Geschwindigkeit von 2 m/s aus. Welche Höhe erreicht es?

Die Wasserhöhe beträgt: $y_m = v_0^2/2g = 0{,}24$ m.

Beispiel 2.1.1.3b

Mit welcher Anfangsgeschwindigkeit v_0 muss ein Stein aus der Höhe $s = 20$ m nach unten geworfen werden, damit er mit der Geschwindigkeit $v = 40$ m/s unten auftrifft?

Aus $v = v_0 + gt$ und der Höhe $s = \frac{1}{2}gt^2 + v_0 t$ folgt: $v_0 = \sqrt{v^2 - 2gs} = 34{,}7$ m/s.

2.1.1.3.2 Abbremsen

Ein Fahrzeug bewegt sich mit konstanter Geschwindigkeit v und bremst zur Zeit $t = 0$ mit konstanter Verzögerung $-a$. Dieser Fall ist in seiner mathematischen Behandlung analog zum senkrechten Wurf. Es gelten die entsprechenden Gleichungen, wobei t_m die Bremszeit und y_m den Bremsweg bedeuten.

Beispiel 2.1.1.3c

Eine Bahn mit einer Geschwindigkeit $v_0 = 100$ km/h hat eine Bremsverzögerung von 1 m/s^2. Wie lang sind Bremsweg und Bremszeit?

Bremsweg: $y_m = v_0^2/2g = 385$ m, Bremszeit: $t_m = v_0/g = 27{,}8$ s.

Weitere Beispiele zum Bremsvorgang siehe Abschnitt Abbremsen.

Beispiel: Schräger Wurf – Zweidimensionale Bewegung
Beim schrägen Wurf durchläuft der Körper eine Parabel. Diese Kurve ist an Wasserstrahlen gut
zu beobachten. Nach Abb. 2.7 gilt für den zurückgelegten Weg ohne Wirkung der Erdanziehung
$s = v_0 t$. Dem überlagert sich die Bewegung verursacht durch die Erdbeschleunigung:

$$s' = \frac{g}{2} t^2.$$

Der in der Horizontalen entlang des Erdbodens zurückgelegte Weg beträgt $x = s cos\alpha = v_0 t cos\alpha$.
In der gleichen Zeit t wird die Höhe $y = s \, sin\alpha - s' = s \, sin\alpha - gt^2/2$ erreicht. Zur Ermittlung
der Bahnkurve $y = f(x)$ wird t eliminiert. Man erhält die sogenannte Wurfparabel:

$$y = x \tan \alpha - \frac{gx^2}{2v_0^2 cos^2\alpha}.$$

Die Wurfweite findet man als Nullstelle der Bahnkurve ($y = 0$). Unter Verwendung eines
Additionstheorem erhält man:

$$x_m = \frac{v_0^2}{g} \sin 2\alpha.$$

mit einem Maximum bei $\alpha = 45°$. Die Steighöhe y_m liegt aus Symmetriegründen bei $x_m/2$. Man
erhält durch Einsetzen:

$$y_m = \frac{v_0^2 \sin^2\alpha}{2g}.$$

Die Gleichungen des schrägen Wurfes enthalten als Spezialfälle auch die Beschreibung des
waagerechten und senkrechten Wurfes.

Frage 2.1.1.3d
Unter welchem Winkel erreicht ein Wasserstrahl aus einem Gartenschlauch seine maximal Weite?
    Die maximale Weite beträgt $x_m = \left(v_0^2/g\right) \sin 2\alpha$. Die Sinusfunktion wird bei $\alpha = 45°$
maximal 1.

Abb. 2.7 Der schräge
Wurf kann aus zwei
Bewegungsabläufen
zusammengesetzt werden:
Bewegung mit konstanter
Geschwindigkeit v unter dem
Winkel α und freier Fall

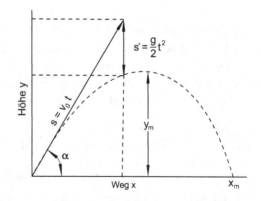

2.1.2 Dreidimensionale Bewegung

Bei der eindimensionalen Bewegung reicht zur Beschreibung die Angabe der Ortskoordinate s, der Geschwindigkeit $v = \dot{s}$ und der Beschleunigung $a = \dot{v} = \ddot{s}$ aus. Im dreidimensionalen Raum benötigt man drei Koordinaten und die aufgezählten Größen werden explizit als Vektoren mit einem Pfeil gekennzeichnet werden: $\vec{s}, \vec{v}, \vec{a}$, während sich bei der eindimensionale Bewegung der vektorielle Charakter in der Bedeutung des Vorzeichens niederschlägt.

2.1.2.1 Geschwindigkeitsvektor

2.1.2.1.1 Ortsvektor $\vec{r}$
Zur Lagebestimmung eines Punktes in einem rechtwinkligen Koordinatensystem dienen die Koordinaten x, y und z, die zu einem *Ortsvektor* $\vec{r} = (x, y, z)$ zusammengefasst werden. Er zeigt vom Ursprung des Koordinatensystems zu dem betreffenden Punkt. Bei einer Bewegung wandert die Spitze des Ortsvektors entlang der Bahnkurve und alle Größen sind eine Funktion der Zeit t:

$$\vec{r}(t) = (x(t), y(t), z(t)). \quad \text{Ortsvektor } \vec{r} \tag{2.12}$$

2.1.2.1.2 Geschwindigkeitsvektor $\vec{v}$
Der Geschwindigkeitsvektor $\vec{v}$ wird analog zu (2.12) durch seine drei Koordinaten beschrieben:

$$\vec{v} = (v_x, v_y, v_z). \tag{2.13}$$

In Abb. 2.8 sind die Ortsvektoren eines bewegten Punktes zu Zeit t und $t + \Delta t$ dargestellt. Der *Geschwindigkeitsvektor* $\vec{v}$ wird wie in (2.3) durch die zeitliche Änderung des Ortsvektors $\vec{r}$ gegeben:

$$\vec{v} = \lim_{\Delta t \to 0} \frac{\Delta \vec{r}}{\Delta t} = \frac{d\vec{r}}{dt} = (\dot{x}, \dot{y}, \dot{z}) = (v_x, v_y, v_z).$$

Abb. 2.8 Zur Definition des Orts- und Geschwindigkeitsvektors $\vec{r}$ und $\vec{v} = \Delta \vec{r} / \Delta t$. $\vec{v}$ liegt stets tangential zur Bahnkurve. Im Grenzfall ($\Delta t \to 0$) zeigen $\Delta \vec{r}(t)$ und $\vec{v}$ in die gleiche (tangentiale) Richtung

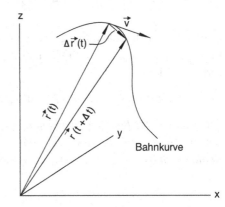

Für die Richtung von $\vec{v}$ gilt:

> Der Vektor der Geschwindigkeit $\vec{v}$ liegt tangential an der Bahnkurve.

Dieses wird anhand von Abb. 2.8 klar, da $\Delta \vec{r}$ im Grenzfall $\Delta t \to 0$ tangential zeigt.

Beispiel 2.1.2.1a
Ein Flugzeug mit der Geschwindigkeit von 720 km/h wird von einem Wind mit 30 m/s quer (90°) zur Flugrichtung abgetrieben.

1. Wie groß ist die resultierende Geschwindigkeit?
   Gegeben: $v_F = 720$ km/h; $v_W = 30$ m/s $= 108$ km/h quer zu Flugrichtung.
   Die Vektoren $\vec{v}_F$ und $\vec{v}_W$ spannen gemeinsam mit der resultierenden Geschwindigkeit $\vec{v}_R$ ein rechtwinkliges Dreieck auf. Nach dem Satz des Pythagoras gilt
   $\vec{v}_R = \sqrt{v_F^2 + v_W^2} = 728$ km/h.
2. Um welchen Winkel α wird das Flugzeug abgetrieben?
   In dem rechtwinkligen Dreieck gilt: $\tan \alpha = v_W/v_F = 0,15 \Rightarrow \alpha = 8,5°$.

Beispiel 2.1.2.1b
Ein Boot ($v_1 = 5$ m/s) steuert senkrecht zur Strömung ($v_2 = 2$ m/s) über einen Kanal.

a) Wie groß ist die resultierende Geschwindigkeit v ?
b) Der Kanal hat eine Breite von $s_1 = 30$ m. Um wie viele Meter s_2 kommt das Boot seitlich versetzt an?
c) $v = \sqrt{v_1^2 + v_2^2} = \sqrt{25\frac{m^2}{s^2} + 4\frac{m^2}{s^2}} = 5,4\frac{m}{s}$.
d) $s_1 = v_1 t \Rightarrow t = \frac{s_1}{v_1}$ $s_2 = v_2 t \Rightarrow s_2 = s_1 \frac{v_2}{v_1} = 30 \text{ m} \frac{2 \text{ m/s}}{5 \text{ m/s}} = 12$ m.

2.1.2.2 Bahn- und Radialbeschleunigung

Die Definition der Beschleunigung nach (2.6) wird verallgemeinert zu:

$$\vec{a} = \frac{d\vec{v}}{dt} = \dot{\vec{v}} \quad \text{oder} \quad \vec{a} = (\dot{v}_x, \dot{v}_y, \dot{v}_z) = (\ddot{x}, \ddot{y}, \ddot{z}). \tag{2.14}$$

Der Vektor der Beschleunigung $\vec{a}$ steht im Allgemeinen schräg zur Bahnkurve (Abb. 2.9). Er kann in eine tangentiale ($\vec{a}_t$) und dazu senkrechte oder radiale ($\vec{a}_r$) Komponente zerlegt werden:

$$\vec{a} = \vec{a}_t + \vec{a}_r. \quad \text{Bahn- und Radialbeschleunigung} \tag{2.15}$$

Die tangentiale *Bahnbeschleunigung* $\vec{a}_t$ entspricht der Definition bei der gerad-linigen Bewegung. Sie bewirkt, dass die Bahngeschwindigkeit größer wird. Die *Radialbeschleunigung* $\vec{a}_r$ dagegen verursacht die Abweichung von der geradlinigen Bewegung.

Abb. 2.9 Zerlegung
der Beschleunigung
$\vec{a}$ in Tangential- und
Radialbeschleunigung $\vec{a}_t$ und
$\vec{a}_r$

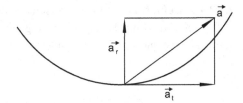

2.1.3 Kreisbewegung

Die einfachste Form der Bewegung ist die geradlinige Bewegung oder *Translation*, die in Abschn. 2.1.2 beschrieben wurden. Im Folgenden sollen die dargestellten Erkenntnisse auf eine kreisförmige Bewegung oder *Rotation* angewendet werden. Zur Beschreibung werden neue Größen wie Drehzahl, Winkelgeschwindigkeit und Winkelbeschleunigung eingeführt. Seit der Erfindung des Rades hat die Rotation in der Technik große Bedeutung.

2.1.3.1 Winkelgeschwindigkeit

2.1.3.1.1 Drehzahl n
Wir betrachten ein Rad oder ein Maschinenteil, das sich gleichmäßig um seine Achse dreht. Die Drehung wird durch die *Drehzahl n* gekennzeichnet, welche die Zahl der Umdrehungen pro Sekunde angibt. Betrachtet man eine Umdrehung mit der Periodendauer T, so erhält man für die Drehzahl:

$$n = \frac{1}{T} \quad [n] = \frac{1}{s}. \quad \text{Drehzahl } n \tag{2.16}$$

Die Drehzahl n gibt die Zahl der Umdrehungen pro Zeiteinheit (Sekunde) an.

Beispiel 2.1.3.1a
Ein Rad dreht sich 420 mal in 2 min.
Die Drehzahl beträgt $n = 210$ Umdrehungen pro min $= 210$ 1/min $= 3,5$ s^{-1}.
Die Bahngeschwindigkeit v eines Punktes auf einem Rad ist durch den Umfang der Drehung $2\pi r$ und die Umlaufzeit T gegeben:

$$v = \frac{2\pi r}{T} = 2\pi rn. \quad \text{Bahngeschwindigkeit } v \tag{2.17}$$

2.1.3.1.2 Definition der Winkelgeschwindigkeit ω

(2.17) zeigt, dass die Bahngeschwindigkeit v zur Kennzeichnung einer Drehung nicht besonders geeignet ist, da sie vom Ort r abhängt. Dagegen ist die *Winkelgeschwindigkeit* ω ortsunabhängig.

> Die Winkelgeschwindigkeit ω ist der pro Zeiteinheit dt überstrichene Winkel dφ.

$$\omega = \frac{d\varphi}{dt} \quad [\omega] = \frac{rad}{s} = \frac{1}{s}. \quad \text{Winkelgeschwindigkeit } \omega \qquad (2.18a)$$

Man beachte, dass die Winkel dφ und φ im Bogenmaß ($360° = 2\pi = 2\pi$ rad) angegeben werden. Die Einheit von ω lautet: $[\omega] = $ Radiant/s $=$ rad/s $= 1$/s.

Beispiel 2.1.3.1b
Wie groß sind die Winkel von 360°, 180°, 90°, 45°, 1°, 77° im Bogenmaß?
   Die Werte im Bogenmaß betragen: $2\pi = 6{,}28$, $\pi = 3{,}14$, $\pi/2 = 1{,}57$, $\pi/4 = 0{,}78$, $0{,}0174$, $1{,}34$.

Beispiel 2.1.3.1c
Wie groß sind die Winkel 7,0 rad $= 7{,}0$, 0,1, 0,5 rad, 238 im Gradmaß?
   Es ist unerheblich, ob bei dem Winkel im Bogenmaß die Bezeichnung rad angehängt wird. Die Werte im Gradmaß betragen: 401,3°, 5,7°, 28,7°, 13.643°.

Frage 2.1.3.1d
Erklären Sie den Winkel φ im Bogenmaß.
   Der Winkel φ im Bogenmaß ist dem Zahlenwert nach gleich dem Kreisbogen im Einheitskreis (Radius $= 1$ Einheit). Der volle Kreis (360°) hat den Kreisbogen und Winkel $\varphi = 2\,\pi = 360°$.

2.1.3.1.3 Gleichförmige Drehung

Bei der gleichförmigen Drehung sind Drehzahl n und Winkelgeschwindigkeit ω konstant. Der zurückgelegte Winkel $\Delta\varphi$ ist proportional zum verstrichenen Zeitintervall Δt und man kann (2.18a) vereinfachen:

$$\omega = \frac{\Delta\varphi}{\Delta t} \quad (\omega = const.). \quad \text{Winkelgeschwindigkeit } \omega \qquad (2.18b)$$

Innerhalb der Umlaufzeit T wird der Winkel $2\,\pi$ zurückgelegt:

$$\omega = \frac{2\pi}{T} = 2\pi\,n\,. \quad \text{Winkelgeschwindigkeit } \omega \qquad (2.19)$$

Beispiel 2.1.3.1e

Ein Rad dreht sich in 2 s um 87°.

Die Winkelgeschwindigkeit beträgt $\omega = 1{,}52/2$ rad/s $= 0{,}76$ s^{-1}. Die Drehzahl beträgt $n = 0{,}12$ s^{-1}.

Frage 2.1.3.1 f

Was bedeutet der Begriff Winkelgeschwindigkeit ω?

Die Winkelgeschwindigkeit ω gibt den in der Zeit dt überstrichenen Winkel dφ (im Bogenmaß) an.

2.1.3.1.4 Winkel- und Bahngeschwindigkeit

Wird (2.19) mit r multipliziert, erhält man $\omega r = 2\pi r/T = 2\pi\, r\, n$. Die rechte Seite dieses Ausdrucks stellt die Bahngeschwindigkeit v dar (2.17) und man erhält:

$$\boxed{v = \omega\, r. \quad \text{Bahngeschwindigkeit } v} \tag{2.20}$$

Diese Gleichung wurde für eine gleichförmige Drehung abgeleitet. Man kann jedoch zeigen, dass sie auch für beschleunigte Drehbewegungen gültig ist.

Beispiel 2.1.3.1f

Ein Zahnrad mit dem Radius von 5 cm dreht sich 50 mal in 20 s.

1. Wie groß sind Drehzahl n, Periodendauer T, Bahngeschwindigkeit v und Winkelgeschwindigkeit ω?
   Gegeben: $r = 5$ cm $= 0{,}05$ m; $N = 50$; $t = 20$ s.
   Die Drehzahl beträgt $n = N/t = 2{,}5$ s^{-1}. Daraus folgen die Periodendauer $T = 1/n = 0{,}4$ s, die Bahngeschwindigkeit $v = 2\pi rn = 0{,}785$ m/s und die Winkelgeschwindigkeit $\omega = 2\pi n = 15{,}7$ s^{-1}.
2. An obiges beschriebenes Zahnrad wird ein zweites Zahnrad mit dem Radius 15 cm angekoppelt. Wie groß ist die Winkelgeschwindigkeit und Drehzahl dieses Zahnrades?
   Zusätzlich gegeben $r' = 15$ cm $= 0{,}15$ m.
   Die Umfangsgeschwindigkeit beider Zahnräder sind gleich: $v = \omega r = v' = \omega' r'$.

2.1.3.2 Radialbeschleunigung

Bei der Bewegung eines Körpers auf einer Kreisbahn tritt eine seitliche Beschleunigung auf, die eine Ablenkung von der geradlinigen Bewegung bewirkt (Abschn. 2.1.2.2). Die *Radialbeschleunigung* $\vec{a}_r$ ist auf den Mittelpunkt der Kreisbahn gerichtet, antiparallel zum Radiusvektor, der vom Mittelpunkt weg zeigt. (Bei einer beschleunigten Drehbewegung tritt zusätzlich eine *Bahnbeschleunigung* $\vec{a}_t$ auf, die eine Zunahme der Bahn- und Winkelgeschwindigkeit verursacht.)

In Abb. 2.10 ist die Bewegung eines Punktes auf einer Kreisbahn mit dem Radius r mit konstantem Geschwindigkeitsbetrag dargestellt. Die Geschwindigkeitsvektoren $\vec{v}_1$ und $\vec{v}_2$ sind zu zwei verschiedenen Zeiten gezeichnet.

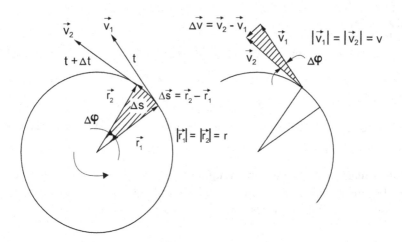

Abb. 2.10 Zur Berechnung der Radialbeschleunigung $\vec{a}_r$ in einer Kreisbewegung mit konstanter Winkelgeschwindigkeit. (Die Größen $\Delta\varphi$, Δs, Δv, Δt sind so klein, dass obige Rechnung im Grenzfall genau wird.)

Die Beträge v der beiden Geschwindigkeiten sind gleich: $\left|\vec{v}_1\right| = \left|\vec{v}_2\right| = v$. Man kann diese Vektoren frei parallel verschieben. Aus dem rechten schraffierten Dreieck erkennt man, dass $\vec{v}_1 + \Delta\vec{v} = \vec{v}_2$ ist. Die (sehr kleine) Geschwindigkeitsänderung $\Delta\vec{v}$ und damit auch die Beschleunigung zeigen antiparallel zur radialen Richtung. Der Betrag dieser Radialbeschleunigung a_r kann aus der Ähnlichkeit der beiden schraffierten „Dreiecke" in Abb. 2.10 berechnet werden. Dabei wird näherungsweise angenommen, dass der Kreisbogen Δs durch eine Gerade ersetzt wird.

$$\frac{\Delta v}{v} = \frac{\Delta s}{r} \quad \text{oder} \quad \Delta v = \frac{v \Delta s}{r}.$$

Bei Division durch Δt wird daraus:

$$\frac{\Delta v}{\Delta t} = \frac{v}{r}\frac{\Delta s}{\Delta t} = \frac{v^2}{r}.$$

Dabei wurde $\Delta s / \Delta t = v$ verwendet. Aus der linken Seite $\Delta v / \Delta t$ entsteht im Grenzfall kleiner Intervalle die Beschleunigung (2.6). Damit erhält man mit (2.20) für den Betrag der Radialbeschleunigung a_r:

$$\boxed{a_r = \frac{v^2}{r} = \omega^2 r. \quad \text{Radialbeschleunigung } a_r} \qquad (2.21)$$

Eine Drehbewegung weist eine Radialbeschleunigung a_r auf, die senkrecht zur Bahnkurve wirkt.

Die Radialbeschleunigung hat keinen Einfluss auf den Betrag der Geschwindigkeit.

Bei Erdsatelliten wird die Radialbeschleunigung durch die Anziehungskraft der Erde geben. Der Satellit befindet sich im freien Fall und wird ständig zur Erde hin beschleunigt, wodurch die Kreisbahn entsteht.

Beispiel 2.1.3.2a
Ein Satellit in 300 km Höhe bewegt sich in 100 min ein Mal um die Erde ($R = 6400$ km). Wie groß sind Radialbeschleunigung, die Winkel- und Bahngeschwindigkeit?

Gegeben: $T = 100$ min $= 6000$ s; Radius der Umlaufbahn $r = R + h = 6700$ km $= 6,7 \cdot 10^6$ m. Die Winkelgeschwindigkeit beträgt $\omega = 2\pi n = 2\pi/T = 2\pi/6000$ s $= 1,05 \cdot 10^{-3}$ s^{-1}. Daraus erhält man die Radialbeschleunigung $a_r = \omega^2 r = 7,4$ m/s^2. Dieser Wert wird durch die Erdanziehung bestimmt und er ist der Wert der Erdbeschleunigung in 300 km Höhe. Die Umlaufgeschwindigkeit berechnet sich zu $v = \omega r = 1,05 \cdot 10^{-3} \cdot 6,7 \cdot 10^6$ m/s $= 7035$ m/s.

Beispiel 2.1.3.2b
Eine Waschmaschine schleudert bei einem Trommeldurchmesser von 46 cm mit einer Drehzahl von 1050 pro Minute. Berechnen Sie die Radialbeschleunigung a_r und die Bahngeschwindigkeit v.

Die Winkelgeschwindigkeit beträgt $\omega = 2\pi n = 2\pi \cdot 1050/60$ s^{-1} $= 109,9$ s^{-1}. Damit wird $a_r = r \cdot \omega^2 = 0,23 \cdot 109,9^2$ m/s^2 $= 2778$ m/s^2 $= 238$fache Erdbeschleunigung. Die Bahngeschwindigkeit beträgt $v = r \cdot \omega = 0,23 \cdot 109,9$ m/s $= 25,3$ m/s $= 91$ km/h.

Frage 2.1.3.2c
In welcher Richtung fliegen die Wassertropfen in der Wäscheschleuder?

Beim Loslösen der Tropfen entfällt die Bahnbeschleunigung und die Tropfen fliegen tangential in Richtung der Bahngeschwindigkeit.

Frage 2.1.3.2d
Warum ist eine gleichförmige Drehung eine beschleunigte Bewegung?

Bei der Drehung ändert sich ständig die Richtung der Geschwindigkeit. Die Richtung der Geschwindigkeit wird durch die auf das Drehzentrum hingerichtete Radialbeschleunigung verändert.

2.1.3.3 Winkelbeschleunigung

Rotierende Maschinenelemente ändern beim Anlaufen ihre Drehzahl. Damit variieren die Winkelgeschwindigkeit ω und die Bahngeschwindigkeit v. Zur Beschreibung der beschleunigten Kreisbewegung dienen verschiedene Begriffe:

2.1.3.3.1 Bahnbeschleunigung a_t

Die Vergrößerung oder Verkleinerung der Bahngeschwindigkeit v wird durch die tangentiale Bahnbeschleunigung a_t beschrieben. Dabei ist d$v \approx \Delta v$ nach Abb. 2.11 gegeben:

$$a = a_t = \frac{\mathrm{d}v}{\mathrm{d}t} \quad \text{Bahnbeschleunigung } a_t \tag{2.22}$$

Die Bahnbeschleunigung a_t darf nicht mit der Radialbeschleunigung a_r (2.21) verwechselt werden.

Abb. 2.11 Zur Berechnung
der Tangential- oder
Bahnbeschleunigung $\vec{a}_t$
in einer beschleunigten
Kreisbewegung

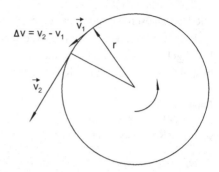

2.1.3.3.2 Winkelbeschleunigung α

> Die Winkelbeschleunigung α ist die Änderung der Winkelgeschwindigkeit $d\omega$
> geteilt durch die Zeit d t:

$$\alpha = \frac{d\omega}{dt} \quad [\alpha] = \frac{rad}{s^2} = \frac{1}{s^2}. \quad \text{Winkelbeschleunigung } \alpha \qquad (2.23a)$$

Die Einheit für die Winkelbeschleunigung ist $[\alpha] = rad/s^2 = 1/s^2$. Für den einfachen
Fall einer gleichmäßig beschleunigten Drehbewegung gilt:

$$\alpha = \frac{\Delta\omega}{\Delta t} \quad (\alpha = const.). \quad \text{Winkelbeschleunigung } \alpha \qquad (2.23b)$$

Den Zusammenhang zwischen der Winkel- und der Bahnbeschleunigung (α und a) erhält
man aus (2.20). Man differenziert $v = \omega \cdot r$ und erhält:

$$a = \alpha r \quad \text{und} \quad \alpha = \frac{a}{r}. \quad \text{Winkelbeschleunigung } \alpha \qquad (2.23c)$$

Beispiel 2.1.3.3a
Ein Fahrzeug mit Rädern von 40 cm Radius beschleunigt mit 4 m/s². Wie groß ist die Winkel-
beschleunigung eines Rades?
  Gegeben: $r = 0{,}4$ m; $a = 4$ m/s².
  Es gilt $\alpha = \frac{a}{r} = \frac{4}{0{,}4}s^{-2} = 10\ s^{-2}$.

Beispiel 2.1.3.3b
Ein Motor beschleunigt gleichmäßig aus dem Stillstand und erreicht nach 10 s eine Drehzahl von
3000 Umdrehungen pro Minute. Wie groß ist danach die Winkelgeschwindigkeit ω, die Winkelbeschleunigung α und wie viele Umdrehungen N hat er gemacht?
  Gegeben: $n = 3000\ min^{-1} = 50\ s^{-1}; t = 10$ s.

Die Winkelgeschwindigkeit erhält man aus der Drehzahl $\omega = 2\pi n = 314 \ 1/s$. Für die gleichförmige Winkelbeschleunigung gilt $\alpha = \omega/t = 31,4 \ 1/s^2$. Die Zahl der Umdrehungen ergibt sich nach Tab. 2.2 aus $\varphi = \alpha t^2/2$. Eine Umdrehung entspricht einem Winkel von $2\ \pi$, d. h. $N = \varphi/2\pi = \alpha t^2/4\pi = 250$ Umdrehungen.

2.1.3.3.3 Bahn- und Winkelgrößen

Aus der Kreisgeometrie ist die einfache Beziehung zwischen dem Winkel ϕ im Bogenmaß und dem Kreisbogen s bekannt: $s = r\phi$.

Zusammengefasst gelten folgende Zusammenhänge zwischen den *Bahngrößen* s, v, a und den entsprechenden *Winkelgrößen* ϕ, ω, α ((2.20) und (2.23c)):

$$
\begin{aligned}
s &= r\varphi \\
v &= r\omega. \quad \text{Bahngröße} = \text{Radius} \times \text{Winkelgröße} \\
a &= r\alpha
\end{aligned}
\tag{2.24}
$$

Diese Gleichungen können auch durch Differenzieren von $s = r\varphi$ mit konstantem Radius abgeleitet werden.

Frage 2.1.3.3c
Erklären Sie den Ausdruck Kreisbogen $s = $ Radius r mal Winkel φ.
Der Kreisumfang beträgt $s' = 2\pi r$, wobei 2π der volle Winkel (360°) darstellt. Für den Kreisbogen s gilt dann $s = \varphi r$.

Frage 2.1.3.3d
Differenzieren Sie $s = r\varphi$ nach der Zeit.

$$
\begin{aligned}
\dot{s} &= r\dot{\varphi} = v = r\omega \\
\ddot{s} &= r\ddot{\varphi} = a = r\alpha.
\end{aligned}
$$

Frage 2.1.3.3e
Was ist der Unterschied zwischen der Radial- und Bahnbeschleunigung bei der Drehung?
Die Radialbeschleunigung tritt auch bei gleichförmiger Drehung auf. Sie kann als Ursache für die Bewegung auf einem Kreis angesehen werden. Die Bahnbeschleunigung bewirkt eine Erhöhung der Bahngeschwindigkeit und damit eine beschleunigte Drehung.

Tab. 2.2 Kreisbewegung mit konstanter Winkelgeschwindigkeit ω oder konstanter Beschleunigung α_0 (Anfangsbedingungen: ϕ_0, ω_0 bei $t = 0$)

Bedingung	Winkelbeschleunigung	Winkelgeschwindigkeit	Zurückgelegter Winkel
$\omega = const.$	$\alpha = 0$	$\omega = \omega_0$	$\varphi = \varphi_0 + \omega t$
$\alpha = const.$	$\alpha = \alpha_0$	$\omega = \omega_0 + \alpha t$	$\varphi = \varphi_0 + \omega_0 t + \alpha t^2/2$
Allgemein	$\alpha = \alpha(t)$	$\omega = \omega_0 + \int \alpha(t)\, dt$	$\varphi = \varphi_0 + \int \omega(t)\, dt$
Definition	$\alpha = d\omega/dt$	$\omega = d\varphi/dt$	ϕ

Die bisherigen Gleichungen der eindimensionalen Kinematik gelten nach Vertauschung von $s \rightarrow \varphi$, $v \rightarrow \omega$ und $a \rightarrow \alpha$ auch für die Kreisbewegung. Ein Vergleich der Tab. 2.1 und 2.2 macht dies deutlich.

Frage 2.1.3.3f
Vergleichen Sie Tab. 2.2 (Kreisbewegung) mit Tab. 2.1 (Geradlinige Bewegung).
   Die Tabellen sind analog, wenn man ersetzt: Weg s – Winkel φ, Geschwindigkeit v – Winkelgeschwindigkeit ω, Beschleunigung a – Winkelbeschleunigung α.

2.2 Dynamik (Lehre von den Kräften)

Die *Kinematik* beschreibt den Ablauf von Bewegungen, ohne auf die Ursachen, d. h. auf die Kräfte, einzugehen. Die *Dynamik,* die Lehre von den Kräften, holt dieses nach. Die grundlegenden Gesetze der klassischen Mechanik wurden von I. Newton (1643–1727) formuliert und sie sind in (nahezu) allen Bereichen der Technik gültig. Eine Erweiterung für Bewegungen in der Nähe der Lichtgeschwindigkeit, wie sie in atomaren Systemen oder bei Teilchenbeschleunigern auftreten, wurde von A. Einstein (1879–1955) durchgeführt (Abschn. 4.2).

2.2.1 Kraft (Newton'sche Axiome)

Die Grundlage der Dynamik bilden die drei Gesetze von Newton: das *Trägheitsgesetz,* das *Bewegungsgesetz* und das *Wechselwirkungsgesetz.*

2.2.1.1 Trägheitsgesetz
Das *Trägheitsgesetz (erstes Newton'sche Axiom)* lautet:

Wirkt auf einen Körper keine Kraft $\vec{F}$, so ändert sich die Geschwindigkeit $\vec{v}$ nicht und die Beschleunigung $\vec{a}$ ist gleich null:

$$\boxed{\text{Aus } \vec{F} = 0 \text{ folgt } \vec{v} = const. \text{ und } \vec{a} = 0.} \tag{2.25a}$$

Das Trägheitsgesetz und auch die anderen Gesetze der Mechanik gelten nur in *Inertialsystemen.* Dies sind Koordinatensysteme, die nicht beschleunigt sind, was bedeutet, dass sie auch nicht rotieren. Es gibt mehrere Inertialsysteme, die sich jeweils mit unterschiedlicher jeweils konstanter Geschwindigkeit bewegen. Eine absolute Ruhe ist nicht feststellbar.

2.2.1.2 Bewegungsgesetz

Steht ein Körper der Masse m unter dem Einfluss äußerer Kräfte, so kann er beschleunigt werden. Das *zweite Newton'sche Axiom* beschreibt den Zusammenhang zwischen der Summe der äußeren Kräfte, der sogenannten resultierenden Kraft $\vec{F}_{Res}$ (auch Gesamtkraft oder Nettokraft genannt) und der Beschleunigung $\vec{a}$:

$$\boxed{\vec{F}_{Res} = m\,\vec{a} \quad \left[\vec{F}_{Res}\right] = N = \frac{kg\,m}{s^2} = Newton. \quad Kraft\ F} \tag{2.25b}$$

In der allgemeinen Formulierung der Kraft $\vec{F}$ wird der Begriff *Impuls* $\vec{p}$ verwendet.

Der Impuls $\vec{p}$ ist das Produkt aus Masse m mal Geschwindigkeit $\vec{v}$:

$$\boxed{\vec{p} = m\,\vec{v} \quad \left[\vec{p}\right] = \frac{kg\,m}{s}. \quad Impuls\ \vec{p}} \tag{2.26}$$

Die Gleichung für die Kraft $\vec{F}_{Res} = m\mathrm{d}\vec{v}/\mathrm{d}t$ (2.25b) lautet damit in allgemeiner Form:

$$\boxed{\vec{F}_{Res} = \frac{\mathrm{d}\vec{p}}{\mathrm{d}t}. \quad Kraft\ F = Impuls\ddot{a}nderung\ pro\ Zeit\ddot{a}nderung} \tag{2.25c}$$

In der klassischen Mechanik ist die Masse m eine Konstante und beide Formulierungen des zweiten Axioms (2.25b und 2.25c) gehen ineinander über. Die Einheit der Masse m ist: $[m] = kg$. Die Einheit der Kraft $\vec{F}$ ist: $[\vec{F}] = Newton = N = kg\,m/s^2$.

2.2.1.3 Wechselwirkung

Das *dritte Newton'sche Axiom* besagt, dass jede Kraft aufgrund einer Wechselwirkung zustande kommt, an der zwei Partner (Körper) beteiligt sind. Einzelne isolierte Kräfte gibt es nicht.

Übt ein Körper 1 auf einen anderen Körper 2 eine Kraft $\vec{F}_{12}$ aus, so wirkt der zweite mit einer gleich großen aber entgegengesetzten Kraft auf den ersten Körper (actio = reactio, d. h. Kraft = Gegenkraft):

$$\vec{F}_{12} = -\vec{F}_{21}. \quad Kraft = Gegenkraft\ (f\ddot{u}r\ die\ Betr\ddot{a}ge)$$

Beispiel 2.2.1a

Ein Fahrzeug der Masse 500 kg wird in 10 s aus dem Stand auf 50 m/h beschleunigt. Wie groß ist die Antriebskraft?

Gegeben: $m = 500$ kg; $t = 10$ s; $v = 50$ km/h $= 13{,}89$ m/s.

Die Kraft beträgt $F = ma = mv/t = 500$ kg $\cdot 13{,}9$ m/s$/10$ s $= 695$ kg m/s$^2 = 695$ N.

Beispiel 2.2.1b

Welche Bremskraft und Beschleunigung sind erforderlich, um ein Fahrzeug mit der Masse von 800 kg und der Geschwindigkeit von 90 km/h a) innerhalb von 60 m und b) innerhalb von 60 s zum Halten zu bringen?

a) $s = vt/2$ (2.10a) und $v = -at$. Daraus folgt $a = v^2/(2s)$. Damit wird die Kraft $F = ma = -mv^2/2s = -4{,}17$ kN und die Beschleunigung $a = v/t = -5{,}2$ m/s^2. Minuszeichen heißt, dass Bremskraft F und Beschleunigung a entgegengesetzt zum Weg s und zur Geschwindigkeit v sind.

b) $F = -ma = -mv/t = -333$ N und $a = -v/t = -0{,}42$ m/s^2.

Frage 2.2.1c

Welche Gleichung ist richtig $F = ma$ oder $F = \mathrm{d}p/\mathrm{d}t$?

Man kann beider Gleichungen in einander umrechnen, da $a = \mathrm{d}v/\mathrm{d}t$ und m eine Konstante ist.

2.2.2 Masse und Kraft

2.2.2.1 Masse m

Die Einheit der Masse wurde früher durch einen Eichkörper, den Internationalen Kilogrammprototyp, zu 1 kg festgelegt. Vom theoretischen Standpunkt her kann man die Masse einerseits durch die Gleichung $\vec{F} = m\vec{a}$ definieren. Bei gleicher Kraft sind zwei Massen (m_1 und m_2) vergleichbar, indem man die Beschleunigungen (a_1 und a_2) misst: $m_1/m_2 = a_1/a_2$. Die durch diese dynamische Methode ermittelte Masse wird *träge Masse* genannt. Anderseits kann zur Massenbestimmung vom Gravitationsgesetz (Abschn. 4.1): $F = \gamma m_1 m_2/r^2$ ausgegangen werden, indem die Gewichtskräfte untersucht werden. Die so definierte Masse heißt *schwere* Masse, die mit üblichen Waagen gemessen wird. Es besteht kein Unterschied zwischen träger und schwerer Masse. Diese Identität ist keineswegs trivial, und sie führte Einstein zur Relativitätstheorie.

2.2.2.2 Resultierende Kraft $\vec{F}_{Res}$

Nach (2.25b) ist die Kraft $\vec{F}_{Res} = m\vec{a}$ ein Vektor in Richtung, d. h. parallel zum Vektor, der Beschleunigung $\vec{a}$. Im Folgenden werden einige Kräfte der Mechanik beschrieben.

Statisches Gleichgewicht: Bei Problemen der Statik ist die vektorielle Summe aller Kräfte, die an einem Körper angreifen, gleich Null, somit verschwindet die resultierende Kraft $\vec{F}_{Res}$:

$$\vec{F}_{Res} = \vec{F}_1 + \vec{F}_2 + \vec{F}_3 + \ldots = 0. \quad \text{Statisches Gleichgewicht} \qquad (2.27)$$

Bei Drehbewegungen ist diese Gleichgewichtsbedingung nicht ausreichend. Kräftepaare $+\vec{F}$ und $-\vec{F}$, deren Wirkungslinien einen Abstand s haben, erzeugen ein Drehmoment (Abschn. 2.5.4). Für das statische Gleichgewicht muss auch die Summe der Drehmomente gleich Null sein.

Gewichtskraft

Im Schwerefeld der Erde unterliegt jeder Körper an der Erdoberfläche der Erdbeschleunigung von $g = 9,81$ m/s^2. Dadurch wirkt auf die Masse m die Gewichts- bzw. auch als Schwerkraft bezeichnete Kraft F_g:

$$\boxed{F_g = mg \text{ mit } g = 9,81\,\frac{\mathrm{m}}{\mathrm{s}^2}, \quad \text{Gewichtskraft } F_g} \qquad (2.28)$$

Beispiel 2.2.2a
Auf eine Masse von 1 kg wirkt auf der Erde eine Gewichtskraft von 9,81 m/s^2.

Beispiel 2.2.2b
Ein Fahrstuhl ist für eine Last (Gewichtskraft) von 7500 N zugelassen. Damit kann die Masse $m = F/g = 760,45\,kg$ transportiert werden. Das sind etwa 10 Personen mit durchschnittlich 75 kg.

Frage 2.2.2c
Ein leichtes und ein schweres Boot sind durch ein Seil verbunden. Zur Annäherung der Boote wird an dem Seil gezogen. Ist es besser am leichten oder schweren Boot zu ziehen?
    Es ist egal wo gezogen wird (Kraft = Gegenkraft).

Frage 2.2.2d
Ist die Gewichtskraft in großer Höhe genau so groß wie an der Erdoberfläche?
    Nein, die Erdbeschleunigung und die Gewichtskraft nehmen mit zunehmender Höhe ab (4.2).

Freiköperbild

Um die resultierende Kraft zu bestimmen, müssen alle auf den Körper wirkenden Kräfte identifiziert und eingezeichnet werden. Bei dem in Abb. 2.12 gezeigten Beispiel der schiefen Ebene, sind das die Normalkraft F_n der Unterlage auf den Körper und die Gravitationskraft F_g der Erde auf den Körper. Die vektorielle Summe der beiden ergibt die resultierende Kraft, die am einfachsten mit dem in Abb. 2.12 dargestellten Koordinatensystem bestimmt wird:

$$x : \sin\alpha\, F_g = ma$$
$$y : F_n - \cos\alpha\, F_g = 0, \text{ da senkrecht zur schiefen Ebene keine Bewegung stattfindet.}$$

mit $F_g = mg$ folgt dann:

$$F_n = F_g\cos\alpha = mg\cos\alpha, \quad F_{Res} = mg\sin\alpha \quad \text{und} \quad a = g\sin\alpha.$$

Abb. 2.12 Kräfte auf einen Körper auf der schiefen Ebene. Es wirken die Normalkraft F_n der Unterlage sowie die Gravitationskraft F_g der Erde auf den Körper

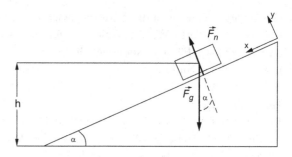

F_{Res} wird in diesem Zusammenhang oft irreführender Weise als Hangabtriebskraft bezeichnet.

Elastische Kräfte

Kräfte verursachen nicht nur eine Beschleunigung, sondern sie deformieren auch Körper. Diese üben dann *elastische Kräfte*, z. B. Federkräfte, aus. Das Verhalten von Festkörpern wird als elastisch bezeichnet, wenn die Deformation nach Wegfallen der Kräfte wieder vollständig verschwindet. Innerhalb gewisser Grenzen gilt das *Hooke'sche Gesetz* (Abschn. 3.1.1):

$$\boxed{\vec{F}_e = -k\,\vec{x} \quad [k] = \frac{\text{N}}{\text{m}}, \quad \text{Federkraft } F_e} \tag{2.29}$$

welches einen linearen Zusammenhang zwischen der elastischen Kraft F_e und der Auslenkung x liefert. In der Technik hat diese Gleichung besonders für Federn Bedeutung. k wird daher *Federkonstante* genannt.

Reibungskräfte

In der Praxis treten häufig Reibungskräfte auf. In der Mechanik fester Körper tritt Haftreibung und Gleitreibung auf. Beim Ziehen eines Klotzes stellt man fest, dass zur Einleitung der Bewegung eine relative große Kraft aufgebracht werden muss. Diese Kraft ist notwendig, um die *Haftreibung* zu überwinden. Ist die Bewegung jedoch eingeleitet, wird die zum Ziehen notwendige Kraft kleiner, da nur die *Gleitreibung* wirkt. Die dritte Variante ist die *Rollreibung* bei Rädern.

Die Experimente zeigen, dass alle drei Reibungstypen bei niedrigen Geschwindigkeiten den gleichen Gesetzen gehorchen. Die Reibungskräfte sind unabhängig von der Geschwindigkeit und von der Größe der Auflagefläche. Man stellt sich vor, dass sich mikroskopisch gesehen zwei Körper nur an drei Punkten berühren, so dass die Größe der Auflagefläche keine Rolle spielt. Die Reibungskraft F_r hängt von der Normalkraft F_n ab, die den Körper senkrecht auf seine Unterlage drückt:

$$\boxed{F_r = \mu\,F_n \quad [\mu] = 1. \quad \text{Reibungskraft } F_r} \tag{2.30}$$

Die Konstante μ wird Reibungszahl genannt. Sie wird in Tab. 2.3 für Anwendungsbeispiele der Haft-, Gleit- oder Rollreibung angegeben. In der Mechanik von Flüssigkeiten und Gasen treten andere Mechanismen der Reibung auf, die in Abschn. 3.3.2 und 3.3.3 eingeordnet sind.

Beispiel 2.2.2f
Wie groß ist die Haftreibungszahl μ, wenn ein Körper auf der schiefen Ebene $\alpha = 43°$ gerade noch liegen bleibt?
Die Gleichgewichtsbedingung lautet (Abb. 2.12): $F_{Res} = 0$ mit $F_r = \mu F_n = \mu F_g \cos \alpha$ folgt $F_g \sin \alpha - \mu F_g \cos \alpha$. Damit erhält man $\mu = \sin \alpha / \cos \alpha = \tan \alpha = \tan 43° = 0,93$.

Frage 2.2.2 g
Die Widerstandskraft bei Pkw wird für hohe Geschwindigkeiten größer. Ist das ein Widerspruch zu (2.30)?
Nein, (2.30) gilt nur für die Reibung zwischen festen Körpern (hier: Rollreibung). Die Luftreibung gehorcht anderen Gesetzen (3.23a).

2.2.2.3 Messung von Kräften
Das klassische Instrument zur Messung von Kräften ist die Federwaage. Moderne Verfahren nutzen Dehnungsmessstreifen, die auf deformierbare Bauelemente geklebt werden. Bei der Einwirkung von Kräften ändert sich der elektrische Widerstand proportional zur Längenänderung. Andere Methoden zur Kraftmessung beruhen auf dem Piezoeffekt in Kristallen oder Keramiken. Durch Kräfte wird der Kristall deformiert und es entstehen Oberflächenladungen, die elektronisch nachgewiesen werden (Abschn. 11.1.2). Auch optische Verfahren mit Glasfasern kommen zum Einsatz. Durch eine Deformation der Faser wird Licht ausgekoppelt und messtechnisch erfasst.

2.2.3 Bewegte Bezugssysteme, Trägheitskraft

Das Trägheitsgesetz (erstes Newton'sches Axiom) gilt in *Inertialsystemen*, in denen die Formulierung der Naturgesetze besonders einfach ist. Dies sind Systeme, die ruhen oder sich mit konstanter Geschwindigkeit v geradlinig bewegen. In Inertialsystemen gelten

Tab. 2.3 Haft-, Gleit- und Rollreibungszahlen (μ_H, μ_G, μ_R)

Oberflächen	μ_H	μ_G	μ_R
Gummi auf Asphalt	0,9	0,85	
Gummi auf Beton	0,65	0,5	
Gummi auf Eis	0,2	0,15	
Stahl auf Holz	0,5–0,6	0,2–0,5	
Stahl auf Stahl	0,15	0,12	
Kfz auf Straße			0,02–0,05
Bahn auf Schiene			0,002

die Gesetze der Mechanik in der bisher beschriebenen Form. Der Übergang von einem Inertialsystem in ein anderes wird durch die sogenannte *Galilei-Transformation* vollzogen (Abschn. 4.2.1). Die nach der Transformation wirkenden Kräfte bleiben gleich, da die Beschleunigung $a_s = \mathrm{d}v/\mathrm{d}t$ der Systeme gegeneinander gleich Null ist. Dagegen ändern sich die Geschwindigkeit und die Ortskoordinaten, wenn die Beschreibung von einem System ins andere übergeht.

2.2.3.1 Trägheitskraft F_T

In Systemen, die gegeneinander beschleunigt sind, werden unterschiedliche Kräfte gemessen. Zum Verständnis denken wir uns einen reibungslos gelagerten Körper in einer anfahrenden Bahn. Ein Beobachter im ruhenden System (z. B. Bahnhof) sieht, dass der Körper an der gleichen Stelle bleibt; die Bahn fährt unter dem Körper weg. Fährt man dagegen mit der beschleunigten Bahn ($a_s = const.$) mit, so bewegt sich der Körper entgegengesetzt zur Fahrtrichtung mit der Beschleunigung $-a_s$:

> In Systemen mit der Beschleunigung a_s wirkt auf eine Masse m die Trägheitskraft
> $F_T = -ma_s$.

Die Kraft $\vec{F}_{Res} = m\vec{a}$ in einem nicht beschleunigten (oder ruhenden) System und die Kraft $\vec{F}_{Res'} = m\vec{a'}$ in einem beschleunigten System lässt sich wie folgt ineinander umrechnen:

$$\vec{F}' = \vec{F} - m\vec{a}_s, \tag{2.31}$$

wobei a_s die Beschleunigung des System angibt. Die Größe

$$\boxed{\vec{F}_T = -m\vec{a}_s. \quad \text{Trägheitskraft } \vec{F}_T} \tag{2.32}$$

nennt man *Trägheitskraft*. Sie ist eine Scheinkraft, die auf die Beschleunigung eines Koordinatensystems zurückzuführen ist.

Die Trägheitskraft spürt man beim Beschleunigen eines Fahr- oder Flugzeuges. Der Insasse wird nach (2.32) entgegengesetzt zur Beschleunigung in den Sitz gedrückt. Beim Abbremsen dagegen wirkt die Trägheitskraft nach vorn.

Beispiel 2.2.3a

Welche Kräfte wirken auf das Seil einer Aufzugskabine ($m = 1000$ kg), wenn sie sich

a) mit der Beschleunigung von $a = 1,5$ m/s^2 abwärts und
b) mit der Beschleunigung von $a = 1,5$ m/s^2 aufwärts bewegt?

Die Kraft F_S auf das Seil ist die Summe aus der Gewichtskraft F_g und der Trägheitskraft F_T:
$F_S = F_g + F_T$ mit $F_g = mg$ und $F_T = \pm ma$

a) $F_S = mg - ma = 8310$ N.
b) $F_S = mg + ma = 11.300$ N.

Beispiel 2.2.3b
Ein Kfz mit 50 km/h kommt bei einem Unfall innerhalb von 2 m vollständig zum Stillstand. Die Kraft auf einen Sicherheitsgurt hängt von der Masse der angeschnallten Person ab und kann wie folgt berechnet werden:
Die Bremsverzögerung a berechnet sich aus $a = v/t$ und $s = vt/2$ zu $a = v^2/2s = 48,2$ m/s². Damit wird für eine Person mit $m = 75$ kg die Kraft auf den Sicherheitsgurt (= Trägheitskraft) $F = ma = 3616,9$ N. (Dies entspricht einer Belastung des senkrecht aufgehängten Gurtes durch eine Masse von 368,7 kg.)

Frage 2.2.3c
Wodurch entsteht die Trägheitskraft?
Die Trägheitskraft tritt durch Wahl eines beschleunigten Bezugssystems zur Beschreibung des Problems auf. Sie muss eingeführt werden, damit das Bewegungsgesetz seine Form beibehält, da dieses in seiner ursprünglichen Form nur in Inertialsystemen gültig ist.

2.2.4 Zentrifugal- und Corioliskraft

Bei Kreisbewegungen ändert sich ständig die Richtung der Geschwindigkeit, da eine Radialbeschleunigung auftritt. Die Radialbeschleunigung ist der Grund für die Bewegung auf einem Kreis. Rotierende Koordinatensysteme sind also beschleunigte Systeme, auch wenn die Rotation gleichförmig ist. Daher treten bei Rotationen ebenfalls Trägheits- oder Scheinkräfte auf: die *Zentrifugal-* und *Corioliskraft*.

2.2.4.1 Zentrifugalkraft F_Z
Bei Drehbewegungen tritt immer die Radialbeschleunigung $a_r = v^2/r = \omega^2 r$ (2.21) auf. Dabei ist r der Radius der Kreisbahn, v die Bahngeschwindigkeit und ω die Winkelgeschwindigkeit. Oben wurde festgestellt: *In Systemen mit der Beschleunigung a_s wirkt auf eine Masse m die Trägheitskraft $F_T = ma_s$.* Bei der Bewegung einer Masse m auf einer Kreisbahn ist $a_r = a_s$. Man erhält für die Trägheitskraft $F_Z = F_T$ bei Kreisbewegungen, die man *Zentrifugalkraft* nennt:

$$F_Z = ma_r = \frac{mv^2}{r} = m\omega^2 r. \quad \text{Zentrifugalkraft } F_Z \qquad (2.33)$$

Die Zentrifugalkraft F_Z ist nach außen gerichtet und sie beträgt $F_Z = mv^2/r$.

Man spürt die Zentrifugalkraft als seine eigene Trägheit beispielsweise, wenn ein Auto durch eine Kurve fährt. Das Auto wird durch die Lenkung auf eine Kreisbahn gebracht.

Der Insasse würde sich aufgrund seiner Trägheit geradeaus weiterbewegen. Der Autositz übt jedoch eine Kraft seitlich zur Fahrtrichtung aus, in Richtung des Mittelpunktes der Kreisbewegung. Diese Kraft nennt man *Zentripetalkraft F_r*. Die *Zentrifugalkraft F_Z* ist die Scheinkraft, die bei Betrachtung aus dem beschleunigten Bezugssystems des Autos hinzugefügt werden muss. Sie zeigt in radialer Richtung nach außen und ist betragsmäßig gleich groß.

Besondere Bedeutung hat die Zentrifugalkraft in der Technik, beispielsweise bei der Beschreibung von Zentrifugen oder Zyklonen (Staubabscheider).

Beispiel 2.2.4a

Wie groß ist die Zentrifugalkraft auf eine Masse m am Äquator? Wie viel Prozent von der Gewichtskraft ist die Zentrifugalkraft?

Die Zentrifugalkraft beträgt $F_Z = m\omega^2 r$ mit $\omega = 2\pi/T$ ($r = 6,38 \cdot 10^6$ m = Erdradius, $T = 24 \cdot 3600$ s = 1 Tag).

Die   Gewichtskraft   ist $F_g = mg$.   Damit   erhält   man
$F_Z/F_g = r\left(4\pi^2\right)/\left(T^2 g\right) = 0,0034 = 0,34\ \%$.

Beispiel 2.2.4b

Bei einer Eisenbahnkurve sollen die Gleise so überhöht werden, dass die Kraft auf die Wagen senkrecht zum Gleiskörper gerichtet ist. Der Kurvenradius beträgt $R = 1$ km und die Geschwindigkeit des Zuges $v = 120\ km/$h. Welchen Überhöhungswinkel α müssen die Gleise haben?

Die am Wagen angreifenden Kräfte sind die Zentrifugalkraft F_Z und die Gewichtskraft F_g, die senkrecht zueinander stehen. Die Resultierende soll senkrecht zum Gleiskörper stehen.

Es gilt $tan\alpha = F_Z/F_g = mv^2/(Rmg) = v^2/(Rg)$ und $\alpha = 6,5°$.

Beispiel 2.2.4c

In einem Kfz ist ein Andenken an einer Schnur aufgehängt. Beim Durchfahren einer Kurve auf der Autobahn wird die Schnur bei $v = 120$ km/h um $\alpha = 25°$ ausgelenkt. Berechnen Sie den Kurvenradius r.

Die Zentrifugalkraft F_Z wirkt waagerecht und die Gewichtskraft F_g senkrecht nach unten. Machen Sie eine Skizze. Für den Winkel α gilt $\tan\alpha = \left|F_z/F_g\right| = v^2/rg$ und $r = v^2/(g\,\tan\alpha) = (100/3,6)^2/(9,81\tan 25°)$ m $= 168,7$ m.

Frage 2.2.4d

Was ist das Gemeinsame zwischen der Zentrifugalkraft und einer Trägheitskraft?

Die Zentrifugalkraft ist eine Trägheitskraft, die bei der Wahl eines rotierenden bzw. eines sich auf einer gekrümmten Bahn bewegenden Bezugssystems auftritt und eingeführt werden muss.

2.2.4.2 Corioliskraft

In rotierenden Systemen tritt noch eine zweite Trägheitskraft auf, die nach ihrem Entdecker Coriolis benannt ist. Sie wirkt nur auf bewegte Körper. In der Technik hat sie wenig Bedeutung. Wichtig ist die Corioliskraft in der Meteorologie bei der Entstehung von Windsystemen.

Eine Kreisscheibe (oder die Erde) rotiert mit der Winkelgeschwindigkeit ω. Eine Masse m bewegt sich in radialer Richtung mit der Geschwindigkeit v. Für einen ruhenden Beobachter außerhalb des rotierenden Systems (im Inertialsystem) bewegt sich die Kugel geradlinig und die Scheibe dreht sich unter der Masse weg. Die Spur der Masse auf der Scheibe dagegen beschreibt eine gekrümmte Bahn. Ein Beobachter auf der Scheibe (oder der Erde) wird also feststellen, dass auf eine sich radial bewegende Masse eine Kraft wirkt, welche die beschriebene Krümmung oder Ablenkung verursacht.

2.2.4.3 Corioliskraft und Meteorologie

Aus einem Hochdruckgebiet strömt die Luft zunächst in radialer Richtung in Bereiche niedrigen Druckes. Im rotierenden System der Erde wirkt auf die bewegten Luftmassen die Corioliskraft. Auf der Nordhalbkugel verursacht diese Kraft eine Abweichung nach rechts (Abb. 2.13a). Dadurch wird die anfänglich radiale Luftströmung spiralförmig abgelenkt. Das Windsystem bei Tiefdruckgebieten ist im Abb. 2.13b dargestellt.

Auch die globalen Windsysteme, wie die Passat- und Monsunwinde, werden durch die Corioliskraft aus ihrer ursprünglichen Süd-Nord-Richtung (oder Nord-Süd) nach Osten (oder Westen) umgelenkt. (Durch die permanenten Westwinde dauert der Flug New York-Europa eine Stunde weniger als in umgekehrter Richtung.)

2.2.4.4 Foucault'sches Pendel

Ein interessanter Versuch zum Nachweis der Erddrehung kann mit einem reibungsfrei gelagerten Pendel durchgeführt werden. Die Erde bewegt sich unter dem schwingenden Pendel weg. Daher dreht sich die Schwingungsebene auf der Erde. Die Drehung der Pendel wird durch die Corioliskraft beschrieben.

Frage 2.2.4e
Spürt man die Corioliskraft, wenn ein Pkw um die Kurve fährt?

Nein, die Corioliskraft tritt nur auf, wenn sich ein Körper im rotierenden System (in radialer Richtung) bewegt. (Die Corioliskraft auf den Pkw durch die Erdrotation ist vernachlässigbar.)

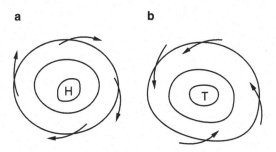

Abb. 2.13 Wirkung der Corioliskraft auf Windströmungen der Nordhalbkugel: **a** Windsystem eines Hochdruckgebietes. Die zunächst radiale Luftströmung wird durch die Corioliskraft spiral-förmig (nach rechts) abgelenkt. **b** Windsystem eines Tiefdruckgebietes

2.3   Arbeit, Energie und Leistung

2.3.1   Arbeit

Zum Verschieben von Körpern benötigt man in der Regel eine Kraft und es wird Arbeit verrichtet.

> Die Berechnung der Arbeit W wird einfach, wenn die Kraft $\vec{F}$ konstant bleibt. Für diesen Fall ist die Arbeit W durch das skalare Produkt aus Kraft $\vec{F}$ und dem zurückgelegten Weg $\vec{s}$ beschrieben:

$$\boxed{W = \vec{F} \cdot \vec{s} \quad [W] = \mathrm{N\,m} = \mathrm{J}\ (\text{Joule}) = \mathrm{W\,s}. \quad \text{Arbeit } W} \tag{2.34a}$$

Während Kraft $\vec{F}$ und Weg $\vec{s}$ Vektoren sind, ist die Arbeit W eine ungerichtete Größe, also ein Skalar. Das skalare Produkt zweier Vektoren $\vec{F}$ und $\vec{s}$ ist gegeben durch das Produkt der Beträge der Vektoren F und s und dem Kosinus des eingeschlossenen Winkels φ der beiden Vektoren. Dies wird an folgendem Beispiel erläutert. Abb. 2.14 zeigt die Fortbewegung eines Gegenstandes unter dem Einfluss einer Kraft $\vec{F}$. Die Kraft $\vec{F}$ wirkt seitlich zum zurückgelegten Weg $\vec{s}$ unter dem Winkel φ. Für die Arbeit ist nur die Kraftkomponente in Richtung des Weges $\vec{s}$ von Bedeutung. Die verrichtete Arbeit W beträgt:

$$\boxed{W = F\,s\,\cos\varphi. \quad \text{Arbeit } W} \tag{2.34b}$$

Diese Gleichung ist mit der vektoriellen Schreibung (2.34a) identisch. Ändert sich die Kraft $\vec{F}$ oder die Richtung des zurückgelegten Weges $\vec{s}$, kann die Berechnung der Arbeit zunächst nur für kurze Wegelemente $\mathrm{d}\vec{s}$ erfolgen:

$$\mathrm{d}W = \vec{F} \cdot \mathrm{d}\vec{s} \tag{2.34c}$$

Abb. 2.14 Begriff der Arbeit:
$W = F\,s\,\cos\varphi = \vec{F} \cdot \vec{s}$

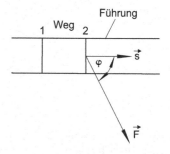

Die gesamte Arbeit bei Verschiebung von der Stelle 1 nach 2 wird durch Integration gewonnen:

$$W = \int_1^2 \mathrm{d}W = \int_1^2 \vec{F} \cdot \mathrm{d}\vec{s}. \tag{2.34d}$$

2.3.2 Energie

Durch Arbeit wird die Energie eines Systems durch einen Prozess verändert. Die Arbeit als Prozessgröße beschreibt den Prozess. Die Energie charakterisiert als Zustandsgröße den Zustand des Systems. Die Einheiten von Arbeit und Energie sind gleich.

2.3.2.1 Kinetische Energie E_{kin}

Der Zusammenhang zwischen Arbeit und Energie wird an einem einfachen Beispiel deutlich. Wirkt auf einen Körper längs des Weges s die Kraft F, beträgt die verrichtete Arbeit $W = Fs$, sofern F und s parallel gerichtet sind. Im reibungsfreien Fall erreicht der Körper, der hier anfänglich als ruhend angenommen wurde, die Geschwindigkeit v. Dadurch hat er die Fähigkeit gewonnen, Arbeit zu verrichten, d. h. er hat Energie gespeichert. Diese Bewegungsenergie nennt man *kinetische Energie* E_{kin}. Sie ergibt sich aus $E_{kin} = W = Fs$ sowie einigen elementaren Gleichungen der beschleunigten Bewegung ($F = ma$, $s = at^2/2$ und $a = v/t$) zu:

$$\boxed{E_{kin} = \frac{mv^2}{2} \quad [E_{kin}] = \mathrm{J} = \mathrm{W\,s}. \quad \text{Kinetische Energie } E_{kin}} \tag{2.35}$$

Eine Masse m mit der Geschwindigkeit v besitzt die kinetische Energie $E_{kin} = mv^2/2$.

Beispiel 2.3.2a
Ein Kfz mit der Masse $m = 900\,\mathrm{kg}$ und der Geschwindigkeit $v = 100\,\mathrm{km/h}$ besitzt die kinetische Energie von $E_{kin} = mv^2/2 = 347.222\,\mathrm{J}$ (oder W s).

Beispiel 2.3.2b
Bei einem Kfz vervierfacht sich die kinetische Energie (und damit der mögliche Unfallschaden) bei Verdopplung der Geschwindigkeit. Also besser langsamer fahren!

2.3.2.2 Potenzielle Energie E_{pot}

Unter der potenziellen Energie E_{pot} versteht man die Fähigkeit eines Körpers, aufgrund seiner Lage im Gravitationsfeld Arbeit zu verrichten. Diese Energieform tritt beim Heben einer Masse m auf die Höhe h auf. Zum Heben einer Masse m muss mindestens die Kraft $F = mg$ wirken. Dabei ist die Hubarbeit $W = F\,h = mgh$ erforderlich, welche *die potenziellen Energie* E_{pot} des Systems aus Körper und Gravitationsfeld um den Betrag mgh erhöht. Potenzielle Energie ist gespeicherte Hubarbeit.

$$E_{pot} = mgh \quad [E_{pot}] = \text{J} = \text{W s. Potenzielle Energie } E_{pot}} \tag{2.36}$$

> Eine Masse m besitzt in der Höhe h die potenzielle Energie $E_{pot} = mgh$.

Beispiel 2.3.2c

Mit der Energie von 347.222 J (aus Beispiel 2.3.2a) kann das Kfz mit der Masse von $m = 900$ kg auf die Höhe h gerollt werden. Berechnung von h: Aus $E_{pot} = mgh$ folgt $h = E_{pot}/mg = 39,3$ m.

Beispiel 2.3.2d

Ein Krahn befördert eine Masse mit 1 Tonne auf eine Höhe von 10 m. Was kostet der Vorgang bei einem Strompreis von 0,2 € pro kW h (100 % Wirkungsgrad)?

Die potenzielle Energie berechnet sich zu $E_{pot} = mgh = 1000 \cdot 9,81 \cdot 10$ kg m$^2/s^2 = 98,1$ kW s $= 0,027$ kW h. Der Preis beträgt $0,027$ kW h $\cdot 0,2$ €/kW h $= 0,0055$ €.

2.3.2.3 Elastische Energie E_e

Wirkt auf eine Feder oder anderes Bauteil eine Kraft, so findet eine Verformung statt. Man spricht von einer *elastischen Deformation,* wenn nach Abschalten der Kraft wieder die ursprüngliche Form auftritt. Bei der elastischen Deformation einer Feder oder eines anderen Körpers muss Arbeit aufgewendet werden, die als Energie gespeichert wird. Man berechnet die *elastische Energie* E_e mit (2.29) und (2.34d) (F = Kraft, s = zurückgelegter Weg, c = Federkonstante):

$$E_e = \int\limits_0^s F \mathrm{d}s = \int\limits_0^s cs\mathrm{d}s = \frac{cs^2}{2} \quad [E_e] = \text{J} = \text{W s.} \quad \text{Elastische Energie } E_e \tag{2.37}$$

Man kann diese Energieform auch zur *potenziellen Energie* zählen, da sie nur von der Ortskoordinate s abhängt.

Beispiel 2.3.2e

Ein Waggon ($m = 40$ t) rollt mit $v = 15$ km/h gegen einen Puffer und drückt dessen Feder um $s = 5$ cm zusammen. Wie groß ist die Federkonstante c der Feder?

Die kinetische Energie wird in elastische Energie umgewandelt: $E_{kin} = E_e$ oder $mv^2/2 = cs^2/2$.

Daraus folgt: $c = mv^2/s^2 = 2,78 \cdot 10^8$ N/m.

2.3.3 Leistung

Unter der Leistung P versteht man die pro Zeitintervall dt verrichtete Arbeit dW:

$$P = \frac{dW}{dt} \quad [P] = \text{W} = \text{Watt}. \quad \text{Leistung } P \tag{2.38a}$$

Für die Einheit ergibt sich $[P] = \text{W} = \text{Watt} = \text{J/s}$. Für eine konstante Leistung $P = const.$ kann man die einfachere Gleichung verwenden:

$$P = \frac{\Delta W}{\Delta t} \quad [P] = \text{W} = \text{Watt}. \quad \text{Leistung } P \tag{2.38b}$$

Die Leistung P kann auch durch die Kraft F und die Geschwindigkeit v ausgedrückt werden:

$$P = Fv. \quad \text{Leistung } P \tag{2.38c}$$

Diese Beziehung folgt aus $P = \Delta W / \Delta t = F \cdot \Delta s / \Delta t = F \cdot v$.

Beispiel 2.3.3a
Eine Lichtquelle hat eine elektrische Leistung von $P = 15$ W. Was kostet ein Betrieb von 24 h bei einem Preis von 0,2 €/kW h?

Die umgesetzte Energie ist $W = Pt = 15 \cdot 24$ W h $= 360$ W h $= 0,36$ kW h. Der Preis beträgt: Preis $= 0,36$ kW h $\cdot 0,2$ €/kW h $= 0,072$ €.

Beispiel 2.3.3b
Die Leistung einer Wasserturbine bei einem Stausee beträgt $P = 11$ MW. Die Höhe beträgt $h = 8$ m. Wie viel m³ pro Sekunde fließen durch die Turbine?

Es gilt: $P = W/t = mgh/t$. Daraus folgt: $m/t = P/gh = \frac{11 \cdot 10^6}{9{,}81 \cdot 8}$ W s²/m² $= 140.163$ kg/s. Das entspricht $140,163$ m³/s.

Beispiel 2.3.3c
Der Motor eines Krans hat eine Leistung von $P = 10$ kW. Welche Masse m kann er in $t = 2$ min auf eine Höhe $h = 30$ m heben?

$P = mgh/t$. Daraus folgt: $m = Pt/gh = 4077$ kg.

Frage 2.3.3d
Wann gilt $P = \Delta W / \Delta t$ und wann $P = dW/dt$?

Bei konstanter Leistung gilt $P = \Delta W / \Delta t$, sonst $P = dW/dt$.

2.3.4 Energieerhaltung

Es ist eine Erfahrung, dass Energie weder verschwindet noch aus dem Nichts entsteht, wohl aber von einer Energieform in eine andere umgewandelt werden kann. Diese als *Energieerhaltungssatz* bezeichnete Erkenntnis kann man auch so formulieren:

> In einem abgeschlossenen System bleibt die Summe aller Energien E_{gesamt} erhalten.

Ein abgeschlossenes System ist dadurch gekennzeichnet, dass es von außen keine Energie aufnimmt oder abgibt. In einem abgeschlossenen mechanischen System ohne Reibung gilt also:

$$E_{kin} + E_{pot} = E_{gesamt} = const. \quad \text{Energieerhaltung} \tag{2.39a}$$

Diese spezielle Formulierung des Energiesatzes gilt nur für sogenannte *konservative Kräfte*. Dazu zählen die Gewichtskraft und elastische Kraft, die nur zur kinetischen (E_{kin}) oder potenziellen (E_{pot}) Energie beitragen. Reibungsvorgänge und nichtelastische Verformung werden durch *nichtkonservative Kräfte* oder *dissipative Kräfte* verursacht, die zur Reibungsenergie E_r führen. Der Energiesatz nimmt in der Mechanik dann folgende Form an:

$$\boxed{E_{kin} + E_{pot} + E_r = E_{gesamt} = const. \quad \text{Energieerhaltung}} \tag{2.39b}$$

Dissipative Kräfte führen letztendlich zu Wärmeenergie. Der Energiesatz in der Wärmelehre führt zum 1. Hauptsatz der Wärmelehre (Abschn. 5.3.2). Sind noch andere Energieformen vorhanden, wie Wärme, elektrische Energie, Strahlung, chemische Energie, müssen diese in obige Gleichungen mit eingefügt werden.

Beispiel 2.3.4a
Ein Kfz rollt mit $v = 50$ km/h antriebslos einen Berg hoch (ohne Reibung). Welche Höhe h erreicht es?
Die Energieerhaltung hat zur Folge: $E_{pot} = E_{kin}$ oder $mgh = mv^2/2$. Es folgt: $h = v^2/2g = 9,83$ m.

Beispiel 2.3.4b
Eine senkrecht gestellte Schraubenfeder (Federkonstante $c = 2,0$ N/cm) wird um $s = 15$ cm zusammengedrückt. Auf der Feder befindet sich eine Masse von 80 g. Wie hoch springt die Kugel, wenn sich die Feder plötzlich entspannt?
Die Energieerhaltung hat zur Folge: $E_{pot} = E_e$ oder $mgh = cs^2/2$. Es folgt: $h = cs^2/2mg = 2,87$ m. Prüfen der Einheiten: $[h] = \left(\text{kg} \cdot \text{m} \cdot \text{m}^2 \cdot \text{s}^2\right) / \left(\text{s}^2 \cdot \text{m} \cdot \text{kg} \cdot \text{m}\right) = \text{m}$.

Frage 2.3.4c

Welche Aussagen kann man mit dem Energiesatz bei der Bewegung eines Pendels machen?

In einem reibungsfreien Pendel wird periodisch potenzielle Energie in kinetische umgewandelt. Durch Reibung entsteht zusätzlich Wärmeenergie.

Frage 2.3.4d

Machen Sie eine Aussage mithilfe des Energiesatzes zur Fallbewegung.

Beim Fall wird potenzielle Energie in kinetische umgewandelt.

2.4   Impuls

Der Impuls $\vec{p}$ und sein Zusammenhang mit der Kraft $\vec{F}$ wurde bereits mit dem zweiten Newton'schen Axiom eingeführt (2.25c und 2.26):

$$\vec{p} = m\,\vec{v} \quad \text{und} \quad \vec{F} = \frac{d\vec{p}}{dt} \quad [\vec{p}] = kg\,\text{m/s} = \text{N s}. \quad \text{Impuls } \vec{p}$$

Beispiel 2.4a

Eine Person drückt ein Boot ($m = 500$ kg) mit einer konstanten Kraft von $F = 75$ N über $t = 5$ s von einem Steg ab. Wie groß sind der Impuls p und die Geschwindigkeit v des Bootes?

Der Zusammenhang zwischen Kraft und Impuls lautet: $F = dp/dt = p/t$.

Daraus folgen: $p = Ft = 375$ N s und $v = p/m = 0,75$ m/s.

2.4.1   Impulserhaltung

Ein weiterer wichtiger Erhaltungssatz ist der Impulssatz. Nach dem ersten Newton'schen Axiom bleibt im kräftefreien Zustand die Geschwindigkeit und damit auch der Impuls einer Masse konstant. Darüber hinaus gilt für ein abgeschlossenes System vieler Teilchen, d. h. ohne Wirkung äußerer Kräfte, der *Impulserhaltungssatz*:

In einem abgeschlossenen System bleibt der Gesamtimpuls $\vec{p}_{gesamt}$ erhalten:

$$\sum_i \vec{p}_i = \vec{p}_{gesamt} = const. \quad \text{Impulserhaltung} \tag{2.40}$$

Anders als beim Energieerhaltungssatz handelt es sich um eine vektorielle Gleichung.

Beispiel 2.4.1a

Ein Düsenmotor stößt beim Start eines Flugzeugs ($m_F = 10.000$ kg) eine Gasmasse von $m_T = 100$ kg mit einer Geschwindigkeit von $v_T = 4000$ m/s aus. Welche Geschwindigkeit erreicht das Flugzeug?

Der Impuls des Flugzeugs plus der Impuls der Gasmasse ist gleich null: $m_F v_F + m_T v_T = 0$
$\Rightarrow v_F = m_T v_T / m_F = -40$ m/s.
(In der Rechnung wird nicht berücksichtigt, dass das Flugzeug seine Masse durch den verbrannten Treibstoff verringert.)

Beispiel 2.4.1b
Ein Waggon (Masse m) rollt mit der Geschwindigkeit v gegen einen ruhenden Waggon (auch Masse m) und kuppelt ein, so dass beide Waggons gemeinsam weiter rollen. Wie groß ist die Geschwindigkeit v'?
Beim Einkuppeln wird kinetische Energie in Wärme umgewandelt, so dass die kinetische Energie verändert wird. Dagegen bleibt bei diesem Vorgang der Impuls erhalten: $mv = 2mv'$ und $v' = v/2$.

Beispiel 2.4.1c
Obige Aufgabe wird verändert: Ein Waggon 1 (Masse m) rollt mit der Geschwindigkeit v gegen einen ruhenden Waggon 2 (auch Masse m) und stößt ihn an ohne einzukuppeln. Wie groß ist die Geschwindigkeit beider Waggons nach dem Stoß v_1' und v_2'?
Bei diesem elastischen Stoß bleiben die kinetische Energie und der Impuls erhalten: $mv^2/2 = mv_1'^2/2 + mv_2'^2/2$ und $mv = mv_1' + mv_2'$. Daraus folgen: $v^2 = v_1'^2 + v_2'^2$ und $v = v_1' + v_2'$. Man kann überprüfen, dass beide Gleichungen gültig sind, wenn $v_1' = 0$ und $v = v_2'$ ist. Das bedeutet, dass Waggon 1 stehen bleibt und seine Geschwindigkeit auf Waggon 2 überträgt.

Frage 2.4.1d
Geben Sie Beispiele zum Impulssatz.
Eine Person springt von einem ruhenden Boot weit weg ins Wasser. Der Impuls des Springers ist dem Betrag nach gleich dem des Bootes. Die Richtungen sind entgegengesetzt und die vektorielle Summe des Impulses bleibt Null.
Beim Stoß von Billardkugeln untereinander bleibt der Impuls erhalten.
Beim Schuss aus einer Waffe ist der Impuls des Geschosses dem Betrag nach gleich dem der Waffe und es entsteht ein Rückstoß.

2.4.2   Schwerpunkt

Der *Massenmittelpunkt* oder *Schwerpunkt* eines Systems verschiedener Massenpunkte m_1, m_2, … kann durch den Ortsvektor $\vec{r}_s$ definiert werden:

$$\vec{r}_s = \frac{m_1 \vec{r}_1 + m_2 \vec{r}_2 + \dots}{m}. \tag{2.41}$$

Die gesamte Masse beträgt $m = m_1 + m_2 + \dots$; $\vec{r}_1$, $\vec{r}_2$, …stellen die Ortsvektoren der einzelnen Massen dar. Differenziert man diese Gleichung, erhält man die Geschwindigkeit des Schwerpunktes $\vec{v}_s$:

$$\vec{v}_s = \frac{m_1 \vec{v}_1 + m_2 \vec{v}_2 + \dots}{m} = \frac{\vec{p}}{m} \quad \text{oder} \quad \vec{p} = m\vec{v}_s, \tag{2.42}$$

wobei $\overrightarrow{p}$ den gesamten Impuls angibt. Die Geschwindigkeit des Schwerpunktes $\overrightarrow{v}_s$ und die gesamte Masse m bestimmen den Impuls. Durch nochmaliges Differenzieren ergibt sich:

$$\overrightarrow{F}_{Res} = m\,\overrightarrow{a}_s = \frac{d\overrightarrow{p}}{dt}. \tag{2.43}$$

Der Schwerpunkt eines Systems bewegt sich so, als sei die gesamte Masse darin vereinigt und als griffen die äußeren Kräfte im Schwerpunkt an (Schwerpunktsatz).

2.4.3 Stoßgesetze

Durch Anwendung des Impuls- und Energieerhaltungssatzes können viele mechanische Probleme gelöst werden. Ein wichtiges Beispiel ist der Stoß zwischen zwei Massen m_1 und m_2. Beim geraden, zentralen Stoß spielt sich die Bewegung auf der Verbindungslinie zwischen den beiden Massen ab; anders ist dies beim schiefen Stoß. Man nennt einen Stoß *elastisch,* wenn die kinetische Energie erhalten bleibt und keine Reibung oder dauerhafte Deformation auftritt, andernfalls ist der Stoß *inelastisch.*

2.4.3.1 Gerader, elastischer Stoß

Beim *geraden, zentralen Stoß* bewegen sich die Massen m_1 und m_2 auf einer Graden; Rotationen treten nicht auf. Die Summe der Impulse verändert sich beim Stoß nicht. Da die Impulsvektoren gleiche Richtung besitzen, kann der Impulserhaltungssatz skalar geschrieben werden:

$$m_1 v_1 + m_2 v_2 = m_1 u_1 + m_2 u_2.$$

Die Geschwindigkeiten vor und nach dem Stoß sind v_1, v_2 bzw. u_1, u_2. Der Impulssatz allein genügt offenbar nicht zur Berechnung des Vorganges, da zwei Unbekannte u_1 und u_2 auftreten. Für den Energieerhaltungssatz bei *elastischen Stößen* gilt:

$$\frac{m_1 v_1^2}{2} + \frac{m_2 v_2^2}{2} = \frac{m_1 u_1^2}{2} + \frac{m_2 u_2^2}{2}.$$

Aus beiden Gleichungen können die Unbekannten u_1 und u_2 bestimmt:

$$u_1 = \frac{2m_2}{m_1 + m_2} v_2 + \frac{m_1 - m_2}{m_1 + m_2} v_1, \quad u_2 = \frac{2m_1}{m_1 + m_2} v_1 + \frac{m_2 - m_1}{m_1 + m_2} v_2.$$

2.4.3.2 Gerader, inelastischer Stoß

Beim *inelastischen Stoß* wird kinetische Energie in Reibungs- oder Deformationsarbeit ΔW umgewandelt. Der oben formulierte Energiesatz muss modifiziert werden:

$$\frac{m_1 v_1^2}{2} + \frac{m_2 v_2^2}{2} = \frac{m_1 u_1^2}{2} + \frac{m_2 u_2^2}{2} + \Delta W.$$

Der Impulssatz in zuletzt zitierter Form behält weiter seine Gültigkeit. Nach dem Stoß tritt neben u_1 und u_2 eine weitere Unbekannte ΔW auf, so dass eine Lösung ohne zusätzliche Information nicht möglich ist.

Ein spezieller Sonderfall liegt vor, wenn die beiden Körper nach dem Stoß miteinander verkoppelt bleiben und sich mit gleicher Geschwindigkeit bewegen ($u = u_1 = u_2$). Nach dem Impulserhaltungssatz gilt:

$$m_1 v_1 + m_2 v_2 = (m_1 + m_2)u.$$

Aus dieser Gleichung kann u bestimmt werden. Durch Einsetzen in den Energiesatz ist der Energieverlust ΔW für diesen Sonderfall berechenbar.

2.5   Dynamik der Rotation

2.5.1   Energie und Trägheitsmoment

Auf den vorangehenden Seiten wurde die Dynamik der geradlinigen Bewegung erörtert. Von großer technischer Bedeutung sind auch Drehbewegungen, zu deren Beschreibung eine Reihe von Begriffen, wie *Drehmoment, Drehimpuls, Trägheitsmoment,* eingeführt werden. Bei Rotationen tritt das zusätzliche Problem auf, dass nicht nur die Masse, sondern auch deren räumliche Verteilung eine Rolle spielt. Beispielsweise haben zwei Schwungräder gleicher Masse mit verschiedenen Radien unterschiedliches Verhalten. Dieses hängt mit dem Begriff des Trägheitsmoments zusammen, der im Folgenden untersucht wird.

2.5.1.1 Rotationsenergie E_{rot} (Massenpunkt)

In rotierenden Massen, z. B. Schwungrädern, ist kinetische Energie gespeichert, die man *Rotationsenergie* nennt. In diesem Abschnitt werden Drehungen mit konstanter Winkelgeschwindigkeit ω betrachtet. Für einen Massenpunkt der Masse m, der auf einem Kreis mit dem Radius r rotiert, kann die Rotationsenergie berechnet werden (Abb. 2.15a):

$$\boxed{E_{rot} = \frac{mv^2}{2} = \frac{mr^2\omega^2}{2} \quad [E_{rot}] = \mathrm{J} = \mathrm{W\,s}. \quad \text{Rotationsenergie } E_{rot}}$$

(2.44)

$v = r\omega$ (2.24) gibt die Bahngeschwindigkeit an und ω die Winkelgeschwindigkeit.

Die Rotationsenergie eines Massenpunktes ist gegeben durch $E_{rot} = mr^2\omega^2/2$.

2.5.1.2 Rotationsenergie E_{rot} (Starrer Körper)

Zur Berechnung der Rotationsenergie eines ausgedehnten Körpers wird   Abb. 2.15b benutzt. Der Körper rotiert um seine Drehachse mit der Winkelgeschwindigkeit ω. Zur

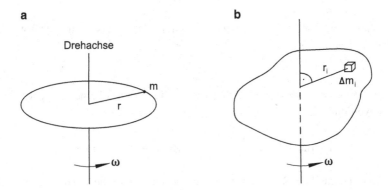

Abb. 2.15 Zur Berechnung der Energie rotierender Massen: **a** Punktförmige Masse, **b** Ausgedehnter Körper, Massenträgheitsmoment

Berechnung der Energie zerlegt man das Volumen eines Körpers in möglichst viele Massenelemente Δm_i, die jeweils den Abstand r_i von der Drehachse aufweisen. Für jedes Massenelement gilt nach (2.44):

$$\Delta E_i = \frac{\Delta m_i r_i^2 \omega^2}{2}.$$

ΔE_i stellt die Rotationsenergie des Elementes Δm_i dar. Die Gesamtenergie des Körpers erhält man durch Summation über alle Werte i:

$$E_{rot} = \sum_i \Delta E_i = \frac{\omega^2}{2} \sum_i r_i^2 \Delta m_i. \tag{2.45a}$$

Bei sehr feiner Unterteilung des Körpers in Massenelemente ($\Delta m_i \to \mathrm{d}\,m$) wird aus der Summe ein Integral:

$$E_{rot} = \frac{\omega^2}{2} \int r^2 \mathrm{d}m. \tag{2.45b}$$

Die Grenzen der Integration schließen die gesamte Masse m ein.

2.5.1.3 Massenträgheitsmoment J

Bei einem ausgedehnten Körper ist die Berechnung der Summe bzw. des Integrals oft kompliziert. Man führt die Abkürzung $J = \int_0^m r^2 \mathrm{d}m$ ein und schreibt für die Rotationsenergie:

$$\boxed{E_{rot} = J \frac{\omega^2}{2} \quad [E_{rot}] = \mathrm{J} = \mathrm{W\,s}. \quad \text{Rotationsenergie } E_{rot}} \tag{2.46}$$

> Die Rotationsenergie eines Körpers ist durch das Massenträgheitsmoment J gegeben: $E_{rot} = J\omega^2/2$.

Man nennt die Größe J *Massenträgheitsmoment*, für welches keine einfache Gleichung angegeben werden kann:

$$\boxed{J \text{ siehe Tab. 2.4} \quad [J] = kg\, m^2. \quad \text{Massenträgheitsmoment } J} \tag{2.47}$$

Die Rotationsenergie E_{rot} (2.46) hat eine analoge Form wie die kinetische Energie E_{kin} der gradlinigen Bewegung:

$$E_{kin} = m\frac{v^2}{2} \quad [E_{kin}] = J = W\,s. \quad \text{Kinetische Energie } E_{kin} \tag{2.35}$$

Ersetzt man in dieser Gleichung die Masse m durch das Trägheitsmoment J und die Geschwindigkeit v durch die Winkelgeschwindigkeit ω, erhält man die Rotationsenergie (2.46). Weitere Analogien zwischen geradliniger und kreisförmiger Bewegung sind in Tab. 2.5 formuliert.

In Tab. 2.4 sind die Trägheitsmomente einiger Köper aufgeführt. Man beachte, dass bei der Angabe auch die Drehachse festgelegt werden muss. Ändert sich die Drehachse, so ändert sich auch das Trägheitsmoment (siehe: Steiner'scher Satz (2.49)). Bei komplizierten Körpern, die sich aus geometrisch einfacheren Teilen zusammensetzen, kann das Trägheitsmoment in einzelne Summanden zerlegt werden. Das Trägheitsmoment eines Körpers ist gleich der Summe der Trägheitsmomente der Teile in Bezug auf dieselbe Drehachse.

Tab. 2.4 Massenträgheitsmomente J für verschiedene Körper

Körper	Drehachse	Trägheitsmoment J
Massenpunkt	Abstand r	mr^2
Hohlzylinder, Wanddicke $\ll r$	Längsachse	mr^2
(r = Radius, l = Länge)	Senkrecht zur Längsachse, Mitte	$m(2r^2 + l^2/3)/4$
Vollzylinder	Längsachse	$mr^2/2$
(r = Radius, l = Länge)	Senkrecht zur Längsachse, Mitte	$mr^2/4 + ml^2/12$
Kugel (r = Radius)	Schwerpunkt	$2mr^2/5$
Dünner Stab (l = Länge)	senkrecht zur Stabmitte	$ml^2/12$
Quader (Volumen = $x \cdot y \cdot z$)	x-Richtung durch Schwerpunkt	$m(y^2 + z^2)/12$

Tab. 2.5 Analogie zwischen geradliniger Bewegung und Drehbewegung

Translation	Gleichung	Einheit	Rotation	Gleichung	Einheit
Weg	s	m	Winkel	φ	rad
Geschw.	$v = ds/dt$	m/s	Winkelgeschw	$\omega = d\varphi/dt$	rad/s = 1/s
Beschleun.	$a = dv/dt$	m/s^2	Winkelbeschl	$\alpha = d\omega/dt$	rad/s^2 = 1/s^2
Masse	m	kg	Trägheitsmom	$J = \int r^2 dm$	kg m^2
Kraft	$F = ma = dp/dt$	N = kg m/s^2	Drehmoment	$M = J\alpha = dL/dt$	N m
Elast. Kraft	$F = cs$	$[c] = $ N/m	Elast. Moment	$M = D\varphi$	$[D] = $ N m
Impuls	$p = mv$	kg m/s = N s	Drehimpuls	$L = J\omega$	kg m^2/s = N m s
Arbeit	$W = \int F ds$	N m = J = W s	Arbeit	$W = \int M d\varphi$	N m = J = W s
Kin. Energ.	$E = mv^2/2$	N m = J	Kin. Energie	$E = J\omega^2/2$	N m = J
Leistung	$P = dW/dt = Fv$	W = J/s	Leistung	$P = dW/dt = M\omega$	W = J/s

2.5.1.4 Verschiedene Drehachsen

Nach dem *Steiner'schen Satz* kann man das Trägheitsmoment J für parallel liegende Achsen berechnen, wenn das Trägheitsmoment J_S bei Drehung um die Schwerpunktachse bekannt ist. Man denkt sich in diesem Fall die Drehbewegung aus zwei Anteilen zusammengesetzt. Zum einen findet eine Rotation des Schwerpunkts statt, in dem die Masse vereint ist. Des Weiteren rotiert der Körper um den Schwerpunkt mit der gleichen Winkelgeschwindigkeit. Das Trägheitsmoment J besteht somit aus zwei Summanden:

$$J = J_S + mr_S^2. \quad \text{Steiner'scher Satz} \tag{2.48}$$

r_S gibt den Abstand zwischen dem Schwerpunkt und der Drehachse an. Es existieren unendlich viele Achsen durch den Schwerpunkt, die zu verschiedenen Trägheitsmomenten J führen. Der Satz von Steiner erlaubt die Berechnung bei Parallelverschiebung einer Drehachse.

2.5.1.5 Hauptträgheitsachsen

Jeder Körper besitzt zwei zueinander senkrechte Achsen durch den Schwerpunkt, von denen eine zum größten, die andere zum kleinsten Trägheitsmoment gehört. Zusammen mit einer dritten Achse, die auf den beiden anderen senkrecht steht, werden drei Hauptträgheitsachsen gebildet. Jede Symmetrieachse ist auch Hauptträgheitsachse. Durch Angabe der Trägheitsmomente um diese Achsen, kann das Trägheitsmoment für beliebige Drehrichtungen berechnet werden (Tensorrechnung).

Beispiel 2.5.1a

Ein Schwungrad in Form einer Vollscheibe hat eine Masse von $m = 1000$ kg und einen Radius von $r = 2$ m. Wie groß muss die Drehzahl n sein, damit eine Energie von $W = 5$ kW h gespeichert wird?

Die Rotationsenergie beträgt $E_{rot} = J\omega^2/2$ mit $J = mr^2/2$ (Tab. 2.4 für Vollzylinder) und $\omega = 2\pi n$. Daraus folgt: $E_{rot} = mr^2\pi^2 n^2$ und $n = \sqrt{E_{rot}/(mr^2\pi^2)} = 21,35\,\mathrm{s}^{-1}$. Prüfen der Einheiten: $[n] = \sqrt{(\mathrm{kg} \cdot \mathrm{m}^2)/(\mathrm{s}^2 \cdot \mathrm{kg} \cdot \mathrm{m}^2)} = 1/\mathrm{s}$.

Beispiel 2.5.1b

Welches Massenträgheitsmoment J_S hat eine Kugel mit dem Radius r und der Masse m, welche an einer Schnur der Länge l im Kreis geschwungen wird?

Das Massenträgheitsmoment einer Kugel beträgt nach Tab. 2.4: $J = 2mr^2/5$. Die Drehachse ist um l verschoben und nach dem Steiner'schen Satz gilt: $J_S = 2mr^2/5 + ml^2$.

Frage 2.5.1c

Wie groß ist das Massenträgheitsmoment J eines Massenpunktes?
$J = mr^2$.

Frage 2.5.1d

Wozu braucht man den Begriff Massenträgheitsmoment?

Die Rotationsenergie (kinetische Energie) hängt von der Massenverteilung eines Körpers bezüglich der Drehachse ab. Diese wird durch das Massenträgheitsmoment beschrieben.

2.5.2   Drehmoment

In Autoprospekten wird neben der Leistung das *Drehmoment* des Motors angegeben, das eine wichtige technische Größe bei Drehbewegungen darstellt.

2.5.2.1 Drehmoment *M*

Um ein Rad oder einen Körper in Rotation zu versetzen, ist eine Kraft erforderlich, die z. B. mit Hilfe von Zahnrädern oder Treibriemen übertragen wird. Die Kraft muss eine Komponente in tangentialer Richtung besitzen, da die Bahnbeschleunigung die gleiche Richtung aufweist. Die Wirkung der Kraft F hängt davon ab, in welchem Abstand r von der Drehachse sie angreift: die Wirkung wird durch das Produkt rF bestimmt.

> Das Drehmoment M ist das Produkt aus Radius r mal der tangentialen Kraft F:
> $M = rF$:

$$\boxed{M = rF \quad [M] = \mathrm{N\,m}. \quad \text{Drehmoment } M}$$

(2.49a)

Es ist zu beachten, dass F die tangentiale Komponente der Kraft darstellt.

Beispiel 2.5.2a

Beim Anziehen von Muttern wird oft das Drehmoment vorgeschrieben (z. B. Radmuttern beim Kfz). Dafür werden sogenannte Drehmomenten-Schlüssel benutzt.

Stellt sich eine Person mit 75 kg auf einen Schraubenschlüssel mit einem Hebelarm von 50 cm Länge in waagrechter Position, so entsteht ein Drehmoment von $M = rF = rmg = 0,5 \cdot 75 \cdot 9,81 \ \mathrm{m\,kg\,m/s}^2 = 368 \ \mathrm{N\,m}$.

2.5.2.2 Wirkung des Drehmoments

Die Wirkung eines Drehmoments wird zunächst an einem Massenpunkt dargelegt, der sich auf einer Kreisbahn bewegt. Die tangentiale Kraft F und die Bahnbeschleunigung a hängen wie folgt zusammen:

$$F = ma.$$

Die Bahnbeschleunigung a lässt sich nach (2.24) durch die Winkelbeschleunigung α ausdrücken:

$$a = r\alpha. \quad \text{Man ersetzt } a \text{ und erhält:} F = mr\alpha.$$

Multipliziert man beide Seiten mit r, ergibt sich mit $M = Fr$:

$$M = Fr = mr^2\alpha. \tag{2.50}$$

Auf der rechten Seite steht das Trägheitsmoment $J = mr^2$ für einen Massenpunkt. Damit erhält man folgende Gleichung, die als Wirkung eines Drehmoments M eine Winkelbeschleunigung α aufzeigt:

$$\boxed{M = J\alpha \quad [M] = \mathrm{N\,m}. \quad \text{Drehmoment } M} \tag{2.51}$$

> Ein Drehmoment M bewirkt eine Winkelbeschleunigung α, die vom Massenträgheitsmoment J abhängt: $M = J\alpha$.

Die Beziehung (2.52) wurde für einen Massenpunkt abgeleitet, sie ist jedoch ebenso für ausgedehnte Massenverteilungen gültig.

2.5.2.3 Drehmoment und Leistung

In Abb. 2.16 sind Drehmoment und Leistung eines Automotors dargestellt. Leistung und Drehmoment ändern sich mit der Drehzahl. (Das Drehmoment sollte für einen Motor eines Fahrzeugs möglichst wenig von der Drehzahl abhängen, damit auch bei kleinen Drehzahlen eine gute Beschleunigung erreicht wird.)

Im Folgenden wird der Zusammenhang zwischen Drehmoment M und Leistung P abgeleitet. Nach (2.34a) gilt für die Arbeit:

$$dW = F\,ds,$$

Abb. 2.16 Verlauf des
Drehmomentes und der
Leistung am Beispiel eines
Automotors

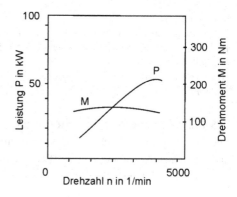

sofern F und d s parallel gerichtet sind. Bei der Drehung beträgt der zurückgelegte Weg $s = r\varphi$ oder

$$\mathrm{d}s = r\mathrm{d}\varphi.$$

Dies setzt man oben ein und erhält mit $M = Fr$:

$$\mathrm{d}W = Fr\mathrm{d}\varphi = M\mathrm{d}\varphi.$$

Die Leistung ist definiert als $P = \mathrm{d}W/\mathrm{d}t$. Mit $\omega = \mathrm{d}\varphi/\mathrm{d}t$ erhält man:

$$\boxed{P = M\frac{\mathrm{d}\varphi}{\mathrm{d}t} = M\omega. \quad \text{Leistung } P \text{ und Drehmoment } M} \qquad (2.52)$$

In   Abb. 2.16 kann mit $P = M\omega$ aus der Leistungskurve die Drehmomentenkurve berechnet werden und umgekehrt.

Die Leistung P eines Motors hängt mit dem Drehmoment M und der Winkelgeschwindigkeit ω zusammen: $P = M\omega$.

2.5.2.4 Getriebe

Motore werden zur Änderung der Drehzahl mit Getrieben ausgerüstet. Bei Vernachlässigung der Verluste bleibt die übertragene Leistung konstant. Damit folgt aus (2.53), dass eine Erhöhung der Winkelgeschwindigkeit ω eine Verringerung des Drehmomentes M zur Folge hat. Ein Getriebe kann somit als *Drehmomentenwandler* bezeichnet werden.

Beispiel 2.5.2b

Ein Automotor hat bei einer Drehzahl von $n = 4000$ 1/min ein Drehmoment von $M = 200\,\mathrm{N\,m}$. Daraus kann die Leistung P berechnet werden: $P = M\omega = M2\pi n = 83,8\mathrm{kW}$.

Beispiel 2.5.2c

Welche Kraft F wirkt auf einen Drehmomentenschlüssel mit dem Hebelarm von $r = 0,4$ m, wenn ein Drehmoment von $M = 50$ N m angezeigt wird?

Die Kraft F beträgt: $F = M/r = 125$ N.

Beispiel 2.5.2d

Ein Elektromotor hat ein Drehmoment von $M = 1$ N m. Wie groß ist die Winkelbeschleunigung α einer angeschraubten Schleifscheibe beim Anlaufen, wenn das Massenträgheitsmoment $J = 0,01$ kg m^2 beträgt? In welcher Zeit wird eine Drehzahl von $n = 10$ s^{-1} erreicht?

Die Winkelbeschleunigung beträgt: $\alpha = M/J = 100$ s^{-2} mit $\omega = 2\pi n = \alpha t$. Die Zeit beträgt $t = 2\pi n/\alpha = 0,628$s.

Frage 2.5.2e

Wozu dient der Begriff Drehmoment M?

Das Drehmoment M gibt die Wirkung einer Kraft F auf die Rotation eines Körpers an. Es ist definiert als $M = Fr$, wobei r der Abstand von der Drehachse ist. Die Leistung P des Motors wird durch das Drehmoment und die Winkelgeschwindigkeit ω gegeben $P = M\omega$.

2.5.3 Drehimpuls

Bisher wurden zwei grundlegende Naturgesetze in Form von Erhaltungssätzen beschrieben: der *Energie- und Impulssatz*. Bei der Untersuchung von Drehbewegungen findet man einen dritten Erhaltungssatz: den *Drehimpulssatz*.

2.5.3.1 Definition des Drehimpulses L

Eine Masse m mit der Geschwindigkeit v besitzt den Impuls $p = mv$. Entsprechend schreibt man einem Körper mit dem Trägheitsmoment J und der Winkelgeschwindigkeit ω einen Drehimpuls L zu (Tab. 2.5):

$$\boxed{L = J\omega. \quad \text{Drehimpuls } L} \tag{2.53a}$$

Es sei daran erinnert, dass bei der kinetischen Energie und der Rotationsenergie die Gleichungen ineinander umgewandelt werden, indem v durch ω und m durch J ersetzt wird. Man erhält formal den Drehimpuls L aus dem Impuls p durch die gleiche Substitution. Ein allgemeiner Vergleich zwischen geradliniger und kreisförmiger Bewegung ist in Tab. 2.5 zusammengefasst.

2.5.3.2 Drehimpuls L (Massenpunkt)

Für eine punktförmige Masse m auf einer Kreisbahn kann (2.54a) vereinfacht werden. Das Trägheitsmoment beträgt $J = mr^2$. Mit $\omega = v/r$ erhält man für den Drehimpuls L:

$$\boxed{L = rmv = rp. \quad \text{Drehimpuls } L} \tag{2.54}$$

2.5.3.3 Erhaltung des Drehimpulses

Die Analogie zwischen Impuls p und Drehimpuls L zeigt sich auch darin, dass der Drehimpuls in abgeschlossenen Systemen erhalten bleibt:

> In einem abgeschlossenem System bleibt der Gesamtdrehimpuls L_{gesamt} konstant:

$$\boxed{L_{gesamt} = const. \quad \text{Drehimpulserhaltung}} \tag{2.55}$$

Beispiel 2.5.3a

An einem frei rotierenden Rad (Drehzahl n_1, Massenträgheitsmoment J) wird ein gleiches Rad angekuppelt. Mit welcher Drehzahl n_2 rotieren beide Räder?

Der Drehimpuls bleibt erhalten: $L_1 = J2\pi n_1 = 2J2\pi n_2 = L_2$. Daraus folgt: $n_2 = n_1/2$.

Beispiel 2.5.3b

Bei einer Pirouette dreht sich eine Eiskunstläuferin mit weit ausgestreckten Armen. Zieht sie die Arme eng an die Drehachse ihres Körpers, entsteht eine schnelle Drehung.

Bei dem Vorgang ist der Drehimpuls $L = J\omega$ erhalten. Bei ausgestreckten Armen ist das Massenträgheitsmoment J groß. Durch das Einziehen der Arme verkleinert sich das Massenträgheitsmoment. Da L konstant bleibt, muss sich die Winkelgeschwindigkeit erhöhen.

Frage 2.5.3c

Welche Bedeutung hat der Drehimpuls L?

Der Drehimpuls ist genau wie die Energie und der Impuls eine Erhaltungsgröße.

2.5.3.4 Anwendungen

In der Technik sind die Konsequenzen des Drehimpulssatzes häufig erkennbar. Vor dem Start eines Hubschraubers ist der Drehimpuls null. Beginnt sich der Rotor rechts herumzudrehen, so dreht sich der Rumpf des Hubschraubers links herum. Der Drehimpuls des Rotors (ω positiv) wird durch den Drehimpuls des Rumpfes (ω negativ) kompensiert. Die Drehung des Rumpfes ist natürlich unerwünscht. Sie wird deshalb durch die Wirkung eines zusätzlichen Propellers verhindert. Ähnlich dreht sich eine eingeschaltete Bohrmaschine entgegengesetzt zum rotierenden Anker, wenn man sie nicht festhält.

2.5.3.5 Änderung des Drehimpulses

Der Drehimpuls eines Systems ändert sich bei Wirkung äußerer Kräfte oder Drehmomente. Durch Differenzieren von (2.54a) ergibt sich folgender Zusammenhang:

$$\boxed{\frac{\mathrm{d}L}{\mathrm{d}t} = M_{Res}. \quad \text{Drehimpuls und Drehmoment}} \tag{2.56a}$$

Das resultierende Drehmoment M_{Res} als Summe aller äußeren Drehmomente ist gleich der zeitlichen Änderung des Drehimpulses L. Die Gleichung steht in Analogie zum Newton'schen Grundgesetz $\mathrm{d}p/\mathrm{d}t = F_{Res}$ (2.25b).

2.5.4 Vergleich: geradlinige Bewegung und Drehbewegung

Es besteht eine Analogie zwischen den Gleichungen der geradlinigen und kreisförmigen Bewegung, die in Tab. 2.5 zusammengefasst ist.

Um die Drehbewegung zu beschreiben, ersetzt man in den Gleichungen der geradlinigen Bewegung folgende Begriffe: Weg s durch *Winkel* φ, Geschwindigkeit v durch Winkelgeschwindigkeit ω, *Beschleunigung* α durch Winkelbeschleunigung α, Masse m durch Massenträgheitsmoment J, Kraft F durch Drehmoment M, usw.

2.5.5 Vektorielle Formulierung

2.5.5.1 Winkelgeschwindigkeit

Die Winkelgeschwindigkeit ω kann aus der Tangentialgeschwindigkeit v und dem Radius r ermittelt werden:

$$v = \omega r. \tag{2.57a}$$

Man kann die Winkelgeschwindigkeit als einen Vektor $\vec{\omega}$ ansehen, dessen Richtung parallel zur Drehachse liegt. Bei einem rotierenden Massenpunkt steht $\vec{\omega}$ senkrecht zum Radius $\vec{r}$ und zur Geschwindigkeit $\vec{v}$. (2.58a) kann unter Berücksichtigung von Abb. 2.17 als Vektorprodukt (Kreuzprodukt) geschrieben werden:

$$\vec{v} = \vec{\omega} \times \vec{r}. \tag{2.57b}$$

In ähnlicher Weise wird die Winkelbeschleunigung $\vec{\alpha}$ als Vektor dargestellt.

2.5.5.2 Drehmoment

Die Überlegungen, die zum Vektorbegriff bei der Winkelgeschwindigkeit führen, sind auch beim Drehmoment anwendbar. Das Drehmoment stellt einen Vektor mit einer Richtung parallel zur Drehachse dar. Analog zur Winkelgeschwindigkeit wird somit aus der skalaren Gleichung $M = rF$ eine Vektorgleichung formuliert:

$$\vec{M} = \vec{r} \times \vec{F}. \tag{2.49b}$$

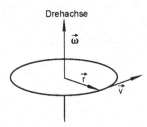

Abb. 2.17 Winkelgeschwindigkeit $\vec{\omega}$ als Vektor

Durch diese Gleichung ist erstens sichergestellt, dass das Drehmoment $\vec{M}$ senkrecht zu $\vec{r}$ und $\vec{F}$ steht. Zweitens wird erreicht, dass durch das Vektorprodukt nur die Kraft-komponente senkrecht zum Radius $\vec{r}$ zur Wirkung kommt, d. h. die Tangentialkraft.

2.5.5.3 Kräftepaar

Kräfte, die an einem starren Körper angreifen, sind Vektoren und damit „linienflüchtig"; sie können beliebig längs ihrer Wirkungslinie verschoben werden. Der Begriff „Angriffs-punkt" hat demnach keine Bedeutung. Als *Kräftepaar* bezeichnet man zwei gleich große, aber entgegengesetzt gerichtete Kräfte $+\vec{F}$ und $-\vec{F}$, der Abstand der Wirkungslinien sei $\vec{s}$. Die Resultierende der Kräfte ist null und es erfolgt keine Translationsbewegung. Allerdings entsteht ein Drehmoment $\vec{M}$, das eine Rotation um den Schwerpunkt zur Folge hat:

$$\vec{M} = \vec{s} \times \vec{F}. \tag{2.58}$$

Die Gleichgewichtsbedingung der Statik fordert, dass die Summe der Kräfte ($\sum \vec{F} = 0$) aber auch die Summe der Drehmomente oder Kräftepaare ($\sum \vec{M} = 0$) gleich Null ist.

2.5.5.4 Drehimpuls

Auch der Drehimpuls ist ein Vektor parallel zur Winkelgeschwindigkeit $\vec{\omega}$ bei fester Drehachse:

$$\vec{L} = J\vec{\omega}. \quad \text{Drehimpulsvektor } \vec{L} \tag{2.53b}$$

Dieser Ausdruck kann mit der vektoriellen Form des Drehmomentes verglichen werden:

$$\vec{M}_{Res} = J\vec{\alpha} = J\frac{\mathrm{d}\vec{\omega}}{\mathrm{d}t}. \quad \text{resultierendes Drehmoment } \vec{M}_{Res}$$

Aus den beiden letzten Gleichungen erhält man:

$$\vec{M}_{Res} = \frac{\mathrm{d}\vec{L}}{\mathrm{d}t}. \tag{2.56b}$$

Das resultierende Drehmoment $\vec{M}_{Res}$ ist somit durch die zeitliche Änderung des Dreh-impulses $\vec{L}$ gegeben. Dieser Ausdruck beinhaltet den Satz von der Erhaltung des Dreh-impulses. Ohne äußere Kräfte gilt: $\vec{M}_{Res} = 0$ und d $\vec{L}/\mathrm{d}t = 0$: der Drehimpuls $\vec{L}$ ist konstant. Der Ausdruck wird auch Grundgesetz der Dynamik der Rotation genannt. Anwendung findet man beim Verhalten des Kreisels.

Mechanik deformierbarer Medien

3

3.1 Deformation fester Körper

In der Praxis unterscheidet man vier Arten von Deformationen: Längsdehnung, Querdehnung, allseitige Kompression und Scherung. Diese Einteilung dient zur Untersuchung und Definition wichtiger mechanischer Kenngrößen, wie *Elastizitätsmodul E*, *Querdehnungszahl v*, *Kompressionsmodul K* und *Schubmodul G*. Etwas anders ist die Einteilung in elementare Belastungsfälle: *Zug* oder *Druck*, *Scherung*, *Biegung* und *Torsion*. Im folgenden Abschnitt geht es um das Verhalten wichtiger mechanischer Bauelemente, welches durch die oben zitierten Kenngrößen bestimmt wird.

3.1.1 Dehnung

3.1.1.1 Normalspannung

Zur Beschreibung der Deformation von Körpern bei Zug oder Druck betrachtet man einen Stab der Länge l mit der Querschnittsfläche A, der an einem Ende fest eingespannt ist (Abb. 3.1). Die Kraft F_n wirkt senkrecht auf eine der parallelen Endflächen. Damit entsteht die *Spannung* oder genauer die *Normalspannung* σ

$$\sigma = \frac{F_n}{A} \quad [\sigma] = \frac{\text{N}}{\text{m}^2}. \quad \text{Normalspannung } \sigma \tag{3.1}$$

Die Spannung oder Normalspannung σ ist gegeben durch die senkrechte Kraft F_n auf eine Fläche A: $\sigma = \frac{F_n}{A}$.

Abb. 3.1 Bei Wirkung
einer Kraft F_n bzw. einer
Spannung $\sigma = F_n/A$
treten an einem Stab eine
Änderung der Länge $\Delta l > 0$
und der Dicke $\Delta d < 0$ auf

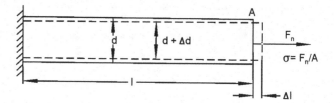

Die Spannung σ führt zu einer Längenänderung Δl. Man bezeichnet die relative Längenänderung als *Dehnung* ε:

$$\varepsilon = \frac{\Delta l}{l} \quad [\varepsilon] = 1. \quad \text{Dehnung } \varepsilon \tag{3.2}$$

3.1.1.2 Dehnung (Hooke'sches Gesetz)

Im *elastischen Bereich* ist das *Hooke'sche Gesetz* gültig:

Spannung σ und Dehnung ε sind proportional zueinander:

$$\sigma = E\varepsilon \quad [E] = \frac{\text{N}}{\text{m}^2}. \quad \text{Elastizitätsmodul } E \tag{3.3}$$

Die Proportionalitätskonstante nennt man *Elastizitätsmodul E* mit der Einheit $[E] = \text{N/m}^2$. Bei Stahl unter Zug sind die Spannung σ und die Dehnung ε für geringe Dehnungen proportional zueinander. Der Werkstoff verhält sich elastisch. Das Elastizitätsmodul $E = \mathrm{d}\sigma/\mathrm{d}\varepsilon$ ergibt aus dem Anstieg der Spannungs-Dehnungs-Kurve in diesem linearen Bereich.

Beispiel 3.1.1
Ein Draht der Länge $l = 0{,}815\,\text{m}$ mit einer Querschnittsfläche von $A = 1\,\text{mm}^2$ dehnt sich bei Belastung mit $m = 10{,}00\,\text{kg}$ um $\Delta l = 0{,}41$ mm. Wie groß ist der E-Modul E?
 Es gilt:

$$E = \frac{\sigma}{\varepsilon} = \frac{F_n/A}{\Delta l/l} = \frac{mg/A}{\Delta l/l} = \frac{mgl}{\Delta l \cdot A} = 195 \cdot 10^9 \, \text{N/m}^2.$$

3.2   Statik der Flüssigkeiten und Gase

Festkörper haben durch ihren kristallinen Aufbau nahezu feste Gestalt und konstante Dichte. Die geringe Deformation unter der Wirkung von Kräften ist im letzten Abschnitt beschrieben. Auch Flüssigkeiten besitzen weitgehend eine konstante Dichte.

Die Moleküle sind jedoch untereinander schwach gebunden, sodass sich die Form der Flüssigkeit leicht ändert. Gase haben dagegen kein festes Volumen; sie füllen jeden verfügbaren Raum aus und sind leicht komprimierbar. In diesem Abschnitt über Hydro- und Aerostatik werden die mechanischen Eigenschaften von ruhenden Flüssigkeiten und Gasen beschrieben.

3.2.1 Druck und Kompressibilität

3.2.1.1 Druck

Unter dem Einfluss von Kräften sind Moleküle in Flüssigkeiten und Gasen frei verschiebbar. Zur Beschreibung der Kräfte in Flüssigkeiten und Gasen dient der skalare Begriff *Druck p*. Er ist definiert als Quotient aus dem Betrag der Kraft F, die senkrecht auf der Fläche A wirkt, und der Fläche A. Bei inhomogenen Verhältnissen muss F und A durch dF und dA ersetzt werden:

$$p = \frac{F}{A} \quad \text{oder genauer } p = \frac{dF}{dA} \quad [p] = \frac{N}{m^2} = \text{Pa.} \quad \text{Druck } p. \tag{3.4}$$

Der Druck p in einem Gas oder einer Flüssigkeit ist in alle Raumrichtungen gleich.

> Druck p ist gleich Kraft F durch Fläche A: $p = F/A$. Er ist ein Skalar mit der Einheit [p]=Pascal=Pa=N/m². Neben Pascal wird auch die Einheit 1 bar $= 10^5$ Pa verwendet.

Der Druck p nach Gl. (3.6) entspricht weitgehend der Definition der Normalspannung σ für feste Körper (Gl. 3.1); der Unterschied liegt im Vorzeichen: $p = -\sigma$.

3.2.1.2 Kompressibilität

Druckerhöhungen bewirken bei Flüssigkeiten eine geringe und bei Gasen eine starke Abnahme des Volumens V. Die relative Volumenänderung $\Delta V / V$ ist proportional zur Druckänderung Δp:

$$\frac{\Delta V}{V} = -\kappa \, \Delta p \quad [\kappa] = \frac{1}{\text{Pa}} = \frac{m^2}{N}. \quad \text{Kompressibilität } \kappa \tag{3.5}$$

Das Minuszeichen zeigt, dass eine Druckerhöhung Δp eine Abnahme des Volumens ΔV bewirkt. Für die relative Änderung der Dichte $\rho = m/V$ gilt $\Delta \rho / \rho = -\Delta V / V$. Daraus folgt:

$$\frac{\Delta \rho}{\rho} = \kappa \, \Delta p \quad [\kappa] = \frac{1}{\text{Pa}} = \frac{m^2}{N}. \quad \text{Kompressibilität } \kappa \tag{3.6}$$

Werte für die Kompressibilität κ von Festkörpern, Flüssigkeiten und Gasen sind in Tab. 3.1 zusammengestellt. Im Gegensatz zu Gasen können Festkörper und Flüssigkeiten als nahezu inkompressibel angesehen werden.

Beispiel 3.2.1a
Bei einer Luftpumpe wird eine Kraft von $F = 200$ N ausgeübt. Der Durchmesser des Zylinders der Pumpe beträgt $d = 2$ cm. Welcher Druck wird erzeugt?
    Der Druck beträgt: $p = F/A = 4F/\pi d^2 = 6{,}37 \cdot 10^5$ Pa $= 6{,}37$ bar.

Beispiel 3.2.1b
Wie stark erhöht sich die Dichte des Wassers in einer Tiefe von 1 km?
    Der Wasserdruck steigt jede 10 m um etwa 1 bar $= 10^5$ Pa. In 1000 m Tiefe herrschen also 10^7 Pa.
    Die relative Änderung der Dichte beträgt: $\Delta\rho/\rho = \kappa\,\Delta p$. Mit $\kappa = 0{,}5 \cdot 10^{-9}$ Pa^{-1} und $\Delta p = 10^7$ Pa erhält man $\Delta\rho/\rho = \kappa\,\Delta p = 0{,}005 = 5\,‰$.

Beispiel 3.2.1c
Welche Kraft wirkt auf den Deckel eines Einmachglases von $d = 10$ cm Durchmesser, wenn der Innendruck praktisch gleich null ist (genauer: mindestens gleich dem Dampfdruck des Wassers)?
    $F = pA = p\pi d^2/4 = 10^5 \cdot \pi \cdot 10^{-2}/4\mathrm{N} = 785\mathrm{N}$ (entspricht der Gewichtskraft von 78,5 kg!).

Beispiel 3.2.1d
In welcher Richtung wirkt der Druck?
    Der Druck ist ein Skalar und hat keine Vorzugsrichtung. Er ist in alle Richtungen gleich.

3.2.2   Druck in Flüssigkeiten

3.2.2.1 Druck
In den folgenden Abschnitten wird das Verhalten von Flüssigkeiten und Gasen unter Druck getrennt behandelt, da starke Unterschiede in der Kompressibilität κ vorliegen (Tab. 3.1).

3.2.2.2 Druckausbreitung
Setzt man eine Flüssigkeit (z. B. Bremssystem beim Auto) unter Druck, breitet er sich nach allen Seiten gleichmäßig aus. Eine Anwendung dieser Tatsache, die auch als das

Tab. 3.1 Kompressibilität κ einiger Festkörper, Flüssigkeiten und eines idealen Gases

Festkörper	κ $10^{-11}\,\mathrm{Pa}^{-1}$	Flüssigkeiten (20 °C)	κ $10^{-9}\,\mathrm{Pa}^{-1}$	Ideales Gas Druck in Pa	κ Pa^{-1}
Al	1,33	Wasser	0,5	10^4	10^{-4}
V2A-Stahl	0,59	Glycerin	0,222	10^5	10^{-5}
Messing	0,80	Hg	0,039	10^6	10^{-6}

Pascal'sche Prinzip bezeichnet wird, findet man bei der *hydraulischen Presse*. Man drückt mit der relativ geringen Kraft F_1 auf den Kolben mit der Querschnittsfläche A_1 (Abb. 3.2). Der Druck p ist im System konstant und auf den größeren Kolben mit der Fläche A_2 entsteht die Kraft F_2:

$$p = \frac{F_1}{A_1} = \frac{F_2}{A_2} \quad \text{und} \quad \frac{F_2}{F_1} = \frac{A_2}{A_1}. \quad \text{Hydraulische Presse} \tag{3.7}$$

Die Kraft wird also im Verhältnis der Kolbenquerschnitte vergrößert.

Nach einem ähnlichen Prinzip arbeitet ein Druckwandler. In der Anordnung nach Abb. 3.3 sind die Kräfte, die von rechts und links auf den Kolben wirken, gleich. Man erhält für das Verhältnis der Drucke p_1/p_2 beim Druckwandler:

$$\frac{p_2}{p_1} = \frac{A_1}{A_2}. \quad \text{Druckwandler} \tag{3.8}$$

3.2.2.3 Schweredruck

In einer Flüssigkeit üben die oberen Schichten eine Kontaktkraft auf die tieferen Schichten aus, die gleich der Gewichtskraft der oberen Schichten ist. Damit entsteht ein Druck p (Abb. 3.4). Auf das waagerechte Flächenstück A in der Tiefe h lastet das

Abb. 3.2 Prinzip der hydraulischen Presse (Kraftwandler)

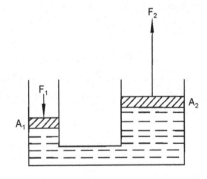

Abb. 3.3 Prinzip eines Druckwandlers

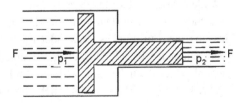

Abb. 3.4 Schweredruck in
einer Flüssigkeit

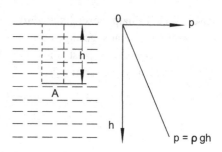

Volumen $V = Ah$ und die Masse $m = \rho Ah$, wobei ρ die Dichte der Flüssigkeit angibt. Damit resultiert für den Schweredruck $p = F/A = mg/A$:

$$\boxed{p = \rho gh \quad [p] = \text{Pa}. \quad \text{Schweredruck } p} \tag{3.9}$$

Der *Schweredruck p* hängt also nur von der Flüssigkeitstiefe h ab, nicht aber von der Gefäßform. Er beträgt in 10 m Wassertiefe mit $\rho = 10^3 \text{kg/m}^3$:

$$p = 9{,}81 \cdot 10^4 \text{Pa} \approx 10^5 \text{Pa} = 1 \text{bar}.$$

3.2.2.4 Druckmessung

Der Druck in Gasen kann mit einem U-Rohr (Manometer), das mit einer Flüssigkeit mit der Dichte ρ gefüllt ist, gemessen werden. Wirkt auf beiden Seiten des Rohres ein unterschiedlicher Druck p_1 und p_2, wird die Druckdifferenz $p_1 - p_2$, aus dem Höhenunterschied der Flüssigkeitssäulen $h = h_2 - h_1$ ermittelt:

$$p_1 - p_2 = \rho gh.$$

Üblich sind Hg- oder H_2O-Manometer. Früher gab man die Druckdifferenz direkt in mm Quecksilbersäule (Torr), mm Wassersäule (mmWs) oder m Wassersäule (mWs) an. Mit den Dichten für H_2O ($\rho = 1000 \text{kg/m}^3$) und Hg ($\rho = 13550 \text{kg/m}^3$) erhält man mit (Gl. 3.9):

$$\boxed{10^5 \text{Pa} = 1 \text{bar} = 10{,}2 \text{ mWs} = 750 \text{ Torr}. \quad \text{Druckeinheiten}} \tag{3.10}$$

Der Luftdruck (um 1 bar) kann gemessen werden, indem man eine Seite eines Hg-Manometers evakuiert, d. h. $p_2 = 0$ und $p_1 = $ Luftdruck.

Andere Manometer enthalten als Bauteil eine Membran, die sich unter der Wirkung des Druckes verformt. Die Verformung wird mechanisch auf eine Skala übertragen. Zur Messung des Luftdruckes verwendet man einen luftleeren Blechbehälter. Ein Röhrenfedermanometer besteht aus einer zu einem Kreis gebogenen Röhre, die an einem Ende abgeschlossen ist. Am anderen Ende wird die Druckleitung angebracht. Unter der Wirkung des Druckes biegt sich die Röhre etwas auf und bewegt einen Zeiger.

Elektrische Messverfahren zur Messung des Drucks nutzen folgende Prinzipien: piezo-
elektrischer Effekt, Kapazitäts- und Widerstandsänderungen sowie Dehnungsmessstreifen.

3.2.2.5 Saugpumpe

Die Wirkung einer Saugpumpe ist durch den äußeren Luftdruck begrenzt. Zur Erklärung
stellt man sich ein U-Rohr vor. An der einen Seite erzeugt eine Pumpe einen Unterdruck
mit $p_2 = 0$, auf der anderen wirkt der Luftdruck $p_1 \approx 1\,\text{bar}$. Die maximale Saughöhe bei
einer Flüssigkeit mit der Dichte ρ berechnet man aus dem Schweredruck (3.9):

$$h = \frac{p}{\rho g}.$$

Für Wasser mit $\rho = 1000\,\text{kg/m}^3$ erhält man bei einem Luftdruck von $10^5\,\text{Pa}$ eine
maximale Saughöhe von $h \approx 10\,\text{m}$.

Beispiel 3.2.2a
Bis zu welcher Tiefe darf ein Forschungs-Unterseeboot tauchen, wenn es einen Überdruck von
$\Delta p = 120\,\text{bar}$ aushält?
  Es gelten $p = \rho g h$ und $h = p/(\rho g) = 1223\,\text{m}$ (mit $\Delta p = 120 \cdot 10^5\,\text{N/m}^2$ und
$\rho = 1000\,\text{kg/m}^3$).

Beispiel 3.2.2b
Bei einer hydraulischen Presse (z. B. Wagenheber) besitzt der kleine und große Kolben je einen
Durchmesser von $d = 1,5\,\text{cm}$ und $D = 7,5\,\text{cm}$. Der kleine Kolben wird über einen Hebel mit der
Übersetzung 1 : 4 mit einer Handkraft von $F_H = 100\,\text{N}$ bewegt. Welche Kraft F kann damit am
anderen Kolben erzeugt werden?
  Der Druck an beiden Kolben ist gleich: $p = \left(F_H' \cdot 4\right)/\left(d^2 \pi\right) = (F \cdot 4)/\left(D^2 \pi\right)$ mit
$F_H' = 4 \cdot F_H$. Damit folgt:
  $F = 4 \cdot F_H D^2/d^2 = 10^4\,\text{N} = 10\,\text{kN}$. (Damit kann ein Kfz mit 1000 kg gehoben werden.)

Frage 3.2.2c
Warum ist ein Schnorchel nicht wesentlich länger als einen halben Meter, um damit tiefer zu
tauchen?
  Aus dem Brustkorb lastet beim Schnorcheln der Schweredruck. Bei Tiefen über etwa einem halben
Meter wird der Druck so groß, dass der Brustkorb beim Atmen nicht mehr gehoben werden kann.

Frage 3.2.2d
Aus einem Brunnen mit 13 m Tiefe soll Wasser nach oben befördert werden. Wo muss die Pumpe
stehen?
  Eine Saugpumpe oben funktioniert nur bis zu einer Tiefe von 10 m. Beim Saugen oben kann
der minimale Druck Null werden, sodass der äußere Luftdruck das Wasser von unten hochdrückt.
Der Luftdruck (1 bar) entspricht einer Wassersäule von 10 m. Die Pumpe sollte also unten stehen
und das Wasser hochdrücken.

3.2.3 Druck in Gasen

Die Eigenschaften von Gasen werden ausführlich in der Wärmelehre behandelt (Kap. 5). Gase besitzen weder feste Gestalt noch festes Volumen; sie nehmen jeden ihnen zur Verfügung stehenden Raum ein. Im folgenden Abschnitt wird der Druck p in Gasen bei konstanter Temperatur T beschrieben.

3.2.3.1 Druck und Volumen

Ein Gas übt auf die Wände eines Gefäßes einen Druck aus. Für den Zusammenhang zwischen Druck p und Volumen V gilt für ideale Gase das *Gesetz von Boyle-Mariotte* (Abschn. 5.1.2):

$$\boxed{pV = \text{const. bei } T = \text{const.} \quad \text{Isotherme Kompression}} \tag{3.11}$$

> Das Produkt aus Druck p und Volumen V eines eingeschlossenen Gases ergibt stets den gleichen Wert, sofern die Temperatur T konstant bleibt.

Einen Vorgang bei konstanter Temperatur nennt man *isotherm*. Wenn die Temperatur nicht konstant bleibt, entstehen dadurch zusätzliche Volumenänderungen.

3.2.3.2 Dichte

Die Dichte ist als $\rho = m/V$ definiert, wobei m die Masse und V das Volumen darstellen. Setzt man diese Beziehung in (Gl. 3.11) ein, erhält man bei konstanter Masse m:

$$\boxed{\frac{\rho}{p} = \text{const. bei } T = \text{const.} \quad \text{Isotherme Kompression}} \tag{3.12}$$

> Die Dichte ρ eines isothermen Gases ist seinem Druck p proportional.

3.2.3.3 Schweredruck

Volumen V und Dichte ρ von Flüssigkeiten sind weitgehend unabhängig vom Druck p. Daher wird der Schweredruck durch die Gleichung $p = \rho g h$ beschrieben. Trägt man den Druck in einem See in Abhängigkeit von der Wassertiefe h auf, so erhält man einen linearen Zusammenhang nach Abb. 3.5a. Völlig anders verhält sich der Druck in der Lufthülle mit zunehmender Höhe. Der Unterschied liegt darin, dass die oberen Luftschichten durch ihren Druck die unteren komprimieren.

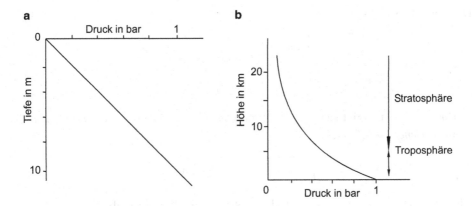

Abb. 3.5 Schweredruck in inkompressiblen und kompressiblen Medien: **a** Wasser, linearer Zusammenhang, **b** Lufthülle, exponentieller Zusammenhang

3.2.3.4 Luftdruck

Da die Dichte ρ in der Lufthülle nicht konstant ist, kann die Gleichung für den Schweredruck $p = \rho g h$ nur auf eine sehr dünne Luftschicht angewendet werden. Wir betrachten eine Schicht in der Höhe h mit der Dicke $\mathrm{d}h$, innerhalb welcher der Druck um $\mathrm{d}p$ fällt:

$$-\mathrm{d}p = \rho g \mathrm{d}h.$$

Mit (Gl. 3.12)

$$\frac{\rho}{p} = \text{const.} \quad \text{oder} \quad \frac{\rho}{p} = \frac{\rho_0}{p_0}$$

wird daraus:

$$\mathrm{d}p = -\frac{\rho_0}{p_0} p g \mathrm{d}h.$$

Dabei sind p_0 und ρ_0 Druck und Dichte an der Erdoberfläche ($h = 0$). Die Integration dieser Differentialgleichung liefert:

$$\int_{p_0}^{p} \frac{\mathrm{d}p}{p} = -\frac{\rho_0}{p_0} g \int_{0}^{h} \mathrm{d}h.$$

Mit

$$\int \frac{\mathrm{d}x}{x} = \ln x \quad \text{erhält man}: \quad \ln \frac{p}{p_0} = -\frac{\rho_0}{p_0} g h.$$

Dabei wurde berücksichtigt, dass

$$\int_{p_0}^{p} \frac{\mathrm{d}p}{p} = \ln p - \ln p_0 = \ln \frac{p}{p_0}$$

ist.

Da $e^{lnx} = x$ ist, ergibt sich für den Luftdruck p in Abhängigkeit von der Höhe h die *barometrische Höhenformel:*

$$\boxed{p = p_0 e^{-\frac{\rho_0 g}{p_0} h}. \quad \text{Luftdruck } p} \tag{3.13}$$

Die Druckverteilung in Gasen ist damit grundsätzlich anders als in Flüssigkeiten. Mit zunehmender Höhe h fällt der Luftdruck p exponentiell ab (Abb. 3.5b). Bei der Ableitung wurde angenommen, dass die Temperatur T in der Lufthülle konstant ist. Dieses ist natürlich nur eine grobe Näherung. Für die Druckabnahme in Gebirgen bedient man sich gern einer linearen Näherung als Faustregel: Bei 10 m Höhenunterschied nimmt der Luftdruck um 1,2 mbar $= 1,2$ hPa ab.

Beispiel 3.2.3a
Eine Pressluftflasche mit $V_1 = 40$ Liter und $p_1 = 60$ bar wird entleert. Wie viele Liter V_2 strömen aus?
   Es gilt $pV = $ const. (bei T const.) und $p_1 V_1 = p_2 V_2$, wobei $p_2 = 1$ bar. Es folgt: $V_2 = (60 \cdot 40)/1 \text{Liter} = 2400$ Liter.

Beispiel 3.2.3b
In welcher Höhe h ist der Luftdruck p gleich $1/2, 1/3$, und $1/10$ des Drucks an der Erdoberfläche $p_0 = 1$ bar (Luftdichte $\rho_0 = 1,3 \text{kg/m}^3$)?
   Die Höhenformel (Gl. 3.13) wird logarithmiert und nach h aufgelöst:

$$h = \frac{p_0}{\rho_0 g} \ln \frac{p_0}{p}.$$

Mit $p/p_0 = 1/2, 1/3$ und $1/10$ erhält man: $h = 5435$ m, 8615 m und 18.055 m.

Beispiel 3.2.3c
Warum verhält sich der Luftdruck prinzipiell anders als der Druck im Meer?
   Die oberen Luftschichten drücken die unteren zusammen. Wasser ist dagegen nahezu inkompressibel und der Druck hat ein lineares Verhalten.

3.2.4   Auftrieb

3.2.4.1 Prinzip von Archimedes
Ein Körper in einer Flüssigkeit oder einem Gas erfährt durch den Schweredruck eine nach oben gerichtete Kraft. Zur Berechnung des Auftriebes dient als Beispiel ein

Zylinder mit der Grundfläche A, der sich in einer Flüssigkeit (oder einem Gas) mit der Dichte ρ befindet (Abb. 3.6). Auf die Oberseite in der Tiefe x wirkt der Schweredruck (Gl. 3.9) $p_1 = \rho g x$ und die nach unten gerichtete Kraft $F_1 = \rho g A x$. Dagegen ist die Kraft auf der Unterseite nach oben gerichtet $F_2 = \rho g A (x + h)$, wobei h die Höhe des Zylinders ist. Die seitlichen Kräfte heben sich gegenseitig auf. Insgesamt verbleibt eine nach oben gerichtete Kraft $F_2 - F_1 = \rho g A h$. Das Volumen der Zylinders beträgt Ah und man erhält $F_2 - F_1 = \rho g V$. Diese resultierende Kraft, die nach oben zeigt, nennt man *Auftriebskraft $F_a = F_2 - F_1$*:

$$\boxed{F_a = \rho g V = mg. \quad \text{Auftriebskraft } F_a} \tag{3.14}$$

Dabei ist $m = \rho V$ die Masse des verdrängten Mediums mit der Dichte ρ. Obwohl (Gl. 3.14) nur für einen zylinderförmigen Körper bewiesen wurde, gilt die Gleichung jedoch allgemein.

> Die Auftriebskraft ist gleich der Gewichtskraft des vom Körper verdrängten Flüssigkeits- oder Gasvolumens (Prinzip von Archimedes).

Befindet sich ein Körper vollständig in einer Flüssigkeit oder in einem Gas, unterscheidet man je nach seiner mittleren Dichte ρ_K und seiner Gewichtskraft F_g drei Fälle:

$$F_g > F_a \quad \text{bzw.} \quad \rho_K > \rho: \quad \text{Körper sinkt,}$$
$$F_g < F_a \quad \text{bzw.} \quad \rho_K < \rho: \quad \text{Körper steigt,}$$
$$F_g = F_a \quad \text{bzw.} \quad \rho_K = \rho: \quad \text{Körper schwebt.}$$

Ist die mittlere Dichte eines Körpers ρ_K kleiner als die der Flüssigkeit ρ, steigt er nach oben und schwimmt schließlich auf der Oberfläche.

> Beim Schwimmen und Schweben ist die Masse der verdrängten Flüssigkeit gleich der Masse des Körpers.

Abb. 3.6 Zur Entstehung des Auftriebs. Der Schweredruck an der Unterseite p_2 ist größer als an der Oberseite p_1

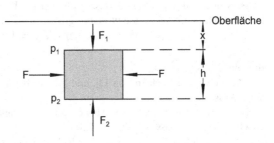

Bei Schiffen gibt man bisweilen die Wasserverdrängung an, die gleich der Masse des beladenen Schiffes ist.

3.2.4.2 Anwendungen

Ein schwimmender Körper taucht je nach Dichte ρ der Flüssigkeit verschieden tief ein. Beim Aräometer wird aus der Eintauchtiefe die Dichte der Flüssigkeit ermittelt.

Eine weitere Anwendung des Auftriebes liefert die hydrostatische Waage zur Bestimmung der Dichte. Mit der Waage wird zunächst die Gewichtskraft mg des Probekörpers gemessen. Dann hängt man ihn in eine Flüssigkeit mit bekannter Dichte ρ und ermittelt mit der Waage die durch die Auftriebskraft verminderte Größe $(mg)' = mg - \rho Vg$. Da $(mg)'$ und mg durch die Messungen bekannt sind, kann aus der Gleichung das Volumen V errechnet und die Dichte $\rho = m/V$ des Probekörpers bestimmt werden. Nach dem gleichen Verfahren wird die Dichte von Flüssigkeiten untersucht, wenn die Dichte des Probekörpers bekannt ist.

Die Auftriebskraft wirkt auch auf Körper in der Lufthülle mit der Dichte $\rho_{Luft} = 1,29 \text{kg/m}^3$. Ein Ballon steigt, wenn die von ihm verdrängte Luftmasse größer als die eigene Masse ist. Der Auftrieb beeinflusst auch die präzise Bestimmung von Massen mithilfe von Waagen. Durch den Auftrieb F_a wird statt der Gewichtskraft F_g der um die Auftriebskraft F_a verminderte Wert $F_g - F_a$ gemessen. F_a hängt von der Dichte ρ des Körpers ab. Die durch eine Wägung ermittelte Masse m' muss daher mit einer Auftriebskorrektur versehen werden, um die echte Masse m zu erhalten:

$$ m = \frac{m'}{1 - \rho_{Luft}/\rho}. \quad \text{Auftriebskorrektur.} \tag{3.15} $$

Beispiel 3.2.4a
Ein Körper aus Holz (Dichte $\rho = 850 kg/\text{m}^3$) schwimmt in Salzwasser (Dichte $\rho_W = 1100 kg/\text{m}^3$). Wie viel Prozent seines Volumens ist unter Wasser?
Beim Schwimmen ist die Masse der verdrängten Flüssigkeit gleich der der Masse des Körpers: $\rho_W V_W = \rho V$. Daraus folgt: $V_W/V = \rho/\rho_W = 850/1100 = 0,773$. Also sind 77,3 % unter Wasser.

Beispiel 3.2.4b
Ein Schmuckstück wiegt in Luft $F_L = 9,0 \cdot 10^{-2} \text{N}$ und unter Wasser $F_W = 8,2 \cdot 10^{-2} \text{N}$. Ist es aus Gold ($\rho_G = 19,3 \text{g}/cm^3$) oder vergoldetem Silber ($\rho_S = 10,5 \text{g}/cm^3$)?
Die Auftriebskraft beträgt: $F_A = F_L - F_W = \rho Vg$, wobei $\rho = 1000 \text{kg/m}^3$ die Dichte des Wassers und V das verdrängte Wasservolumen ist. V ist auch das Volumen $V = \rho_{Gober S}/m$ des Schmuckstücks mit der Masse $m = F_L/g$.
Damit wird: $\rho_{Gober S} = m/V = F_L/g \rho g/F_A = 11,3 \text{g}/cm^3$. Es handelt sich also um Silber.

Beispiel 3.2.4c
Das Verhältnis der Dichten von Eis und Wasser beträgt 0,9. Welcher Anteil des Eisberges liegt unter Wasser?
Beim Schwimmen ist die Masse der verdrängten Flüssigkeit ($= V_{\text{unter Wasser}} \cdot \rho_{Wasser}$) gleich der Masse des Körpers ($= V_{Eisberg} \cdot \rho_{Eis}$). Daraus erhält man: $V_{\text{unter Wasser}}/V_{Eisberg} = \rho_{Eis}/\rho_{Wasser} = 0,9$. Es befindet sich also 90 % des Eisberges unter Wasser.

Frage 3.2.4d
Wie kommt die Auftriebskraft zustande?

An der unteren Seite eines Körpers in einer Flüssigkeit ist der Schweredruck größer als oben. Dadurch entsteht eine Auftriebskraft nach oben.

Frage 3.2.4e
Wie funktioniert ein Heißluftballon?

Warme Luft hat eine kleinere Dichte, sie steigt nach oben und füllt den Ballon. Ab einer bestimmten Ballonfüllung ist die Auftriebskraft größer als die Gewichtskraft und der Ballon steigt.

3.3   Dynamik der Flüssigkeiten und Gase

In der *Hydrodynamik* werden strömende Flüssigkeiten beschrieben. Gasströmungen gehorchen den gleichen Gesetzen, sofern sie durch die Bewegung nicht komprimiert werden. Dieses ist der Fall, wenn die Geschwindigkeit ein Drittel der Schallgeschwindigkeit nicht überschreitet. Darüber hinaus muss die Kompression berücksichtigt werden. Dies geschieht in der *Aerodynamik*. Die *Hydrodynamik* untersucht also inkompressible und die *Aerodynamik* kompressible Strömungen.

3.3.1   Reibungsfreie Strömungen

3.3.1.1 Grundbegriffe

Vernachlässigt man die Reibung in der Flüssigkeit und an den Grenzflächen (z. B. an Rohren), handelt es sich um eine *ideale* oder *reibungsfreie Strömung*. Zusätzlich wird im Folgenden angenommen, dass die Strömung *stationär* ist. Dies bedeutet, dass alle Größen (wie Druck, Geschwindigkeit, usw.) nur vom Ort, nicht aber von der Zeit abhängen (Abb. 3.7). Eine *Stromlinie* wird durch die Tangenten der Geschwindigkeitsvektoren zu einem bestimmten Zeitpunkt gebildet. Bei stationärer Strömung ist sie identisch mit der Bahnkurve eines Flüssigkeitsteilchens. Eine Strömung ohne sich kreuzende Stromlinien ist *laminar*.

Abb. 3.7 Stromlinien in einer Stromröhre: Bei stationärer Strömung sind die Stromlinien zeitlich konstant. Bei laminarer Strömung treten keine Wirbel auf

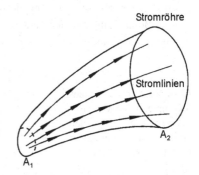

3.3.1.2 Durchfluss

Im Folgenden wird eine ideale, stationäre Strömung bei veränderlichem Querschnitt betrachtet (Abb. 3.8). Die Flüssigkeit (oder das Gas) sei inkompressibel, d. h. die Dichte ρ ist konstant. Durch jeden Querschnitt des Rohres fließt in der gleichen Zeit d t das gleiche Volumen d V hindurch. Dies ist nur möglich, wenn die Flüssigkeit im kleineren Querschnitt schneller strömt als im größeren.

An der Stelle 1 ist $dV = A_1 ds_1 = A_1 v_1 dt$ und an der Stelle 2 gilt $dV = A_2 ds_2 = A_2 v_2 dt$.

Durch Gleichsetzen entsteht die *Kontinuitätsgleichung*:

$$\boxed{A_1 v_1 = A_2 v_2. \quad \text{Kontinuitätsgleichung}} \tag{3.16}$$

Das Verhältnis der Strömungsgeschwindigkeiten (v_1/v_2) in einer Stromröhre verhält sich also umgekehrt wie das Verhältnis der Querschnitte (A_1/A_2).

Die Größe Av beschreibt das Volumen, das pro Zeiteinheit durch den Rohrquerschnitt strömt:

$$Av = \frac{dV}{dt} = \dot{V}.$$

Die Größe $\dot{V}$ wird *Volumenstrom* genannt. Die *Kontinuitätsgleichung* kann somit für inkompressible Medien wie folgt formuliert werden:

$$\boxed{\dot{V} = Av = \text{const.} \quad [\dot{V}] = \frac{m^3}{s}. \quad \text{Kontinuitätsgleichung}} \tag{3.17}$$

Der Volumenstrom $\dot{V}$ bei einer Flüssigkeit in einer Stromröhre ist konstant.

3.3.1.3 Statischer Druck, dynamischer Druck, Gesamtdruck

Nach der Kontinuitätsgleichung nimmt die Geschwindigkeit in engen Querschnitten zu. Für die Beschleunigung ist eine Kraft erforderlich, die mit einem Druckunterschied $p_1 - p_2$ im Innern der Flüssigkeit verknüpft ist. Der *statische Druck* p_2 an der Stelle 2 muss also

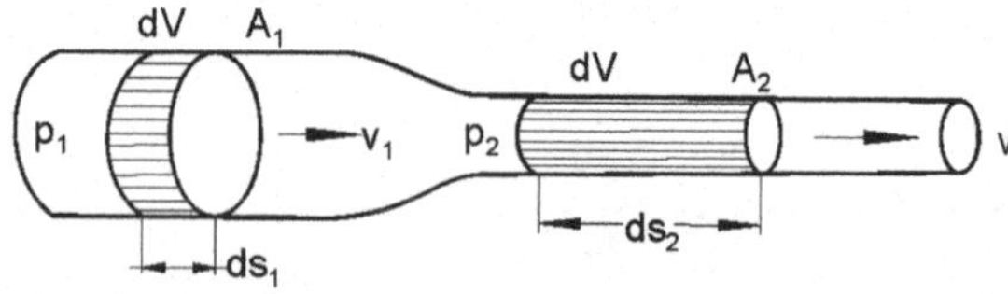

Abb. 3.8 Strömung eines inkompressiblen Mediums in einem sich verengenden Querschnitt. Ableitung der Gleichung von Bernoulli

kleiner sein als der statische Druck p_1 an der Stelle 1 (Abb. 3.8). Die Arbeit W, die zum Transport des Volumens $V = m/\rho$ von der Stelle 1 nach 2 im Rohr erforderlich ist, beträgt:

$$W = \int F\mathrm{d}s = \int pA\mathrm{d}s = \int p\mathrm{d}V = (p_1 - p_2)V.$$

Dabei wurde $F = pA$ und $A\mathrm{d}s = \mathrm{d}V$ gesetzt. Die Arbeit W verursacht eine Zunahme an kinetischer Energie:

$$(p_1 - p_2)V = \frac{mv_2^2}{2} - \frac{mv_1^2}{2}.$$

Man dividiert durch V und erhält (mit $\rho = m/V$):

$$\boxed{p_1 + \frac{\rho v_1^2}{2} = p_2 + \frac{\rho v_2^2}{2} \quad \text{oder} \quad p + \frac{\rho v^2}{2} = \text{const.} \quad \text{Bernoulli'sche Gleichung.}} \tag{3.18}$$

Bei Rohrsystemen, die in unterschiedlicher Höhe liegen, ist zusätzlich noch der *Schweredruck* ρgh (Gl. 3.9) zu berücksichtigen. (Gl. 3.18) lautet dann:

$$\boxed{p + \frac{\rho v^2}{2} + \rho gh = p_{\text{ges}} = \text{const.} \quad \text{Bernoulli'sche Gleichung.}} \tag{3.19}$$

Man bezeichnet die Größe p als *statischen Druck* und $p_d = \rho v^2/2$ als *dynamischen Druck* oder *Staudruck*. Die Bernoulli'sche Gleichung (3.19) besagt:

Die Summe aus statischem, dynamischem und Schweredruck ist an jeder Stelle einer Strömung gleich.

Diese Summe bezeichnet man auch als *Gesamtdruck* p_{ges}. Aus (3.18) folgt:

In einer Strömung steigt an eingeengten Stellen die Geschwindigkeit und es entsteht an diesen Stellen ein statischer Unterdruck.

3.3.1.4 Messung des Drucks

Genau genommen müsste man den *statischen Druck* p mit einem Manometer messen, das mit der Strömung mitbewegt wird. Man kann jedoch auch Drucksonden benutzen, deren Öffnungen nach Abb. 3.9a parallel zur Strombahn liegen. Hält man dagegen die Öffnung senkrecht zur Strombahn (Abb. 3.9b), so wird der *Gesamtdruck* p_{ges} ermittelt. Der *dynamische Druck* p_d oder Staudruck wird aus einer Differenzmessung bestimmt.

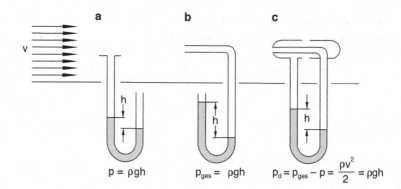

Abb. 3.9 Messung des Druckes in strömenden Medien: **a** statischer Druck p, **b** Gesamtdruck (Pitot-Rohr) p_{ges}, **c** dynamischer Druck p_d als Differenzmessung (Prandtl'sches Staurohr)

Ein Gerät nach Abb. 3.9c heißt *Prandtl'sches Staurohr*. Es wird auch zur Geschwindigkeitsmessung in Strömungen verwendet. Man ermittelt die Geschwindigkeit aus der Höhe h im Manometer des Staurohres.

3.3.1.5 Venturi-Düse

Zur Messung des Volumenstromes $\dot{V}$ werden Drosselgeräte eingesetzt. Bei der Venturi-Düse wird ein durchströmendes Rohr leicht eingeengt und es wird der Druck p_1 und p_2 an zwei Stellen mit den Querschnittsflächen A_1 und A_2 gemessen (Abb. 3.10). Aus der Gleichung von Bernoulli (Gl. 3.18) kann der Volumenstrom ermittelt werden

$$\dot{V} = A_2 \sqrt{\frac{2(p_1 - p_2)}{\rho\left(1 - A_2^2/A_1^2\right)}}. \quad \text{Venturi} - \text{Düse}$$

3.3.1.6 Saugeffekte bei Strömungen

Eine weitere Anwendung der Bernoulli'schen Gleichung bietet der Zerstäuber (Abb. 3.11a). Der Querschnitt eines Luftstromes wird am Zerstäuberrohr verkleinert und die Strombahnen ziehen sich zusammen. Es entsteht ein Unterdruck, der die Flüssigkeit aus dem Rohr saugt und zerstäubt. Nach einem ähnlichen Prinzip arbeitet

Abb. 3.10 Messung des Volumenstroms $\dot{V}$ mit einer Venturi-Düse

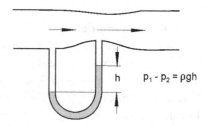

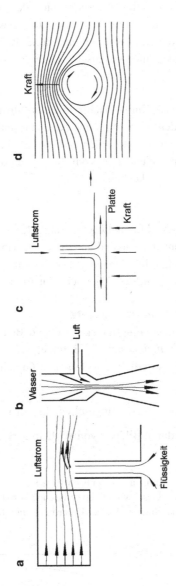

Abb. 3.11 Saugwirkungen in Strömungen durch einen statischen Unterdruck in Bereichen hoher Geschwindigkeit: **a** Zerstäuber, **b** Wasserstrahlpumpe, **c** Hydrodynamisches Paradoxon, **d** Magnuseffekt

eine Wasserstrahlpumpe (Abb. 3.11b). An einer Einengung wird die Wasserströmung zusammengeschnürt und es entsteht ein Unterdruck, der Luft ansaugt.

3.3.1.7 Hydrodynamisches Paradoxon

Mit diesem Begriff wird die Erscheinung bezeichnet, bei der ein Medium aus einem Rohr gegen eine quergestellte Platte strömt und diese unter bestimmten Bedingungen anzieht (Abb. 3.11c). Dies liegt daran, dass durch eine hohe Strömungsgeschwindigkeit ein hoher dynamischer Druck und damit ein statischer Unterdruck entsteht.

3.3.1.8 Magnuseffekt

Ein rotierender Zylinder oder eine Kugel erfährt in einer Strömung eine Kraft nach Abb. 3.11d. Durch Reibung werden die Stromlinien bei der Rotation mitgenommen und zusammengedrängt. Im Bereich enger Stromlinien, d. h. hoher Geschwindigkeit, entsteht ein statischer Unterdruck und eine ablenkende Kraft. Man kann deren Wirkung z. B. bei angeschnittenen Bällen beim Tennis erkennen.

3.3.1.9 Flugzeug

Durch eine geeignete Wölbung des Flugzeugflügels (Abb. 3.12) wird die Luft nach oben abgelenkt, sodass dort die Stromlinien enger sind und die Geschwindigkeit größer ist. Nach der Gleichung von Bernoulli nimmt im Bereich hoher Geschwindigkeiten der statische Druck ab. Damit entsteht an der Oberseite des Flügels ein Unterdruck, der das Flugzeug hebt.

3.3.1.10 Torricelli'sches Ausströmungsgesetz

Die Ausströmgeschwindigkeit v einer Flüssigkeit aus einem Behälter kann mithilfe des Energiesatzes berechnet werden: $mgh = mv^2/2$. Befindet sich die Oberfläche in der Höhe h über dem Ausfluss-Loch, so erhält man folgende Gleichung, die auch für den freien Fall gilt:

$$v = \sqrt{2gh}. \quad \text{Ausströmgeschwindigkeit } v$$

Infolge von innerer Reibung und durch Bildung von Wirbeln verkleinert sich dieser Wert.

Beispiel 3.3.1a

Ein Boot bewegt sich parallel zu einer Kaimauer. Es entsteht eine Kraft auf die Mauer zu. Warum?

Das Wasser strömt mit erhöhter Geschwindigkeit zwischen Boot und Mauer. Nach der Gleichung von Bernoulli entsteht dadurch ein statischer Unterdruck und die erwähnte Kraft.

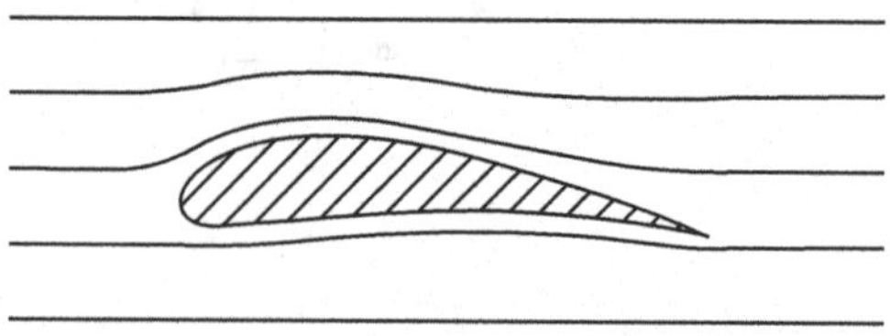

Abb. 3.12 Über dem Flügel ist die Strömungsgeschwindigkeit größer als darunter. Dadurch verringert sich oben der Druck

Beispiel 3.3.1b
Ein Wasserrohr verengt seinen Durchmesser d auf die Hälfte. Um welchen Faktor steigt die Strömungsgeschwindigkeit v?

Aus der Kontinuitätsgleichung folgt: $v_2/v_1 = A_1/A_2 = d_1^2/d_2^2 = 4$.

Beispiel 3.3.1c
Welches Querschnittsverhältnis A_1/A_2 hat eine Venturidüse (Abb. 3.10), die bei einer Luft-strömung $\left(\rho_L = 1,29 \text{ kg/m}^3\right)$ mit einer Geschwindigkeit $v_1 = 4,6 \text{ m/s}$ einen Differenzdruck von $p_1 - p_2 = 196 \text{ Pa}$ ergibt.

Die Gleichung von Bernoulli lautet: $p_1 + \rho_L v_1^2/2 = p_2 + \rho_L v_2^2/2$.

Nach v_2 aufgelöst: $v_2 = \sqrt{2(p_1 - p_2)/\rho_L + v_1^2} = 18,03 \text{ m/s}$. Damit folgt: $A_1/A_2 = v_2/v_1 = 3,92$.

Beispiel 3.3.1d
In einem Wasserbehälter, der 1,5 m hoch mit Wasser gefüllt ist, befindet sich an der Unterseite ein Loch. Mit welcher Geschwindigkeit strömt das Wasser aus? Ändert sich die Geschwindigkeit, wenn der Behälter mit Öl gefüllt ist?

Das Torricelli'sche Ausströmungsgesetz lautet: $v = \sqrt{2gh} = \sqrt{2 \cdot 9,81 \cdot 1,5} \text{ m/s} = 5,4 \text{ m/s}$. Der Wert ist unabhängig von der Art der Flüssigkeit.

Beispiel 3.3.1e
Warum kann bei einem sehr starken Sturm das Hausdach abgehoben werden?

Die Stromlinien werden an der Oberfläche des Daches stark zusammengedrängt und die Wind-geschwindigkeit wird erhöht. Nach der Bernoulli'schen Gleichung entsteht dadurch ein statischer Unterdruck, der das Dach heben kann.

3.3.2 Innere Reibung

In vielen Fällen ist die Idealisierung der Reibungsfreiheit, wie sie in Abschn. 3.3.1 gemacht wurde, eine brauchbare Näherung. Bei zahlreichen technischen Prozessen ist jedoch der Einfluss der Reibung spürbar. Im Folgenden wird die innere Reibung in Flüssigkeiten beschrieben.

3.3.2.1 Definition der Zähigkeit
Jeder Autofahrer weiß, dass es Öle verschiedener *Zähigkeit* gibt. Dieser Begriff soll an Abb. 3.13 erläutert werden. Eine Platte der Fläche A wird in einem Abstand x parallel zu einer festen Oberfläche bewegt. Der Zwischenraum ist mit einer Flüssigkeit ausgefüllt. Bei langsamer Bewegung haftet die Flüssigkeit an der jeweiligen Oberfläche und die ent-stehende Strömung ist laminar. Zur Bewegung ist eine Kraft F erforderlich, da zwischen den Flüssigkeitsschichten Reibungskräfte wirken. Bei kleineren Schichtdicken ist das Geschwindigkeitsprofil linear. Man stellt experimentell fest, dass die Reibungskraft F

Abb. 3.13 Reibung in
Flüssigkeiten, Geschwindigkeit
in verschiedenen
Flüssigkeitsschichten

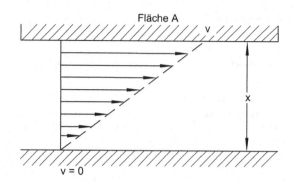

proportional zur Fläche A der Platte und zur Geschwindigkeit v ist. Dagegen nimmt die
Kraft F mit zunehmendem Abstand x ab:

$$F = \eta A \frac{v}{x} \quad [\eta] = \frac{\mathrm{N\,s}}{\mathrm{m}^2} = \mathrm{Pa} \cdot \mathrm{s} = \frac{\mathrm{kg}}{\mathrm{m\,s}}. \quad \text{Zähigkeit } \eta \tag{3.20}$$

Diese Gleichung gilt nur, wenn v und x klein sind, sodass ein lineares Geschwindigkeits-
gefälle herrscht. Der Koeffizient der inneren Reibung η wird *dynamische Zähigkeit* oder
Viskosität genannt. Die Zähigkeit η hängt vom Medium und der Temperatur ab (Bei-
spielsweise bei 20 °C: Luft $\eta = 0{,}000018\,\mathrm{N\,s/m}^2$; Schmieröl $\eta = 0{,}1\,\mathrm{N\,s/m}^2$). Die Einheit beträgt $[\eta] = \mathrm{N\,s/m}^2 = \mathrm{Pa} \cdot \mathrm{s}(= 10\,\mathrm{Poise})$. Bisweilen wird der Quotient $\nu = \eta/\rho$ als
kinematische Zähigkeit bezeichnet, welche üblicherweise die eigentliche Messgröße dar-
stellt (Einheit: $[\nu] = \mathrm{m}^2/\mathrm{s} = 10^4$ Stokes).

3.3.2.2 Reale Rohrströmung

In realen Strömungen macht sich der Einfluss der Reibung bemerkbar. Bei kleinen
Geschwindigkeiten sind reale Strömungen *laminar*. Bei höheren treten Wirbel auf, die
im nächsten Abschnitt diskutiert werden. Von praktischer Bedeutung ist die Berechnung
der *laminar* durch ein Rohr fließenden Flüssigkeitsmenge. Durch Reibung erleidet
die Flüssigkeit einen Energieverlust, der proportional mit der Rohrlänge wächst. Die
Strömungsgeschwindigkeit ist längs des Rohres die gleiche; die kinetische Energie ist
also konstant. Ein Energieverlust kann nur auf Kosten der potenziellen Energie gehen,
die durch den jeweiligen statischen Druck gegeben ist. Die Messung zeigt daher ein
lineares Druckgefälle. Ausgehend von dem Newton'schen Reibungsgesetz (Gl. 3.20)
lässt sich die durch ein Rohr tretende Flüssigkeitsmenge für *laminare Strömung*
berechnen (*Gesetz von Hagen und Poiseuille*):

$$\dot{V} = \frac{\Delta V}{\Delta t} = \frac{\pi r^4 (p_1 - p_2)}{8\eta l}. \quad \text{Rohrströmung} \tag{3.21}$$

Dabei bedeuten $\dot{V}$ den Volumenstrom, der durch das Volumen ΔV gegeben ist, das in der Zeit Δt durch das Rohr strömt und $p_1 - p_2$ die statische Druckdifferenz zwischen den Rohrenden. r, l und η sind Rohrradius, -länge und dynamische Zähigkeit. Man beachte, dass das durchströmte Volumen mit r^4 wächst. Die Natur berücksichtigt dies: Zur Erhöhung der Blutzirkulation ist eine leichte Aufweitung der Adern effektiver als eine Erhöhung des Blutdruckes. Beim Rauchen werden die Adern verengt, was durch die Erhöhung des Blutdruck ausgeglichen wird und unter anderem den negativen Einfluss des Rauchens auf das Herz-Kreislaufsystem erklärt.

3.3.2.3 Messung der Viskosität

Die Zähigkeit η kann mit einem Viskosimeter bestimmt werden. Bei einigen Geräten wird die Sinkgeschwindigkeit von Kugeln in Flüssigkeiten oder Gasen gemessen. Für die Reibungskraft auf umströmte Kugeln gilt das sogenannte *Stokes'sche Gesetz*:

$$\boxed{F = 6\pi\eta rv.} \quad \text{Zähigkeit } \eta \tag{3.22a}$$

Dabei sind r der Kugelradius und v die Geschwindigkeit, mit der sich die Kugel relativ zum Medium bewegt. Bringt man eine kleine Kugel in ein ruhendes Medium, beginnt diese zu sinken. Am Anfang bei geringer Geschwindigkeit ist die Reibungskraft F kleiner als die Gewichtskraft mg. Die Geschwindigkeit steigt so lange, bis Kräftegleichgewicht ($mg = 6\pi\eta rv$) herrscht. In diesem Fall bewegt sich die Kugel mit konstanter Geschwindigkeit

$$v = \frac{mg}{6\pi\eta r} = \frac{2r^2\rho g}{9\eta}. \quad \text{Sinkgeschwindigkeit } v \tag{3.22b}$$

Durch Messung von v kann die Viskosität η bestimmt werden. Bei Berücksichtigung des Auftriebes muss in obiger Gleichung von der Dichte ρ der Kugel die Dichte des Mediums abgezogen werden.

In Kugelfallviskosimetern (z. B. nach Höppler) wird aus der Sinkgeschwindigkeit bzw. der Sinkzeit die Viskosität bei verschiedenen Temperaturen ermittelt. Allerdings kann für die Auswertung nicht (Gl. 3.22b) herangezogen werden, da sich die Kugel in einem engen Rohr bewegt, wodurch die Strömung beeinflusst wird. Andere Gerätetypen (z. B. nach Haake) messen die Ausströmdauer von Flüssigkeiten durch ein enges Rohr.

3.3.2.4 SAE-Skala

Die Zähigkeit von Motorölen wird nach den Richtlinien der American Society of Automotive Engineers (SAE) klassifiziert. Dickflüssige Sommeröle mit SAE 30 weisen eine Viskosität von $v = 1{,}1 \cdot 10^{-4}$ m²/s ($0{,}12 \cdot 10^{-4}$ m²/s) bei 40 °C (100 °C) auf, dünnflüssige Winteröle mit SAE 20: $v = 0{,}68 \cdot 10^{-4}$ m²/s ($0{,}09 \cdot 10^{-4}$ m²/s).

3.3.2.5 Aerosole

(3.22b) hat große Bedeutung im Umweltschutz, da sie die Sinkgeschwindigkeit von Aerosolen aber auch Viruspartikeln beschreibt, wie das Corona-Virus und die COVID-19-

Pandemie der Welt schmerzlich vor Augen führte. Für derartige Teilchen im μm-Bereich und darunter ergeben sich sehr kleine Sinkgeschwindigkeiten, d. h. sie bleiben über Stunden, Tage bis zu Monaten oder gar Jahren in der Luft. Luftverschmutzungen sind oft an Aerosole gekoppelt und werden über große Entfernungen verbreitet.

Beispiel 3.3.2a

Wie groß ist der Volumenstrom durch eine $l = 2$ km lange Wasserleitung mit dem Radius $r = 10$ cm, die an einem Behälter angeschlossen ist, in welchem das Wasser konstant $h = 5$ m hoch steht?

Mit der Druckdifferenz von $p_1 - p_2 = \rho g h = 49050$ Pa folgt nach dem Gesetz von Hagen und Poiseuille:

$$\dot{V} = \frac{\pi r^4 (p_1 - p_2)}{8 \eta l} = 9{,}5 \cdot 10^{-4} \, \mathrm{m^3/s} = 0{,}95 \, \mathrm{Liter/s} \quad \text{(Zähigkeit } \eta \text{ für 20 °C.}$$

Beispiel 3.3.2b

Wie groß ist die Sinkgeschwindigkeit eines Staubteilchen ($\rho = 1000$ kg/m^3) mit einem Radius von $r = 0{,}1 \mu$ m in Luft (Zähigkeit $\eta = 1{,}8 \cdot 10^{-5}$ N s/m^2)?

$v = (2r^2 \rho g)/(9\eta) = 1{,}2 \cdot 10^{-6}$ m/s. Feine Staubteilchen (Aerosole) breiten sich weltweit aus.

3.3.3 Turbulenz

Bei höheren Strömungsgeschwindigkeiten entstehen *Wirbel*. Zur Erklärung der Wirbelbildung dient   Abb. 3.14. An der Oberfläche eines umströmten Körpers haftet eine Grenzschicht, innerhalb der die Geschwindigkeit von Null bis auf den Maximalwert zunimmt. Ein Flüssigkeitsvolumen, das sich innerhalb der Grenzschicht bewegt, steht unter der Wirkung einer beschleunigten Strömung und dem bremsenden Einfluss der Grenzschicht. Innerhalb der Grenzschicht verliert es an Energie und es kann allmählich zur Ruhe kommen. Die darüber gleitenden Flüssigkeitsschichten bewirken ein Einrollen der Flüssigkeit (oder des Gases). Es entsteht eine Drehbewegung und ein Wirbel, der

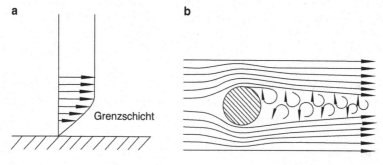

Abb. 3.14 Zur Entstehung von Wirbeln: **a** Darstellung der Grenzschicht. **b** Die äußeren, schnelleren Schichten rollen die inneren ein

sich losreißt und mit der Strömung wandert. Wirbel werden also durch Energieverluste aufgrund der inneren Reibung in der Grenzschicht verursacht.

3.3.3.1 Strömungswiderstand

Durch die Bildung von *Wirbeln* überträgt ein Fahrzeug kinetische Energie an die Luft. Ein Körper kann also nur mittels einer Kraft durch ein Gas oder eine Flüssigkeit bewegt werden. Die *Widerstandskraft F* im Fall von Wirbelbildung ist proportional zum Staudruck $\rho v^2/2$, und man kann folgenden Ausdruck ableiten:

$$\boxed{F = c_{\mathrm{w}} A \rho v^2/2. \quad \text{Widerstandskraft } F} \qquad (3.23a)$$

In der Gleichung bedeutet ρ die Dichte der Luft, A die Querschnittsfläche des Körpers, v die Geschwindigkeit und c_{w} den Widerstandsbeiwert. Einige Widerstandsbeiwerte aus Windkanalversuchen sind in Tab. 3.2 zusammengestellt. Man beachte den kleinen Wert von c_{w} für eine Stromlinienform. Da die Wirbel meist hinten entstehen, ist eine Formverbesserung bei einem Kfz stark am hinteren Teil wirksam. Die *Antriebsleistung P* wächst mit der dritten Potenz von v:

$$P = Fv = c_{\mathrm{w}} A \rho v^3/2. \quad \text{Antriebsleistung } P \qquad (3.23b)$$

Dies erklärt den stark ansteigenden Benzinverbrauch von Autos bei hohen Geschwindigkeiten.

Beispiel 3.3.3a
Welche Leistung P muss der Motor eines Autos mit dem Widerstandsbeiwert $c_{\mathrm{W}} = 0,6$ und der Querschnittsfläche von $A = 4\mathrm{m}^2$ aufbringen, um die Luftreibung $(\rho = 1,29\ \mathrm{kg/m}^3)$ bei einer Geschwindigkeit von $v = 50$, 100 und 200 km/h zu überwinden?
$P = c_{\mathrm{W}} A \rho v^3/2.$ Es folgt: $P_{50\ \mathrm{km/h}} = 4,15$ kW, $P_{100\ \mathrm{km/h}} = 16,6$ kW, $P_{200\ \mathrm{km/h}} = 66,4$ kW.

Beispiel 3.3.3b
Warum steigt der Benzinverbrauch beim Pkw bei hohen Geschwindigkeiten sehr stark an?
Die Antriebsleistung wächst bei turbulenter Strömung (Wirbelbildung in Luft) mit der dritten Potenz der Geschwindigkeit an (Gl. 3.23b).

Tab. 3.2 Widerstandsbeiwerte c_{w} verschiedener Körper	**Körper**	c_{w}
	Stromlinienkörper	0,06
	Kugel	0,25 bis 0,43
	Kreisplatte	1,1 bis 1,3
	Halbkugelschale (Öffnung gegen Strömung)	1,33
	Halbkugelschale (Öffnung mit Strömung)	0,34
	PKW	0,29 bis 0,5
	LKW	0,6 bis 1,2

3.3.3.2 Reynolds-Zahl Re

Bei langsamer Bewegung sind Strömungen laminar; bei wachsender Geschwindigkeit setzt Turbulenz ein. Es hat sich als zweckmäßig erwiesen, für Strömungen eine dimensionslose Größe, die Reynolds-Zahl Re, zu definieren (Re vergleicht die kinetische Energie mit der Reibungsenergie):

$$Re = \rho L v/\eta, \quad \text{Reynolds} - \text{Zahl Re} \tag{3.24}$$

wobei ρ die Dichte, v die Geschwindigkeit und η die Zähigkeit des strömenden Mediums darstellen. Die Größe L beschreibt die charakteristische Länge des umströmten Körpers, z. B. den Rohrdurchmesser oder den Kugeldurchmesser. Turbulenz tritt ab einer bestimmten kritischen Reynolds-Zahl auf. Bei Rohrströmungen entsteht Turbulenz bei $Re > 2300$. Mit (Gl. 3.24) kann daraus die Geschwindigkeit berechnet werden, bei welcher Turbulenzen einsetzen.

Die Kenntnis der Reynolds-Zahl gestattet die richtige Durchführung von Versuchen in Windkanälen an verkleinerten Modellen. Dabei ist zu beachten, dass Modellversuch und Großausführung durch die gleiche Reynolds-Zahl Re beschrieben wird.

3.3.3.3 Atemströmung

In der Lunge des Menschen herrscht laminare Strömung, Volumenstrom $\dot{V}$ und der Atemdruck Δp sind proportional zueinander. Ein derartiger linearer Zusammenhang ist durch das Gesetz von Hagen und Poiseuille (Gl. 3.21) gegeben, das hier in anderer Form geschrieben wird $\Delta p = R\dot{V}$. Man nennt R den bronchialen Widerstand. Er beträgt beim normalen Menschen ungefähr 200 Pa/(Liter/s). Anders ist das Strömungsverhalten der Nase; die Strömung ist (zur Erwärmung und Filterung der Atemluft) turbulent. In diesem Fall existiert ein quadratischer Zusammenhang zwischen nasalem Atemdruck und Volumenstrom $\Delta p \sim \dot{V}^2$. Nach (Gl. 3.23a) kann man einen c_{w}-Wert definieren; er liegt für die Nase bei $c_{\mathrm{w}} \approx 15$–$20$.

Gravitation

4

4.1 Klassische Gravitationstheorie

4.1.1 Gravitationsgesetz

Die Bewegung der Gestirne wird seit langem aus praktischem und theoretischem Interesse untersucht. Die modernen Erkenntnisse beginnen mit Nikolaus Kopernikus (1473–1543). Er entwickelte ein heliozentrisches Weltsystem, bei dem die Sonne im Mittelpunkt steht. Die Beschreibung der Planetenbahnen wurde dadurch verständlich. Die Inquisition verfolgte mit Folter und Hinrichtungen die Verbreitung wissenschaftlicher Erkenntnisse über diese neue Lehre. Basierend auf den astronomischen Betrachtungen (noch ohne Fernrohr) von Tycho de Brahe (1546–1601), gelang Johannes Kepler (1571–1630) die empirische Formulierung der sogenannten Kepler'schen Gesetze. Die Erkenntnis, dass die Schwerkraft die Ursache für die Planetenbewegung ist, stammt von Isaak Newton (1643–1727). Er formulierte das Gravitationsgesetz, das die Anziehungskraft zweier Massen beschreibt. Aus diesem Gesetz können die drei Kepler'schen Gesetze abgeleitet werden. Völlig neue Erkenntnisse zur Gravitation wurden von Albert Einstein (1879–1955) gewonnen. Er entwickelte die allgemeine Relativitätstheorie, welche die Newton'sche Formulierung als Näherung umfasst.

4.1.1.1 Gravitationsgesetz

Zwischen zwei Massen m_1 und m_2 im Abstand r voneinander wirkt die *Gravitationskraft* F, deren Betrag gegeben ist durch:

$$F = \gamma \frac{m_1 m_2}{r^2}. \quad \text{Gravitationskraft } F \tag{4.1}$$

© Springer Fachmedien Wiesbaden GmbH, ein Teil von Springer Nature 2023
J. Eichler und A. Modler, *Physik für das Ingenieurstudium*,
https://doi.org/10.1007/978-3-658-38834-8_4

Die *Gravitationskonstante* γ hat den Wert $\gamma = 6{,}67430 \cdot 10^{-11} \frac{\mathrm{m}^3}{\mathrm{kg} \cdot \mathrm{s}^2}$. Durch das Gravitationsgesetz kann die Erdbeschleunigung g mit der Erdmasse m_E und dem Erdradius r_E verknüpft werden. Ein Vergleich der Gewichtskraft mg mit der Gravitationskraft F auf der Erde liefert:

$$\boxed{g = \gamma \frac{m_E}{r_E^2}. \quad \text{Erdbeschleunigung } g} \tag{4.2}$$

Verlässt man die Erdoberfläche und geht in die Höhe h, nimmt die Erdbeschleunigung ab und man muss in (4.2) r durch $r + h$ ersetzen. Aus (4.2) kann mit den Werten für γ, $g = 9{,}81$ m/s^2, und dem Erdradius $r_E = 6370$ km die Erdmasse berechnet werden: $m_E = 5{,}97 \cdot 10^{24}$ kg.

4.1.1.2 Messung von γ

Die Gravitationskonstante γ wurde erstmals von Cavendish (1798) mithilfe einer Drehwaage gemessen. Die beiden Probemassen m_1 werden an einen Torsionsdraht symmetrisch aufgehängt. Bringt man die beiden größeren Massen m_2 in die Position von Abb. 4.1, wirkt zwischen den Massen die Gravitationskraft. Dadurch entsteht auf den Torsionsdraht ein Drehmoment. Die Massen m_1 bewegen sich so lange auf die Massen m_2 zu, bis die Gravitationskraft durch die rücktreibende Torsionskraft kompensiert wird. Der Drehwinkel $\Delta\varphi$ wird über einen kleinen Drehspiegel mit einem Lichtzeiger gemessen. Daraus werden die Gravitationskraft und die Gravitationskonstante γ ermittelt. Moderne Instrumente zur Messung der Größe und Richtung der Gravitationskraft arbeiten mit einem supraleitenden Probekörper, der über einem Magneten schwebt.

4.1.1.3 Ebbe und Flut

Die Gezeiten des Meeres werden durch die Gravitationskraft des Mondes verursacht. Das Meerwasser wird auf den Mond zu angezogen, die Erde dreht sich etwa einmal pro Tag unter dem entstehenden Flutberg. Auch die Erdkruste wird bis zu 30 cm angehoben.

Abb. 4.1 Gravitationswaage zur Messung der Gravitationskonstanten

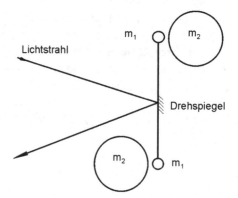

Eine zweite Flutwelle entsteht auf der Gegenseite der Erde durch die Zentrifugalkraft, sodass ungefähr alle 12 h Flut und 6 h später Ebbe auftritt. Die Zentrifugalkraft wird dadurch erzeugt, dass sich Mond und Erde um den gemeinsamen Schwerpunkt drehen.

4.1.2 Planetensystem

Aus dem Gravitationsgesetz lassen sich wichtige Aussagen über die Planetenbahnen ableiten, die ursprünglich von Kepler empirisch gefunden wurden. Die Aussagen gelten für alle periodisch wiederkehrenden Himmelskörper (Planeten, Kometen) im Sonnensystem sowie sinngemäß für Monde oder Satelliten.

4.1.2.1 Erstes Kepler'sches Gesetz

Die Planeten bewegen sich auf Ellipsen. In einem der Brennpunkte steht die Sonne (Abb. 4.2a).

Die Berechnung der Bahnen erfolgt aus dem Bewegungsgesetz (2. Newton'sches Gesetz), wobei die resultierende Kraft durch die Gravitationskraft gegeben ist.

4.1.2.2 Zweites Kepler'sches Gesetz

Der von der Sonne zum Planeten zeigende Ortsvektor $\vec{r}$ überstreicht in gleichen Zeiten gleiche Flächen (Abb. 4.2b).

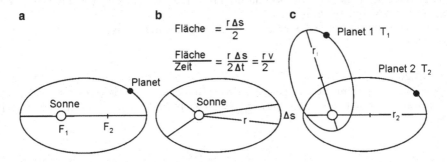

Abb. 4.2 Darstellung der Kepler'schen Gesetze: **a** 1. Gesetz: Planetenbahnen (F_1, F_2 = Brennpunkte der Ellipsenbahn), **b** 2. Gesetz: Flächengeschwindigkeit (= $rv/2$), **c** 3. Gesetz: Umlaufzeiten T und Halbachsen r

Man sagt auch: die Flächengeschwindigkeit ist konstant. Diese Eigenschaft folgt aus der Erhaltung des Drehimpulses L bei der Bewegung eines Planeten der Masse m_P und der Geschwindigkeit v (2.55):

$$L = r m_P v = const.$$

Die Größe rv ist das Doppelte der Flächengeschwindigkeit (Abb. 4.2b). Damit ist das zweite Kepler'sche Gesetz bewiesen.

4.1.2.3 Drittes Kepler'sches Gesetz

Die Quadrate der Umlaufzeiten T der verschiedenen Planeten verhalten sich wie die dritten Potenzen der großen Halbachsen r der Bahnellipsen (Abb. 4.2c):

$$T_1^2 : T_2^2 : \ldots = r_1^3 : r_2^3 : \ldots$$

Für den Sonderfall einer Kreisbewegung einer Planetenmasse m_P um die Sonnenmasse m_S kann diese Aussage leicht bewiesen werden. Aus dem Bewegungsgesetz folgt, dass die Gravitationskraft (4.1) gleich der Masse mal der Radialbeschleunigung (2.21) ist, wobei die Umlaufgeschwindigkeit v durch $v = 2\pi r / T$ ersetzt wurde:

$$\gamma \frac{m_S m_P}{r^2} = m_P \frac{v^2}{r} = m_P \frac{(2\pi r)^2}{T^2 r} \quad \text{oder} \quad \frac{T^2}{r^3} = \frac{4\pi^2}{\gamma m_S} = const.$$

Damit ist die Aussage des dritten Kepler'schen Gesetzes bewiesen. Daten über Planeten und den Mond sind in Tab. 4.1 zusammengestellt.

Beispiel 4.1.2a
Wie groß ist die Umlaufgeschwindigkeit v und die Umlaufzeit T eines Satelliten, der auf einer Kreisbahn in einer Höhe von $h = 300$ km die Erde umkreist (Erdradius und Erdmasse siehe Tab. 4.1, $\gamma = 6{,}673 \cdot 10^{-11} \text{m}^3/(\text{kg s}^2)$)?

Aus dem 3. Keppler'schen Gesetz (letzte Gleichung) folgt: $T^2 = 4\pi^2/\gamma m_E (r_E + h)^3$ und $T = 5429$ s.

Frage 4.1.2b
Beweisen Sie, dass die Erdbeschleunigung g durch die Gravitationskonstante γ bestimmt wird (4.2).

Gravitationskraft (4.1) $F = \gamma m_{\text{Erde}} m / r_{\text{Erde}}^2 = $ Gewichtskraft $= mg$. Auflösen nach g liefert (4.2).

4.1.3 Potenzielle Energie

Die Feldstärke $\vec{g}$ des Gravitationsfeldes beschreibt die Kraft $\vec{F}$, die auf eine Masseneinheit m wirkt. Diese Definition ist analog zur Definition der elektrischen Feldstärke,

Tab. 4.1 Daten des Planetensystems und des Mondes (Bahnradius=große Halbachse, Beschleunigung auf der Oberfläche, Einheit für Radius=Erdradius, Einheit für Masse=Erdmasse)

	Bahnradius m	Umlaufzeit s	Exzentrität	Radius 6370 km	Masse $5,97 \cdot 10^{24}$ kg	Beschl. m/s^2
Merkur	$5,79 \cdot 10^{10}$	$7,60 \cdot 10^6$	0,206	0,38	0,05	3,60
Venus	$1,08 \cdot 10^{11}$	$1,94 \cdot 10^7$	0,007	0,96	0,81	8,50
Erde	$1,50 \cdot 10^{11}$	$3,16 \cdot 10^7$	0,017	1,00	1,00	9,81
Mars	$2,28 \cdot 10^{11}$	$5,94 \cdot 10^7$	0,093	0,52	0,11	3,76
Jupiter	$7,78 \cdot 10^{11}$	$3,74 \cdot 10^8$	0,048	11,27	317,5	26,0
Saturn	$1,43 \cdot 10^{12}$	$9,30 \cdot 10^8$	0,056	9,47	95,1	11,2
Uranus	$2,87 \cdot 10^{12}$	$2,66 \cdot 10^9$	0,046	3,72	14,5	9,40
Neptun	$4,50 \cdot 10^{12}$	$5,20 \cdot 10^9$	0,009	3,60	17,6	15,0
Pluto	$5,92 \cdot 10^{12}$	$7,82 \cdot 10^9$	0,249	0,45	0,05	8,0
Sonne	–	–	–	109,3	$3,35 \cdot 10^5$	2725
Mond	$3,84 \cdot 10^8$	1 Monat	0,055	0,273	0,0123	1,60

welche die Kraft auf eine Ladungseinheit angibt. Für die Gravitationsfeldstärke gilt somit:

$$\vec{F} = m\vec{g}.$$

Es ist klar, dass $\vec{g}$ identisch mit der Erdbeschleunigung ist. Soll eine Masse m gegen die Anziehungskraft des Gravitationsfeldes der Erdmasse m_E von r_1 nach r_2 verschoben werden, muss Arbeit W aufgewendet werden (4.1):

$$W = -\int_{r_1}^{r_2} \vec{F} \cdot d\vec{r} = \int_{r_1}^{r_2} \gamma \frac{m m_E}{r^2} dr = \gamma m m_E \left(\frac{1}{r_1} - \frac{1}{r_2} \right). \qquad (4.3)$$

Dabei wurde angenommen, dass die Masse m in radialer Richtung $\vec{r}$ bewegt wird. Diese Annahme kann jedoch fallengelassen werden, da eine seitliche Verschiebung bei konstantem Radius r ohne Arbeitsaufwand möglich ist. Das Minuszeichen berücksichtigt, dass $\vec{F}$ und d $\vec{r}$ antiparallel liegen. Die Energie, um die Masse von der Erdoberfläche (r_1 = Erdradius = r_E) aus dem Gravitationsfeld zu befördern ($r_2 \to \infty$), berechnet sich nach (4.3) mit g = 9,81 m/s^2 zu:

$$W_\infty = \gamma m m_E / r_E = m g r_E \quad \text{Für 1 kg resultiert: } W_\infty = 6,25 \cdot 10^7 \text{W s} \approx 17 \; kWh.$$

Näherungsweise erhält man aus (4.3) für die potenzielle Energie in der Nähe der Erdoberfläche ($r_1 \approx r_2 \approx r_E, r_2 - r_1 = h$) die bekannte Gleichung: $W = mgh.$

Beispiel 4.1.3

Die Energie, um die Masse 1 kg von der Erdoberfläche (Erdradius r_E) aus dem Gravitationsfeld zu befördern ($r_2 \rightarrow \infty$), berechnet sich nach (4.3) zu:

$$W_\infty = \gamma m m_E / r_E = m g r_E. \quad \text{Für 1 kg resultiert: } W_\infty = 6{,}25 \cdot 10^7 \text{ W s} \approx 17 \text{ kW h.}$$

4.1.4 Satellitenbahnen

Für die Bewegung frei fliegender Massen im Gravitationsfeld der Erde sind unterschiedliche Flugbahnen möglich. Die Gesamtenergie des Körpers bestimmt, ob die Bahn eine Ellipse, eine Hyperbel oder eine Parabel darstellt, und er nach dem Abschuss wieder zur Erde zurückkehrt, sie umkreist oder das Schwerefeld verlässt.

4.1.4.1 Umlaufbahn

Wenn die kinetische und potenzielle Energie eines Satelliten kleiner als die Energie W_∞ ist, stellt die Bahnkurve eine Ellipse oder als Sonderfall einen Kreis dar. Für den Kreis erhält man:

Das Produkt aus Masse und Radialbeschleunigung $m v_1^2 / (r_E + h)$ ist gleich der Gravitationskraft $\gamma (m m_E) / (r_E + h)^2 = (m g r_E^2) / (r_E + h)^2$. Daraus folgt:

$$v_1^2 = \frac{g r_E^2}{r_E + h}. \quad \text{1. Kosmische Geschwindigkeit } v_1 \qquad (4.4a)$$

Beispiel 4.1.4a

Die Geschwindigkeit eines Satelliten auf einer Kreisbahn in Erdnähe mit $r_E \gg h$ nennt man erste kosmische Geschwindigkeit. Sie beträgt: $v_1 = \sqrt{r_E \cdot g} = 7{,}9$ km/s.

Geostationäre Satelliten in der Höhe h sollen sich mit der Winkelgeschwindigkeit ω der Erde drehen und sich stets an gleicher Stelle über der Erde befinden. Dies ist nur bei Bahnen um den Äquator möglich. Die Geschwindigkeit ist dann $v = \omega (r_E + h)$. Mit (4.4a) erhält man:

$$r_E + h = \sqrt[3]{g r_E^2 / \omega^2} = 40.000 \text{ km.} \quad \text{Geostationäre Umlaufbahn} \qquad (4.4b)$$

Es gibt also nur eine Umlaufbahn für geostationäre Satelliten. Für Geschwindigkeiten, die größer als die erste kosmische Geschwindigkeit v_1 (aber kleiner als v_2 (4.5)) sind, umkreisen die Satelliten die Erde auf elliptischen Bahnen. Ist die Geschwindigkeit kleiner als v_1, so ist die Bahnkurve ebenfalls eine Ellipse, allerdings stürzt der Körper dabei auf die Erde (Abb. 4.3). Es handelt sich hierbei um ballistische Bahnen von Interkontinental-Raketen, die bedauerlicherweise entwickelt wurden und uns bedrohen.

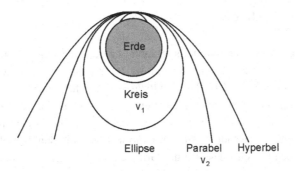

Abb. 4.3 Verschiedene Bahnen bei Satelliten. Ab der ersten kosmischen Geschwindigkeit $v_1 = 7{,}9$ km/s entsteht in Erdnähe eine kreis- oder ellipsenförmige Umlaufbahn, bei Geschwindigkeiten darunter fällt der Satellit wieder auf die Erde zurück. Bei der zweiten kosmischen Geschwindigkeit $v_2 = 11{,}2$ km/s verlässt der Satellit parabelförmig den Bereich der Erde. Bei höheren Geschwindigkeiten entsteht eine Hyperbel

Wurfparabeln entstehen auf der Erde nur in der Näherung einer konstanten Erdbeschleunigung.

4.1.4.2 Raumfahrt

Zum Verlassen einer Masse m aus dem Anziehungsbereich der Erde von der Oberfläche aus (Erdradius r_E) muss die kinetische Energie mindestens gleich W_∞ sein:

$$\frac{mv_2^2}{2} = mgr_E \text{ oder } v_2 = \sqrt{2gr_E} = 11{,}2 \, \frac{\text{km}}{\text{s}}. \quad \text{2. Kosmische Geschwindigkeit } v_2$$

(4.5)

Wird ein Körper mit dieser sogenannten zweiten kosmischen Geschwindigkeit von der Erde abgeschossen, entfernt er sich selbstständig auf einer parabelförmigen Bahn von der Erde. Übersteigt die Geschwindigkeit den Wert aus (4.5), ist die Bahnkurve eine Hyperbel.

Beispiel 4.1.4b
Eine Rakete der Masse m soll den Anziehungsbereich der Erde verlassen. Welche Energie ist dafür erforderlich?

Nach (4.5) beträgt die Anfangsgeschwindigkeit: $v_2 = \sqrt{2gr_E} = 11{,}2$ km/s.

Daraus folgt für die kinetische Energie: $W_\infty = mv_2^2/2$. Für jedes Kilogramm der Rakete ($m = 1$ kg) erhält man in Übereinstimmung mit Beispiel 4.1.3: $W_\infty \approx 17$ kW h.

Frage 4.1.4c
Wie verläuft die Bahn eines geostationären Satelliten?

Dieser Satellit dreht sich mit gleicher Winkelgeschwindigkeit wie die Erde, sodass er immer an derselben Stelle über der Erdoberfläche steht. Dies ist nur auf einer Bahn über dem Äquator möglich.

4.2 Relativitätstheorie

Bis zum Beginn des 19. Jahrhunderts glaubte man, Raum und Zeit seien absolute Größen: Es schien sicher zu sein, dass 1 m oder 1 s in jedem System gleich sind. Durch die Entwicklung der *speziellen Relativitätstheorie* zeigte sich, dass die klassischen Gesetze der Mechanik bei sehr schnellen Bewegungen im Bereich der Lichtgeschwindigkeit ergänzt werden müssen (Abschn. 4.2.1). Die *allgemeine Relativitätstheorie* (Abschn. 4.2.2) verknüpft die Gravitationskraft mit den Begriffen Raum und Zeit. Es handelt sich um eine Theorie der Gravitation, die zum Verständnis des Weltalls beiträgt.

4.2.1 Spezielle Relativitätstheorie

4.2.1.1 Galilei-Transformation

Im Folgenden werden zwei Inertialsysteme angenommen. Das System 1 soll ruhen und das System 2 sich mit der Geschwindigkeit $\vec{v}$ bewegen. Wir betrachten eine Bewegung, die im ruhenden System 1 die Geschwindigkeit $\vec{v}_1$ hat. Im System 2 wird eine andere Geschwindigkeit $\vec{v}_2$ festgestellt. In der klassischen Mechanik wird der Übergang vom System 1 nach System 2 dadurch vollzogen, dass man die Relativgeschwindigkeit der Systeme $\vec{v}$ addiert:

$$\boxed{\vec{v}_1 = \vec{v}_2 + \vec{v}. \quad \text{Galilei - Transformation}} \tag{4.6}$$

Dies ist der Grundgedanke der *Galilei-Transformation,* die Abläufe in bewegten Koordinatensystemen ineinander umrechnet. Ein praktisches Bespiel ist die Ermittlung der Geschwindigkeit $\vec{v}_1$ eines Fußgängers in einem fahrenden Zug. Nach (4.6) muss zur Geschwindigkeit des Fußgängers im Zug $\vec{v}_2$ die Zuggeschwindigkeit $\vec{v}$ addiert werden. Man kann beweisen, dass die Naturgesetze in Systemen, die sich mit konstanter Geschwindigkeit gegeneinander bewegen, gleich sind (Inertialsysteme, Abschn. 2.2.3). Man spürt nicht die gleichmäßige Bewegung in einem Flugzeug oder Zug.

4.2.1.2 Konstanz der Lichtgeschwindigkeit

Messungen der Lichtgeschwindigkeit ergeben, dass sie unabhängig von der Bewegung der Lichtquelle oder des Empfängers immer den gleichen Wert von $c_0 = 299.792$ km/s zeigen. Dies ist nach den Gesetzen der klassischen Physik nicht zu verstehen. Die einfache Addition der Geschwindigkeiten nach (4.6) und die Galilei-Transformation versagen bei hohen Geschwindigkeiten.

4.2.1.3 Lorentz-Transformation

Einstein zog aus dem oben zitierten Befund folgende Schlüsse, die im Folgenden erklärt werden:

1. *Die Zeit verläuft in zueinander bewegten Systemen unterschiedlich.*
2. *Die Raumkoordinaten (Abstände) verändern sich durch die Bewegung.*

Raum und Zeit hängen also von der Geschwindigkeit eines Systems ab. Ein Beobachter, der sich im System mitbewegt, merkt nichts von diesen Effekten. Die Aussagen 1 und 2 werden nur in einem anderen ruhenden System bei Beobachtung des bewegten Systems festgestellt. Man registriert eine Verlangsamung der Zeit und Verkürzung von den Koordinaten. Bemerkbar machen sich diese Effekte erst für Geschwindigkeiten in der Nähe der Lichtgeschwindigkeit c_0.

4.2.1.4 Gleichzeitigkeit
Die Zeit ist nicht absolut, sie hängt von der Bewegung des Beobachters ab. Damit wird auch der Begriff der Gleichzeitigkeit fragwürdig.

4.2.1.5 Zeitdehnung
Die Zeit in bewegten Bezugssystemen verläuft langsamer. Dieser Effekt ist an instabilen Teilchen beobachtbar: schnelle Myonen zerfallen langsamer als ruhende.

4.2.1.6 Längenkontraktion
Wird in einem ruhenden System ein Maßstab betrachtet, der sich mit hoher Geschwindigkeit bewegt, stellt man theoretisch fest, dass er durch die Bewegung verkürzt wird.

4.2.1.7 Relativistische Masse
Die Relativitätstheorie führt zur Erkenntnis, dass die Masse m eines Teilchens mit der Geschwindigkeit v zunimmt:

$$\boxed{m = \frac{m_0}{\sqrt{1 - v^2/c_0^2}}. \quad \text{Relativistische Masse } m} \tag{4.7}$$

m_0 stellt die *Ruhemasse* bei der Geschwindigkeit $v = 0$ dar. Die Massenzunahme ist in Teilchenbeschleunigern, bei denen nahezu Lichtgeschwindigkeit c_0 erreicht wird, feststellbar.

4.2.1.8 Masse und Energie
Masse m ist eine Form der Energie E nach folgender Beziehung:

$$\boxed{E = mc_0^2. \quad \text{Masse und Energie}} \tag{4.8}$$

Eine Umwandlung von Masse m in Energie E erfolgt bei der Kernspaltung oder der Kernfusion (Abschn. 12.3). Ein anderes Beispiel ist die Vernichtung eines Elektrons und eines Positrons. Dabei verschwindet die Masse und es entsteht Strahlungsenergie.

Die zitierten Aussagen der Relativitätstheorie folgen aus der Lorentz-Transformation, die Beweise übersteigen jedoch den Rahmen dieses Buches.

Beispiel 4.2.1a

In einem Linearbeschleuniger für medizinische Anwendungen werden Elektronen auf eine Energie von 35 meV gebracht. Wie groß sind a) die Elektronenmasse und b) die Geschwindigkeit? *Diese Aufgabe ist nur mit Kenntnissen aus Kap. 8 und 10 lösbar.*

a) Die   elektrostatische   Energie   beträgt $eU = 35$ MeV.   Diese   Energie äußert   sich   in   einem   Zuwachs   der   Masse: $eU = mc_0^2 - m_0 c_0^2$.   Es   folgt: $m = \left(eU + m_0 c_0^2\right)/c_0^2 = 6{,}3 \cdot 10^{-29}$kg $= 69{,}4\, m_0$.

(Mit $m_0 c_0^2 = 511$ keV, $m_0 = 9{,}1 \cdot 10^{-31}$ kg).

b) Man erhält für die Geschwindigkeit aus (4.7): $v = c_0 \sqrt{1 - (m_0/m)^2} = 0{,}9999 c_0$.

Frage 4.2.1b

Warum kann eine Masse nicht bis auf die Lichtgeschwindigkeit c_0 beschleunigt werden?

Nach (4.7) wird für $v = c_0$ die Masse m unendlich groß.

Frage 4.2.1c

Woher stammt die Energie der Sonne?

Durch Kernfusion (Abschn. 12.3.3) wird in der Sonne Masse in Energie umgewandelt.

4.2.2   Allgemeine Relativitätstheorie

Die *spezielle Realitätstheorie* beschreibt den Einfluss hoher Geschwindigkeiten auf die Zeit, die Länge und die Masse. Außerdem gibt sie die Äquivalenz von Masse und Energie an. Bei der Gravitation versagt die Theorie. Nach dem Gravitationsgesetz wirkt eine Anziehungskraft, die von der Entfernung zweier Massen abhängt. Bewegt man eine Masse, so müsste sich die Kraftübertragung sofort auswirken. Da höhere Geschwindigkeiten als $c_0 = 299.792$ km/s nicht auftreten, muss die spezielle Relativitätstheorie ergänzt werden. Einstein entwickelte eine neue Vorstellung zur Gravitation, die den Namen *allgemeine Relativitätstheorie* trägt.

4.2.2.1 Raum

Nach dieser Theorie ist die Gravitation nicht eine Kraft wie andere. Die Massen im Weltraum „verbiegen" den Raum und verändern die Zeit. Körper wie die Erde werden nicht durch die Gravitationskraft dazu gebracht, sich auf gekrümmten Bahnen zu bewegen. Stattdessen ist der Raum „gekrümmt" und die Körper durchlaufen in diesem verbogenen System die kürzeste Entfernung. Fügt man dem dreidimensionalen Raum eine vierte Koordinate, die Zeit, hinzu, so bewegen sich die Gestirne auf geraden vierdimensionalen Linien.

4.2.2.2 Licht

Auch das Licht folgt dieser Raumkrümmung; es bewegt sich nicht geradlinig durch das All, sondern es wird an Gestirnen abgelenkt. Diesen Effekt können die Astronomen beobachten.

4.2.2.3 Zeit

Eine andere Aussage der allgemeinen Realitätstheorie ist die Verlangsamung der Zeit in der Nähe von Massen. Die Zeit in Satelliten verläuft anders als auf der Erde. Dieser Effekt ist von praktischer Bedeutung bei Navigationssystemen, die von Satelliten gesteuert werden. Ohne diese Kenntnis entstehen Navigationsfehler von mehreren Kilometern.

Die Konsequenzen der allgemeinen Realitätstheorie auf die Kosmologie übersteigen den Rahmen dieses Buches.

Thermodynamik 5

Die Thermodynamik stellt die Lehre von der Wärme und Energie dar. Der thermische Zustand eines Systems, z. B. eines Gases, wird makroskopisch durch eine Anzahl von Zustandsgrößen, wie Temperatur T, Druck p, Volumen V u. a. festgelegt. Der Zusammenhang zwischen diesen Größen wird durch die Zustandsgleichung gegeben. Dabei wird der Begriff ideales Gas erläutert. Es erweist sich als günstig dabei auch molare Größen zu benutzen. Im Zusammenhang mit realen Gasen wird auf Schmelzen und Verdampfen sowie die Verflüssigung von Gasen eingegangen. Besondere Bedeutung haben die Hauptsätze der Thermodynamik, welche die Erhaltung der Energie und die Umwandlung von Wärmeenergie in andere Energieformen beschreiben. In der Technik haben thermische Maschinen Bedeutung. Wärmetransport kann durch Wärmeleitung, Konvektion und Strahlung erfolgen. Es wird auf die wichtigsten Fakten über den Wärmetransport durch Strahlung und deren Auswirkungen in der Solartechnik und beim Treibhauseffekt eingegangen. Die mikroskopische Beschreibung der Thermodynamik erfolgt durch die kinetische Gastheorie, die auf statistischen Methoden der klassischen Mechanik basiert.

5.1 Zustandsgleichungen

Die Thermodynamik von Gasen benutzt eine Reihe von Zustandsgrößen, wie Temperatur, Druck, Volumen.

5.1.1 Temperatur

5.1.1.1 Definition
Zur Kennzeichnung des Zustandes eines Körpers dient eine weitere Basisgröße des SI-Systems, die Temperatur T (Tab. 1.2). Die Basiseinheit für die Temperatur T ist 1

© Springer Fachmedien Wiesbaden GmbH, ein Teil von Springer Nature 2023   93
J. Eichler und A. Modler, *Physik für das Ingenieurstudium*,
https://doi.org/10.1007/978-3-658-38834-8_5

Kelvin = 1 K. Das Kelvin wurde früher durch den Tripelpunkt von reinem Wasser bei $T = 273{,}16$ K definiert. Der Tripelpunkt liegt etwa 0,01 K über dem Gefrierpunkt des luftgesättigten Wassers.

> 1 K ist der 273,16te Teil der Temperatur des Tripelpunktes des Wassers.

5.1.1.2 Absoluter Nullpunkt

Atome und Moleküle besitzen eine Geschwindigkeit, die von der Temperatur abhängt. Die thermische Energie eines Systems aus Atomen ist durch die kinetische und potenzielle Energie der Atome und Moleküle gegeben und charakterisiert als Zustandsgröße das Systems. Wärme stellt eine Prozessgröße dar, durch deren Aufnahme bzw. Abgabe die thermische Energie des Systems erhöht bzw. erniedrigt und damit dessen Zustand verändert werden kann. In Gasen und Flüssigkeiten stoßen die Moleküle häufig gegeneinander und führen eine sogenannte *Brown'sche Molekularbewegung* aus. In Festkörpern dagegen schwingen Atome und Moleküle im Kristallgitter um ihre Gleichgewichtslage. Zwischen der Temperatur T und der mittleren kinetischen Energie E_{kin} eines Moleküls besteht ein linearer Zusammenhang:

$$E_{kin} \sim T.$$

Daraus folgt, dass ein absoluter Nullpunkt $T = 0$ existiert. Negative Temperaturen sind in der Kelvin-Skala nicht möglich. Am Nullpunkt ist die thermische Bewegungsenergie $E_{kin} = 0$ und es findet keine Wärmebewegung mehr statt. (Genauer muss man sagen: den Molekülen kann keine thermische Energie mehr entzogen werden. Die Quantenmechanik zeigt nämlich, dass wegen der Unbestimmtheitsrelation von Heisenberg eine geringe Nullpunktsenergie vorhanden ist.)

5.1.1.3 Temperaturskalen

In der Praxis gibt es neben der Temperatureinheit 1 K noch verschiedene andere Einheiten. Zur Festlegung der Celsiusskala dienen zwei Fixpunkte des Wassers: der Punkt des schmelzenden Eises bei 0 °C und der Siedepunkt unter Normaldruck (1,013 bar) bei 100 °C. Die Temperatur in °C wird durch den Formelbuchstaben in ϑ symbolisiert. Kelvin- und Celsiusskala sind gegeneinander um 273,15 K gegeneinander verschoben. Temperaturdifferenzen sind in beiden Systemen gleich:

$$\boxed{\frac{T}{K} = \frac{\vartheta}{°C} + 273{,}15 \quad \text{und} \quad \frac{\Delta T}{K} = \frac{\Delta \vartheta}{°C}.} \tag{5.1a}$$

In den USA wird die Temperatur ϑ' in Fahrenheit (°F) angegeben:

$$\frac{\vartheta}{°C} = \left(\frac{\vartheta'}{°F} - 32 \right) \cdot \frac{5}{9}.$$

5.1.1.4 Ausdehnung fester und flüssiger Körper

Festkörper dehnen sich bei Erwärmung in der Regel aus. Die relative Längenänderung $\Delta l/l$ eines Stabes der Länge l ist innerhalb bestimmter Grenzen proportional zur Temperaturerhöhung ΔT:

$$\boxed{\frac{\Delta l}{l} = \alpha \Delta T \quad [\alpha] = \frac{1}{K} = \frac{1}{°C}. \qquad \text{Ausdehnungskoeffizient } \alpha} \qquad (5.1b)$$

Bei Temperaturänderungen ΔT fällt bei der Differenzbildung der Temperaturnullpunkt heraus, sodass ΔT in K oder °C angegeben werden kann. Tab. 5.1 enthält die Ausdehnungskoeffizienten α einiger Stoffe. Die Wärmeausdehnung muss beispielsweise bei der Konstruktion von Brücken, Schienen oder Rohrleitungen berücksichtigt werden. Abb. 5.1 zeigt die Ausdehnung eines Eisenstabes in Abhängigkeit von der Temperatur. Es treten Abweichungen von der Linearität auf, d. h. α ist temperaturabhängig. (Gl. 5.1a) gilt daher mit konstantem α nur in einem eingeschränkten Temperaturbereich, der in Tab. 5.1 angegeben ist. Die Abnahme der Länge bei hohen Temperaturen in Abb. 5.1 ist mit einer Änderung der Kristallstruktur verbunden. Die Temperatur, bei der die Umkristallisation stattfindet, nennt man Curie-Temperatur; sie liegt für Eisen bei 769 °C.

Tab. 5.1 Ausdehnung von Festkörpern und Flüssigkeiten: **a** Linearer Ausdehnungskoeffizient α einiger Festkörper bei verschiedenen Temperaturen; **b** Volumenausdehnungskoeffizient γ einiger Flüssigkeiten (bei 18 °C)

a) Stoff	α in 10^{-6}/K	
	0 bis 100 °C	0 bis 500 °C
Aluminium	23,8	27,4
Kupfer	16,4	17,9
Stahl	11,1	13,9
Stahlbeton	14	
Invarstahl	0,9	
Glas	9	10
Quarzglas	0,5	0,6

b) Stoff	γ in 10^{-3}/K
Wasser	0,207
Quecksilber	0,18
Petroleum	0,96
Heizöl	0,9–1,0

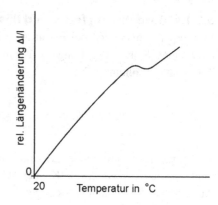

Abb. 5.1 Thermische Ausdehnung eines Eisenstabes. Bei 769 °C ändert sich die Kristallstruktur

Für Flüssigkeiten und Festkörper gilt für die Volumenänderung ΔV in Abhängigkeit von der Temperaturänderung ΔT ein analoges Gesetz:

$$\frac{\Delta V}{V} = \gamma \Delta T \quad [\gamma] = \frac{1}{K} = \frac{1}{°C}. \quad \text{Volumenausdehnungskoeffizient } \gamma \qquad (5.1c)$$

Zwischen den Konstanten α und γ besteht folgender Zusammenhang:

$$\gamma = 3\alpha. \quad \gamma \text{ und } \alpha \qquad\qquad (5.1d)$$

Die Dichte $\rho = m/V$ verkleinert sich mit steigender Temperatur. Aus (Gl. 5.1c) ergibt sich:

$$\frac{\Delta \rho}{\rho} = -\gamma \Delta T. \quad \text{Dichteänderung } \Delta \rho$$

Diese Gleichung gilt wiederum nur in bestimmten Temperaturbereichen: für Wasser beispielsweise erst oberhalb von 8 °C (Abb. 5.2). Die Dichte des Wassers hat bei 4 °C ein Maximum; bei tieferen Temperaturen nimmt die Dichte erstaunlicherweise ab. Diese Anomalie gewährleistet, dass Seen von oben zufrieren und letztendlich Leben in der uns bekannten Form möglich ist.

Abb. 5.2 Dichte des Wassers in Abhängigkeit von der Temperatur. Bei 4 °C existiert ein Maximum der Dichte

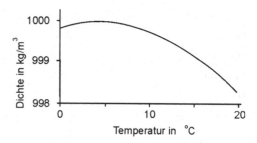

5.1.1.5 Temperaturmessung

Von theoretischem Interesse ist das Gasthermometer, das häufig als Versuch im Physikalischen Praktikum vorhanden ist. An einen dünnen Gaskolben (ca. 0,1 L) wird eine Kapillare angeschmolzen, die zu einem Manometer führt. Das Volumen V wird konstant gehalten, sodass die Temperatur T durch Messung des Drucks p ermittelt werden kann (siehe (Gl. 5.25): $p = const. \cdot T$). Durch die Messung zweier Fixpunkte, z. B. bei 0 und 100 °C, kann das Thermometer kalibriert werden. Die wichtigsten Thermometer der Praxis beruhen auf folgenden temperaturabhängigen Effekten: Volumenänderung von Flüssigkeiten und Gasen, Längenänderungen bei Bimetallthermometern, Änderung des elektrischen Widerstandes von Metallen und Halbleitern, Thermospannung bei Thermoelementen, Wellenlängenänderung der emittierten Strahlung bei optischen Pyrometern. Die Anwendungsbereiche verschiedener Verfahren zeigt Tab. 5.2.

Beispiel 5.1.1a
Im amerikanischen Fernsehen wird die Temperatur mit 28 °F angegeben.
Die Temperatur in °C lautet: $\vartheta/°C = \left(\vartheta'/°F - 32\right) \cdot 5/9 = -2{,}22$ und $\vartheta = -2{,}22°C$.

Beispiel 5.1.1b
Welchen Ausdehnungskoeffizienten α besitzt ein Metallstab, dessen Länge sich bei einer Temperaturerhöhung von 20 °C auf 100 °C um 0,19 % ändert? Um welches Metall kann es sich handeln?
Mit $\Delta l/l = 1{,}9 \cdot 10^{-3}$ und $\Delta T = 80$ K erhält man:
$\alpha = \Delta l/(l \cdot \Delta T) = \left(1{,}9 \cdot 10^{-3}\right)/80 K^{-1} = 23{,}8 \cdot 10^{-6} K^{-1}$.
Nach Tab. 5.1 kann es sich um Aluminium handeln.

Beispiel 5.1.1c
Wie stark dehnt sich eine 20 m lange Stahlbetonbrücke $\left(\alpha = 14 \cdot 10^{-6} K^{-1}\right)$ bei einer Erhöhung der Temperatur von -30 °C auf $+35$ °C aus?

$$\Delta l = \alpha \Delta T l = 14 \cdot 10^{-6} \cdot 65 \cdot 20 m^{-1} = 0{,}0182 m = 1{,}82\, cm.$$

Tab. 5.2 Messbereiche verschiedener Methoden zur Temperaturmessung

Temperatur / K	10^{-1}	1	10	10^2	10^3	10^4
Gasthermometer			——————————			
Dampfdruck		————————		—		
Flüssigkeitsthermometer				—————		
Metallausdehnung				—————		
Thermoelemente			———————————			
Widerstandsthermometer			——————————			
Pyrometer				————————		
Suszeptibilität	———————————					

Beispiel 5.1.1d

Ein See kühlt sich im Winter kontinuierlich ab. Dabei wird zunächst das an der Oberfläche abgekühlte Wasser auf den Grund sinken. Bleibt das immer so?

Nein, nach Abb. 5.2 hat Wasser von 4 °C die höchste Dichte. Bei dieser Temperatur wird das 4 °C-Wasser sich auf dem Grund sammeln. Bei weiterer Abkühlung fällt die Dichte und das kalte Wasser sammelt sich an der Oberfläche, die dann zufrieren kann.

Frage 5.1.1e

Was ist der Grund für die Wärmeausdehnung von Festkörpern und Gasen?

Festkörper: Mit steigender Temperatur schwingen die Atome im Kristallgitter stärker, sodass ihr mittlerer Abstand zunimmt.

Gase: Die Geschwindigkeit der Atome und Moleküle im Gas steigt mit der Temperatur. Die Stöße zwischen den Teilchen werden heftiger, sodass das Volumen größer wird (oder bei festem Volumen der Druck).

5.1.2   Zustandsgleichung idealer Gase

Bei der Beschreibung von Gasen unterscheidet man zwischen idealen und realen Gasen. *Ideale Gase* werden durch die einfache Zustandsgleichung (Gl. 5.4a) modelliert; das Eigenvolumen der Moleküle und die Wechselwirkung der Moleküle werden außer Betracht gelassen. Bei normalen Temperaturen verhalten sich viele Gase *ideal*.

5.1.2.1 Isotherme Kompression

Der Zusammenhang zwischen Druck p und Volumen V eines idealen Gases wird durch das Gesetz von *Boyle-Mariotte* beschrieben:

$$\boxed{pV = const. \quad \text{bei } T = const. \quad \text{Isotherme Änderung}} \qquad (5.2)$$

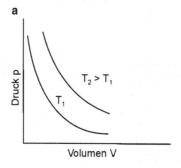
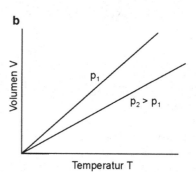

Abb. 5.3 Verhalten eines idealen Gases: **a** Isotherm: Druck und Volumen bei konstanter Temperatur ($pV = const.$, Gesetz von Boyle-Mariotte), **b** Isobar: Volumen und Temperatur bei konstantem Druck ($V/T = const.$, Gesetz von Gay-Lussac)

Die Gleichung gilt nur bei konstanter Temperatur *(isotherm)*, da der Druck auch durch die Temperatur beeinflusst wird. Die in Abb. 5.3a angegebenen Kurven werden *Isothermen* genannt.

5.1.2.2 Isobare Zustandsänderung

Erwärmt man ein Gas bei konstantem Druck p *(isobar)*, vergrößert sich das Volumen V. Für ideale Gase gilt das *Gesetz von Gay-Lussac*:

$$\frac{V}{T} = const. \quad \text{bei } p = const. \quad \text{Isobare Änderung} \tag{5.3}$$

Abb. 5.3b zeigt den linearen Zusammenhang zwischen Volumen V und Temperatur T. Am absoluten Nullpunkt $T = 0$ wird das Volumen des Gases $V = 0$. An dieser Stelle wird klar, dass das Modell des idealen Gases das Verhalten bei tiefen Temperaturen nicht richtig wiedergibt.

5.1.2.3 Zustandsgleichung

Die Gesetze von Boyle-Mariotte und Gay-Lussac (Gl. 5.2 und 5.3) mit den jeweiligen Randbedingungen ($T = const.$ oder $= p$ const.) können zur *Zustandsgleichung für ideale Gase* kombiniert werden:

$$\frac{pV}{T} = const. \quad \text{Zustandsgleichung} \tag{5.4a}$$

Man kann überprüfen, dass (Gl. 5.2 und 5.3) in der Zustandsgleichung als Sonderfälle enthalten sind. Eine andere Form von (Gl. 5.4a) lautet:

$$\frac{pV}{T} = \frac{p_0 V_0}{T_0}. \quad \text{Zustandsgleichung} \tag{5.4b}$$

Der Index 0 symbolisiert die Normalbedingungen: $T_0 = 273,15\,K$ ($= 0\,°C$) und Normaldruck $p_0 = 101.325\,Pa = 1,01325\,bar$. Das betrachtete Volumen ist dann V. Durch Einführung der Dichte $\rho_0 = m/V_0$ resultiert:

$$pV = mR'T \quad \text{mit} \quad R' = \frac{p_0}{T_0 \rho_0}. \quad \text{Zustandsgleichung} \tag{5.4c}$$

$$pV = nRT. \quad \text{Allgemeine Zustandsgleichung} \tag{5.4d}$$

$$pV = \frac{NTR}{N_A} = NkT. \quad \text{Allgemeine Zustandsgleichung} \tag{5.4e}$$

$$k = \frac{R}{N_A} = 1{,}380658 \cdot 10^{-23} \frac{\text{J}}{\text{K}}. \quad \text{Boltzmann} - \text{Konstante} \qquad (5.4\text{f})$$

Man nennt R' die *spezielle Gaskonstante*, da sie für jedes Gas einen anderen Wert annimmt (Tab. 5.3).

> Jedes ideale Gas wird durch eine Konstante R' charakterisiert. Es wird durch drei Zustandsgrößen p, V und T beschrieben: $pV = mR'T$ (Gl. 5.4c).

Beispiel 5.1.2a

In einen geöffneten Kühlschrank ($V = 140$ Liter) strömt Luft mit $p_0 = 1{,}0$ bar und 17 °C ein. Dann wird die Tür luftdicht geschlossen und die Temperatur sinkt auf 10 °C ab. Wie groß wird der Innendruck und welche Kraft wirkt auf die Tür ($A = 0{,}5$ m²)?

Die Zustandsgleichung lautet $pV/T = p_0V_0/T_0$. Mit $V = V_0 = 0{,}14$m³, $p_0 = 1{,}0$bar, $T_0 = 290{,}15$K, $T = 283{,}15$K erhält man: $p = 0{,}976$bar und $\Delta p = 0{,}024$ bar $= 2400$ Pa. Für die Kraft gilt: $F = \Delta pA = 1200$N.

Beispiel 5.1.2b

Welches Luftvolumen entweicht aus einem Wohnraum von $V_0 = 120$ m³, wenn die Luft von 5 °C auf 20 °C erwärmt wird?

Der Druck bleibt konstant und es gilt: $V/T = V_0/T_0$ mit $T_0 = 278{,}15$K und $T = 293{,}15$K. Es folgt $V = 126{,}5$m³. Es entweichen 6,5 m³.

Beispiel 5.1.2c

Die spezielle Gaskonstante für Luft beträgt $R' = 290$J/(kg K). Wie hoch ist die Dichte der Luft bei $p = 1$ bar $= 1^5$ Pa und 22 °C?

Aus (Gl. 5.4c) folgt: $\rho = m/V = p/R'T = 10^5/290 \cdot 295{,}15$ kg/m³ $= 1{,}17$ kg/m³.

Frage 5.1.2d

Durch welche Zustandsgrößen wird ein Gas beschrieben?

Volumen, Druck, Temperatur.

Tab. 5.3 Relative Molekularmasse m_m und spezielle Gaskonstante R' für einige Gase

Gas	m_m kmol/kg	R' J/(kg K)	$R = m_m R'$ J/(kmol K)
H_2	2	4130	8260
He	4	2070	8280
O_2	32	260	8320
CO_2	44	189	8316
Luft		290	
ideales Gas			8314

Frage 5.1.2e

Was ist ein ideales Gas?

Ein ideales Gas gehorcht der Zustandsgleichung $pV/T = const$. Dies ist näherungsweise in Bereichen der Fall, die weit weg von der Verflüssigung sind.

5.1.3 Molare Größen

Eine Vereinfachung und allgemeine Darstellung der Gasgesetze entsteht durch Einführung einiger Begriffe aus der Chemie und Atomphysik. Zur Angabe der Zahl der Atome oder Moleküle gleicher Art benutzt man den Begriff *Stoffmenge n,* eine weitere SI-Basisgröße (Tab. 1.2).

Die Stoffmenge n ist eine weitere Basisgröße mit der Einheit. Die Stoffmenge $n=1$ mol besteht aus $N_A = 6{,}022\,140\,76 \cdot 10^{23}$ Atomen oder Molekülen:

$$1\text{ mol} = 10^{-3}\text{kmol} \to 6{,}022\,140\,76 \cdot 10^{23}. \quad \text{Atome oder Moleküle.} \tag{5.5a}$$

Die Zahl der Teilchen in $n = 1$ mol nennt man Avogadro'sche Konstante oder Loschmidt-Zahl N_A:

$$N_A = 6{,}022\,140\,76 \cdot 10^{23}\text{mol}^{-1}. \quad \text{Avogadro'sche Konstante } N_A \tag{5.5b}$$

Alle idealen Gase mit gleicher Stoffmenge *n*, Temperatur *T* und gleichem Druck *p* besitzen auch gleiches Volumen.

Das molare Volumen V_{m0} von $n = 1$ mol beträgt unter Normalbedingungen mit $T_0 = 273{,}15$ K $(= 0°$ C$)$, $p_0 = 101.325$Pa $= 1{,}01325$bar:

$$V_{m0} = 22{,}4138 \cdot 10^{-3}\frac{\text{m}^3}{\text{mol}}. \quad \text{Molvolumen } V_{m0} \tag{5.5c}$$

Molare Größen werden mit dem Index *m* gekennzeichnet:

Eine molare Größe ist der Quotient einer Größe und der Stoffmenge.

Die molare Masse m_m beträgt:

$$m_m = \frac{m}{n} = M_r \cdot \frac{kg}{kmol} \quad [m_m] = \frac{kg}{kmol}. \quad \text{Molmasse } m_m \tag{5.6}$$

Der Zahlenwert M_r der molaren Masse m_m stellt die relative Atom- oder Molekülmasse dar, die aus dem Periodensystem entnommen wird (Tab. 5.3). Bei Molekülen addiert man die relativen Atommassen und erhält die entsprechende Molekülmasse. (Gl. 5.6) folgt aus dem Aufbau des Periodensystems und der Definition der relativen Atommasse. Zusammengefasst gilt Folgendes:

1 mol eines Stoffes besteht stets aus der gleichen Zahl von Molekülen und die Masse von 1 mol beträgt M_r Gramm.

5.1.3.1 Allgemeine Gaskonstante R

Das molare Volumen ist analog zu (Gl. 5.6) definiert: $V_m = V/n$. Unter Normalbedingungen erhält man V_{m0} (Gl. 5.5c). Setzt man das molare Volumen $V_{m0} = V_0/n$ in (Gl. 5.4b) ein, erhält man:

$$\frac{pV}{T} = \frac{p_0 V_{m0} n}{T_0}.$$

Die Konstante $p_0 V_{m0}/T_0$ fasst man zur universellen Gaskonstanten R zusammen:

$$R = \frac{p_0 V_{m0}}{T_0} = 8{,}31442 \frac{J}{mol\,K}. \quad \text{Gaskonstante } R \tag{5.7}$$

Der Zahlenwert von R kann aus $p = 101.325\,Pa$, $T = 273{,}15\,K$ und $V_{m0} = 22{,}413810^{-3}\,m^3/mol$ berechnet werden. Damit erhält man für die *allgemeine Zustandsgleichung:*

Alle idealen Gase werden durch die universelle Gaskonstante R beschrieben.

(Gl. 5.4d) kann umgeformt werden, indem man die Zahl der Moleküle $N = nN_A$ einsetzt:
Die Größe k ist die Boltzmann-Konstante:

Beispiel 5.1.3a

Wie viele Moleküle N befinden sich in $m = 1\,g$ Aluminium und in 1 g Sauerstoff (O_2)?
In 1 Mol befindet sich stets die gleiche Anzahl von Molekülen: $N_A = 6{,}022\,140\,76 \cdot 10^{23}\,mol^{-1}$. Für Al gilt für die relative Atommasse $M_r = 26{,}98$ (Tab. 10.2) und die molare Masse $m_m = 26{,}98\,kg/kmol = 26{,}98$ g/mol.

Man berechnet: $N = mN_A/m_m = 6{,}022\,140\,76 \cdot 10^{23}/26{,}98 \approx 2{,}23 \cdot 10^{22}$ in 1 g Al.
Für 1 g O_2 gilt: $m_m = 32$ g/mol und $N = 1{,}88 \cdot 10^{22}$.

Beispiel 5.1.3b

Berechnen Sie aus der allgemeinen Zustandsgleichung für ideale Gase die Dichten ρ von O_2, H_2 und He (bei $p = 1013$ hPa, $T = 273{,}15$ K, $R = 8314$ J/(kmol K)).

$pV = nRT$ mit $\rho = m/V$ und $n = m/m_m$ folgt: $\rho = pm_m/(RT)$. Man entnimmt aus Tab. 10.2: $m_{mO2} = 2 \cdot 16$ g/mol $= 32$ g/mol, $m_{mH2} = 2$ g/mol und $m_{mHe} = 4$ g/mol.

Damit erhält man $\rho_{O2} = 1{,}427$ kg/m^3, $\rho_{H2} = 0{,}089$ kg/m^3 und $\rho_{He} = 0{,}178$ kg/m^3.

Beispiel 5.1.3c

Der Fülldruck eines CO_2-Lasers beträgt bei 20 °C 1000 Pa. Wie groß ist die Zahl der Moleküle pro cm^3?

Für ideale Gase gilt: $pV = NkT$ (mit $k = 1{,}38 \cdot 10^{-23}$ J/K).

Die   Zahl   der   Moleküle   pro   Volumen   beträgt:
$\frac{N}{V} = \frac{p}{kT} = \frac{1000}{1{,}38 \cdot 10^{-23} \cdot 293{,}15}$ 1/m^3 $= 2{,}47 \cdot 10^{17}$ 1/cm^3.

Frage 5.1.3d

Warum hat man den Begriff mol eingeführt?

In der Stoffmenge 1 mol befindet sich immer die gleiche Anzahl von Atomen oder Molekülen unabhängig vom Stoff.

Frage 5.1.3e

Wie viele ideale Gase gibt es prinzipiell, wenn man molare Größen benutzt?

Es gibt im Prinzip nur ein ideales Gas mit der allgemeinen Gaskonstante R.

Frage 5.1.3 f

Welche Bedeutung hat die Boltzmann-Konstante k.

Die Boltzmann-Konstante k gibt die thermische Energie eines Atoms oder Moleküls pro Kelvin an (und pro Freiheitsgrad).

5.1.4 Reale Gase

Die Zustandsgleichung Gl. 5.4a gilt nur für ideale Gase. Die Isothermen ($T = const.$) sind nach Abb. 5.3a Hyperbeln, die im p–V-Diagramm dargestellt werden. Reale Gase verhalten sich anders, insbesondere in Bereichen, in denen Phasenumwandlungen (z. B. Verflüssigung) auftreten.

Ein reales Gas kann ebenfalls durch Isothermen charakterisiert werden, die in Abb. 5.4 am Beispiel des CO_2 im p–V-Diagramm dargestellt sind. Bei hohen Temperaturen in Bereich weit weg von der Verflüssigung verhalten sich reale Gase ähnlich wie ideale Gase. Die Isothermen sind hier Hyperbeln und es gilt $pV = const.$ (bei $T = const.$). Bei tieferen Temperaturen kann das Gas verflüssigt werden. Bei CO_2 tritt dieser Fall unterhalb der Grenzkurve, welche durch die *kritische Temperatur* gekennzeichnet ist (hier 31 °C). Bei tieferen Temperaturen, z. B. bei 20 °C für CO_2, tritt bei Punkt A′ eine Verflüssigung auf. Dabei wird das Volumen stark verkleinert, bis bei Punkt B′ das gesamte Gas verflüssigt ist. Die Flüssigkeit ist weitgehend inkompressibel und eine starke Erhöhung des Drucks p verursacht nur eine sehr kleine Volumenänderung. Die Isotherme verläuft also fast senkrecht. Die Kurven in Abb. 5.4 grenzen drei Bereiche ab: 1) nicht markiert ist der gasförmige Bereich, 2) im grauen Bereich findet die Verflüssigung statt und es existieren dort die gasförmige und flüssige Phase nebeneinander und 3) im gepunkteten Bereich ist die Materie völlig flüssig. Die Isothermen können durch die so genannte *van der Waals'sche Gleichung* theoretisch beschrieben werden.

5.1.4.1 Kritischer Zustand

Im Punkt K von Abb. 5.4 befindet sich das Gas im *kritischen Zustand*. Er ist durch die kritische Temperatur T_k, den kritischen Druck p_k und das kritische Volumen V_k gekennzeichnet.

Eine Gasverflüssigung ist nur bei Temperaturen unterhalb von T_k möglich (CO_2; $T_k = 31,5\,°C$).

(Siehe Tab. 5.4).

Abb. 5.4 Verhalten realer Gase am Beispiel von CO_2. Darstellung der Isothermen ($n = 1$ mol)

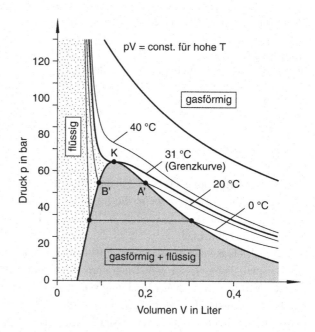

Tab. 5.4 Eigenschaften einiger realer Gase: kritische Temperatur T_k, kritischer Druck p_k und molare Masse

Gas	T_k K	p_k Pa	m_m kmol/kg
Wasserstoff H_2	33	$1{,}3 \cdot 10^6$	2
Stickstoff N_2	126	$3{,}4 \cdot 10^6$	28
Sauerstoff O_2	154	$5{,}0 \cdot 10^6$	32
Kohlendioxyd CO_2	304	$7{,}3 \cdot 10^6$	44
Wasserdampf H_2O	647	$21{,}8 \cdot 10^6$	18

5.1.4.2 Joule-Tompson-Effekt

Gase können gedrosselt entspannt werden, d h. in einen Bereich mit niedrigerem Druck übergehen. *Gedrosselt* heißt, dass keine Wirbelbildung oder Arbeit auftritt.

> Bei idealen Gasen bleibt bei der gedrosselten Entspannung die Temperatur konstant. Bei realen Gasen sinkt die Temperatur, da Arbeit gegen die molekularen Anziehungskräfte zu leisten ist (Joule-Thompson-Effekt).

In manchen Temperaturbereichen stoßen sich die Moleküle realer Gase ab und die Temperatur steigt beim Joule-Thompson-Effekt.

5.1.4.3 Gas-Verflüssigung

Gase, deren kritische Temperatur oberhalb der Raumtemperatur liegt, können allein durch Kompression verflüssigt werden, z. B. CO_2 (siehe Tab. 5.4). Liegt die kritische Temperatur T_k tiefer, wie bei Luft, muss eine Abkühlung bis unterhalb von T_k erfolgen. Dazu kann das Gas zunächst komprimiert werden. Bei der anschließenden Entspannung kühlt sich das Gas durch den *Joule-Thompson-Effekt* ab.

Beim Linde-Verfahren zur Luftverflüssigung wird Luft über ein Drosselventil von 200 bar auf 20 bar entspannt, wobei eine Abkühlung um 45 K erfolgt. Die kalte Luft dient zunächst zur Kühlung neuer komprimierter Luft; danach wird sie nochmals dem Kompressor zugeführt. Durch diesen Kreislauf sinkt die Temperatur unter T_k (154 K für O_2 siehe Tab. 5.4), sodass eine Verflüssigung möglich ist.

5.1.5 Aggregatzustände

Im letzten Abschnitt wurde der Phasenübergang von flüssig zu gasförmig beschrieben. Im Folgenden werden die drei Aggregatzustände behandelt: fest, flüssig und gasförmig.

5.1.5.1 Dampfdruck

An der Oberfläche einer Flüssigkeit treten Moleküle aus und es bildet sich ein Gas, das man *Dampf* nennt. Bei einer gegebenen Temperatur stellt sich im Gleichgewicht ein konstanter *Dampfdruck* ein, der auch *Sättigungsdruck* genannt wird. Der Kurvenzug (1) in Abb. 5.5 zeigt schematisch den Dampfdruck von Wasser in Abhängigkeit von der Temperatur (Kurvenzug (1)). (Der Dampfdruck kann auch aus Abb. 5.4 entnommen werden. Dabei liest man für jede Temperatur (Isotherme) den konstanten Druck im grau markierten Bereich ab, in dem nebeneinander Flüssigkeit und Gas existieren.)

Bei der Siedetemperatur einer Flüssigkeit sind Dampfdruck und äußerer Luftdruck gleich. Die Siedetemperatur von Wasser hängt also vom Luftdruck ab. Wasser kocht im Hochgebirge daher unterhalb von 100 °C.

Bei tiefen Temperaturen werden Flüssigkeiten zu Festkörpern. Unter der festen Phase ist hier eine kristalline Struktur zu verstehen. Amorphe Festkörper stellen unterkühlte Flüssigkeiten dar und der Übergang vom flüssigen in dem amorphen Zustand verläuft kontinuierlich. Für kristalline Substanzen wird analog zur Dampfdruckkurve die *Schmelzdruckkurve* angegeben (Abb. 5.5, Kurvenzug (2)), welche die Abhängigkeit des Schmelzpunktes vom Druck angibt (Clausius Clapeyron). Die Schmelztemperatur sinkt bei steigendem Druck. Daher schmilzt das Eis unter der Kufe eines Schlittschuhs.

Die Kurven für den Siede- und Schmelzpunkt sind in Abb. 5.5 im *Phasendiagramm* dargestellt. Es existiert ein *Tripelpunkt,* in dem die feste, flüssige und gasförmige Phase im Gleichgewicht stehen. Tripelpunkte verwendet man zur Definition von Temperaturen, da sie unabhängig vom Druck sind. Der Tripelpunkt von Wasser liegt nahe am Schmelzpunkt bei Normaldruck bei $T = 273,16\,\mathrm{K}$ (0,01 °C). Bei Temperaturen unterhalb des Tripelpunktes tritt die feste Phase direkt in die Gasphase über (Abb. 5.5: (3) Sublimation).

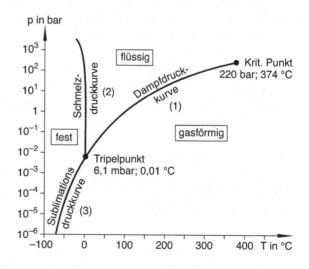

Abb. 5.5 Eigenschaften von Wasser bei verschiedener Temperatur und Druck (schematisch)

Tab. 5.5 Luftfeuchte bei verschiedenen Temperaturen: Sättigungsdruck p_S des Wasserdampfes und entsprechende absolute Feuchtigkeit

Temperatur	(°C)	−30	−20	−10	0	10	20	30
p_S	(Pa)	37	103	262	611	1230	2320	4210
φ_a	(g/m^3)	0,33	0,88	2,15	4,84	9,4	17,2	30,1

5.1.5.2 Luftfeuchtigkeit

Die atmosphärische Feuchte wird durch den Phasenübergang Wasser-Dampf bestimmt. Über Wasserflächen bildet sich durch Verdunsten ein sogenannter *Partialdruck* des Wasserdampfes. Dieser ist in der Regel kleiner als der Sättigungsdruck, weil ein Teil der Feuchtigkeit mit dem Luftstrom weggeführt wird. Ein Maß für den Partialdruck ist die *relative Luftfeuchte* φ in %. Sie ist gegeben durch den Partialdruck p_D bezogen auf den Sättigungsdruck p_S:

$$\varphi = \frac{p_D}{p_S} \quad [\varphi] = \%. \quad \text{Relative Luftfeuchte } \varphi \tag{5.8a}$$

Die Definition für die *absolute Feuchte* φ_a orientiert sich dagegen an der tatsächlich vorhandenen Dichte des Wasserdampfes, gemessen in g/m^3:

$$\varphi_a = \frac{m}{V} \quad [\varphi_a] = \frac{\text{g}}{\text{m}^3}. \quad \text{Absolute Feuchte } \varphi_a \tag{5.8b}$$

Dabei stellt m die Masse des Wasserdampfes im Volumen V dar. In Tab. 5.5 sind die absolute Feuchte bei Sättigung φ_a sowie der Sättigungsdruck p_S dargestellt. Steigt der Druck des Wasserdampfes über den Sättigungsdruck, verflüssigt sich der Wasserdampf. Er kondensiert und es bildet sich Nebel oder Regen.

5.1.5.3 Sieden

Verdampft die Flüssigkeit nicht nur an der Oberfläche, sondern im ganzen Volumen, spricht man vom Sieden. Für diesen Vorgang muss der Dampf- oder Sättigungsdruck größer sein als der auf der Flüssigkeit ruhende äußere Druck. Der Sättigungsdruck für Wasser erreicht bei 100 °C den Atmosphärendruck von 1 bar. Der Siedepunkt (in Meereshöhe) liegt daher bei 100 °C. Auf Bergen bei geringerem Luftdruck verringert sich die Siedetemperatur. In 8000 m Höhe ist der Luftdruck auf etwa 37 % des Normaldruckes gefallen (Barometrische Höhenformel (Gl. 3.13)). Die Siedetemperatur liegt hier nur noch bei etwa 75 °C.

5.1.5.4 Dalton'sches Gesetz

In einem Volumen treten unterschiedliche Gase nicht miteinander in Wechselwirkung: jedes Gas verhält sich so, als würde es den Raum allein ausfüllen. Daraus folgt das *Dalton'sche Gesetz:*

Der Gesamtdruck eines Gasgemisches ist gleich der Summe der Partialdrücke, d. h. der Drücke der einzelnen Gase.

Dies bedeutet beispielsweise, dass die Luftfeuchte nicht vom Luftdruck beeinflusst wird, sondern nur von der Temperatur.

5.1.5.5 Phasenumwandlung

Das Phasendiagramm beschreibt die Umwandlung vom festen, flüssigen oder gasförmigen Zustand. Bei Phasenübergängen wird Wärme zu oder abgeführt, ohne dass eine Temperaturänderung eintritt. Man bezeichnet die zum Übergang notwendige (oder frei werdende Energie) als *latente Wärme*. Beim Übergang von fest nach flüssig wird das Kristallgitter aufgebrochen und man muss die *Schmelzwärme*, die man auch *Schmelzenthalpie* nennt, zuführen (Tab. 5.6). Beim umgekehrten Übergang, dem Erstarren oder Gefrieren, wird diese Wärme wieder frei. Ähnlich ist es beim Verdampfen, dem Übergang von flüssig zu gasförmig. Beim Verdampfen muss die *Verdampfungswärme* oder *Verdampfungsenthalpie* zugeführt werden; bei Kondensieren wird sie wieder frei. Beim Sublimieren, dem direkten Übergang von fest nach gasförmig, kann die *Sublimationsenthalpie* aus der Summe von Schmelz- und Verdampfungsenthalpie ermittelt werden.

Abb. 5.6 stellt den Temperaturverlauf von Wasser bei Zufuhr von Wärme dar, d. h. bei Erwärmung. Beim Schmelzen und Verdampfen bleibt die Temperatur so lange konstant,

Tab. 5.6 Spezifische Schmelz- und Verdampfungswärme Δh_S und Δh_V (spezifische Schmelz- und Verdampfungsenthalpie) für verschiedene Stoffe bei Normaldruck (1,013 bar) und Schmelz- und Verdampfungstemperatur (ϑ_S und ϑ_V)

Stoff	Schmelzen		Verdampfen	
	$\vartheta_S(°C)$	$\Delta h_S(kJ/kg)$	$\vartheta_V(°C)$	$\Delta h_V(kJ/kg)$
Al	660	397	2450	10.900
Pb	327	23	1750	8600
Fe	1535	277	2730	6340
Cu	1083	205	2590	4790
Si	1420	164	2630	14.050
Hg	−39	12	357	285
CO_2	−57	184	−78	574
Luft	−213		−192	197
Wasser, H_2O	0	335	100	2257

Abb. 5.6 Erwärmen von
Wasser mit Schmelzen und
Sieden

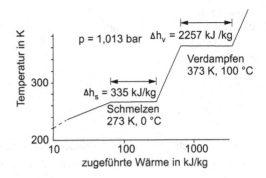

bis die gesamte Stoffmenge in die neue Phase übergeführt ist. Die für einen Phasenübergang notwendige Wärmemenge Q ist proportional zur Masse m:

$$Q = m\Delta h. \quad \text{Schmelzen}(\Delta h_S), \text{Verdampfen}(\Delta h_V) \tag{5.9}$$

Die Enthalpie Δh für Schmelzen und Verdampfen entnimmt man Tab. 5.6.

Beispiel 5.1.5a
Welcher Druck stellt sich nach dem Einkochen im Einmachglas ein?

Beim Einkochen ist im Idealfall nur Wasserdampf im Glas. Der Dampfdruck p_S ist aus Tab. 5.5 zu entnehmen.

Beispiel 5.1.5b
Welche Wärme Q benötigt man, um ein Liter Wasser beim Kochen zu verdampfen?

Beim Verdampfen gilt: $Q = m\Delta h_V$. Mit dem Wert aus Tab. 5.6 und $m = 1$ kg erhält man $Q = 2257$ kJ.

Beispiel 5.1.5c
Welche Wärme Q benötigt man, um ein kg Eis zu schmelzen?

Beim Schmelzen gilt: $Q = m\Delta h_S$. Mit dem Wert aus Tab. 5.6 und $m = 1$ kg erhält man $Q = 335$ kJ.

Beispiel 5.1.5d
Eine gesättigte Luftschicht von 500 m Dicke mit 30 °C kühlt auf 20 °C ab. Welche Regenmenge pro m^2 fällt auf die Erde?

Bei 30 °C und 20 °C beträgt die absolute Luftfeuchte 30,1 g/m^3 und 17,2 g/m^3. Die Differenz von 12,9 g/m^3 wird zu Regen. Bei 500 m Schichtdicke regnet es damit pro m^2: $12,9 \cdot 500$ g/m$^2 = 6,45$ kg/m^2. Dies entspricht eine Regenhöhe von 6,45 mm.

Frage 5.1.5e
Warum benutzt man zum Braten Öl und nicht Wasser?

Bei Wasser erreicht man maximal die Siedetemperatur von 100 °C. Beim Öl liegt die Siedetemperatur höher.

Frage 5.1.5f
Wozu dient ein Dampfkochtopf?

Der Druck steigt und damit auch die Siedetemperatur. Die Speise wird bei über 100 °C gekocht.

5.2 Kinetische Gastheorie

In den letzten Abschnitten wurden die Gasgesetze phänomenologisch eingeführt. Die kinetische Gastheorie entwickelt ein mikroskopisches Gasmodell und man erhält eine mechanische Interpretation der Eigenschaften der Gase. Die Thermodynamik wird somit aus der Mechanik der Gasmoleküle abgeleitet. Im Folgenden beschränkt sich die kinetische Gastheorie auf *ideale Gase*. Diese Gase bestehen aus gleichartigen Molekülen, die sich wie elastische Kugeln verhalten. Sie stoßen gegeneinander und gegen die Gefäßwand. Zwischen den Stößen fliegen sie geradlinig und kräftefrei.

5.2.1 Gasdruck

Der Gasdruck auf eine Gefäßwand entsteht durch Stöße mit den Gasmolekülen. Zur Berechnung des Druckes wird ein Molekül der Masse m_M betrachtet, das sich in einem Würfel der Kantenlänge a befindet. Es besitzt die Geschwindigkeit v parallel zu einer Würfelkante. Die Zeit zwischen zwei Stößen auf die Wand entspricht der Flugzeit hin und her: $\Delta t = 2a/v$. Bei jedem Stoß wird auf die Wand der Impuls $\Delta p = 2\,m_M v$ übertragen. Die Kraft ist gleich der Impulsänderung pro Zeit: $F = \Delta p/\Delta t = m_M v^2/a$ (Gl. 2.25c). Da eine Würfelfläche a^2 beträgt, gilt für den Druck $p = F/a^2 = m_M v^2/a^3$. Befinden sich im Raum N Moleküle, so bewegt sich im Mittel ein Drittel davon ($N/3$) in einer Raumrichtung. Es muss berücksichtigt werden, dass die Geschwindigkeit aller Moleküle verschieden ist, sodass der Mittelwert $\bar{v}^2 = \left(v_1^2 + v_2^2 + \ldots\right)/N$ eingeht. Summiert man die einzelnen Druckanteile auf, erhält man mit der Masse des Gases $m = m_M N$:

$$pV = \frac{1}{3}N m_M \bar{v}^2 = \frac{1}{3}m\bar{v}^2. \tag{5.10a}$$

Diese Grundgleichung der kinetischen Gastheorie, gibt das Gesetz von Boyle-Mariotte $pV = const.$ (Gl. 5.2) wieder, da bei konstanter Temperatur auch die kinetische Energie ($\sim \bar{v}^2$) konstant ist. Die Gasdichte ist durch $\rho = m/V$ gegeben und man erhält

$$p = \rho\bar{v}^2/3. \tag{5.10b}$$

Beispiel 5.2.1
Für Luft unter Normalbedingungen $\rho = 1{,}29\,\mathrm{kg/m^3}$ und $p = 101.325\,\mathrm{Pa}$ errechnet man aus $p = \rho\bar{v}^2/3$ für die Geschwindigkeit der Moleküle $v = \sqrt{\bar{v}^2} = \sqrt{3p/\rho} = \sqrt{3 \cdot 101.325/1{,}29}\,\mathrm{m/s} = 485\,\mathrm{m/s}$.

5.2.2 Thermische Energie

(5.10a) kann mit der allgemeinen Gasgleichung $pV = NkT$ (Gl. 5.4e) verglichen werden ($k = 1{,}380\,649 \cdot 10^{-23}\,\mathrm{J/K}$). Man erhält:

$$m_M \bar{v}^2 = 3\,kT \quad \text{und} \quad \frac{m_M \bar{v}^2}{2} = \frac{3}{2} kT. \tag{5.11a}$$

Der Ausdruck $m_M \bar{v}^2/2$ gibt die mittlere kinetische Energie eines Teilchens an. Ein Gasatom hat drei Freiheitsgrade ($f = 3$), die durch die Bewegung in x-, y- und z-Richtung charakterisiert werden. Daher gilt folgende Aussage: die mittlere Energie pro Freiheitsgrad f eines Gasatoms beträgt:

$$\boxed{\bar{E}_f = \frac{1}{2} kT \quad k = 1{,}380\,649 \cdot 10^{-23}\,\frac{\mathrm{J}}{\mathrm{K}}.} \quad \text{Thermische Energie} \tag{5.11b}$$

Die Beziehung wurde für die *kinetische Energie der Translation* abgeleitet. Mehratomige Moleküle besitzen auch *kinetische Energie der Rotation*. Zweiatomige Moleküle haben zwei Freiheitsgrade der Rotation, sodass insgesamt $f = 5$ beträgt. Eine Rotation um die Verbindungslinie der beiden Atome besitzt keine Energie, da das Massenträgheitsmoment praktisch Null ist. Dies liegt daran, dass die Masse eines Atoms nahezu vollständig im Kern konzentriert ist. Daher bleiben zwei Rotationsachsen senkrecht zu dieser Verbindungslinie übrig. Moleküle mit mehr als zwei Atomen haben im Allgemeinen drei Freiheitsgrade der Rotation, d. h. $f = 6$. Verallgemeinert kann man also die gesamte kinetische Energie eines Moleküls zu

$$\boxed{\bar{E} = \frac{1}{2} fkT.} \quad \text{Thermische Energie} \tag{5.11c}$$

angeben; $\bar{E}$ ist proportional zur Temperatur. Die Temperatur ist also ein Maß für den Mittelwert der kinetischen Energie eines Moleküls.

> Die thermische Energie eines Moleküls beträgt pro Freiheitsgrad f: $\bar{E}_f = \frac{1}{2}\,kT$.

5.2.3 Geschwindigkeitsverteilung

Die Moleküle in Gasen bewegen sich mit unterschiedlichen Geschwindigkeiten. Der quadratische Mittelwert $\overline{v^2}$ ist proportional zur mittleren Energie. In diesem Abschnitt werden die Verteilungsfunktionen von Energie und Geschwindigkeit beschrieben.

5.2.3.1 Boltzmann'sches Verteilungsgesetz

Die Moleküle eines Gases besitzen unterschiedliche Energien. Es werden Energiezustände mit E_1 und E_2 betrachtet. Die Boltzmann-Verteilung gibt an, wie viele Moleküle N_1 und N_2 diese Energien im thermischen Gleichgewicht bei der Temperatur T besitzen:

$$\frac{N_2}{N_1} = e^{-\frac{E_2 - E_1}{kT}} \quad k = 1{,}380\,649 \cdot 10^{-23}\,\frac{\text{J}}{\text{K}}. \quad \text{Boltzmann} - \text{Verteilung} \qquad (5.12)$$

Mittels (Gl. 5.12) wird die Zahl der Moleküle in verschiedenen Energiezuständen in Beziehung gesetzt. Das Gesetz hat allgemeine Gültigkeit, nicht nur in der Thermodynamik sondern auch in der Atomphysik zur Berechnung der Besetzung höherer Energieniveaus, z. B. beim Laser.

5.2.3.2 Maxwell'sche Geschwindigkeit

Infolge von Stößen zwischen Molekülen ändern sich die Geschwindigkeiten. Statistische Aussagen über die Geschwindigkeiten macht die Maxwell'sche Verteilungsfunktion, die aus (Gl. 5.12) abgeleitet werden kann:

$$\frac{dN}{dv} = 4\pi N \left(\frac{m_M}{2\pi kT}\right)^{\frac{3}{2}} v^2 e^{-\frac{mv^2}{2kT}}. \quad \text{Maxwell'sche Geschwindigkeitsverteilung} \qquad (5.13)$$

d N gibt die Zahl der Moleküle mit Geschwindigkeiten im Intervall zwischen v und $v + dv$. Dabei ist m die Masse eines Moleküls oder Atoms, $k = 1{,}380\,649 \cdot 10^{-23}\,\text{J/K}$ die Boltzmann-Konstante, N die Zahl der Moleküle und T die absolute Temperatur. Die Geschwindigkeitsverteilung von Molekülen (Gl. 5.13) ist in Abb. 5.7 für verschiedene Temperaturen T dargestellt.

Frage 5.2.3a
Bewegen sich bei gleicher Temperatur schwere Atome oder Moleküle genau so schnell wie leichte?

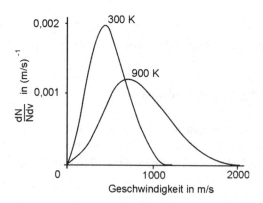

Abb. 5.7 Geschwindigkeitsverteilung von Gasmolekülen nach Maxwell

Die thermische Energie E (pro Freiheitsgrad) ist in beiden Fällen gleich. Da $E = kT = mv^2/2$ ist sind schwere Teilchen langsamer.

Frage 5.2.3b
Wodurch entsteht der Gasdruck an einer Wandung?

Die Moleküle werden an der Wand reflektiert und übertragen somit einen Impuls p. Da die Kraft $F = \mathrm{d}p/\mathrm{d}t$ ist, entsteht ein Druck (= Kraft/Fläche).

5.3 Hauptsätze der Thermodynamik

5.3.1 Spezifische Wärmekapazität

5.3.1.1 Feste und flüssige Körper

Führt man festen oder flüssigen Körpern die Wärmeenergie Q zu, erhöht sich die Temperatur um ΔT. Je größer die Masse m ist, umso mehr Wärme Q muss zum Erreichen der Temperaturerhöhung ΔT geführt werden: $Q \sim m\mathrm{d}T$. Den Proportionalitätsfaktor nennt man die *spezifische Wärmekapazität c*:

$$Q = cm\mathrm{d}T \quad [c] = \frac{\mathrm{J}}{\mathrm{kg}\ \mathrm{K}}. \quad \text{Spezifische Wärmekapazität } c \tag{5.14}$$

> Die spezifische Wärmekapazität c ist Wärmeenergie pro kg und K, die ein Material speichert.

Tab. 5.7 enthält Angaben über die spezifischen Wärmekapazitäten einiger Substanzen. Auffallend ist der hohe Wert für Wasser.

Beispiel 5.3.1a
Man berechne die Zeit d t, in der ein elektrischer Heißwasserspeicher ($P = 1900\,\mathrm{W}$) $8{,}0\,\mathrm{L}$ Wasser von $10\,°\mathrm{C}$ auf $95\,°\mathrm{C}$ erwärmt.

$P = \mathrm{d}Q/\mathrm{d}t = c \cdot m\mathrm{d}T/\mathrm{d}t$. Daraus folgt $\mathrm{d}t = c \cdot m\ \mathrm{d}T/P = 1496\,\mathrm{s}$ (mit $c = 4{,}18\frac{\mathrm{kJ}}{\mathrm{kg \cdot K}}$, m $= 8\,\mathrm{kg}, \mathrm{d}T = 85\,\mathrm{K}$).

Beispiel 5.3.1b
Zum Abkühlen eines $200\,°\mathrm{C}$ heißen Al-Würfels von $100\,\mathrm{g}$ wird dieser in $2\,\mathrm{l}$ Wasser mit $20\,°\mathrm{C}$ eingebracht. Welche Mischungstemperatur stellt sich ein, wenn die Wärmeleitung nach außen vernachlässigt wird?

Die Wärmeenergie vorher und nachher ist gleich:

$m_{Al}c_{Al}T_{Al} + m_w c_w T_w = m_{Al}c_{Al}T_{Misch} + m_w c_w T_{Misch}$. Daraus folgt:

$T_{Misch} = (m_{Al}c_{Al}T_{Al} + m_w c_w T_w)/(m_{Al}c_{Al} + m_w c_w)$. Man kann in dieser Gleichung die Temperatur in $°\mathrm{C}$ oder in K einsetzen, da in (Gl. 5.14) Temperaturänderungen auftreten. Mit den Werten aus Tab. 5.7 erhält man $T_{Misch} = 22\,°\mathrm{C}$.

Tab. 5.7 Wärmetechnische Werte einiger Stoffe: Dichte ρ, spezifische Wärmekapazität c_P (bei konstantem Druck), Wärmeleitfähigkeit λ, Temperaturleitfähigkeit

Stoff	ϑ °C	ρ 10^3 kg/m^3	c_P J/(kg K)	λ W/(m K)	α 10^6 m^2/s
Aluminium	20	2,70	920	221	88,9
Stahl	20	7,9	460	46	12,8
Beton	10	2,4	880	2,1	1,0
Fichtenholz	10	0,6	2000	0,13	0,11
Glas	20	2,5	800	0,8	0,4
Polystyrol	20	1,06	1300	0,17	0,125
Wasser	20	0,998	4182	0,600	0,144
Wärmeträgeröl	20	0,87	1830	0,134	0,084
Luft	20	0,00119	1007	0,026	21,8

Frage 5.3.1c

Einem Material mit großer und kleiner Wärmekapazität wird eine bestimmte Energie zugeführt. Welches Material wird wärmer?

Das Material mit kleiner Wärmekapazität wird wärmer.

5.3.1.2 Wärmekapazität von Gasen bei *V const*

Bei der Herleitung der Wärmekapazität eines Gases muss berücksichtigt werden, dass es sich bei Erwärmung erheblich ausdehnen kann, wobei Arbeit verrichtet wird. Hält man das Volumen bei der Erwärmung konstant, bewirkt die zugeführte Wärmeenergie Q nur eine Temperaturerhöhung d T, genau wie bei Festkörpern. Die *spezifische Wärmekapazität bei konstanten Volumen* wird mit c_V bezeichnet:

$$\boxed{Q = c_V m \mathrm{d}T \quad (V = const.). \quad \text{Spezifische Wärmekapazität } c_V} \tag{5.15}$$

Die zuführte Wärmeenergie Q bei $V = const.$ bleibt im Gas und erhöht die sogenannte *innere Energie U*:

$$\mathrm{d}U = c_V m \mathrm{d}T. \tag{5.16}$$

5.3.1.3 Wärmekapazität von Gasen bei *p const.*

Ist bei der Erwärmung um d T der Druck $p = const.$, dehnt sich das Gas aus und leistet die Arbeit

$$\boxed{-W = p \mathrm{d}V. \quad \text{Arbeit bei Expansion}} \tag{5.17}$$

Druck und Volumenänderung werden durch p und d V beschrieben. In der Thermodynamik gilt folgende Vereinbarung der Vorzeichen:

Arbeit W, die in das Gas hineingebracht wird, trägt ein positives Vorzeichen. Leistet dagegen das Gas Arbeit, z. B. bei einer Expansion, wird sie als negativ angesehen.

Zur Ableitung von (Gl. 5.17) dient Abb. 5.8. Es wird ein Gas mit einem Kolben der Fläche A mit der Kraft F um die Strecke d s zusammengedrückt. Die Arbeit beträgt $W = F \mathrm{d}s$. Führt man den Druck $p = F/A$ ein, erhält man mit $\mathrm{d}V = A \mathrm{d}s$ unter Berücksichtigung der Vorzeichenregel (Gl. 5.17).

Bei der Ausdehnung eines erwärmten Gases dient nur ein Teil der zugeführten Wärme Q Erhöhung der inneren Energie d U. Der andere Teil führt zur Arbeit $-W$. Es gilt der Energiesatz, der in dieser Form *erster Hauptsatz der Wärmelehre* genannt wird:

$$Q = dU - W \quad \text{oder} \quad Q = dU + pdV$$
(5.18a)

Erster Hauptsatz der Wärmelehre: Die zugeführte Wärme Q dient zur Erhöhung der inneren Energie U und zur Erbringung von Arbeit W.

Mit $\mathrm{d}U = c_V m \mathrm{d}T$ (Gl. 5.17) resultiert:

$$Q = c_V m \mathrm{d}T + p \mathrm{d}V.$$
(5.18b)

Eine Erwärmung bei $p = const.$ wird durch die *Wärmekapazität bei konstantem Druck c_p* beschrieben:

$$Q = c_p m \mathrm{d}T$$
(5.19)

Aus (Gl. 5.18b und 5.19) entsteht:

$$m c_p = m c_V + p \frac{\mathrm{d}V}{\mathrm{d}T}.$$
(5.20)

Die Zustandsgleichung (Gl. 5.4c) lautet: $pV = mR'T$ oder $\mathrm{d}V/\mathrm{d}T = mR'/p$.

Abb. 5.8 Arbeit bei der Kompression eines Gases

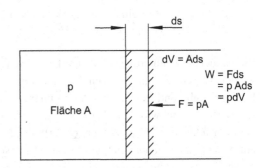

Setzt man dies in (Gl. 5.20) ein, folgt für die spezifischen Wärmekapazitäten c_p und c_V:

$$c_p - c_V = R' \quad [R'] = \frac{J}{kg\,K}. \quad \text{Gaskonstante } R' \tag{5.21}$$

Die spezifischen Wärmekapazitäten bei konstantem Druck und Volumen c_p und c_V sind mit der speziellen Gaskonstanten R' verknüpft.

Frage 5.3.1d

Wie groß ist die Wärmekapazität eines Gases?

Führt man einem Gas Wärmeenergie zu, kann Arbeit geleistet und die Temperatur erhöht werden. Daher kann die Frage so nicht beantwortet werden, da nicht bekannt ist wie viel Arbeit geleistet wird. Im Prinzip hat ein Gas unendlich viele Werte für die Wärmekapazität, z. B. c_V bei $V = const.$ oder c_p bei $p = const.$, u. a.

Frage 5.3.1e

Was sagt der 1. Hauptsatz der Wärmelehre aus?

Der 1. Hauptsatz stellt den Satz von der Erhaltung der Energie in der Wärmelehre dar. Die Erhöhung der inneren Energie eines Systems (Gesamtenergie) d U ist gleich der zugeführten Wärmeenergie Q und der zugeführten Arbeit W.

5.3.2   Erster Hauptsatz der Wärmelehre

Der *erste Hauptsatz* erweitert das Prinzip der Energieerhaltung, wie es für die Mechanik formuliert wurde (Abschn. 2.3.4), für die Thermodynamik.

Die einem System zugeführte Wärmeenergie Q und die zugeführte Arbeit W erhöhen die innere Energie d U (Gl. 5.18a):

$$dU = Q + W.$$

Dabei gilt die Vorzeichenregel: Größen Q oder W, die in das Gas eingebracht werden, tragen ein positives Vorzeichen. Wird Wärmeenergie Q oder Arbeit W vom Gas abgegeben tritt ein negatives Vorzeichen auf.

Eine andere Formulierung des ersten Hauptsatzes geht auf den in früheren Zeiten immer wieder vergeblich angestrebten Versuch zurück, eine Maschine zu bauen, die ohne Energiezufuhr und bei unveränderter innerer Energie nach außen Arbeit abgibt. Eine solche Maschine wird ein *Perpetuum mobile erster Art* genannt. (Gl. 5.18a) besagt, dass bei fehlender Wärmezufuhr ($Q = 0$), die nach außen abgegebene Arbeit ($-W = 0$) auf Kosten der inneren Energie U geht. Der erste Hauptsatz der Thermodynamik lautet somit: *Ein Perpetuum mobile erster Art ist unmöglich.*

5.3.3 Zustandsänderungen

Zustandsänderungen von Gasen werden durch die Grundgrößen (p, V, T) beschrieben. In einfachen Fällen wird eine der Größen konstant gehalten (Abschn. 5.1.2). Allgemeine Zustandsänderungen der Gase lassen sich durch eine Reihe derartiger elementarer Zustandsänderungen darstellen.

5.3.3.1 Isobare Zustandsänderungen (*p const.*)

Bei einer *isobaren Zustandsänderung* ist der Druck $p = p_0 = const.$ Aus der Zustandsgleichung idealer Gase $pV = mR'T$ (Gl. 5.4c) resultiert (Abb. 5.9a und 5.3):

$$\boxed{\frac{V}{T} = const. \quad \text{oder} \quad \frac{V_1}{V_2} = \frac{T_1}{T_2} \quad (p = const.). \quad \text{Isobar}} \tag{5.22}$$

Für die Expansionsarbeit gilt $dW = -p dV$ (Gl. 5.17) oder:

$$-\int_{V_1}^{V_2} p_0 dV = -p_0(V_2 - V_1).$$

oder

$$W = -p_0(V_2 - V_1). \quad \text{Arbeit } W \tag{5.23}$$

Die Arbeit ist gleich der Fläche in Abb. 5.9a.

Beispiel 5.3.3a
In einem Zylinder mit reibungsfreien Kolben befinden sich $V_1 = 1,0 \text{ m}^3$ Luft mit $T_1 = 300 \text{ K}$ bei einem Druck von 0,9 bar. Bei konstantem Druck wird die Luft auf $T_2 = 1000 \text{ K}$ erwärmt. Wie groß ist das Endvolumen?
Für *isobare* Änderungen gilt: $V_2 = V_1 T_2/T_1 = 1 \cdot 1000/300 \text{m}^3 = 3,33 \text{m}^3$.

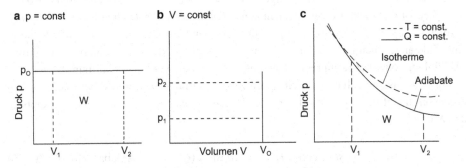

Abb. 5.9 Zustandsänderungen idealer Gase: **a** Isobare Änderung ($p = const.$), **b** Isochore Änderung ($V = const.$), **c** Isotherme ($T = const.$) und adiabatische Änderung ($Q = const.$)

5.3.3.2 Isochore Zustandsänderung (Gl. V const.)

Isochor bedeutet, dass das Volumen V konstant gehalten wird (Abb. 5.9b). Aus der Zustandsgleichung (Gl. 5.4c) $pV = mR'T$ folgt:

$$\boxed{\frac{p}{T} = const. \quad \text{oder} \quad \frac{p_1}{p_2} = \frac{T_1}{T_2} \quad (V = const.). \quad \text{Isochor}} \tag{5.24}$$

Da $V = const.$ ist, wird keine Arbeit verrichtet.

Beispiel 5.3.3b

In einem verschlossenem Behälter befinden sich $V_1 = 0,9\,\text{m}^3$ Luft mit $p_1 = 0,9\,\text{bar}$ und $T_1 = 300\,\text{K}$. Bei welcher Temperatur T_2 steigt er auf $p_2 = 3,0\,\text{bar}$?

Für *isochore* Änderungen gilt: $T_2 = T_1 p_2 / p_1 = \frac{300 \cdot 3}{0,9}\,\text{K} = 1000\,\text{K}$.

5.3.3.3 Isotherme Zustandsänderung (T const.)

Für *isotherme Zustandsänderungen* (Abb. 5.9c) gilt das schon zitierte *Boyle-Mariotte'sche Gesetz* (5.2), das aus der Zustandsgleichung (5.4c) $pV = mR'T$ folgt (Gl. 5.2):

$$\boxed{pV = const. \quad \text{oder} \quad p_1 V_1 = p_2 V_2 \quad (T = const.). \quad \text{Isotherm}} \tag{5.25}$$

Die Expansionsarbeit beträgt $W = - \int\limits_{V_1}^{V_2} p\,dV = mR' \ln \frac{V_1}{V_2}$.

Beispiel 5.3.3c

In einer 5-L-Gasflasche befindet sich Stickstoff mit 100 bar. Wie groß ist das Gasvolumen bei Normaldruck?

Der normale Luftdruck beträgt ungefähr 1 bar. Bei konstant angenommener Temperatur gilt: $p_1 V_1 = p_2 V_2$. Daraus folgt $V_2 = p_1 V_1 / p_2 = 100 \cdot 5/1$ Liter $= 500$ Liter.

5.3.3.4 Adiabatische Zustandsänderung (Gl. Q 0)

Die *adiabatische* oder isentropische *Zustandsänderung* hat zur Voraussetzung, dass kein Wärmeaustausch mit der Umgebung stattfindet: $Q = const.$ oder d $Q = 0$. In Abb. 5.8c ist der Verlauf einer sogenannten *Adiabaten* im Vergleich zu einer Isothermen gezeichnet. Es ändern sich Druck p, Volumen V und Temperatur T. Die Arbeit, die in Abb. 5.8c angegeben ist, muss aus der inneren Energie U des Gases entnommen werden (Abkühlung) oder bei Kompression an dieses abgegeben werden (Erwärmung).

Für den Zusammenhang zwischen den Zustandsgrößen p, V und T bei adiabatischen Prozessen findet man aus der allgemeinen Zustandsgleichung und dem ersten Hauptsatz der Wärmelehre:

$$\boxed{pV^\kappa = const. \quad \text{und} \quad Tp^{\frac{\kappa-1}{\kappa}} = const. \quad (Q = 0). \quad \text{Adiabatisch}} \tag{5.26}$$

Der Adiabatenexponent κ ist gegeben durch:

$$\kappa = \frac{c_p}{c_V}. \quad \text{Adiabatenexponent } \kappa$$

Der Beweis der Adiabatengleichung Gl. 5.26 soll kurz angedeutet werden. Aus dem ersten Hauptsatz folgt mit $Q = 0 : mc_V dT = -p dV$. Setzt man für den Ausdruck aus der allgemeinen Zustandsgleichung $p = mR'T/V$ ein, entsteht $c_V dT/T = -R' dV/V$. Mit $c_p - c_V = R'$ resultiert $dT/T = -(\kappa - 1)dV/V$. Durch Integration folgt: $TV^{\kappa-1} = const$. Mit der allgemeinen Zustandsgleichung ergibt sich daraus (Gl. 5.26): $pV^\kappa = const$.

Beispiel 5.3.3d
Ein Gas mit dem Druck p wird sehr schnell auf die Hälfte seines Volumens V zusammengedrückt. Wie groß ist danach der Druck p'?
Da der Vorgang schnell geht, wird zunächst keine Wärme abgeführt, sodass der Vorgang *adiabatisch* ist: $pV^\kappa = p'V'^\kappa$. Daraus folgt $p' = p(V/V')^\kappa = p \cdot 2^\kappa$ (z. B. $\kappa = 1{,}4$ für zweiatomige Gase).

Frage 5.3.3e
Welche Zustandsänderungen kennen Sie?
Isobar ($p = const.$), isochor ($V = const.$), isotherm ($p = const.$), adiabatisch ($Q = const.$, thermische Isolierung), u. a.

5.3.4 Kreisprozesse

Wärmekraftmaschinen durchlaufen periodische Kreisprozesse. Diese bestehen aus einer Reihe von Zustandsänderungen, nach denen das Gas in den Ausgangszustand zurückkehrt. Es ist üblich, derartige Vorgänge im pV-Diagramm darzustellen. In Abb. 5.10a ist ein sogenannter rechtsläufiger Kreisprozess gezeichnet, d. h. die Kurve wird im Uhrzeigersinn durchlaufen. Die umfahrene Fläche ist die Nutzarbeit:

$$W = -\oint p \, dV. \quad \text{Nutzarbeit} \tag{5.28}$$

Der Kreis am Integralzeichen symbolisiert, dass die Integration um eine geschlossene Fläche herum erfolgt (Abb. 5.10a). Bei einem rechtsläufigen *Kreisprozess* verrichtet das Gas Arbeit. Nach den Vorzeichenregeln ist W negativ. Beispiele für Kreisprozesse findet man bei Wärmekraftmaschinen und Verbrennungsmotoren. Wird der Kurvenzug links herum umfahren, also im Gegenuhrzeigersinn, so wird mechanische Arbeit in das Gas hineingebracht, z. B. bei der Kältemaschine oder der Wärmepumpe.

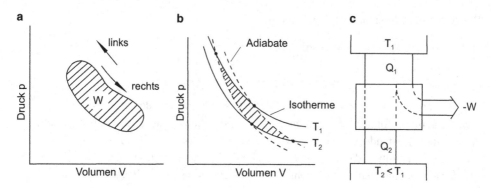

Abb. 5.10 Darstellung von Kreisprozessen im p–V-Diagramm: **a** Allgemein, **b** Carnot-Kreisprozess, **c** Energiefluss bei einer Wärmekraftmaschine

5.3.4.1 Carnot-Prozess

> Der von Carnot vorgeschlagene Kreisprozess ist von prinzipiellem Interesse, da er die obere Schranke für den optimalen Wirkungsgrad η festlegt, die nicht überschritten werden kann.

Er läuft zwischen je zwei Isothermen und Adiabaten ab (Abb. 5.10b). Es handelt sich um einen idealisierten Vorgang, der umkehrbar oder reversibel abläuft. Der Carnot-Prozess ist technisch nur unter hohem Aufwand zu realisieren, sodass er in der Praxis wenig Bedeutung hat.

Wird der Carnot-Prozess rechtsläufig umfahren, so wird Wärme teilweise in Arbeit umgewandelt. Der Wirkungsgrad η ist durch die abgeführte Arbeit $-W$ und der zugeführten Wärme Q definiert $\eta = -W/Q$. Die verrichtete Arbeit ist gleich der Differenz der zugeführten und abgeführten Wärme: $-W = Q_1 - |Q_2|$. Damit wird der Wirkungsgrad η einer Wärmekraftmaschine:

$$\eta = -\frac{W}{Q_1} = \frac{Q_1 - |Q_2|}{Q_1}. \quad \text{Wirkungsgrad } \eta \tag{5.29}$$

Man kann den Carnot'schen Prozess mithilfe der Gasgesetze berechnen und findet für den *Carnot-Wirkungsgrad* η_C:

$$\boxed{\eta_C = \frac{T_1 - T_2}{T_1}. \quad \text{Maximaler thermischer Wirkungsgrad } \eta_C} \tag{5.30}$$

Die Maschine arbeitet zwischen den maximalen und minimalen Temperaturen T_1 und T_2, die allein den Wirkungsgrad bestimmen (Abb. 5.10c). η_C nähert sich dem Wert 1 an, wenn die untere Arbeitstemperatur im Bereich des absoluten Nullpunktes $T \approx 0K$ liegt. Im Allgemeinen ist bei Wärmekraftmaschinen T_2 durch die Temperatur des Kühlmittels um 300 K gegeben. Damit wird klar, dass die obere Arbeitstemperatur T_1 möglichst hoch liegen muss. Für $T_1 = 600K$ und $T_2 = 300K$ erhält man beispielsweise $\eta_C = 50\,\%$. Der Wirkungsgrad nach (GI. 5.30) dient häufig zur Abschätzung auch für andere Prozesse.

Beispiel 5.3.4a
Wie groß ist der maximale Wirkungsgrad η einer Wärmekraftmaschine, der ein Gas mit 900 °C zugeführt und mit 20 °C abgeführt wird.
Es gilt: $\eta = (1173 - 293)/1173 = 0{,}75 \triangleq 75\%$.

Frage 5.3.4b
Welche Bedeutung hat der Carnot-Prozess?
Der Carnot-Prozess hat prinzipielle Bedeutung, da er den maximalen Wirkungsgrad einer Wärmekraftmaschine angibt.

5.3.5   Zweiter Hauptsatz der Wärmelehre

Der *erste Hauptsatz der Wärmelehre* stellt den Satz von der Erhaltung der Energie dar. Der *zweite Hauptsatz* gibt Informationen über den Wirkungsgrad bei der Umwandlung von Wärme in mechanische Arbeit.

5.3.5.1 Reversible Vorgänge
Bewegungsabläufe in der Mechanik sind bei Vernachlässigung von Reibung umkehrbar oder *reversibel*. Dreht man von einem Vorgang einen Film, z. B. dem elastischen Stoß zweier Kugeln, so kann er vorwärts oder rückwärts abgespielt werden. Beide Bewegungsabläufe sind physikalisch möglich. Reversible Vorgänge erlauben eine Umkehrung der Zeitrichtung. Es kann, wie beim reibungsfreien Pendel, kinetische Energie vollständig in potenzielle umgewandelt werden und umgekehrt. Ein Vorgang ist reversibel, wenn der Ausgangszustand ohne jede Veränderung wieder hergestellt werden kann.

Auch der Carnot-Prozess, bei dem zu jedem Zeitpunkt Gleichgewicht mit der Umgebung herrscht, ist reversibel. Die Laufrichtung kann umgekehrt und der Ausgangszustand wieder erreicht werden. Eine rückwärts laufende Carnot-Maschine arbeitet als Wärmepumpe.

5.3.5.2 Irreversible Vorgänge
Beliebige thermische Prozesse sind in der Regel nicht umkehrbar oder *irreversibel*. Irreversible Vorgänge verlaufen nur in eine Richtung und eine Umkehrung ist ohne äußere Arbeit nicht möglich. Ein Beispiel ist die Wärmeleitung zwischen Bereichen hoher und niedriger Temperatur. Transport von Wärmeenergie findet ohne äußere Einwirkung nur in einer Richtung statt. Will man den Vorgang der Wärmeleitung umkehren, muss Arbeit an einer Wärmepumpe eingesetzt werden. Einen anderen irreversiblen

Vorgang stellt die Bewegung eines Körpers auf der schiefen Ebene bei Wirkung von Reibung dar. Es wird beim Abgleiten potenzielle Energie in kinetische umgewandelt. Da dabei durch Reibung thermische Energie erzeugt wird, ist der Ausgangszustand ohne äußere Energiezufuhr nicht wieder herstellbar.

5.3.5.3 Zweiter Hauptsatz

Der Umwandlung von Wärmeenergie in mechanische Arbeit sind Grenzen gesetzt. Die Verrichtung von Arbeit setzt zwei Systeme unterschiedlicher Temperatur voraus und führt zu einer Annäherung an das Temperaturgleichgewicht. Der *zweite Hauptsatz* der Wärmelehre beschreibt dies in unterschiedlichen Formulierungen:

> Es gibt keine Maschine, die Wärme aus einem Reservoir entnimmt und vollständig in Arbeit umwandelt.

Eine derartige Maschine, die man *Perpetuum mobile zweiter Art* nennt, wäre nach dem ersten Hauptsatz der Wärmelehre durchaus möglich. Eine präzisere Formulierung des zweiten Hauptsatzes lautet:

> Ein höherer Wirkungsgrad als der des Carnot-Prozesses ist nicht erreichbar:

$$\eta \leq \eta_C = \frac{T_1 - T_2}{T_1}.$$

Zum Beweis, dass diese Aussage aus der ersten Formulierung folgt, wird nach Abb. 5.11 eine reversible Carnot-Maschine als Wärmepumpe eingesetzt. Parallel arbeitet eine beliebige Wärmekraftmaschine. Die gewonnene Arbeit dient zum Antrieb der Carnot-Wärmepumpe. Hat die Wärmekraftmaschine, wie in Abb. 5.11 gezeigt, einen höheren Wirkungsgrad als die Carnot-Wärmepumpe, widerspricht das dem zweiten Hauptsatz: es

Abb. 5.11 Kombination einer beliebigen Wärmekraftmaschine mit einer Carnot-Wärmepumpe. Eine Nutzarbeit W' kann nicht gewonnen werden

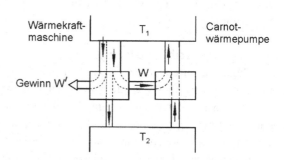

wird Arbeit gewonnen und dem oberen Behälter wird Wärme entzogen, ohne dass ein Teil dem unteren zugeführt wird.

Arbeitet die beliebige Wärmekraftmaschine reversibel und besitzt sie einen Wirkungsgrad $> \eta_C$ (Gl. 5.30), widerspricht dies ebenfalls dem zweiten Hauptsatz. Zum Beweis setzt man beide Maschinen wie in Abb. 5.11 ein und lässt das System vorwärts und rückwärts laufen. Eine der Laufrichtungen widerspricht der ersten Formulierung des zweiten Hauptsatzes.

5.4 Thermische Maschinen

Die Funktion und Berechnung von thermischen Motoren kann durch die Darstellung als Kreisprozess veranschaulicht werden. Beispiel dafür sind Kfz- und Flugzeugantriebe, Kühlmaschinen und Wärmepumpen.

5.4.1 Wärmekraftmaschinen

Obwohl Verbrennungsmotoren offene Systeme sind, können sie näherungsweise als geschlossen vereinfacht werden. Die Verbrennung wird als Wärmeaufnahme und das Ausströmen der Auspuffgase als Wärmeabgabe angesehen.

5.4.1.1 Ottomotor

Der Arbeitsablauf im Ottomotor erfolgt nach dem Ansaugen des Gemisches in vier Takten:, Verdichtung, Verbrennung, Ausdehnung und Ausstoßen. Abb. 5.12a zeigt das p–V-Diagramm zur Berechnung des idealen Motors. Die Verdichtung (1–2) des Gasgemisches erfolgt so schnell, dass kein Wärmeaustausch stattfindet, d. h. adiabatisch.

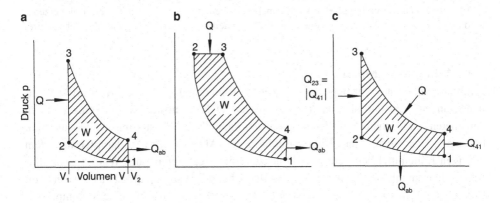

Abb. 5.12 Kreisprozesse verschiedener Motoren: **a** Ottomotor, **b** Dieselmotor, **c** Stirling-Motor

Bei der Verbrennung (2–3) entsteht Wärmeenergie und der Druck steigt schlagartig bei konstantem Volumen an; es handelt sich somit um einen isochoren Vorgang. Die anschließende Ausdehnung des Gases verrichtet Arbeit (3–4). Sie verläuft nahezu adiabatisch. Anschließend wird das Auslassventil geöffnet (4–1), und der Druck fällt bei konstantem Volumen, d h. isochor. Ausstoßen der Abgase und Ansaugen des neuen Gemisches verläuft isochor und dabei wird keine Arbeit verrichtet. Die gestrichelte Linie in Abb. 5.12a hat somit für die Berechnung keine Bedeutung, sofern man die abgeführte Wärmemenge Q_{ab} der Isochoren zuschlägt. Der Ottomotor arbeitet somit zwischen je zwei Adiabaten und Isochoren. Längs der Isochoren ($V = const.$) wird keine Arbeit geleistet. Die Nutzarbeit entspricht der Fläche des Kreisdiagramms (Gl. 5.28).

5.4.1.2 Diesel-Motor

Beim Dieselmotor wird der Kraftstoff in die komprimierte Luft eingespritzt, und die Verbrennung verläuft nahezu isobar. Abb. 5.12b zeigt das idealisierte p–V-Diagramm, das aus zwei Adiabaten, einer Isobaren und einer Isochoren besteht. In der Praxis ist der Wirkungsgrad günstiger als beim Otto-Motor, da das Verdichtungsverhältnis $V_1/V_2 \approx 20$ beträgt.

5.4.2 Wärmepumpe

Bei Wärmekraftmaschinen läuft der Kreisprozess im p–V-Diagramm im Uhrzeigersinn, d. h. rechts herum und Wärme wird teilweise in Arbeit umgewandelt. Bei der Wärmepumpe ist die Umlaufrichtung linksläufig, d. h. im Gegenuhrzeigersinn. Es wird Arbeit in Wärme transformiert. Es ergeben sich zwei wichtige Anwendungen, die auf den gleichen Prinzipien beruhen: der Kühlschrank und die Wärmepumpe als Heizungssystem.

Frage 5.4.2

Welcher prinzipielle Unterschied besteht zwischen einem Kühlschrank und einer Wärmepumpe?
   Eigentlich kein wesentlicher. Bei der Wärmepumpe befindet sich der Teil, in dem Kälte erzeugt wird im Erdreich, wo Wärme entzogen wird. Der andere Teil, in dem Wärme abgegeben wird, dient zur Heizung.

5.4.2.1 Kältemaschinen

Kühlmaschinen und Wärmepumpen benutzen Kältemittel, die einen Kreisprozess mit Phasenänderungen durchlaufen. Früher wurden FCKW-Substanzen verwendet, die in der oberen Atmosphäre Chlor freisetzten und dadurch zur Zerstörung der Ozonschicht beitrugen. Das Prinzip einer Kältemaschine zeigt Abb. 5.13. Im Verdampfer wird dem flüssigen Kältemittel bei niedrigem Druck und niedriger Temperatur Wärme zugeführt. Beim Kühlschrank geschieht dies im Kühlfach, bei der Wärmepumpe beispielsweise im Erdreich. Das flüssige Kältemittel verdampft. Der Dampf wird mit einem Kompressor verdichtet und dabei flüssig. Im Verflüssiger wird Wärme abgeführt und es findet eine Kondensation statt. Beim Kühlschrank gibt es dafür im hinteren Teil Kühlrippen: Bei der

Abb. 5.13 Prinzip einer Kompressor-Kältemaschine oder einer Wärmepumpe

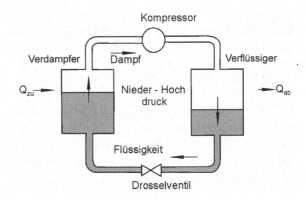

Wärmepumpe übernimmt diese Aufgabe das Heizungssystem eines Hauses. Die Flüssigkeit unter hohem Druck wird an einem Drosselventil unter Abkühlung entspannt und wieder dem Verdampfer zugeführt.

5.5 Wärmetransport

Wärme wird durch *Wärmeleitung*, *Konvektion* und *Strahlung* übertragen.

5.5.1 Wärmeleitung

5.5.1.1 Grundlegendes

Als *Wärmeleitung* bezeichnet man die Übertragung von Wärmeenergie in Materie ohne einen Massentransport, wie es bei der Konvektion der Fall ist. Die Übergabe der thermischen Energie findet in Richtung des Temperaturgefälles statt.

Zur Vereinfachung der mathematischen Beschreibung, betrachtet man einen Stab der Länge l mit dem Querschnitt A, der an den Enden auf den Temperaturen T_1 und T_2 gehalten wird. Die transportierte Wärmeenergie Q ist proportional zur Querschnittsfläche A, Zeitdauer t und Temperaturdifferenz $\Delta T = T_2 - T_1$ sowie umgekehrt proportional zur Länge l:

$$\boxed{\begin{aligned} Q &= \lambda \frac{A \Delta t \Delta T}{l} & [\lambda] &= \frac{W}{mK} \text{ oder} \\ j &= \frac{\Delta Q}{A \Delta t} = \lambda \frac{\Delta T}{l} & [j] &= \frac{W}{m^2}. \end{aligned}} \quad \text{Wärmeleitung} \tag{5.31a}$$

Der Proportionalitätsfaktor ist die *Wärmeleitfähigkeit* λ. (5.31a) setzt ein Temperaturgleichgewicht voraus und stellt die eindimensionale stationäre Form des Wärmetransports dar. Die Größe $j = Q/(A \Delta t)$ gibt die pro Fläche A und Zeit Δt transportierte Wärme Q an. Man nennt j *Dichte des Wärmestroms*.

In der Bauphysik wird ein Isoliermaterial durch die Wärmeleitgruppe WLG charakterisiert (z. B. WLG 035 $\rightarrow$ $\lambda = 0,0035$ W/(m K)).

Beispiel 5.5.1a

Welche Energie Q geht durch Wärmeleitung in $t = 1$ Stunde durch eine $l = 30$ cm dicke Ziegelwand von $A = 12$ m^2? (Temperaturdifferenz 24 °C, Wärmeleitfähigkeit $\lambda = 0{,}8$W$/$(mK)).

Man setzt die Werte in (Gl. 5.31a) ein und erhält:
$Q = 0{,}8 \cdot 12 \cdot 3600 \cdot 24/0{,}3J = 2760kJ = 0{,}77$kW h.

In Tab. 5.7 sind einige Werte für die Wärmeleitfähigkeit λ von Metallen, Nichtmetallen, Flüssigkeiten und Gasen aufgeführt. Die Werte für Nichtmetalle sind wesentlich geringer als von Metallen. Baustoffe mit geringem λ besitzen luftgefüllte Poren oder es handelt sich um geschäumte Materialien. Auch in Doppelfenstern wird die geringe Wärmeleitfähigkeit von Gasen ausgenutzt.

5.5.1.2 Mehrere Schichten

In der Technik werden beim Bau von Wänden mehrere Schichten der Dicke l_i und der Wärmeleitfähigkeit λ_i übereinander verwendet. Im Gleichgewicht muss durch jede Schicht der gleiche Wärmestrom j transportiert werden. Aus diesen Bedingungen kann man folgende Gleichung ableiten:

$$j = \frac{\Delta T}{(l_1/\lambda_1 + l_2/\lambda_2 + \ldots)} = U\Delta T. \, [U] = \frac{\text{W}}{\text{m}^2\text{K}}.$$

Wobei U den Wärmedurchgangskoeffizienten (oder x-Wert) angibt. Bei Neubauten muss mindestens ein U-Wert von 0,35 W/(m^2 K) eingehalten werden.

Beispiel 5.5.1b

Eine Hauswand mit $A = 100$m^2 hat einen Wärmedurchgangskoeffizienten von $U = 0{,}9$ W/ (m^2 K). Welche thermische Leistung strömt durch die Wand, wenn außen -10°C und innen 20 °C herrschen?

Lösung: $j = P/A = U\Delta T$ oder $P = AU\Delta T = 100 \cdot 0{,}9 \cdot 30W = 2{,}7$kW.

Frage 5.5.1c

Was bedeutet das: Bei Neubauten muss ein U-Wert von mindestens 0,35 W/(m^2 K) eingehalten werden?

Wenn man den U-Wert einer Mauer mit der Fläche und dem Temperaturunterschied multipliziert, erhält man die Leistung der notwendigen Heizung.

5.5.2 Konvektion

Konvektion stellt eine Wärmeübertragung in Flüssigkeiten und Gasen dar, die mit einem Massentransport verbunden ist. Bei der *freien Konvektion* führen Dichteunterschiede durch Erwärmung zu Strömungen, die eine Übertragung von Wärme zur Folge haben. Ein bekanntes Beispiel ist die Zentralheizung, die prinzipiell auch ohne Umwälzpumpe funktioniert. Das erwärmte Wasser steigt nach oben, das abgekühlte nach unten. Es entsteht eine zirkulierende Strömung im Heizsystem. Nach einem ähnlichen Prinzip arbeitet die Kühlung der Heizkörper und die Erwärmung des Raumes durch die Konvektions-strömung der Luft- oder die Wärmeabfuhr an den Kühlrippen elektrischer Geräte. Auch an den äußeren Schichten der Sonne findet Wärmetransport durch Konvektionsströme von Wasserstoff statt. Mathematisch sind die Differenzialgleichungen der konvektiven Wärmeübertragung kompliziert. Die Wärmestromdichte j an einer ebenen Fläche A hängt näherungsweise linear von der Temperaturdifferenz von Wand und Fluid ΔT ab:

$$j = \frac{Q}{A\Delta t} = \alpha \Delta T \quad [j] = \frac{W}{m^2}. \quad \text{Freie Konvektion} \tag{5.32a}$$

α ist der *Wärmeübergangskoeffizient*. Er ist im Allgemeinen schwer zu ermitteln, da er von den genaueren Randbedingungen abhängt. Es gelten folgende grobe Richtwerte:

$$\text{Wasser}: \ \alpha = 350 \text{ bis } 600 \text{ J}/(m^2 \text{ s K}),$$
$$\text{Luft}: \quad \alpha = 4,0 \text{ bis } 4,5 \ \text{ J}/(m^2 \text{ s K}). \tag{5.32b}$$

Bei der *erzwungenen Konvektion* hängt der Wärmestrom von der Geschwindigkeit der kühlenden Strömung ab. Dieser Vorgang findet beispielsweise bei der Wasserkühlung in Motoren statt.

5.5.3 Wärmestrahlung

5.5.3.1 Entstehung der Strahlung
In Materie bewegen sich die Atome, Ionen oder Elektronen aufgrund ihrer thermischen Energie. Dies hat die Abstrahlung oder *Emission* elektromagnetischer Wellen zur Folge, der *Wärmestrahlung*. Mit zunehmender Temperatur verkürzt sich die Wellenlänge vom infraroten bis in den sichtbaren Spektralbereich und der Körper beginnt zu glühen. Beim umgekehrten Vorgang, der *Absorption*, trifft Strahlung auf Materie und wird in Wärme-energie umgewandelt.

Ein Strahler wird durch die Strahlungsleistung P beschrieben, welche die in der Zeit d t emittierte Wärme d Q angibt:

$$\boxed{P = \frac{dQ}{dt} \quad [\Phi] = W. \quad \text{Strahlungsleistung } P} \tag{5.33}$$

Bezieht man die abgestrahlte Leistung auf ein Flächenelement d A des Strahlers, erhält man die Leistungsdichte I:

$$\boxed{I = \frac{dP}{dA} \quad [I] = \frac{W}{m^2}. \quad \text{Leistungsdichte } I} \tag{5.34a}$$

Fällt Strahlung auf ein Flächenelement eines Empfängers d A, der senkrecht zur Strahl-richtung steht, tritt dort die Leistungsdichte oder Bestrahlungsstärke E auf:

$$E = \frac{dP}{dA} \quad [E] = \frac{W}{m^2}. \quad \text{Bestrahlungsstärke } E \qquad (5.34b)$$

Die Bestrahlungsstärke der Sonne auf der Erde beträgt im Mittel $E \approx 1,4\,\text{kW/m}^2$. Man nennt diesen Wert *Solarkonstante*.

5.5.3.2 Absorptions- und Emissionsgrad

Bei Bestrahlung eines Materials wird von der einfallenden Bestrahlungsstärke E ein Teil E_a absorbiert, der Rest wird zurückgestrahlt (oder hindurch gelassen). Der *Absorptionsgrad* α beschreibt den absorbierten Teil der einfallenden Strahlung:

$$\alpha = \frac{E_a}{E} \quad [\alpha] = 1. \quad \text{Absorptionsgrad } \alpha \qquad (5.35a)$$

Körper mit vollständiger Absorption $\alpha = 1$ wirken schwarz, da keine Strahlung reflektiert wird. So genannte *Schwarze Körper* werden durch Hohlräume mit absorbierenden Wänden realisiert, in denen sich eine Öffnung befindet. (Als Beispiel sei das Auge erwähnt; die Pupille erscheint schwarz.)

Die Erfahrung zeigt, dass Körper mit hoher Absorption eine starke Emission von Wärmestrahlung zeigen. Man definiert als *Emissionsgrad* ε das Verhältnis der spezifischen Ausstrahlung I zum entsprechenden Wert I_s eines schwarzen Körpers (mit $\alpha = 1$). I_s stellt den maximal möglichen Wert dar:

$$\varepsilon = \frac{I}{I_s} \quad [\varepsilon] = 1. \quad \text{Emissionsgrad } \varepsilon \qquad (5.35b)$$

Der Emissionsgrad ε eines Temperaturstrahlers ist seinem Absorptionsgrad ε gleich:

$$\varepsilon = \alpha. \quad \text{Kirchhoff'sches Strahlungsgesetz} \qquad (5.36)$$

Zum Verständnis dieser Aussage denke man sich zwei parallele Flächen gleicher Temperatur, die miteinander im Strahlungsaustausch stehen. Andere Wärmeverluste sollen nicht auftreten. Jede Fläche strahlt soviel Energie ab, wie sie absorbiert. Wäre das nicht der Fall, würde sich eine Fläche erwärmen. Dies widerspricht dem zweiten Hauptsatz der Thermodynamik.

Die Emissionsgrade einiger Werk- und Baustoffe sind in Tab. 5.8 angegeben.

5.5.3.3 Stefan-Boltzmann'sches Gesetz

Die spezifische Leistungsdichte I_s (Leistung/Fläche) eines *schwarzen Temperaturstrahlers* steigt mit der vierten Potenz der Temperatur T (in K):

$$I_s = \sigma T^4 \quad \sigma = 5,670 \cdot 10^{-8} \frac{W}{m^2 K^4}. \quad \text{Schwarzer Strahler} \qquad (5.37a)$$

Tab. 5.8 Emissionsgrad ε einiger Stoffe bei der Temperatur ϑ

Metall	$\vartheta(°C)$	ε
Al, poliert	20	0,04
Al, oxidiert	20	0,25
Messing	25	0,04
Messing, oxidiert	200	0,61
Eisen, angerostet	20	0,65
Chrom, poliert	150	0,07
Material	$\vartheta(°C)$	ε
Beton/Mauerwerk	20	0,94
Mauerwerk	20	0,93
Holz	25	0,9
Dachpappe	20	0,9
Lacke	100	$\sim 0,95$
Kunststoffe	20	0,9
Wasser	20	0,9

σ ist die *Stefan-Boltzmann'sche Konstante*. Die Ausstrahlung eines nicht-schwarzen oder *grauen Körpers* beträgt dementsprechend $I = \varepsilon \sigma T^4$. Neben der Emission nimmt der Körper Strahlung aus seiner Umgebung mit der Temperatur T' auf. Damit wird die resultierende abgestrahlte Leistungsdichte I:

$$\boxed{I = \varepsilon \sigma \left(T^4 - T'^4\right).} \quad \text{Thermische Strahlung} \qquad (5.37b)$$

Kühlkörper sollen ein hohes Emissionsvermögen ε aufweisen. Dies wird durch schwarze Oberflächen erreicht. Bei niedrigen Temperaturen wird die Wärmestrahlung im Infraroten emittiert. Bei hohen Temperaturen wird auch im Sichtbaren emittiert und der Körper glüht.

Zur Reduzierung der Verluste von Wärmestrahlung werden reflektierende Folien oder Schichten eingesetzt. Beispiele sind die Verwendung von Aluminium-Folien und die Verspiegelung bei Thermosgefäßen.

Beispiel 5.5.3a
Ein heiße Fläche (z. B. Bügeleisen) mit 227 °C ($T = 500\,\text{K}$) gibt nach (Gl. 5.37a) eine spezifische Abstrahlung von $I = \sigma T^4 = 3543\,\text{W/m}^2 (\varepsilon = 1)$.

Genauer ist (Gl. 5.37b). Bei einer Umgebungstemperatur von 27 °C ($T' = 300$ K): $I = 3084\,\text{W/m}^2$.

Beispiel 5.5.3b
Welche Leistung strahlt die Wolframwendel (Oberfläche $A = 30\,\text{mm}^2$) einer Glühlampe bei einer Temperatur von 2500 K ab (Emissionsgrad = 0,3)?

Lösung: Leistung $P = I\,A = \varepsilon\sigma T^4 A = 0{,}3 \cdot 5{,}67 \cdot 10^{-8} \cdot 2500^4 \cdot 30 \cdot 10^{-6}\text{W} = 20\,\text{W}.$.

Frage 5.5.3c
Warum muss der Absorptionsgrad gleich dem Emissionsgrad sein?

Man stelle zwei Flächen mit gleicher Temperatur parallel gegenüber auf. Jede Fläche strahlt so viel ab, wie sie absorbiert. Wäre das nicht der Fall, würde eine Fläche warm und die andere kalt werden. Das ist in Widerspruch zum 2. Hauptsatz der Wärmelehre.

Frage 5.5.3d
Was versteht man unter einem schwarzen Körper?

Ein schwarzer Körper hat den Absorptionsgrad $\alpha = 1$. Die gesamte einfallende Strahlung wird absorbiert.

5.5.3.4 Planck'sches Strahlungsgesetz

Das Spektrum der Wärmestrahlung eines schwarzen Körpers wird durch das Planck'sche Strahlungsgesetz beschrieben:

$$\boxed{I_s(\lambda)\mathrm{d}\lambda = \frac{2\pi h c_0^2}{\lambda^5\left(e^{hc_0/\lambda kT} - 1\right)}\mathrm{d}\lambda \quad [I_s(\lambda)] = \frac{\text{W}}{\text{m}^3}. \quad \text{Planck'sches Gesetz}} \quad (5.38)$$

Die Größe $I_s(\lambda)$ gibt die abgestrahlte Leistung pro Fläche und pro Wellenlängenintervall $\mathrm{d}\lambda$ an (daher in W/m^3). Die Wellenlänge der Strahlung wird durch λ gegeben. $h = 6{,}626 \cdot 10^{-34}\text{J s}$ ist das Planck'sche Wirkungsquantum, $k = 1{,}38 \cdot 10^{-23}\text{J/K}$ die Boltzmann-Konstante und c_0 die Lichtgeschwindigkeit. Mit zunehmender Temperatur verschiebt sich das Spektrum vom infraroten in den sichtbaren Spektralbereich (Abb. 5.14).

Abb. 5.14 Spektrale Leistungsdichte $I(\lambda)_s$ schwarzer Körper (Planck'sche Strahlungsformel (Gl. 5.38))

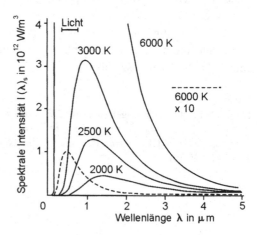

5.5.3.5 Wien'sches Verschiebungsgesetz

Das Maximum der spektralen Ausstrahlung kann aus (5.38) berechnet werden. Es tritt bei der Wellenlänge λ_{max} auf:

$$\lambda_{max} = \frac{b}{T} \quad \text{mit} \quad b = 2897{,}79\mu\,\text{m K.} \quad \text{Wien'sches Verschiebungsgesetz} \quad (5.39)$$

b ist die *Wien'sche Konstante.* Die Oberflächentemperatur der Sonne beträgt etwa 6000 K und das Maximum des Spektrums liegt daher bei etwa 0,5 μ m. Ungünstiger ist die Lichtausbeute bei Glühfadenlampen mit $T = 3000$ K, deren spektrales Maximum bei etwa 1 μ m auftritt.

Beispiel 5.5.3e
Das Maximum der Sonnenstrahlung liegt bei $\lambda_{max} = 555$ nm. Nach (Gl. 5.39) erhält man eine Sonnentemperatur (an der Oberfläche) von $T = 2897{,}8/0{,}5\,\text{K} = 5221$ K. Eine Glühlampe mit $T = 2900$ K hat ihr Strahlungsmaximum bei $\lambda_{max} = 2897{,}8/2900\mu m \approx 1\mu m$.

Beispiel 5.5.3f
Das Maximum der Wärmestrahlung von der Erde liegt bei 20 °C (und 0 °C) bei einer Wellenlänge von 9,9 μ m (und 10,6 μ m). (In (Gl. 5.39) Temperatur in K einsetzen!).

Frage 5.5.3g
Bei Leuchtdioden wird oft eine Temperaturangabe (z. B. 2500 K Farbtemperatur) gemacht. Was bedeutet das?
    Mit der Angabe wird das abgestrahlte Farbspektrum charakterisiert. Nach der Planck'schen Strahlungsformel wird damit das Spektrum definiert.

Frage 5.5.3h
Welche Farbe sollten Kühlkörper und Heizkörper aufweisen?
    Sie sollten schwarz sein, da sie dann maximalen Emissionsgrad (= Absorptionsgrad) haben. Das Maximum des Spektrums liegt bei Temperaturen von 20 °C um 10 μ m. Sie müssten also in diesem Bereich „schwarz" sein. Was im sichtbaren Bereich passiert, ist eigentlich belanglos, da dort keine wesentliche Abstrahlung auftritt. Weiße Farbe hat im Infraroten einen Emissionsgrad nahe von eins.

5.5.3.6 Optische Temperaturmessung

Aufgrund der Wärmestrahlung ist eine optische Messung von Temperaturen möglich (Tab. 5.2).
    Auch niedrigere Temperaturen nicht glühender Körper können optisch vermessen werden. Im einfachsten Fall kann dies durch zwei Photodioden erfolgen, die für zwei verschiedene Spektralbereiche im Infraroten empfindlich sind. Aufgrund der Strahlungs-gesetze kann aus dem Verhältnis der Strahlungsintensitäten die Temperatur ermittelt werden. Beispielsweise kann die Körpertemperatur beim Menschen auf diese Art im Ohr gemessen werden.

Wärmebildgeräte sind im Prinzip Fernsehkamera-Systeme mit einer Photokathode, die zwischen 3 bis $5\,\mu$ m oder 8 bis $14\,\mu$ m empfindlich sind. Die Intensitäten können durch Bildverarbeitung in Farbwerte auf dem Monitor umgewandelt werden. Jede Farbe entspricht dann einer bestimmten Temperatur. Ähnlich arbeiten Infrarot-Sichtgeräte, die mit einem sogenannten Bildverstärker versehen sind.

5.5.3.7 Solarkollektor

Solarkollektoren erwärmen Wasser durch die Einwirkung von Sonnenstrahlung. Der Wirkungsgrad kann durch Absorber mit selektiver Wirkung erhöht werden: im Bereich des Sonnenspektrums zwischen 0,4 und $2\,\mu$ m findet eine hohe Absorption mit $\alpha \approx 0{,}97$ statt. Die Wassertemperatur beträgt oft etwa 80 °C = 353 K und das Maximum des emittierten Spektrums liegt bei $\lambda_{max} \approx 8\mu m$. Die Abstrahlung kann dadurch reduziert werden, dass die Absorberschichten bei Wellenlängen oberhalb von $6\,\mu$ m nur sehr geringfügig absorbieren und emittieren, beispielsweise $\alpha = \varepsilon \approx 0{,}05$. Damit wird die Strahlung wieder in das warme Wasser reflektiert.

5.5.3.8 Fotovoltaik

Unter Fotovoltaik versteht man die direkte Umwandlung von Sonnenlicht in elektrische Energie. Meist werden dafür Si-Fotodioden mit Wirkungsgraden von über 10 % eingesetzt. Der Mittelwert der Sonneneinstrahlung (Solarkonstante) beträgt offiziell 1367 W/m^2.

5.5.3.9 Treibhauseffekt

Nach ähnlichen Prinzipien entsteht die Wärme in Treibhäusern. Die Strahlung tritt ungehindert durch die Glasscheiben und durch die Absorption der Strahlung erwärmen sich der Boden und die Luft. Die Abstrahlung, die bei Zimmertemperatur ein Maximum bei etwa $10\,\mu$ m aufweist (Beispiel 5.5.3d), wird durch die Scheiben verhindert, die bei dieser Wellenlänge nicht transparent sind.

Gegenwärtig stellt die Erde ein Treibhaus dar, in dem es zu warm wird. Die notwendige Abstrahlung der Wärme wird durch einen erhöhten CO_2-Gehalt der Atmosphäre reduziert. Diese Moleküle besitzen zahlreiche Rotations-Vibrations-Niveaus (Abschn. 10.3.3), welche die Wärmestrahlung der Erde absorbieren. Eine Erwärmung der Erde um wenige Grad führt zur Abschmelzung des polaren Eises und anderen unerwünschten Folgen. Zur Vermeidung muss die CO_2-Produktion eingeschränkt werden. Ein weiteres Treibhausgas ist Methan.

Frage 5.5.3i

a) Beschreiben Sie den Treibhauseffekt. b) Wie ist ein Solarkollektor aufgebaut?
   Die Antwort findet man oben.

Schwingungen und Wellen

6

Systeme, deren Gleichgewichtszustand gestört wird, können durch Hin- und Herschwingen in ihre ursprüngliche Lage zurückkehren. Man bezeichnet Vorgänge, bei denen sich eine Messgröße zeitlich periodisch ändert, als *Schwingungen*. Die Größe kann beispielsweise die Auslenkung eines mechanischen Systems aus der Ruhelage, die Druckschwankung in einer Schallwelle oder die elektrische Feldstärke sein. Schwingungen spielen in vielen Bereichen des Lebens und der Technik eine wichtige Rolle, z. B. beim Pendel, bei Federungen, beim Schall und in der Elektronik. Sind mehrere schwingungsfähige Systeme miteinander gekoppelt, z. B. die Atome eines Festkörpers, kann sich die Schwingung räumlich ausbreiten. Das Phänomen der Ausbreitung von Schwingungen, bei denen ein Energietransport stattfindet, nennt man *Welle*. Wellen treten in allen Bereichen der Physik auf, insbesondere in der Mechanik, Akustik, Optik, Elektronik und in der Raum-Zeit des Universums in Form von Gravitationswellen, für deren Nachweis 2017 der Physiknobelpreis an Rainer Weiss, Barry Barish und Kip Thorne vergeben wurde.

6.1 Schwingungen

Man unterscheidet freie und erzwungene sowie ungedämpfte und gedämpfte Schwingungen. Bei der *freien Schwingung* wird der Oszillator, d. h. ein schwingfähiges System, einmalig aus der Ruhelage ausgelenkt und dann sich selbst überlassen. Im *ungedämpften* Fall, der mathematisch besonders leicht zu beschreiben ist, in der Praxis aber nur näherungsweise vorkommt, bleibt die maximale Auslenkung (Amplitude) konstant. Reale Schwingungen werden durch Energieverluste, z. B. Reibung, *gedämpft* und die Amplitude nimmt ab. Bei der *erzwungenen Schwingung* wird das System periodisch von außen angeregt. Sinusförmige Schwingungen nennt man *harmonisch*, nicht-sinusförmige *anharmonisch*.

© Springer Fachmedien Wiesbaden GmbH, ein Teil von Springer Nature 2023
J. Eichler und A. Modler, *Physik für das Ingenieurstudium*,
https://doi.org/10.1007/978-3-658-38834-8_6

6.1.1   Freie ungedämpfte Schwingung

Eine ungedämpfte Schwingung ist eine periodische Funktion der Zeit t.

Die Auslenkung y eines Oszillators (oder eine andere physikalische Größe wie die elektrische Feldstärke) bleibt nach der Periodendauer T gleich:

$$y(t) = y(t + T). \tag{6.1}$$

In der Technik treten häufig sinus- oder kosinusförmige Schwingungen auf. Für diese *harmonischen* Schwingungen gilt:

$$\boxed{y(t) = \widehat{y} \sin\left(2\pi \frac{t}{T}\right) = \widehat{y}\,\sin(2\pi f t). \quad \text{Schwingung}} \tag{6.2a}$$

In Abb. 6.1 rechts sieht man, dass diese Sinusfunktion periodisch in T ist, so wie es in (Gl. 6.1) gefordert wird. $\widehat{y}$ stellt die maximale Auslenkung dar, die man *Amplitude* nennt. Die *Periodendauer T* ist mit der *Frequenz f* verknüpft:

$$\boxed{f = \frac{1}{T} \quad [f] = \frac{1}{s} = \text{Hz} = \text{Hertz}. \quad \text{Frequenz } f} \tag{6.2b}$$

Es besteht eine Analogie zwischen einer Kreisbewegung (Radius $= \widehat{y}$) und einer Sinusschwingung. Nach Abb. 6.1 rotiert ein Punkt mit der konstanten Winkelgeschwindigkeit oder *Kreisfrequenz ω*. Der momentane Drehwinkel φ beträgt (Gl. 2.18b und 2.19):

$$\boxed{\varphi = \omega t = 2\pi \frac{t}{T} = 2\pi f t.} \tag{6.3a}$$

Projiziert man die Position des rotierenden Punktes in Abb. 6.1 auf die y-Achse, erhält man $y = \widehat{y} \sin \varphi = \widehat{y} \sin(2\pi f t)$. Dieses Ergebnis stimmt mit (Gl. 6.3b) überein.

Man bezeichnet den Drehwinkel $\varphi = \omega t$ als *Phase* oder auch als Phasenwinkel. Die Schwingung kann auch um einen Phasewinkel bei t=0, dem sogenannten Nullphasenwinkel φ_0, verschoben sein. In diesem Fall ist die Auslenkung nicht $y = 0$ zur Zeit $t = 0$. Allgemein gilt somit für eine harmonische Schwingung:

$$\boxed{y = \widehat{y} \sin(2\pi f t + \varphi_0) = \widehat{y} \sin(\omega t + \varphi_0). \quad \text{Schwingung}} \tag{6.3b}$$

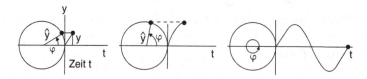

Abb. 6.1 Analogie zwischen einer Schwingung und einer Kreisbewegung mit der Periodendauer T

Dabei ist y die Auslenkung der Schwingung zu einem beliebigen Zeitpunkt t, $\widehat{y}$ die Amplitude, f die Frequenz, ω die Kreisfrequenz und t die Zeit. Bei einer Kreisbewegung mit konstantem Geschwindigkeitsbetrag führt die zugehörige x- und y-Komponente eine harmonische Schwingung aus.

Beispiel 6.1.1a
Eine Schwingung führt vier volle Perioden in 9,5 s aus. Es betragen: die Periodendauer $T = 9{,}5/4\mathrm{s} = 2{,}38$ s, die Frequenz $f = 1/T = 0{,}42\mathrm{s}^{-1} = 0{,}42\mathrm{Hz}$ und die Kreisfrequenz $\omega = 2\pi f = 2{,}64\mathrm{s}^{-1}$.

Beispiel 6.1.1b
Eine schwingende Masse geht durch die Nulllage und hat nach 0,25 s eine Auslenkung von 5 cm erreicht. Die Amplitude beträgt 8 cm. Wie groß sind Periodendauer und Frequenz der Sinusschwingung?
Die Auslenkung y der Sinusschwingung wird durch (Gl.6.2a) beschrieben:
$y = \widehat{y}\sin(2\pi f t)$ mit $\widehat{y} = 8\,\mathrm{cm}$, $y = 5\,\mathrm{cm}$ und $t = 0{,}25\mathrm{s}$. Man erhält (im Bogenmaß rechnen!):
$2\pi f t = \arcsin y/\widehat{y} = 0{,}675$. Es folgt $f = 0{,}675/(2\pi t) = 0{,}43\mathrm{s}^{-1}$ und $T = 2{,}33\mathrm{s}$.

6.1.1.1 Schwingungsgleichung
Die Gleichung einer Schwingung kann aus den Kräften oder dem Energiesatz abgeleitet werden. Dies wird im nächsten Abschnitt an einigen Beispielen vorgeführt. Hier wird ein anderer Weg aufgezeigt. (Gl. 6.2b) beschreibt die Auslenkung y einer mechanischen Schwingung (oder einer anderen physikalischen Größe, wie die elektrische Feldstärke). Die Geschwindigkeit der Schwingung wird aus $v = \mathrm{d}y/\mathrm{d}t$ ermittelt. Durch Differenzieren von (Gl. 6.3b) erhält man:

$$\frac{\mathrm{d}y}{\mathrm{d}t} = \widehat{y}\,\omega\cos(\omega t + \varphi_0) \quad \text{und} \quad \frac{\mathrm{d}^2y}{\mathrm{d}t^2} = -\widehat{y}\,\omega^2\sin(\omega t + \varphi_0). \tag{6.4a}$$

Die letzte Beziehung wird mit (Gl. 6.3b) kombiniert und es entsteht die sogenannte *Schwingungsgleichung:*

$$\frac{\mathrm{d}^2y}{\mathrm{d}t^2} = -\omega^2 y \quad \text{oder} \quad \frac{\mathrm{d}^2y}{\mathrm{d}t^2} + \omega^2 y = 0. \quad \text{Diff. - Gleichung freie Schwingung} \tag{6.4b}$$

Abb. 6.2 Federschwingung.
Die rücktreibende Kraft
F ist der Auslenkung y
entgegengerichtet

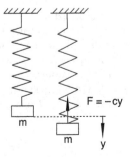

Physikalische Größen, die dieser Gleichung gehorchen, führen freie harmonische Schwingungen mit der Kreisfrequenz ω aus. Es handelt sich um eine lineare Differentialgleichung zweiter Ordnung, deren Lösung durch (Gl. 6.3b) gegeben ist. Die sogenannten *Anfangsbedingungen* legen die Amplitude und die Phase fest.

6.1.1.2 Federschwingung

Im Folgenden wird die Schwingungsgleichung speziell für eine Federschwingung abgeleitet. Für eine Schraubenfeder gilt nach Abb. 6.2: die rücktreibende Kraft F ist der Auslenkung y proportional aber entgegen gerichtet (Hooke'sches Gesetz (Gl. 2.29)):

$$F = -cy \quad [c] = \frac{N}{m}.$$

Die Größe c ist die Federkonstante. Die Kraft F führt zu einer Beschleunigung $a = \frac{d^2y}{dt^2}$:

$$F = ma = m\frac{d^2y}{dt^2}.$$

Durch Gleichsetzen beider Gleichungen erhält man die *Differentialgleichung einer Federschwingung:*

$$m\frac{d^2y}{dt^2} + cy = 0 \quad \text{oder} \quad \frac{d^2y}{dt^2} + \frac{c}{m}y = 0. \tag{6.5}$$

Man kann dieses Ergebnis mit der Schwingungsgleichung (Gl. 6.4b) vergleichen und erhält für die Kreisfrequenz: $\omega^2 = c/m$. Daraus folgt für die *Frequenz f einer Federschwingung*:

$$\boxed{\omega = \sqrt{\frac{c}{m}} \quad \text{oder} \quad f = \frac{1}{2\pi}\sqrt{\frac{c}{m}}. \quad \text{Elastische Schwingung}} \tag{6.6}$$

Beispiel 6.1.1c
Es wird eine Masse von $m = 500\,g$ an eine Schraubenfeder gehängt, die sich dabei um $y = 5\,cm$ dehnt. Wie groß ist die Federkonstante c? Wie groß sind Periodendauer T und Frequenz f der Federschwingung?
Federkonstante: $c = |F/y| = mg/y = 0{,}5 \cdot 9{,}81/0{,}05\,N/m = 98{,}1\,N/m$.
Frequenz: $f = (1/2\pi)\sqrt{c/m} = 2{,}23\,Hz$. Schwingungsdauer: $T = 1/f = 0{,}449\,s$.

Beispiel 6.1.1d
An eine Schraubenfeder wird eine Masse von $500\,g$ gehängt. Sie dehnt sich dabei um $5\,cm$. Danach wird sie zum Schwingen gebracht. Wie groß sind die Federkonstante, die Periodendauer und die Frequenz der Schwingung?
Für die Ausdehnung der Feder gilt: $F = mg = -cy$. Mit $m = 0{,}5\,kg$, $y = 0{,}05\,m$ und $g = 9{,}81\,m/s^2$ erhält man: $c = 98{,}1\,kg/s^2 = 98{,}1\,N/m$.
Die Frequenz f und Schwingungsdauer T berechnet man zu: $f = \frac{1}{2\pi}\sqrt{c/m} = 2{,}231/s$ und $T = 1/f = 0{,}449\,s$.

Frage 6.1.1e

In einem mechanischen System sei die rücktreibende Kraft proportional zur Auslenkung $F = -cy$. Warum kann hier eine Sinusschwingung auftreten?

Die Kraft führt zu einer Beschleunigung $F = ma = m\mathrm{d}^2y/\mathrm{d}t^2$. Setzt man beide Gleichungen gleich, erhält man die Schwingungsgleichung, die oben beschrieben wurde.

Frage 6.1.1 f

Wird die Schwingung schneller, wenn man die Masse an einer schwingenden Schraubenfeder vergrößert?

Nein, die Frequenz wird nach (Gl. 6.6) kleiner.

6.1.1.3 Drehschwingungen

Bei Drehungen betrachtet man statt der Kräfte die auftretenden Drehmomente. Der Drehwinkel φ eines *Drehschwingers* nach Abb. 6.3 ist proportional zum rücktreibenden Drehmoment M:

$$M = -D\varphi \quad [M] = \mathrm{Nm}. \quad [D] = \mathrm{Nm},$$

wobei D als *Richtmoment* bezeichnet wird. Das Drehmoment M führt zu einer Winkelbeschleunigung $\alpha = \mathrm{d}^2\varphi/\mathrm{d}t^2$ (Abschn. 2.5.2):

$$M = J\alpha = J\frac{\mathrm{d}^2\varphi}{\mathrm{d}t^2} \quad [J] = \mathrm{kgm}^2.$$

Das Massenträgheitsmoment ist J. Durch Gleichsetzen ergibt sich analog zu (Gl. 6.5):

$$\frac{\mathrm{d}^2\varphi}{\mathrm{d}t^2} + \frac{D}{J}\varphi = 0. \tag{6.7}$$

Der Vergleich mit der Schwingungsgleichung Gl. 6.4b liefert für die *Frequenz f einer Dreh- oder Torsionsschwingung:*

$$\boxed{\omega = \sqrt{\frac{D}{J}} \quad \text{bzw.} \quad f = \frac{1}{2\pi}\sqrt{\frac{D}{J}}.} \quad \text{Drehschwingung} \tag{6.8}$$

6.1.1.4 Pendel

Ein *mathematisches Pendel* besteht aus einer punktförmigen Masse m und einem massenlosen Faden der Länge l. Beim *physikalischen Pendel* werden diese Idealisierungen fallen-

Abb. 6.3 Drehschwingung. Das rücktreibende Drehmoment M ist dem Drehwinkel ϕ entgegengerichtet

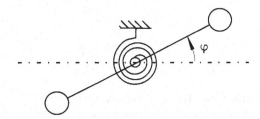

gelassen; es handelt sich um einen starren pendelnden Körper mit dem Trägheitsmoment J um die Pendelachse. Die folgende Berechnung gilt für beide Pendel. Nach Abb. 6.4a beträgt das rücktreibende Drehmoment M bei Auslenkung aus der Ruhelage um den Winkel φ (Abschn. 2.5.2):

$$M = -mgl \sin \varphi.$$

Dieses Drehmoment M verursacht eine Winkelbeschleunigung $\alpha = \mathrm{d}^2\varphi/\mathrm{d}t^2$:

$$M = J\alpha = J\frac{\mathrm{d}^2\varphi}{\mathrm{d}t^2}.$$

Analog zum Abschnitt Drehschwingungen erhält man durch Gleichsetzen:

$$\frac{\mathrm{d}^2\varphi}{\mathrm{d}t^2} + \frac{mgl}{J}\sin \varphi = 0.$$

Dieser Ausdruck entspricht nicht der Schwingungsgleichung (Gl. 6.4b) und die Lösung kann nur als Reihenentwicklung dargestellt werden. Die Schwingungsdauer T hängt vom maximalen Auslenkwinkel φ ab und für ein mathematisches Pendel mit $J = ml^2$ erhält man:

$$T = 2\pi \sqrt{\frac{l}{g}}(1 - (1/2)^2\sin^2(\varphi/2) + (1/2)^2(3/4)^2\sin^2(\varphi/2) + \ldots).$$

Ein Pendel führt also streng genommen keine exakte harmonische Schwingung aus. In der Praxis kommt dem wenig Bedeutung zu, da bei geringen Auslenkungen eine relativ genaue Näherung benutzt werden kann: $\varphi \approx \sin\varphi$ (φ im Bogenmaß). Damit resultiert:

$$\frac{\mathrm{d}^2\varphi}{\mathrm{d}t^2} + \frac{mgl}{J}\varphi = 0. \tag{6.9}$$

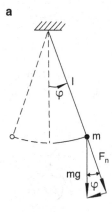
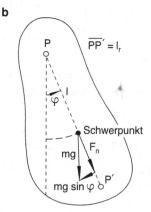

Abb. 6.4 **a** Das *mathematische Pendel* besteht aus einem schwingenden Massenpunkt. **b** Beim *physikalischen Pendel* greift die rücktreibende Kraft im Schwerpunkt an. Die Schwingungsdauer wird durch das Massenträgheitsmoment J gegeben, $l_r = \overline{\mathrm{PP}'}$ stellt die reduzierte Pendellänge dar.

Diese Form entspricht der Schwingungsgleichung (Gl. 6.4b). Durch Vergleich erhält man:

$$\omega^2 = \frac{mgl}{J} \quad \text{oder} \quad \omega = 2\pi f = \frac{2\pi}{T} = \sqrt{\frac{mgl}{J}}.$$

Daraus folgt für die *Schwingungsdauer T eines physikalischen Pendels:*

$$\boxed{T = 2\pi\sqrt{\frac{J}{mgl}}.} \quad \text{Physikalisches Pendel} \tag{6.10a}$$

In dieser Gleichung ist l der Abstand des Schwerpunktes vom Drehpunkt. Bei einem mathematischen Pendel ist dies gleich der Pendellänge l. Das Massenträgheitsmoment beträgt in diesem Fall $J = ml^2$ und es folgt für die *Schwingungsdauer T eines mathematischen Pendels:*

$$\boxed{T = 2\pi\sqrt{\frac{l}{g}}.} \quad \text{Mathematisches Pendel} \tag{6.10b}$$

Die Schwingungsdauer hängt nicht von der Masse des Pendels, sondern nur von der Länge l ab.

Beispiel 6.1.1 g
Am Haken eines Krans befindet sich ein schweres Objekt, das mit 10 Schwingungen in 82 s pendelt. Wie lang ist das Kranseil? Welche Masse hat das Objekt?
    Aus (Gl. 6.10b) folgt für die Länge $l = T^2 g/(4\pi^2)$. Mit $T = 8{,}2$s folgt: $l = 16{,}7$m. Die Schwingungsdauer ist unabhängig von der Masse.

Beispiel 6.1.1h
Eine Last an einem Seil pendelt mit einer Frequenz von $f = 0{,}08$Hz. Wie lange dauern 30 Schwingungen? Wie lang ist das Seil? Welche maximale Geschwindigkeit tritt bei einer Amplitude von 3 m auf?
    Die Schwingungsdauer beträgt $T = 1/f = 12{,}5$s. Damit dauern 30 Schwingungen 375 s.
    Aus (Gl. 6.10b) folgt für die Seillänge: $l = (T^2 g)/4\pi^2 = 38{,}8$m.
    Die maximale Geschwindigkeit erhält man aus (Gl. 6.4a): $\hat{v} = \hat{y}\omega = \hat{y}\, 2\pi f = 3 \cdot 2\pi \cdot 0{,}08$m/s $= 1{,}5$m/s.

Frage 6.1.1i
Warum ist die Schwingungsdauer eines Pendels unabhängig von der pendelnden Masse?
    Die Gewichtskraft und rücktreibende Kraft F sind proportional zur Masse ($F \sim m$). Die Beschleunigung $a = F/m$ wird jedoch unabhängig von der Masse.

6.1.1.5 Schwingungsenergie
Zum tieferen Verständnis von Schwingungen soll die Theorie nicht vom speziellen Aufbau der schwingenden Systeme (Oszillatoren) ausgehen, sondern von allgemeinen Prinzipien wie dem Energiesatz. Bei mechanischen Schwingungen findet eine periodische

Umwandlung von kinetischer (E_{kin}) in potenzielle (E_{pot}) Energie statt. Die Summe der Energien E bleibt konstant:

$$E_{kin} + E_{pot} = E = const.$$

Man erhält für die Auslenkung y bei einer Federschwingung (E_{pot} nach Gl. 2.37):

$$E_{kin} = \frac{mv^2}{2} = \frac{m\dot{y}^2}{2}, E_{pot} = \frac{cy^2}{2} \quad \text{und} \quad \frac{m\dot{y}^2}{2} + \frac{cy^2}{2} = const.$$

Durch Differenzieren erhält man $m\ddot{y}\dot{y} + cy\,\dot{y} = 0$ oder in Übereinstimmung mit (Gl. 6.5):

$$\ddot{y} + \frac{c}{m}y = 0.$$

Man kann also die Schwingungsgleichung auch aus dem Energiesatz ableiten. Die Punkte symbolisieren die erste und zweite Ableitung nach der Zeit t.

Die eindimensionale Bewegung eines elastisch gebundenen Teilchens, z. B. ein Atom in einem Kristallgitter oder eine Masse an einer Feder, lässt sich durch das Modell eines *harmonischen Oszillators* darstellen.

6.1.2 Freie gedämpfte Schwingung

In einer ungedämpften Schwingung wird periodisch potenzielle Energie E_{pot} in kinetische Energie E_{kin} umgewandelt, die mechanische Gesamtenergie E bleibt konstant. In der Praxis kann dieser Fall nur angenähert werden, da durch Reibung Energieverluste auftreten. Am Beispiel einer Federschwingung sollen die Reibungskräfte in die Schwingungsgleichung Gl. 6.4a oder 6.5 eingebracht werden. Mathematisch am einfachsten ist der Fall zu behandeln, bei dem die Reibungskräfte proportional zu Geschwindigkeit $v = \dot{y}$ sind.

Die Schwingungsgleichung Gl. 6.5 folgt aus dem 2. Newton'schen Gesetz: die Kraft $m\ddot{y}$ ist so groß wie die Federkraft $-cy$, d. h. $m\ddot{y} + cy = 0$. Hinzu kommt nun die Reibungskraft $-\beta v = -\beta\dot{y}$. Hierbei wird angenommen, dass die Reibungskraft proportional aber entgegengesetzt zur Geschwindigkeit $v = \dot{y}$ ist. β ist der Reibungskoeffizient. Damit lautet die Gleichung einer gedämpften Schwingung:

$$m\ddot{y} + \beta\dot{y} + cy = 0. \tag{6.11a}$$

Man führt die Dämpfungskonstante δ ein

$$\delta = \frac{\beta}{2m}. \tag{6.12}$$

und berücksichtigt die Kreisfrequenz ω_0 der ungedämpften Schwingung (Gl. 6.6)

$$\omega_0 = \sqrt{c/m}.$$

Damit wird die Schwingungsgleichung unabhängig vom konstruktiven Aufbau des Systems:

$$\ddot{y} + 2\delta\dot{y} + \omega_0^2 y = 0. \quad \text{Diff. - Gleichung gedämpfte Schwingung} \qquad (6.11b)$$

6.1.2.1 Schwingfall

Die Lösung dieser linearen Differentialgleichung zweiter Ordnung lautet (Gl. 6.12):

$$y = \hat{y}\, e^{-\delta t} \sin\left(\sqrt{\omega_0^2 - \delta^2} \cdot t + \varphi_0 \right). \quad \text{Gedämpfte Schwingung}$$

Durch Bildung von $\dot{y}$ und $\ddot{y}$ und Einsetzen in (Gl. 6.11b) kann die Lösung bestätigt werden. (Man findet das Ergebnis durch die Transformation $u = y \exp - \delta t$. Dadurch wird (Gl. 6.11b) auf die bereits bekannte ungedämpfte Gleichung zurückgeführt.)

Durch die Dämpfung verringert sich die Kreisfrequenz der freien ω Schwingung nach (6.12) zu:

$$\omega = \frac{2\pi}{T} = \sqrt{\omega_0^2 - \delta^2}. \quad \text{Gedämpfte Schwingung} \qquad (6.13)$$

wobei sich ω_0 auf den ungedämpften Fall bezieht (Gl. 6.6).

Die Gleichung (6.12) der gedämpften Schwingung ist in Abb. 6.5a graphisch dargestellt. Die Amplitude ($\hat{y}e^{-\delta t}$ in (Gl. 6.12)) wird durch die Einhüllende $\exp - \delta t$ begrenzt. Von einer Schwingung zur anderen nimmt die Amplitude um einen festen Prozentsatz ab.

6.1.2.2 Aperiodische Dämpfung

Der periodische Verlauf der gedämpften Schwingung *(Schwingfall)* gilt nur für den Fall schwacher Dämpfung ($\delta < \omega_0$). Bei starker Dämpfung ($\delta > \omega_0$), wird die Frequenz in (Gl. 6.13) komplex und verliert ihren Sinn. Schwingungen treten dann nicht mehr auf

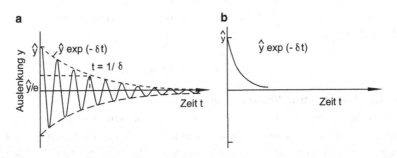

Abb. 6.5 **a** Verlauf einer gedämpften Schwingung im Schwingfall. **b** Verhalten der Schwingung im aperiodischen Grenzfall

(Abb. 6.5b). Der sogenannte *aperiodische Grenzfall* entsteht für $\delta = \omega_0$. Man erhält $\omega = 0$ und

$$y(t) = e^{-\delta t}.$$

Das System geht nach seiner Auslenkung zur Zeit $t = 0$ exponentiell in die Ruhelage zurück. In der Technik der Schwingungsdämpfung wird dieser Fall oft angestrebt.

Beispiel 6.1.2a
Die Amplitude einer gedämpften Schwingung nimmt nach $t = 30\text{s}$ von 15 cm auf 11,5 cm ab. Wie groß ist die Dämpfungskonstante δ?
   Es gilt: $\delta = \ln(y(t)/y(t + T))/T = ln(15/11,5)/30\text{s}^{-1} = 8,9 \cdot 10^{-3}\text{s}^{-1}$.

Frage 6.1.2b
Beim Auto werden die Schwingungen der Räder durch Stoßdämpfer gedämpft. Soll die Dämpfung nach Abb. 6.5a oder b erfolgen?
   Das Rad soll nach einer Auslenkung wieder zügig in seine normale Lage zurückkehren. Es soll also eine aperiodische Dämpfung nach Abb. 6.5b stattfinden. Wenn die Stoßdämpfer defekt sind finden Schwingungen nach Abb. 6.5a statt.

Frage 6.1.2c
Wie verändert sich die Schwingungsfrequenz bei zunehmender Dämpfung?
   Nach (Gl. 6.13) wird die Frequenz kleiner.

6.1.3   Erzwungene Schwingungen

Im Fall *freier Schwingungen* wird ein System einmalig aus der Ruhelage ausgelenkt und dann sich selbst überlassen. Bei *erzwungenen Schwingungen* findet eine ständige Anregung durch äußere Kräfte $F(t)$ statt. Man erhält statt (Gl. 6.11a):

$$m\ddot{y} + \beta\dot{y} + cy = F(t). \quad \text{Diff. - Gleichung erzwungene Schwingung} \quad (6.14a)$$

Häufig ist nicht die Kraft $F(t)$, sondern der Ausschlag $Y(t)$ der Anregung bekannt. Man geht dann von (Gl. 6.11b) aus. Interessant ist der Fall einer periodischen Anregung $Y(t) = \widehat{Y} \sin(\omega\, t)$ (Abb. 6.6). $\widehat{Y}$ ist die Amplitude und ω die Kreisfrequenz der Anregung. Aus (Gl. 6.11b) folgt:

$$\ddot{y} + 2\delta\dot{y} + \omega_0^2\left(y - \widehat{Y}\, \sin\left(\omega t\right)\right) = 0. \tag{6.14b}$$

6.1.3.1 Amplituden- und Phasengang
Der Einschwingvorgang zu Beginn einer erzwungenen Schwingung ist kompliziert. Nach längerer Zeit jedoch schwingt das System mit der *Erregerkreisfrequenz* $\omega = 2\pi f$. Allerdings ist eine *Phasenverschiebung* φ zwischen der periodischen Anregung und

Abb. 6.6 Anregung einer erzwungenen Schwingung mit konstanter Erregeramplitude $\widehat{Y}$

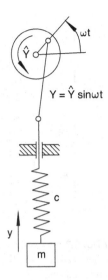

$$Y = \widehat{Y}\,\sin\omega t$$

der Schwingung vorhanden. Die Lösung der Schwingungsgleichung (Gl. 6.14b) besitzt folgende Form:

$$y = \widehat{y}\,\sin\,(\omega t - \varphi).$$

Man setzt diesen Ansatz in (Gl. 6.14b) ein und erhält nach einer elementaren aber längeren Rechnung für die *Phasenverschiebung φ:*

$$\tan\varphi = \frac{2\delta\omega}{\omega_0^2 - \omega^2}. \quad \text{Erzwungene Schwingung} \tag{6.15a}$$

Für die *Amplitude der Schwingung $\widehat{y}$* und der *Amplitude der Anregung $\widehat{Y}$* ergibt sich:

$$\frac{\widehat{y}}{\widehat{Y}} = \frac{\omega_0^2}{\sqrt{(\omega_0^2 - \omega^2)^2 + (2\delta\omega)^2}}. \tag{6.15b}$$

Abb. 6.7 zeigt eine graphische Darstellung des *Frequenzganges* der Phase φ und der *Amplitude $\widehat{y}$* der erzwungenen Schwingung. Parameter ist die Dämpfungskonstante δ. Für niedrige Kreisfrequenzen $\omega \ll \omega_0$ folgt die erzwungene Schwingung mit geringer Verzögerung der Anregung. Das Amplitudenverhältnis ist nahezu $\widehat{y}/\widehat{Y} \approx 1$. Mit wachsender Frequenz steigt die Amplitude $\widehat{y}$ und erreicht ein Maximum bei der *Resonanzkreisfrequenz ω_{Res}*, die in der Nähe der *Eigenkreisfrequenz ω_0* liegt:

$$\omega_{Res} = \sqrt{\omega_0^2 - 2\delta^2}. \quad \text{Resonanzfrequenz } \omega_{Res} \tag{6.16}$$

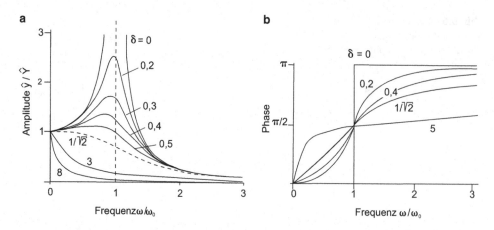

Abb. 6.7 Verhältnis der Amplitude der Schwingung zur Amplitude der Anregung $\widehat{y}/\widehat{Y}$ und Phase einer erzwungenen Schwingung bei unterschiedlicher Dämpfung in Abhängigkeit von der Erregerkreisfrequenz, **a** Amplitude, **b** Phase

Bei *Resonanz* ist die Phasenverschiebung $\varphi = \pi/2$. Bei steigender Erregerfrequenz ω fällt die Amplitude und nähert sich für $\omega \gg \omega_0$ gegen null. In diesem Frequenzbereich reagiert das System kaum auf äußere Störungen: $\widehat{y}/\widehat{Y} \approx 0$. Abb. 6.7 zeigt den Einfluss der Dämpfung. Mit wachsendem δ sinkt die Schwingungsamplitude $\widehat{y}$, insbesondere im Bereich der Resonanz.

6.1.3.2 Schwingungsisolierung

Liegt die Erregerkreisfrequenz weit über der Eigenfrequenz ($\omega \gg \omega_0$), reagiert das System nur wenig auf äußere Störungen. In der Technik wird dieser Fall zur Isolierung von Schwingungen ausgenutzt. Schwingungsisolierte Systeme müssen mit niedriger Eigenfrequenz ω_0 und hoher Dämpfung δ gelagert werden.

Frage 6.1.3a
Was passiert bei der Resonanz?

Bei der Resonanzfrequenz zeigt ein schwingfähiges System maximale Auslenkung.

Frage 6.1.3b
Bei welchen Erregerfrequenzen bleibt ein schwingfähiges System nahezu in Ruhe?

Wenn die Erregerfrequenz groß gegen die Resonanzfrequenz ist, bleibt die Schwingungsamplitude klein (Abb. 6.7a).

6.1.4 Überlagerung von Schwingungen

Die harmonische Oszillation in Form einer Sinus- oder Kosinusfunktion ist die einfachste Schwingungsform. *Sie ergibt sich, wenn in einem System die rücktreibende Kraft proportional zur Auslenkung ist.* In der Realität treten oft Abweichungen von der Sinusform auf, da das lineare Kraftgesetz nicht immer erfüllt ist. Dennoch ist das Verständnis der Sinusschwingung von fundamentaler Bedeutung, da sich beliebige Schwingungsvorgänge durch die Überlagerung harmonischer Schwingungen zusammensetzen lassen.

6.1.4.1 Superposition

Harmonische Schwingungen werden überlagert, ohne dass sie sich gegenseitig stören. Im Folgenden wird dieses *Superpositionsprinzip* in verschiedenen Beispielen angewendet.

6.1.4.2 Schwingungen gleicher Frequenz

Im Folgenden werden zwei Schwingungen y_1 und y_2 mit gleicher Raumrichtung und Kreisfrequenz ω aber mit verschiedener Phase φ_1 und φ_2 überlagert (summiert):

$$y_1 = \hat{y}_1 \sin(\omega t + \varphi_1) \quad \text{und} \quad y_2 = \hat{y}_2 \sin(\omega t + \varphi_2). \tag{6.16a}$$

Durch Summation $y_{res} = y_1 + y_2$ erhält man als Überlagerung eine phasenverschobene Schwingung unveränderter Kreisfrequenz ω:

$$y_{res} = \hat{y}_{res} \sin(\omega t + \varphi_{res}). \tag{6.16b}$$

Die resultierende Amplitude $\hat{y}_{res}$ und Phase φ_{res} erhält man mithilfe der Additionstheoreme für trigonometrische Funktionen:

$$\hat{y}_{res} = \sqrt{\hat{y}_2^2 + 2\hat{y}_1\hat{y}_2 cos(\varphi_1 - \varphi_2) + \hat{y}_2^2}$$
$$\tan \varphi_{res} = (\hat{y}_1 \sin \varphi_1 + \hat{y}_2 \sin \varphi_2) / (\hat{y}_1 \cos \varphi_1 + \hat{y}_2 \cos \varphi_2). \tag{6.16c}$$

Es ergeben sich einige interessante Sonderfälle bei der Überlagerung zweier Schwingungen gleicher Frequenz:

Auslöschung Sind die Amplituden gleich ($\hat{y}_1 = \hat{y}_2$), und beträgt die Phasenverschiebung beider Schwingungen $\varphi_1 - \varphi_2 = \pi, 3\pi, 5\pi$ usw., löschen sich die Schwingungen aus: $y_{res} = 0$.

Maximale Überlagerung Befinden sich zwei Schwingungen in gleicher Phase $\varphi_1 = \varphi_2$, entsteht bei der Überlagerung die maximale Amplitude $\hat{y}_{res} = \hat{y}_1 + \hat{y}_2$.

6.1.4.3 Schwingungen verschiedener Frequenz

Besitzen zwei sich überlagernde Schwingungen verschiedene Kreisfrequenz ω_1 und ω_2, kann die Phasenverschiebung zu null angenommen werden (bei $t = 0$ gehen beide Schwingungen durch den Nullpunkt):

$$y_1 = \hat{y}_1 \sin(\omega_1 t) \quad \text{und} \quad y_2 = \hat{y}_2 \sin(\omega_2 t). \tag{6.17}$$

Die resultierende Schwingung $y_{res} = y_1 + y_2$ hat sehr unterschiedliche Struktur, sodass im Folgenden nur zwei Sonderfälle dargelegt werden:

Schwebungen Bei kleinen Frequenzunterschieden erhält man einen Effekt, den man *Schwebung* nennt. Die resultierende Schwingung schwillt periodisch auf und ab. Dies wird besonders deutlich, wenn die Amplituden der sich überlagernden Schwingungen gleich sind ($\hat{y}_1 = \hat{y}_2 = \hat{y}$). Man erhält aus (Gl. 6.17) mithilfe von Additionstheoremen:

$$\hat{y}_{res} = 2\hat{y}\cos\left(\tfrac{\omega_s}{2}t\right)\cdot\sin(\omega t).\qquad\text{Schwebungen}$$
$$\omega = 2\pi f = (\omega_1 + \omega_2)/2 \quad\text{und}\quad \omega_s = 2\pi f_S = (\omega_1 - \omega_2).$$

(6.18a)

Die Amplitude variiert periodisch mit der Differenzfrequenz oder *Schwebungsfrequenz* $f_S = \omega_S/2\pi$. Die Schwingungsfrequenz f entspricht dem Mittelwert der beiden ursprünglichen Frequenzen. Die Entstehung von Schwebung wird im Abb. 6.8 veranschaulicht. Sind die Amplituden der einzelnen Schwingungen nicht gleich, so geht die Intensität der Schwebungen nicht auf null. Schwebungen haben Bedeutung in der Akustik, Laser- und Hochfrequenztechnik. Erzeugt man zwei Töne benachbarter Frequenz, so hört man periodische Schwankungen der Lautstärke mit der Periodendauer

$$T = 1/f_S.\quad\text{Abstand der Schwebungen}$$

(6.18b)

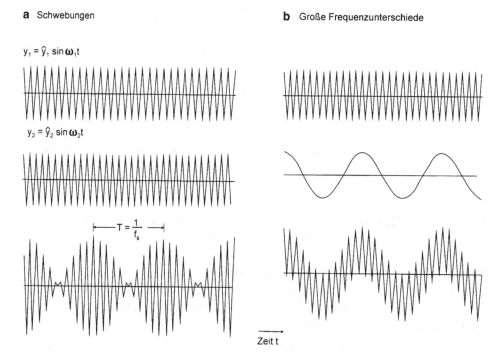

Abb. 6.8 Überlagerung von Schwingungen: **a** Erzeugung von Schwebungen durch zwei Schwingungen mit nahezu gleicher Frequenz, **b** Überlagerung von Schwingungen mit unterschiedlicher Frequenz

In der Elektronik und Optik benutzt man den Effekt, um kleine Frequenzunterschiede hochfrequenter Wellen zu messen.

Beispiel 6.1.4a

Einem Ton mit $f = 50$ Hz wird ein weiterer Ton überlagert. Es entstehen Schwebungen, wobei die Lautstärke periodisch nach $T = 2$s anschwillt. Welche Frequenz hat dieser Ton?

Nach (Gl. 6.18b) gilt: $f_S = 1/T = 0,5\text{s}^{-1}$. Nach (Gl. 6.18a) gilt: $f_S = f_1 - f_2$. Mit $f_1 = 50\text{s}^{-1}$ folgt: $f_2 = f_1 - f_S = 49,5\text{Hz}$. Es gibt eine zweite Lösung: mit $f_2 = 50\text{s}^{-1}$ folgt: $f_1 = f_2 + f_S = 50,5\text{s}^{-1}$.

Um zu wissen, welche Lösung richtig ist, muss die Mittenfrequenz $(f_1 + f_2)/2$ bekannt sein.

Frage 6.1.4b

Kennen Sie technische Anwendung von Schwebungen?

Optik, Ultraschall, Hochfrequenztechnik: Messung kleiner Frequenzunterschiede. Zwei zu vergleichende Frequenzen werden überlagert. Dabei tritt die Differenzfrequenz als Schwebung auf, die gemessen wird. Bei Musikinstrumenten zeigt die Abwesenheit von Schwebungen die korrekte Stimmung an.

Große Frequenzunterschiede Die Kurvenform bei der Überlagerung von Schwingungen ändert sich, wenn die Frequenzunterschiede anwachsen. In Abb. 6.8b ist ein Beispiel dargestellt. Die resultierende Schwingung wird konstruiert, indem zu jedem Zeitpunkt die einzelnen Amplituden abgelesen und addiert werden.

6.1.4.4 Schwingungen in verschiedenen Richtungen

Im Vorangehenden wurden Schwingungen in einer Raumrichtung behandelt. Kann ein Oszillator in verschiedene Richtungen schwingen, beobachtet man typische Bahnkurven. Stehen bei zueinander senkrechten Schwingungen die Frequenzverhältnisse f_x/f_y im Verhältnis ganzer Zahlen, ergeben sich *Lissajous-Figuren* (Abb. 6.9).

Im Folgenden wird die Überlagerung zweier senkrecht zueinander stehender Schwingungen mit gleicher Kreisfrequenz ω und Amplitude k berechnet:

$$x = k \sin(\omega t) \quad \text{und} \quad y = k \sin(\omega t + \varphi). \tag{6.19}$$

Abb. 6.9 Überlagerung von senkrecht zueinander stehenden Schwingungen. Modell für ein schwingendes System in x- und y-Richtung

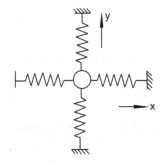

Eliminiert man die Zeit t aus der Gleichung, kann man zeigen, dass man eine Ellipse erhält, deren Lage von der Phase φ abhängt. Für $\varphi = \pi/2$ resultiert als Sonderfall:

$$x = k\sin(\omega t) \quad \text{und} \quad y = k\cos(\omega t).$$ (6.20a)

Durch Quadrieren und Summieren erhält man mittels der Rechenregel $\sin^2\alpha + \cos^2\alpha = 1$:

$$x^2 + y^2 = k^2.$$ (6.20b)

Die Bahnkurve durchläuft einen Kreis (Abb. 6.9). Ist die Phasenverschiebung $\varphi = 0$, ergibt sich mit

$$x = y$$ (6.20c)

eine Gerade unter $45°$ als Bahnkurve. Mit $\varphi = \pi$ erhält man

$$x = -y.$$ (6.20d)

Dies stellt eine Gerade unter $-45°$ dar.

Beispiel 6.1.4c
Zwei senkrecht zueinander stehende Schwingungen überlagern mit einem Phasenunterschied von
a) $\pi/2$ und b) π. Wie sieht die Resultierende aus?

a) Es entsteht nach Abb. 6.9 eine zirkulare Schwingung. Anwendung beim Licht: Aus der Überlagerung von zwei linear polarisierten Strahlen entsteht zirkular polarisiertes Licht.
b) Es entsteht nach Abb. 6.9 eine um $90°$ gedrehte lineare Schwingung.

6.1.5 Fourier-Analyse

6.1.5.1 Fourier-Synthese
Durch die Überlagerung harmonischer Schwingungen entstehen komplizierte periodische Kurvenformen. In einer *Fourier-Reihe* wird eine Grundschwingung $y_1 = \widehat{y}_1\sin(\omega_1 t + \varphi_1)$ mit ihren *Oberschwingungen* $y_n = \widehat{y}_n\sin(n\omega_1 t + \varphi_n)$ überlagert, d. h. addiert. Die Oberschwingungen haben ein ganzzahliges Vielfaches n der Grundfrequenz. Man kann beweisen, dass durch die Fourier-Reihe

$$y = \widehat{y}_0 + \sum_{n=1}^{\infty} \widehat{y}_n\sin(n\omega_1 t + \varphi_n). \quad \text{Fourier-Reihe}$$ (6.21a)

jede beliebige Schwingungsform mit der Periodendauer $T = 1/f_1 = 2\pi/\omega_1$ aus Sinusschwingungen entstehen kann. Die Zusammensetzung von periodischen Funktionen durch Sinusschwingungen nennt man *Fourier-Synthese*.

6.1.5.2 Fourier-Analyse
Wenn es möglich ist, beliebige Schwingungen durch Sinusfunktionen zu beschreiben, muss auch die Umkehrung machbar sein. Die Zerlegung eines periodischen Vorganges

in Sinusfunktionen nennt man *Fourier-Analyse*. Es ist üblich, (Gl. 6.21a) mithilfe eines Additionstheorems der Trigonometrie umzuformen. Man erhält:

$$y = \hat{y}_0 + \sum_{n=1}^{\infty} a_n \cos(n\omega_1 t) + \sum_{n=1}^{\infty} b_n \sin(n\omega_1 t). \quad \text{Fourier - Analyse} \quad (6.21b)$$

$$\text{mit} \quad \widehat{y}_n = a_n^2 + b_n^2 \quad \text{und} \quad \tan\varphi_n = \frac{a_n}{b_n}.$$

Die Größen a_n und b_n nennt man *Fourier-Koeffizienten*. Sie können wie folgt berechnet werden:

$$a_n = \frac{2}{T} \int_0^T y \cos(n\omega_1 t)\mathrm{d}t, \quad b_n = \frac{2}{T} \int_0^T y \sin(n\omega_1 t)\mathrm{d}t \quad \text{und} \quad \widehat{y}_0 = \frac{1}{T} \int_0^T y\mathrm{d}t. \quad (6.21c)$$

Für gerade Funktionen $(y(t) = y(-t))$ gilt $b_n = 0$, für ungerade $(y(t) = -y(-t))a_n = 0$.

Die Fourier-Analyse kann auch als *Spektral-Analyse* aufgefasst werden. Abb. 6.10 zeigt die Fourier-Koeffizienten für eine Rechteckschwingung. Man nennt diese Darstellung auch das *Frequenzspektrum*.

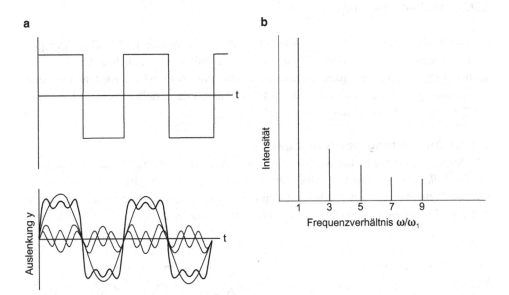

Abb. 6.10 a Fourier-Zerlegung einer rechteckförmigen Schwingung. Es sind die drei Sinusschwingungen mit den niedrigsten Frequenzen gezeichnet. **b** Frequenzspektrum der Schwingung ω/ω_1

6.2   Wellen

In Festkörpern, Flüssigkeiten oder Gasen können sich Schwingungen ausbreiten. Es entstehen Wellen. Neben mechanischen Wellen gibt es auch elektromagnetische Wellen, die
in Kap. 8 behandelt werden.

> Eine Schwingung ist ein zeitlich periodischer Vorgang. Dagegen wird eine Welle
> durch eine periodische Funktion von Zeit und Ort beschrieben.

6.2.1   Wellenarten

Nach Art der Ausbreitung unterscheidet man *ebene, Kreis-* oder *Kugelwellen.*
Unabhängig davon gibt es zwei Wellentypen. Bei *Transversal- oder Querwellen* liegt
die Schwingungsrichtung senkrecht zur Ausbreitungsrichtung. Beispiele dafür sind
mechanische Wellen an Oberflächen und gespannten Saiten oder elektromagnetische
Wellen. Akustische Erscheinungen in Gasen gehören zu den *Longitudinal-* oder *Längswellen,* bei denen die Richtungen der Schwingung und Ausbreitung parallel liegen.

6.2.2   Wellengleichung

Bei der Ausbreitung von Wellen in Materie übertragen schwingende Moleküle Energie
an benachbarte Teilchen. Dadurch beginnen diese mit einer zeitlichen Verzögerung
auch mit der gleichen Frequenz zu schwingen. In Abb. 6.11 ist die Auslenkung oder
Elongation einer Welle als Funktion der Ortskoordinate x dargestellt – nicht als Funktion
der Zeit t wie bei Schwingungen.

6.2.2.1 Ausbreitungsgeschwindigkeit

Der Abstand zweier gleicher Schwingungszustände in einer Welle mit der Frequenz f
ist die *Wellenlänge* λ. Innerhalb der Schwingungsdauer $T = 1/f$ pflanzt sich die Welle
um eine Wellenlänge λ fort. Sie bewegt sich mit konstanter Geschwindigkeit c, die durch
den zurückgelegten Weg dividiert durch die verstrichene Zeit gegeben ist. Wählt man

Abb. 6.11 Darstellung einer
Welle

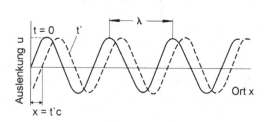

als Weg eine Wellenlänge λ, so ist die entsprechende Zeit die Periodendauer T. Damit resultiert für die *Ausbreitungsgeschwindigkeit c*:

$$c = \frac{\lambda}{T} = \lambda f. \quad \text{Ausbreitungsgeschwindigkeit } c \qquad (6.22)$$

6.2.2.2 Gleichung einer Welle

Die mathematische Funktion einer Welle wird aus der Gleichung einer Schwingung hergeleitet. Ein Teilchen bei $x = 0$ schwingt mit der Kreisfrequenz $\omega = 2\pi f$ entsprechend (Gl. 6.2a). Im Folgenden wird die schwingende Größe mit u (z. B. Auslenkung) bezeichnet:

$$u(t) = \hat{u} \sin(2\pi f t) = \hat{u}\sin(\omega t). \qquad (6.23)$$

Die Schwingung bei $x = 0$ wird durch $u(t, 0)$ und die Amplitude durch $\hat{u}$ dargestellt. Benachbarte Teilchen in der Entfernung x beginnen mit der Verzögerungszeit t' auch zu schwingen. Abb. 6.11 zeigt eine Momentaufnahme zur Zeit $t = 0$ und etwas später zur Zeit t'. Diese Verzögerungszeit t' kann aus der Entfernung x und der Ausbreitungsgeschwindigkeit c ermittelt werden:

$$t' = \frac{x}{c}$$

Der Zustand an der Stelle x zur Zeit t ist der gleiche wie an der Stelle $x = 0$ zur früheren Zeit $t - t' = t - x/c$:

$$u(t, x) = u(t - t', 0) = \hat{u} \sin\left(2\pi f\left(t - \frac{x}{c}\right)\right),$$

oder bei Benutzung von (Gl. 6.22)

$$u(t, x) = \hat{u} \sin\left(2\pi\left(ft - \frac{x}{\lambda}\right)\right) = \hat{u}\sin(\omega t - kx). \quad \text{Welle} \qquad (6.24a)$$

Diese Gleichung beschreibt den Zustand einer *harmonischen Welle* in x-Richtung als Funktion vom Ort x und der Zeit t. Das Argument in der Sinusfunktion $\omega t - kx = 2\pi f(t - x/c)$ bezeichnet man als *Phase*. Zustände mit konstanter Phase ($t - x/c = const.$) bewegen sich mit der *Wellengeschwindigkeit c* durch den Raum; c wird daher auch *Phasengeschwindigkeit* genannt. Die Größe k in (Gl. 6.24a) wird *Wellenzahl* genannt:

$$k = \frac{2\pi}{\lambda} = \frac{\omega}{c}. \quad \text{Wellenzahl } k \qquad (6.25a)$$

6.2.2.3 Wellengleichung

(Gl. 6.24a) beschreibt eine ebene Welle, die nur von einer Raumrichtung x abhängt. Durch Differenzieren dieser Gleichung kann man zeigen, dass *ebene Wellen* folgender partiellen Differentialgleichung genügen:

$$\boxed{\frac{\partial^2 u}{\partial t^2} = c^2 \frac{\partial^2 u}{\partial x^2}.} \quad \text{Wellengleichung} \tag{6.26}$$

Breiten sich die Wellen in beliebige Richtung aus, kann diese Gleichung verallgemeinert werden, indem $\frac{\partial^2 u}{\partial x^2}$ durch $\frac{\partial^2 u}{\partial x^2} + \frac{\partial^2 u}{\partial y^2} + \frac{\partial^2 u}{\partial z^2}$ ersetzt wird.

6.2.2.4 Dreidimensionale Welle

Die Darstellung einer harmonischen Welle nach (Gl. 6.24a) kann auf den dreidimensionalen Fall verallgemeinert werden. Dazu wird die Wellenzahl k durch den Wellenvektor $\vec{k}$ in Richtung der Ausbreitung ersetzt:

$$\vec{k} = (k_x, k_y, k_z) \quad \text{mit} \quad \left|\vec{k}\right| = k = \frac{2\pi}{\lambda}. \quad \text{Wellenvektor } \vec{k} \tag{6.25b}$$

Damit ist der Ausdruck für eine *dreidimensionale Welle* ähnlich wie (Gl. 6.24a):

$$u(t,x) = \hat{u} \sin\left(\omega t - \vec{k}\,\vec{r}\right) \quad \text{mit} \quad \vec{r} = (x,y,z). \tag{6.24b}$$

Häufig ist die *komplexe Schreibung* vorteilhaft. Mit $e^{i\varphi} = \cos\varphi + i \sin\varphi$ folgt:

$$u = \operatorname{Im} \hat{u} e^{i\left(\omega t - \vec{k}\,\vec{r}\right)} \quad \text{oder} \quad u = \operatorname{Im} \boldsymbol{u} \quad \text{mit} \quad \boldsymbol{u} = \hat{u} e^{i\left(\omega t - \vec{k}\,\vec{r}\right)}. \tag{6.24c}$$

Oft wird bei der komplexen Schreibung das Imaginär-Zeichen (Im) weggelassen. Man merkt es sich einfach nur. Stellt man die Welle als Kosinusfunktion dar, so wird in der Gleichung Im durch Re ersetzt. Der Fettdruck bedeutet, dass es sich um eine komplexe Funktion handelt.

Beispiel 6.2.1a

Berechnen Sie die Wellenlänge eines Senders mit $f = 100\text{MHz}$.

Radiowellen breiten sich mit der Lichtgeschwindigkeit $c_0 = 3 \cdot 10^8 \text{m/s}$ aus. Es gilt:

$$\lambda = c_0/f = 3 \cdot 10^8 / 10^8 \text{ m} = 3 \text{ m}.$$

Beispiel 6.2.1b

Der Abstand zweier Wellenberge auf See beträgt 11,3 m. In zwei Minuten bewegt sich ein Holzstück 85 mal auf und ab. Wie groß ist die Geschwindigkeit der Wellen?

Die Frequenz beträgt: $f = 85/120 \text{ s}^{-1}$. Die Geschwindigkeit c ergibt sich mit $\lambda = 11,3$ m aus: $c = \lambda f = 8$ m/s.

Frage 6.2.1c

Wie ist die Wellenlänge definiert?

Es handelt sich um den Abstand zweier Wellenberge oder Wellentäler.

Frage 6.2.1d

Was ist der Unterschied zwischen einer Schwingung und einer Welle?

Eine Schwingung ist eine Funktion der Zeit und eine Welle der Zeit und des Ortes. Eine Welle ist eine sich ausbreitende Schwingung.

Frage 6.2.1e

Welche Bedeutung hat die Wellengleichung? Welche Größen enthält sie?

Die Lösung der Wellengleichung gibt die mathematische Funktion der Welle an. In der Wellengleichung tauchen die Wellengeschwindigkeit c und die Auslenkung u auf.

6.2.3 Ausbreitungsgeschwindigkeit

Die Ausbreitungsgeschwindigkeit c von Wellen in unterschiedlichen Medien kann durch die Aufstellung der partiellen Differentialgleichung Gl. 6.26 ermittelt werden. Dies wird für Längswellen (Longitudinalwellen) in Festkörpern beispielhaft aufgezeigt.

6.2.3.1 Längswellen

Abb. 6.12 zeigt einen Stab, der durch Anschlagen an einem Ende elastisch deformiert wurde. Die Störung breitet sich als Längswelle im Medium fort. Es handelt sich um eine akustische Welle oder Schall. Die Kraft F_x an der Stelle x beträgt $A\sigma$, wobei A die Querschnittsfläche und σ die mechanische Spannung (= Kraft/Fläche) bedeuten. An der Stelle $x + dx$ ändert sich die Kraft. Insgesamt greift damit an dem Massenelement $m = \rho dV = \rho A dx$ die Kraft $F = F_{x+dx} - F_x A(\partial\sigma/\partial x)dx$ an (Abb. 6.12). Nach dem Axiom von Newton gilt $F = ma$, in diesem Fall $F = \rho A dx \partial^2 u/\partial t^2$. Die Auslenkung aus der Ruhelage wird durch u bezeichnet und $\partial^2 u/\partial t^2$ stellt die Beschleunigung a dar. Damit erhält man die Differentialgleichung:

$$\rho\frac{\partial^2 u}{\partial t^2} = \frac{\partial\sigma}{\partial x}.$$

Nach dem Hooke'schen Gesetz (Gl. 3.3) bestimmt der Elastizitätsmodul E den Zusammenhang zwischen der Spannung σ und der relativen Längenänderung ε:

$$\varepsilon = \frac{\partial u}{\partial x}, \quad \sigma = E\varepsilon = E\frac{\partial u}{\partial x} \quad \text{und abgeleitet:} \quad \frac{\partial\sigma}{\partial x} = E\frac{\partial^2 u}{\partial x^2}.$$

Damit erhält man die Wellengleichung:

$$\frac{\partial^2 u}{\partial t^2} = \frac{E}{\rho}\frac{\partial^2 u}{\partial x^2}.$$

Ein Vergleich mit (Gl. 9.31) ergibt für die Wellen- oder Schallgeschwindigkeit c:

$$c = \sqrt{\frac{E}{\rho}}. \quad \text{Schallgeschwindigkeit } c \tag{6.27}$$

Abb. 6.12 Ausbreitung einer longitudinalen Welle in einem Stab (Schall)

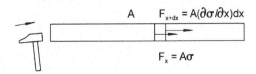

Die Herleitung der Wellengleichung zeigt, dass sich in einem Stab Längswellen mit der Schallgeschwindigkeit c nach (Gl.6.27) ausbreiten. In Festkörpern können sich noch andere Wellentypen bilden, die in den Tab. 6.1 und 7.1 aufgeführt sind.

Beispiel 6.2.2
Berechnen Sie die Schallgeschwindigkeit c in einem Eisenträger ($\rho = 7800\,\text{kg/m}^3$, $E = 200 \cdot 10^9\,\text{N/m}^2$).

Man erhält nach (Gl. 6.27): $c = \sqrt{E/\rho} \approx \sqrt{200 \cdot 10^9/7800}\,\text{m/s} = 5064\,\text{m/s}$.

6.2.4 Überlagerung von Wellen

Wellen überlagern sich im Allgemeinen additiv, ohne sich gegenseitig zu beeinflussen. Diese Superposition führt zu speziellen Erscheinungsformen, die durch den Begriff *Interferenz* beschrieben werden (Abschn. 9.2.3).

6.2.4.1 Wellen gleicher Frequenz
Überlagert man zwei Wellen (u_1, u_2) gleicher Frequenz $f = \omega/2\pi$ und Amplitude $\hat{u}$, die sich in x-Richtung bewegen, so ist die Summe $u = u_1 + u_2$ zu bilden:

$$u_1 = \hat{u}\sin(\omega t - kx) \quad \text{und} \quad u_2 = \hat{u}\sin(\omega t - kx + \varphi)$$

$$u = u_1 + u_2 = 2\hat{u}\cos(\varphi/2)\sin(\omega t - kx + \varphi/2). \tag{6.28}$$

Dabei ist φ die Phasendifferenz beider Wellen. Bei der Summenbildung wurde ein Additionstheorem der Trigonometrie verwendet.

Man erhält als Überlagerung (Gl. 6.28) wieder eine harmonische Welle mit gleicher Kreisfrequenz ω, deren Amplitude und Phase von φ abhängen. Es werden folgende Sonderfälle unterschieden:

Tab. 6.1 Ausbreitungsgeschwindigkeit c von mechanischen Wellen (Schallwellen) in verschiedenen Medien. (E = Elastizitätsmodul, ρ = Dichte, K = Kompressionsmodul, G = Schubmodul, κ = Adiabatenexponent, p = Druck)

Medium	Schwingungstyp	Schallgeschwindigkeit c
Festkörper, Stäbe	Longitudinal	$c = \sqrt{E/\rho}$
Festkörper, ausgedehnter	Longitudinal	$c = \sqrt{(K + 4G/3)/\rho}$
Festkörper	Transversal, Torsion	$c = \sqrt{G/\rho}$
Gase	Longitudinal	$c = \sqrt{\kappa/\rho}$
Flüssigkeiten	Longitudinal	$c = \sqrt{K/\rho}$

Konstruktive Interferenz ($\varphi = 0$):	Sind die beiden sich überlagernden Wellen phasengleich, so verdoppelt sich die resultierende Amplitude
Destruktive Interferenz ($\varphi = \pi$):	Die beiden Wellen schwingen gegenphasig und löschen sich überall aus

Weitere Informationen über *Interferenzen* in der Optik sind in den Abschn. 9.2.3 (Interferenz) und Gl. 9.2.5 (Holographie) dargestellt.

6.2.4.2 Stehende Welle

Laufen zwei Wellen gleicher Frequenz und Amplitude gegeneinander, bilden sich *stehende Wellen*. Analog zu (Gl. 6.28) gilt unter Berücksichtigung eines Additionstheorems:

$$u_1 = \hat{u}\sin(\omega t - kx) \quad \text{und} \quad u_2 = \hat{u}\sin(\omega t + kx + \varphi).$$

$$u = u_1 + u_2 = 2\hat{u}\cos(kx + \varphi/2)\sin(\omega t + \varphi/2). \tag{6.29}$$

Für den Sonderfall $\varphi = 0$ erhält man:

$$\boxed{u = 2\hat{u}\cos(kx)\sin(\omega t). \quad \text{Stehende Welle}} \tag{6.29b}$$

Es entstehen ortsfeste Wellenbäuche und -knoten in Form einer stehenden Welle, die in Abb. 6.13 gezeigt ist. Es gilt:

$$\boxed{L = n\frac{\lambda}{2}, n = 1,2,3 \dots} \tag{6.29c}$$

Stehende Wellen bilden sich bei Überlagerung einer einfallenden und einer reflektierten Welle, z. B. bei einer schwingenden Saite oder einem Stab. Ist das Ende lose, läuft die reflektierende Welle mit gleicher Phase ($\varphi = 0$) zurück. Es entsteht eine Welle nach Abb. 6.13a. Ist das Ende fest eingespannt, so erfährt die rücklaufende Welle einen Phasensprung ($\varphi = \pi$). Es bilden sich Wellen nach Abb. 6.13b. Ein Beispiel dafür ist die Saite eines Musikinstrumentes oder die stehende Lichtwelle zwischen den Spiegeln eines Lasers.

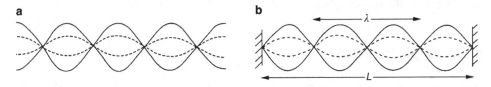

Abb. 6.13 Stehende Wellen: **a** Reflexion am losen Ende, **b** Am festen Ende

Beispiel 6.2.3a

Geben Sie die Wellenlängen an, mit welchen eine eingespannte Saite von 90 cm Länge schwingen kann.

Nach   Abb. 6.13b   gilt: $L = n\lambda/2$ mit $n = 1, 2, 3,$ usw.   Man   erhält   damit: $\lambda = 2L/n = 180$ cm, 90 cm, 60 cm, usw.

Beispiel 6.2.3b

In einem Laser bildet sich zwischen den Spiegeln stehende Lichtwellen aus. Wie groß ist der Frequenzabstand Δf zweier Lichtwellen mit n und $n + 1$ Halbwellen zwischen den Spiegeln mit dem Abstand L? Man benutzte Abb. 6.13b.

Es   gilt   nach   Abb. 6.13b: $L = n\lambda_n/2$ und $L = (n + 1)\lambda_{n+1}/2$.   Weiterhin   gilt $f_n = c/\lambda_n = nc/2L$ und $f_{n+1} = c/\lambda_{n+1} = (n + 1)c/2L$.   Daraus   folgt $\Delta f = f_{n+1} - f_n = c/2L$. Der Laser kann somit mit mehreren Frequenzen schwingen, deren Frequenzabstand durch $\Delta f = c/2L$ gegeben ist.

Frage 6.2.3c

Wie entsteht eine stehende Welle?

Sie entsteht durch Überlagerung zweier gleichartiger Wellen, die in entgegengesetzter Richtung laufen.

6.2.4.3 Eigenschwingung

Bei Anregung schwingfähiger Gebilde, wie Balken, Platten, Luftsäulen, bilden sich stehende Wellen, die man *Eigenschwingungen* nennt. Auch atomare und elektromagnetische Systeme können Eigenschwingungen ausführen. Neben den bereits erwähnten Fällen nach Abb. 6.13 werden weitere Beispiele für Eigenschwingungen aufgezeigt.

Luftsäulen Bei Blasinstrumenten, aber auch bei der Geräuschentwicklung durch Maschinen, spielen Schwingungen von Luftsäulen eine Rolle. Als Beispiel werden Rohre betrachtet, in denen sich Schallwellen, d. h. longitudinale Wellen, ausbilden.

Platten Die bisherigen Beispiele für Eigenschwingungen haben eine eindimensionale Geometrie. An schwingenden Platten oder Membranen treten stehende Wellen in zwei Richtungen auf. Man kann sie sichtbar machen, indem feiner Sand auf die waagerecht angeordneten Platten gestreut wird. Er sammelt sich an den Knotenlinien und es entstehen *Cladni'sche Figuren*. Moderne Techniken benutzen zur Sichtbarmachung von Schwingungen die Holographie.

6.2.5   Doppler-Effekt

Bewegen sich die Quelle einer Welle und ein Empfänger relativ zueinander, wird eine Verschiebung der Sendefrequenz f registriert. Dieser sogenannte Doppler-Effekt kann an der Autobahn wahrgenommen werden. Ein sich näherndes Fahrzeug verursacht ein Geräusch mit ansteigender Tonhöhe. Nach dem Vorbeifahren dagegen sinkt die Frequenz. Zur Berechnung der empfangenden Frequenz werden zwei Fälle unterschieden.

6.2.5.1 Bewegter Empfänger

Die Wellen einer Quelle mit der Sendefrequenz f breiten sich mit der Geschwindigkeit c kugelförmig aus (Abb. 6.14a). Bewegt sich ein Empfänger mit der Geschwindigkeit v auf die Quelle zu, steigt die Zahl der empfangenen Wellenberge pro Zeiteinheit im Vergleich zum ruhenden Empfänger. Die Zeit, in der zwei aufeinander folgende Wellenberge eintreffen, beträgt $T_E = \lambda/(c + v)$. Damit wird die Frequenz f_E am Empfänger:

$$f_E = \frac{1}{T_E} = \frac{c + v}{\lambda} \quad \text{oder mit} \quad c = f\lambda.$$

$$\boxed{f_E = f\left(1 + \frac{v}{c}\right). \quad \text{Doppler - Effekt}} \tag{6.30}$$

Entfernt sich der Empfänger, ist in der Gleichung $-v$ einzusetzen.

6.2.5.2 Bewegte Quelle

Bewegt sich die Quelle, so gerät sie aus dem Zentrum der emittierten Kugelwellen heraus, und man erhält Abb. 6.14b. Der Abstand zweier Wellenberge, d. h. die Wellenlänge, hängt von der Richtung ab. Die Berechnung der Frequenz ergibt sich bei Bewegung auf einen ruhenden Empfänger zu:

$$\boxed{f_E = \frac{f}{1 - v/c}. \quad \text{Doppler - Effekt}} \tag{6.31}$$

Bewegt sich die Quelle vom Empfänger weg, so muss $-v$ durch $+v$ ersetzt werden. Die beschriebene Berechnung des Doppler-Effektes muss für Licht und andere elektromagnetische Wellen mithilfe der Relativitätstheorie modifiziert werden (Abschn. 4.2.1).

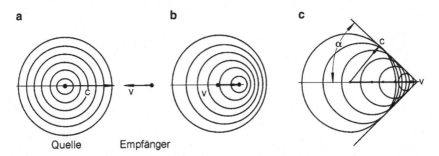

Abb. 6.14 Wellen bei bewegtem Beobachter oder bewegter Quelle: **a** Doppler-Effekt bei bewegtem Empfänger, **b** Doppler-Effekt bei Bewegung der Quelle, **c** Entstehung des Mach'schen Kegels bei Überschallgeschwindigkeit

6.2.5.3 Überschallgeschwindigkeit

Bewegt sich die Quelle einer Welle mit einer Geschwindigkeit v, die größer als die Wellengeschwindigkeit c liegt, tritt nach Abb. 6.14c ein sogenannter *Mach'scher Kegel* auf. Die einzelnen Kugelwellen überlagern sich so, dass eine lineare Wellenfront entsteht. Der Effekt ist bei Schiffen als Bugwelle bekannt oder als Druckwelle bei Überschallflugzeugen. Die Berechnung des Öffnungswinkels α des Mach'schen Kegels kann nach Abb. 6.14c erfolgen:

$$\sin\alpha = \frac{c}{v} = \frac{1}{Ma}. \quad \text{Mach'scher Kegel} \tag{6.32}$$

Die Größe v/c nennt man *Mach'sche Zahl Ma*. Bei $v = c$ ist $Ma = 1$ (Mach 1) und man erhält $\alpha = 90°$, d. h. eine Front senkrecht zur Bewegung. Diese Front, die bei Mach 1 eigentlich nur aus einem Punkt besteht, bezeichnet man als *Schallmauer*.

Beispiel 6.2.4a

Die Sirene eines Feuerwehrautos erzeugt einen Ton mit $f = 700\,\text{Hz}$. Welche Frequenz hört ein ruhender Beobachter bei Annäherung und Entfernung des Fahrzeugs mit $v = 72\,\text{km/h}$?

Bei Annäherung gilt nach (Gl. 6.31) mit einer Schallgeschwindigkeit von $c = 340\,\text{m/s}$: $f_E = f/(1 - v/c) = 743{,}8\,\text{Hz}$. Bei Entfernung gilt: $f_E = f/(1 + v/c) = 661{,}1\,\text{Hz}$.

Beispiel 6.2.4b

Der Dopplereffekt wird zur Messung der Strömungsgeschwindigkeit in Blutgefäßen in der Ultraschalldiagnostik eingesetzt. Wie groß ist die Frequenzänderung Δf einer 6 MHz-Ultraschallwelle, die an strömendem Blut mit $v = 0{,}2\,\text{m/s}$ zurückgestreut wird? Die einfallende Welle verläuft parallel zur Strömungsrichtung (Ultraschall-Geschwindigkeit $c = 1200\,\text{m/s}$).

Die Blutpartikel wirken als bewegte Empfänger $f_E = f(1 - v/c) = 5{,}9990\,\text{MHz}$.

Die Partikel wirken nun als bewegte Sender $f_E' = f_E(1 + v/c) = 5{,}9980\,\text{MHz}$.

Die Frequenzänderung beträgt somit $\Delta f = (6{,}0000 - 5{,}9980)\,\text{MHz} = 2{,}0\,\text{kHz}$.

Akustik

7

7.1 Physiologische Akustik

7.1.1 Schallwellen

7.1.1.1 Schalldruck

In Gasen und Flüssigkeiten ist Schall eine *longitudinale Druckwelle*. Die Moleküle schwingen mit der Frequenz $f = \omega/(2\pi)$ in x-Richtung der Ausbreitung (Abb. 7.1 unten), wobei ω die Kreisfrequenz ist. Dadurch schwankt der Druck p periodisch um den normalen Druck p_0 (Abb. 7.1 oben):

$$p = p_0 + \hat{p}\,\sin(\omega t - kx) = p_0 + \hat{p}\sin\left(2\pi\left(ft - \frac{x}{\lambda}\right)\right). \quad [p] = \frac{\text{N}}{\text{m}^2} = \text{Pa} \quad (7.1a)$$

Die Amplitude des Schalldrucks $\hat{p}$ beträgt im Bereich normaler Umgangssprache $\hat{p} \approx 0{,}1\,\text{Pa}$, während der Luftdruck bei $p_0 \approx 10^5\,\text{Pa} = 1\,\text{bar}$ liegt. Der mittlere Wert bzw. Effektivwert des Schalldrucks berechnet sich zu:

$$p_{\text{eff}} = \frac{\hat{p}}{\sqrt{2}} \quad [p_{\text{eff}}] = \frac{\text{N}}{\text{m}^2} = \text{Pa}. \quad \text{Effektivwert des Schalldrucks } p_{\text{eff}} \quad (7.1b)$$

Schallgeschwindigkeit c Wellenlänge λ und Frequenz f sind durch die Grundgleichung der Wellenlehre miteinander verbunden:

$$\boxed{c = f\lambda.} \quad \text{Schallgeschwindigkeit } c \quad (7.2)$$

© Springer Fachmedien Wiesbaden GmbH, ein Teil von Springer Nature 2023
J. Eichler und A. Modler, *Physik für das Ingenieurstudium*,
https://doi.org/10.1007/978-3-658-38834-8_7

Abb. 7.1 Graphische
Darstellung einer Schall- oder
longitudinalen Druckwelle

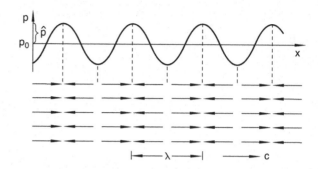

7.1.1.2 Schallgeschwindigkeit

Die Schallgeschwindigkeit c in Gasen und Flüssigkeiten wird durch den Kompressionsmodul K und die Dichte ρ bestimmt:

$$c = \sqrt{\frac{K}{\rho}} \quad [c] = \frac{\mathrm{m}}{\mathrm{s}}. \tag{7.3}$$

Der Kompressionsmodul K ist durch die Druckänderung Δp und die relative Volumenänderung $\Delta V/V$ definiert. Das Minuszeichen sorgt dafür, dass K positiv ist, da Δp negativ
ist:

$$K = -\frac{\Delta p \cdot V}{\Delta V}. \quad [K] = \mathrm{Pa}.$$

K entspricht bei Festkörpern dem Elastizitätsmodul $E = \sigma \cdot l/\Delta l$ (Gl. 3.2 und 3.3).
Damit folgt die Beziehung (Gl. 7.3) aus (Gl. 6.27).

Die Druckänderungen im Schall erfolgen so schnell, dass die bei der Kompression
entstehende Wärme nicht abgeführt wird. Bei adiabatischer Kompression gilt
$pV^\kappa = const.$ oder differenziert $dV/dp = -V/\kappa p$ (Gl. 5.27). Durch Vergleich mit der
oben zitierten Definition für K erhält man:

$$K = \kappa p, \tag{7.4}$$

wobei κ den Adiabatenexponenten darstellt.

Mithilfe der Zustandsgleichung für ideale Gase $p = \rho R'T$ (Gl. 5.4c mit $\rho = m/V$)
resultiert:

$$c = \sqrt{\kappa R'T}. \quad \text{Schallgeschwindigkeit } c, \text{ Gase} \tag{7.5a}$$

Die Schallgeschwindigkeit c hängt von der speziellen Gaskonstanten R' und der
Temperatur T ab. Für Luft erhält man experimentell näherungsweise folgende Werte:

$$c_{Luft} = \left(331,4 + 0,6\frac{\vartheta}{°C}\right)\frac{\mathrm{m}}{\mathrm{s}}. \quad \text{Schallgeschwindigkeit in Luft} \tag{7.5b}$$

Die Schallgeschwindigkeit c_{Luft} steigt mit der Temperatur ϑ (in °C). Einige Werte für die Schallgeschwindigkeit zeigt Tab. 7.1.

7.1.1.3 Schallgeschwindigkeit in Festkörpern

Die Ausbreitung von longitudinalen Schallwellen wird in Abschn. 6.2.3 berechnet. Für die Schallgeschwindigkeit c_l ergibt sich mit (Gl. 6.27):

$$c_l = \sqrt{\frac{E}{\rho}}. \quad \text{Schallgeschwindigkeit } c_l, \text{ Festkörper} \qquad (7.6a)$$

wobei E der Elastizitätsmodul und ρ sind. Der Index l deutet an, dass es sich um longitudinale Druckwellen handelt. Daneben können noch transversale Wellentypen auftreten, beispielsweise Scherwellen. Diese bestehen in einer wellenförmigen Verdrillung der Festkörper. Die Geschwindigkeit c_t dieser transversalen Schallwellen wird durch den Schubmodul G bestimmt:

$$c_t = \sqrt{\frac{G}{\rho}}. \quad \text{Schallgeschwindigkeit } c_t, \text{Festkörper} \qquad (7.6b)$$

An Stäben führt eine longitudinale Schallwelle auch zu transversalen wellenförmigen Dickeänderungen. Weitere akustische Wellentypen stellen Biegeschwingungen von Saiten oder Membranen dar.

Bei Erdbeben treffen die longitudinalen und transversalen Schallwellen mit unterschiedlicher Geschwindigkeit an einem Messort ein. Aus der Zeitdifferenz kann die Entfernung des Herdes des Bebens ermittelt werden.

7.1.1.4 Schallschnelle v

Schall ist eine Druckwelle, in der die Geschwindigkeit der Moleküle (Schallschnelle) periodisch schwankt. Die maximale Geschwindigkeit $\hat{v}$ ist die Amplitude der Schallschnelle. Sie hängt von der Druckamplitude $\hat{p}$, der Dichte ρ und der Schallgeschwindigkeit c ab:

$$\hat{v} = \frac{\hat{p}}{\rho c} = \frac{\hat{p}}{Z}. \quad [\hat{v}] = \frac{m}{s}. \quad \text{Schallschnelle } \hat{v} \qquad (7.7)$$

Tab. 7.1 Schallgeschwindigkeit c, Dichte ρ und Impedanz Z einiger Materialien

Material	c in m/s	ρ in kg/m^3	Z in kg/(m^2 s)
Luft 0 °C (trocken)	331	1,293	427
Wasser 20 °C	1480	998	$1,5 \cdot 10^6$
Holz	4500	600	$2,7 \cdot 10^6$
Beton	4000	2100	$8,4 \cdot 10^6$
Stahl	5050	7700	$30 \cdot 10^6$

Die Größe $Z = \rho c$ ($Z = 427 \text{kg}/(\text{m}^2\text{s})$ in Luft bei 20 °C) nennt man Wellenwiderstand oder Schallimpedanz.

7.1.1.5 Schallintensität *I*

Weitere Größen des Schallfeldes sind die Intensität I und Schalleistung P. Die Intensität (Leistungsdichte) gibt die transportierte Leistung d P pro Flächenelement d A an. Man erhält folgenden Zusammenhang mit bereits früher eingeführten Größen:

$$I = \frac{dP}{dA} = \frac{p_{eff}^2}{\rho c} \quad [I] = \frac{W}{m^2}. \quad \text{Schallintensität } I \tag{7.8}$$

Der Zusammenhang zwischen der Leistung P einer Schallquelle und der Intensität I hängt von der Geometrie ab. Für eine punkt- oder kugelförmige Schallquelle fällt die Intensität im freien Raum quadratisch mit der Entfernung r ab:

$$I = \frac{P}{4\pi r^2}. \quad \text{Abstandsgesetz} \tag{7.9}$$

Beispiel 7.1.1a

Ein Ton in Luft hat eine Frequenz von $f = 440 \text{Hz}$. Wie groß sind Schallgeschwindigkeit c und Wellenlänge bei $\vartheta = 20°\text{C}$? Wie lange dauert es, bis ein Echo von einer 30 m entfernten Wand zurückkommt?

Nach (Gl. 7.5b) gilt: $c_{Luft} = (331,4 + 0,6 \cdot \vartheta/°\text{C}) \text{ m/s} = 343,4 \text{ m/s}$. Für die Wellenlänge folgt: $\lambda = c/f = 0,78\text{m}$. Die Laufzeit des Schalls für insgesamt $s = 60 \text{ m}$ beträgt: $t = s/c = 0,17\text{s}$.

Beispiel 7.1.1b

Ein Lautsprecher mit einer akustischen Leistung von $P = 10 \text{ W}$ strahlt kugelförmig. Berechnen Sie in 10 m Entfernung möglichst viele Schallgrößen ($c = 340 \text{ m/s}$, $\rho = 1,29 \text{ kg/m}^3$).

Schallintensität: $I = P/(4\pi r^2) = 0,008 \text{ W/m}^2$.

Effektivwert des Schalldrucks nach (Gl. 7.8): $p_{eff} = \sqrt{I\rho c} = 1,9 \text{ Pa}$, Druckamplitude nach (Gl. 7.1b): $\hat{p} = p_{eff} \cdot \sqrt{2} = 2,6 \text{ Pa}$, Geschwindigkeitsamplitude: $\hat{v} = \hat{p}/(\rho c) = 0,006 \text{ m/s}$.

Beispiel 7.1.1c

Berechnen Sie die Schallgeschwindigkeit in Wasser und vergleichen Sie den Wert mit Tab. 7.1.

Nach (Gl. 7.3) gilt: $c = \sqrt{K/\rho}$. Mit dem Zusammenhang, dass die Kompressibilität gleich dem Kehrwert des Kompressionsmodul ist, erhält man: $c = \sqrt{1/\rho\kappa}$. Die Kompressibilität κ entnimmt man Tab. 3.1 und die Dichte des Wassers kennt man ($\rho = 1000 \text{ kg/m}^3$). Es ergibt sich: $c = 1414 \text{ m/s}$ in ungefährer Übereinstimmung mit Tab. 7.1.

Frage 7.1.1d

Ist Schall eine longitudinale oder transversale Welle?

In Gasen ist die Schallwelle longitudinal. In Festkörpern gibt es beide Wellenformen mit unterschiedlichen Schallgeschwindigkeiten.

Frage 7.1.1e

Kann man die Entfernung eines Blitzes aus dem verzögerten Eintreffen des Donners ermitteln?

Ja, man misst die Zeit zwischen Blitz und Donner in Sekunden und multipliziert mit der Schallgeschwindigkeit von 331 m/s.

7.1.2 Schallempfindung

Das menschliche Ohr registriert Schallwellen im Bereich zwischen 16 Hz und 20 kHz. Es gibt starke individuelle Unterschiede in der Schallempfindung, die auch vom Lebensalter abhängen, sodass in Normen nur mittlere Werte festgelegt werden können.

7.1.2.1 Schallpegel L in dB

Die *Hörschwelle* bei einer Schallfrequenz $f = 1$ kHz liegt bei einem Schalldruck von etwas über $p_{eff,0} = 2 \cdot 10^{-5}$ Pa. Die entsprechende Schallintensität berechnet sich mit (Gl. 7.8) zu: $I_0 = p_{eff,0}^2/(\rho c) = 10^{-12}$ W/m^2 (ρ = Luftdichte (1,3 kg/m^3), c = Schallgeschwindigkeit (330 m).

Bei einem Schalldruck oberhalb von $p_{eff} = 20$ Pa, entsprechend $I = 1$ W/m^2, ist die *Schmerzgrenze* überschritten und es werden keine Frequenz- und Amplitudenunterschiede mehr erkannt.

> Die Schallintensität im Hörbereich überstreicht etwa 12 Zehnerpotenzen $I = 10^{-12}$ bis 1 W/m^2. Die menschliche Empfindung ist proportional zum Logarithmus des Reizes (Gesetz von Weber und Fechner).

Daher wird eine logarithmische Skala eingeführt und man definiert den *Schallpegel L*:

$$L = 10 \log \frac{I}{I_0} \text{dB} \quad \text{mit} \quad I_0 = 10^{-12} \frac{W}{m^2}. \quad \text{Schallpegel L} \qquad (7.10)$$

> Der Schallpegel liegt zwischen 0 dB an der Hörschwelle und 120 dB an der Schmerzgrenze.

Als Bezugswert wird die Hörschwelle mit I_0 genommen. In (Gl. 7.10) wird mit dem Faktor 10 multipliziert, damit eine Skala mit ganzen Zahlen entsteht. Obwohl der Schallpegel L dimensionslos ist, fügt man den Ausdruck dB = Dezibel (= 1/10 Bel) hinzu, in Übereinstimmung mit der Terminologie der Elektronik.

Man kann den Schallpegel auch durch den Schalldruck p_{eff} definieren. In diesem Fall wird der Schallpegel mit L_p bezeichnet:

$$L_p = 20 \log \frac{p_{eff}}{p_{eff,0}} dB \quad \text{mit} \quad p_{eff,0} = 2 \cdot 10^{-5} Pa. \quad \text{Schallpegel } L_p \qquad (7.11)$$

Als Bezugswert wird die Hörschwelle mit $p_{eff,0}$ genommen. Da die Bezugswerte für die Hörschwelle in (Gl. 7.10 und 7.11) einander exakt nur bei 20 °C und normaler Luftdichte entsprechen, sind die Definitionen für L und L_p im Allgemeinen nicht völlig identisch. In der Praxis haben diese Unterschiede jedoch wenig Bedeutung. Da I proportional zu p_{eff}^2 ist, entsteht in der letzten Gleichung aus der 10 eine 20.

7.1.2.2 Lautstärke L_S in phon

Der *Schallpegel* (L oder L_p) ist eine physikalische Messgröße. Die Eigenschaften des menschlichen Ohres werden durch die *Lautstärke* L_S berücksichtigt. Die menschliche Schallempfindung, d. h. die Lautstärke bei gegebenem Schallpegel, hängt von der Frequenz f ab. Abb. 7.2 zeigt Kurvenscharen in einem Schallpegel-Frequenz-Diagramm. Jede Kurve wird als gleich laut empfunden und hat daher die gleiche *Lautstärke* L_S. Die Kurven wurden durch Reihenuntersuchen ermittelt. Sie repräsentieren jeweils die Lautstärke $L_S = 10, 20, \ldots 130$ phon. Die Phon-Skala wurde so gewählt, dass sie bei $f = 1000$ Hz zahlenmäßig mit dem Schallpegel L_p übereinstimmt:

$$\{L_S(1\text{kHz})\} = \{L_p(1\text{kHz})\}. \quad \text{Lautstärke und Schallpegel} \qquad (7.12a)$$

In Abb. 7.2 erkennt man, dass die Hörschwelle (gestrichelte Kurve) nicht genau $L_S = 0$ phon, sondern 4 phon entspricht. Dies liegt daran, dass als Bezugswert für den Schallpegel L_p der Druck $p_{eff,0} = 2 \cdot 10^{-5}$ Pa vereinbart ist, der etwas unterhalb der Hörschwelle liegt.

Abb. 7.2 Darstellung der Phon-Skala. Zusammenhang zwischen Schallpegel (dB), Lautstärke (Phon) und Frequenz

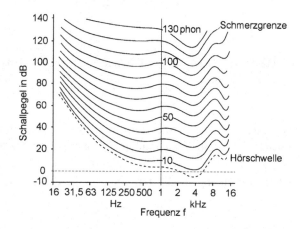

7.1.2.3 Bewertete Schallpegel L_A und L_C in dB(A) und dB(C)

Die Phon-Skala wurde für Schall mit einer engen Frequenzbandbreite aufgestellt. Normalerweise trifft ein breitbandiges Spektrum das Ohr und die Schallempfindung verhält sich komplizierter. In der Schallmesstechnik werden daher drei verschiedene Bewertungskurven nach Abb. 7.3 verwendet. Die Kurve A, die meist zur Bewertung des Schalls verwendet wird, reproduziert in Frequenzverhalten ungefähr die 90-phon-Kurve von Abb. 7.2. Sie wird durch ein elektronisches Filter wiedergegeben. Man beachte, dass die Kurve bei $f = 1\,\text{kHz}$ keine Abschwächung bewirkt, d. h. es gilt:

$$\{L_S(1\text{kHz})\} = \{L_p(1\text{kHz})\} = \{L_A(1\text{kHz})\}. \quad \text{Phon, dB und dB(A).} \qquad (7.12\text{b})$$

Die Messung des Schalls unter Berücksichtigung der A-Kurve (Abb. 7.3) liefert den bewerteten Schallpegel L_A; die Angabe erfolgt in dB(A). Beispiele für die Lautstärke in dB(A) und deren Ursache zeigen Tab. 7.2 und 7.3. Daneben wird die C-Kurve nach Abb. 7.3 selten und meist bei gehörschädigendem Lärm über 100 phon eingesetzt. Der Schallpegel L_C wird dB(C) angegeben.

Beispiel 7.1.2a
Welchen Schallpegel erzeugen 13 Maschinen mit je 75 dB?
Für einen Motor gilt $L_1 = 10 \log I/I_0 = 75\,\text{dB}$ und für 13 Motoren $L_{13} = 10 \log 13 \cdot I/I_0 = 10 \log I/I_0 + 10 \log 13 = (75 + 11)\,\text{dB} = 86\,\text{dB}$.

Beispiel 7.1.2b
Welchen Schallpegel ergeben zwei Geräusche mit 41 dB und 47 dB?
Es sind die Schallintensitäten zu addieren, nicht die Schallpegel: $I = I_1 + I_2 = I_0 10^{L_1/10} + I_0 10^{L_2/10} = 6,3 \cdot 10^4 I_0$. Daraus folgt für den Schallpegel:

$$L = 10 \log I/I_0 = 10 \log 6,3 \cdot 10^4 = 48\,\text{dB} \quad \left(I_0 = 10^{-12}\,\text{W/m}^2 \right).$$

Abb. 7.3 Bewertungskurven für dB(A), dB(B) und dB(C) nach DIN 45633

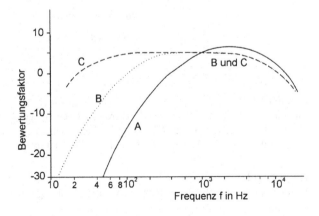

Tab. 7.2 Empfindlichkeit des Gehörs

L in dB(A)	Geräusch
0	Hörgrenze
10	Flüstern
20	Blätterrauschen
30	Ruhige Straße
40	Leises Radio
50	Umgangssprache
60	Büro
85	Laute Straße[a]
90	Pressluftbohrer
100	Schmiede
120	Flugzeug (8 m)
130	Schmerzgrenze

[a] Bei 85 dB(A) (8 h täglich) Lärmschwerhörigkeit nach 10 Jahren

Tab. 7.3 Schallpegel L in verschiedenen Umgebungen

Umgebung	L in dB(A)	
Schlafraum (offenes Fenster)[a]	25–30	
Krankenzimmer, Ruheraum	30–40	
Arbeitszimmer zum Denken	20–45	
Arbeitszimmer mittlere Konzentration	50–60	
Wohnraum tagsüber	45	
Lärmbetrieb	90	
	Tags	Nachts
Industriegebiet[b]	65	50
Überwiegend Wohngebiet	60	45
Reines Wohngebiet	50	35

[a] Medizinische Leitsätze zur Lärmbekämpfung
[b] VDI 2058

Beispiel 7.1.2c

Ein Ton mit 4 kHz ist 80 phon laut. Wie groß sind Schallpegel L und Schallintensität I?

Die Phon-Kurven (Abb. 7.2) zeigen einen Schallpegel (bei 80 phon und 4 kHz) von $L = 70$ dB. Aus $L = 10 \log I/I_0$ ($I_0 = 10^{-12}$ W/m^2) folgt: $I = I_0 10^{L/10} = 10^{-5}$ W/m^2.

Frage 7.1.2d

Werden bei der Angabe des Schallpegels L die physiologischen Eigenschaften des Ohres berücksichtigt?

Eigentlich nicht. Die Frequenzabhängigkeit des Hörens wird nicht berücksichtigt. Der Schallpegel wird nach rein physikalischen Prinzipien in logarithmischer Darstellung gemessen. Man bezieht sich allerdings auf die Hörschwelle, die zu 0 dB gesetzt wird.

Frage 7.1.2e

Erläutern Sie den Unterschied zwischen dB und dB(A).

Der Schallpegel in dB gibt in logarithmischer Form die Leistungsdichte im Schall unabhängig von der Schallfrequenz. Beim bewerteten Schallpegel in dB(A) wird die Frequenzabhängigkeit der Empfindlichkeit des Ohres mit berücksichtigt. Beispielsweise wird 40 dB(A) unabhängig von der Frequenz als gleich laut bewertet.

Frage 7.1.2 f

Erläutern Sie den Unterschied zwischen bewertetem Schallpegel in dB(A) und der Lautstärke in phon.

In beiden Fällen wird die Frequenzabhängigkeit des Ohres mit berücksichtigt. In der phon-Skala werden Bewertungskurven benutzt, die durch Versuche mit einem engen Frequenzband gewonnen wurden. Beim bewerteten Schallpegel wird eine einfachere Bewertungskurve benutzt, die besser durch elektronisches Filter realisiert werden kann.

Frage 7.1.2 g

Um wie viele Zehnerpotenzen liegt die Schallintensität (in W/m^2) eines Tones mit 100 dB über der Hörschwelle (10^{-12}W/m^2).

Es handelt sich um 10 Zehnerpotenzen (also 10^{-2}W/m^2).

7.2 Technische Akustik

7.2.1 Messtechnik

7.2.1.1 Schallwandler

Der Schalldruck $\hat{p}$ umfasst in der Technik 6 Zehnerpotenzen (und die Schallintensität I 12 Zehnerpotenzen). Zur Messung des Schalls werden elektroakustische Wandler eingesetzt, die auf unterschiedlichen physikalischen Effekten beruhen. Bei elektrostatischen Systemen bildet die Wandlermembran zusammen mit einer festen Gegenelektrode einen Kondensator, dessen Kapazität durch die Schallwelle moduliert wird. Bei Lautsprechern und Tauchspulmikrophonen bewegt die Membran eine Spule in einem Magnetfeld. Beim elektromagnetischen Wandler schwingt eine magnetische Membran im Luftspalt eines Magneten. Der Piezoeffekt wird bei Kristallmikrophonen ausgenutzt; durch den Druck der Schallwelle wird in einem Kristall eine elektrische Spannung erzeugt. Ähnlich arbeiten piezoresistive Wandler, z. B. Kohlemikrophone, bei denen der Schalldruck zu Widerstandsänderungen führt.

7.2.1.2 Schalldämmung D

Die Schalldämmung D einer Wand wird durch die Messung der Schallintensität I_1 und I_2 vor und hinter der Wand ermittelt:

$$D = 10 \log \frac{I_1}{I_2} \mathrm{dB} \quad \text{oder} \quad D = L_1 - L_2 \mathrm{dB}. \quad \text{Schalldämmung} \ D \qquad (7.13)$$

Die Dämmwerte für einige Bauelemente zeigt Tab. 7.4.

7.2.1.3 Nachhallzeit

Die Raumakustik kann durch Messung der Nachhallzeit untersucht werden. Sie wird durch das Abklingen des Schalldrucks nach Abschalten einer Schallquelle auf ein Zehntel ermittelt. Neben dem Raumvolumen hängt sie vom Absorptionsgrad der Wände ab. Typische Zeiten für Konzertsäle liegen um 2 s.

Beispiel 7.2.1a
In einer Wohnung mit offenem Fenster werden $L_1 = 83 \mathrm{dB(A)}$ gemessen. Wie hoch ist die Schalldämmung D des Fensters, wenn mit geschlossenem Fenster $L_2 = 50 \mathrm{dB(A)}$ herrschen? Wie groß sind die Schallintensitäten bei offenem und geschlossenem Fenster?
Die Schalldämmung beträgt $D = L_1 - L_2 = 33 \mathrm{dB(A)}$. Die Schallintensitäten betragen $I_1 = I_0 \cdot 10^{L/10} \approx I_0 \cdot 10^{L_A/10} = 2 \cdot 10^{-4} \mathrm{W/m^2}$ und $I_2 = 10^{-7} \mathrm{W/m^2}$.

Frage 7.2.1b
Ein Schallschutzfenster zeigt eine Schalldämmung von 50 dB. Was bedeutet das?
Der Schallpegel hinter dem Fenster ist um 50 dB kleiner als vor dem Fenster. Die bedeutet dass die Schallintensität um 5 Zehnerpotenzen reduziert wird.

7.2.2 Ultraschall

Als *Ultraschall* werden mechanische Wellen oberhalb des Hörbereichs zwischen 20 kHz und 1 GHz bezeichnet, darüber spricht man von Hyperschall. Die Wellenlänge von Ultraschall ist relativ klein, z. B. 0,15 mm bei 10 MHz im Wasser, sodass eine genaue Bildgebung möglich ist.

Tab. 7.4 Schalldämmung D einiger Bauelemente

	D in dB
Sperrholz, 0,5 mm	19
Ziegelwand, 1 Stein verputzt	50
Doppelfenster	25–35
Schallschutzfenster	bis 50

7.2.2.1 Ausbreitung

Eine wichtige Anwendung ist die bildgebende Ultraschalldiagnostik in der Medizin und Materialprüfung. Das Verfahren beruht darauf, dass Ultraschall an Grenzflächen teilweise reflektiert wird. Aus der Laufzeit der reflektierten Strahlung ergibt sich die Position der Grenzfläche. Der Reflexionsgrad R ist das Verhältnis der reflektierten Intensität zur einfallenden Intensität. R hängt von den Impedanzen ($Z = \rho c$; (Gl. 7.7)) des Mediums 1 vor der Grenzflächen und 2 hinter der Grenzfläche ab. Für senkrechten Einfall gilt:

$$R = \left(\frac{Z_2 - Z_1}{Z_2 + Z_1}\right)^2. \quad \text{Reflexionsgrad } R \qquad (7.14)$$

In Festkörpern erfolgt eine Aufspaltung in longitudinale und transversale Wellen. Mit Ultraschall lassen sich sehr hohe Schallintensitäten erzeugen (bis zu einigen kW/cm^2). Dies liegt an den hohen Frequenzen und den relativ intensiven Schalldrücken (bis $5 \cdot 10^6$Pa). Dies führt zu Beschleunigungen, die bis zu 10^6 mal höher sind als die Erdbeschleunigung.

7.2.2.2 Erzeugung

Ultraschall hoher Frequenz und Intensität lässt sich mittels Elektrostriktion, der Umkehrung des Piezoeffektes, mit Quarz oder Bariumtitanat erzeugen (Abschn. 11.1.2). An eine dünne piezoelektrische Platte werden an beiden Seiten Elektroden angebracht. Beim Anlegen einer elektrischen Wechselspannung treten periodische Dickeschwankungen auf, die sich als Druckwellen ausbreiten. Ultraschall tiefer Frequenz produziert man durch Magnetostriktion, d. h. durch Dickenänderung ferromagnetischer Materialien in Magnetfeldern. Der Nachweis von Ultraschall erfolgt durch den Piezoeffekt. Die Druckwelle führt zu einer elektrischen Wechselspannung.

7.2.2.3 Anwendungen

Aufgrund der hohen Beschleunigung in einer Ultraschallwelle ergeben sich Anwendungen wie Reinigen, Bohren oder Schweißen. Eine neuere Technik ist das Zertrümmern von Nierensteinen beim Menschen. Die Strahlung wird auf die Nierensteine fokussiert.

Ultraschall wird auch bei Verfahren zur Materialprüfung eingesetzt. An Materialfehlern tritt Reflexion auf, die vermessen wird. In der bildgebenden medizinischen Diagnostik hat Ultraschall eine breite Anwendung gefunden. Gegenüber Röntgenstrahlen tritt der Vorteil auf, dass keine biologischen Strahlenschäden entstehen.

Weitere Anwendungen des Ultraschalls findet man in der Elektronik bei Verzögerungsleitungen. Elektronische Signale können in Ultraschall umgewandelt werden, die statt mit Licht- nur mit Schallgeschwindigkeit laufen.

In der modernen Laseroptik wird die Beugung von Licht an Ultraschall als Verfahren zur Strahlablenkung oder zur Modulation von Licht angewendet (Kap. 9).

Beispiel 7.2.2
Bei einem Echolot kommt ein Ultraschallsignal nach 0,4 s wieder an den Sender zurück. Wie groß ist die Wassertiefe (Schallgeschwindigkeit in Wasser $= 1480\,\text{m/s}$)?

Der zurückgelegte Weg beträgt $s = ct = 1480 \cdot 0{,}4$ m $= 592$ m. Die Wassertiefe ist halb so groß.

Elektromagnetismus   **8**

8.1 Elektrisches Feld

8.1.1 Elektrische Ladung

Die Eigenschaften elektrischer und magnetischer Felder lassen sich nicht aus der Mechanik herleiten. Die Ursache dafür ist eine zusätzliche Eigenschaft der Materie: *die Ladung*. Atome und Moleküle bestehen aus dem positiv geladenen Kern und den negativen Elektronen. Im Normalfall sind die Ladungen von Kern und Atomhülle dem Betrag nach gleich groß und die Materie ist makroskopisch elektrisch neutral. Die äußeren Elektronen der Atome sind nur leicht gebunden, sodass sie durch Energiezufuhr bewegt werden können. In Metallen sind sie praktisch frei. Damit kann Materie positiv oder negativ aufgeladen werden, je nachdem ob man Elektronen entfernt oder hinzufügt. Der Transport von Elektronen (oder seltener von geladenen Atomen (Ionen)) führt zum elektrischen Strom.

8.1.1.1 Elektrische Ladung Q

Die Ladung ist quantisiert. Die kleinste mögliche freie Ladung ist die *Elementarladung e:*

$$\boxed{e = 1{,}602\,176\,634 \cdot 10^{-19}\,\text{C} \quad (\text{C} = \text{Coulomb}). \quad \text{Elementarladung } e} \quad (8.1)$$

Die Elektronen tragen die Ladung $-e$. Die Ladung der Atomkerne ist durch die Protonen mit der Ladung $+e$ gegeben. Eine zweite Sorte von Kernteilchen, die Neutronen, ist ungeladen (Abschn. 10.1.1).

© Springer Fachmedien Wiesbaden GmbH, ein Teil von Springer Nature 2023
J. Eichler und A. Modler, *Physik für das Ingenieurstudium,*
https://doi.org/10.1007/978-3-658-38834-8_8

Die Einheit der Ladung Q ist: $[Q] =$ Coulomb $=$ C $=$ A s. Coulomb wird aus der Einheit der elektrischen Stromstärke I abgeleitet: $[I] =$ Ampere $=$ A.

8.1.1.2 Coulomb'sches Gesetz

Ladungen üben Kräfte aufeinander aus, die durch das Coulomb'sche Gesetz beschrieben werden. Es gleicht bezüglich Form und Abstandsverhalten dem Gravitationsgesetz (Gl. 4.1). Für zwei punktförmige Ladungen Q_1 und Q_2 im Abstand r voneinander gilt für den Betrag der Kraft F:

$$F = \frac{1}{4\pi\varepsilon_0}\frac{Q_1 Q_2}{r^2} \quad [F] = \text{N.} \quad \text{Coulomb'sches Gesetz} \tag{8.2}$$

Für Ladungen mit gleichen Vorzeichen ist die Kraft abstoßend, bei verschiedenem Vorzeichen ist sie anziehend. Die Kraft wirkt in Richtung der Verbindungslinie beider Ladungen.

Die Proportionalitätskonstante wurde aus praktisch-rechnerischen Gründen in der Form $1/(4\pi\varepsilon_0)$ eingeführt. Die *elektrische Feldkonstante* ε_0 ist experimentell bestimmbar:

$$\varepsilon_0 = 8{,}854\,187\,8128 \cdot 10^{-12}\,\frac{\text{C}^2}{\text{N m}^2}. \quad \text{Elektrische Feldkonstante } \varepsilon_0 \tag{8.3}$$

8.1.1.3 Elektrischer Strom I

Verbindet man getrennte Ladungen, z. B. durch einen Metalldraht, findet ein Ladungstransport durch Elektronen statt. Es fließt ein elektrischer Strom I, der durch die transportierte Ladung dQ im Zeitintervall dt definiert ist:

$$I = \frac{dQ}{dt} \quad [I] = \text{A} = \frac{\text{C}}{\text{s}}. \quad \text{Stromstärke } I \tag{8.4a}$$

Bei zeitlich konstanter Stromstärke $I = const.$ vereinfacht sich die Gleichung zu:

$$I = \frac{\Delta Q}{\Delta t}. \quad \text{Konstanter Strom } I \tag{8.4b}$$

Die Stromstärke I ist im SI-System die 4. Basisgröße, neben der Zeit (s), der Länge (m) und der Masse (kg).

Die Einheit der Stromstärke wurde früher durch folgende messtechnische Vorschrift definiert:

> Eine Stromstärke I besitzt den Wert 1 Ampere $= 1$ A, wenn auf zwei stromdurchflossene parallele Leiter im Abstand von 1 m die Kraft pro Leiterlänge $2 \cdot 10^{-7}$ N/m wirkt (Tab. 1.1).

Beispiel 8.1.1a

Wie viele Elektronen N ergeben eine Ladung von $Q = 1$ A h?

Die Ladung beträgt: $Q = Ne$. Daraus ergibt sich: $N = 3600/1,6 \cdot 10^{-19} = 2,25 \cdot 10^{22}$.

Beispiel 8.1.1b

Durch einen Leiter fließt ein Strom von 1,5 mA. Wie viele Elektronen dN/dt treten pro Sekunde durch den Draht?

Für den Strom gilt: $I = dQ/dt$ mit $dQ = dNe$. Damit wird $dN/dt = I/e = 1,5 \cdot 10^{-3}/1,6 \cdot 10^{-19}$ s^{-1} $= 0,94 \cdot 10^{16}$ s^{-1}.

Frage 8.1.1c

Welche Bedeutung hat das Coulomb'sche Gesetz?

Das Gesetz beschreibt die Kräfte zwischen Ladungen.

Frage 8.1.1d

Ist die elektrische Ladung oder der Strom eine Basisgröße des SI-Systems?

Der Strom ist die Basisgröße mit der Einheit Ampere und die Ladung in Coulomb wird aus Ampere mal Sekunde daraus abgeleitet.

8.1.2 Elektrische Feldstärke

Das Coulomb'sche Gesetz beschreibt die Wirkung von Ladungen aufeinander. Die elektrostatischen Kräfte werden dadurch erklärt, dass Ladungen von einem elektrischen Feld umgeben sind. Die Stärke des elektrischen Feldes wird durch die *elektrische Feldstärke E* gegeben.

8.1.2.1 Definition der Feldstärke E

> Die elektrische Feldstärke $\vec{E}$ wird durch die Kraft $\vec{F}$ auf eine kleine positive Probeladung Ladung Q bestimmt, die in das elektrische Feld eingebracht wird. Die Probeladung muss deswegen sehr klein sein, damit sie das zu messende elektrische Feld nicht beeinflusst.

$$\vec{E} = \frac{\vec{F}}{Q} \quad \text{oder skalar} \quad E = \frac{F}{Q} \quad [E] = \frac{\text{N}}{\text{C}} = \frac{\text{V}}{\text{m}}. \quad \text{Feldstärke } E \qquad (8.5)$$

Die Einheit der elektrischen Feldstärke E beträgt: $[E] = \text{N/C} = \text{V/m}$.

Durch Wechselströme in Leitern entstehen niederfrequente elektrische Feldstärken. Zulässig sind für den Menschen 5000 V/m. In der Nähe von Hochspannungsmasten können diese Werte erreicht werden. Beim Bügeleisen entstehen in 30 cm Entfernung etwa 120 V/m.

Die natürliche elektrische Feldstärke in Luft beträgt bei wolkenlosem Himmel 100 bis 300 V/m. Der leitfähige menschliche Körper spürt keine Spannungsdifferenz, da er einen Faraday'schen Käfig darstellt (Abschn. 8.1.4).

8.1.2.2 Feld einer Punktladung

Für eine Punktladung Q kann die elektrische Feldstärke E aus dem Coulomb'schen Gesetz berechnet werden. Mit (Gl. 8.2) gilt für die Kraft auf eine Probeladung Q':

$$E = \frac{F}{Q'} = \frac{1}{4\pi\varepsilon_0}\frac{Q}{r^2}. \quad \text{Punktladung} \qquad (8.6)$$

Die Feldstärke E fällt quadratisch mit dem Abstand r. Für eine positive Ladung $+Q$ verläuft die Richtung von $\vec{E}$ radial von der Punktladung weg. Für eine negative Ladung $-Q$ ist die Richtung umgekehrt (Abb. 8.1a).

8.1.2.3 Elektrische Feldlinien

Man kann elektrische Felder durch Feldlinien, die in Richtung der Feldstärke $\vec{E}$ zeigen, graphisch darstellen. Die Dichte der Linien ist proportional zum Betrag E der Feldstärke $\vec{E}$. *Die Feldlinien verlaufen von der positiven zur negativen Ladung*, wie es in Abb. 8.1 für eine Punktladung und für andere Anordnungen gezeigt ist.

Beispiel 8.1.2a

Wie groß ist die Kraft auf die Ladung von 1 mC im elektrischen Feld von 1 kV/m?
Die Kraft beträgt: $F = EQ = 10^{-3} \cdot 10^3$ C V/m $= 1$ N.

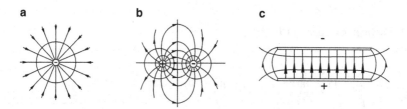

Abb. 8.1 Darstellung von elektrischen Feldlinien bei verschiedenen Anordnungen: **a** Negative punkt- oder kugelförmige Ladung, **b** Elektrischer Dipol, bestehend aus einer positiven und einer negativen Ladung, **c** Parallele geladene Platten (Kondensator)

Frage 8.1.2b

Was bedeuten die elektrischen Feldlinien?

Die Feldlinien laufen von „plus" nach „minus" und sie geben die Richtung der Kraft auf eine kleine positive Probeladung. (Eine Probeladung ist so klein, dass sie das Feld nicht verändert). Die Dichte der Feldlinien ist proportional zum Betrag der Feldstärke.

8.1.3 Spannung und Potenzial

Das elektrische Feld übt eine Kraft auf Ladungen aus. Die Ladungen werden durch die Kraft des elektrischen Feldes verschoben, sodass an der Ladung Arbeit verrichtet wird. Die Definition der Arbeit lautet: $W = \int \vec{F} \cdot d\vec{s}$ (2.34d). Wird eine Ladung Q im elektrischen Feld $\vec{E} = \vec{F}/Q$ von der Stelle 1 nach 2 verschoben, tritt folgende Arbeit auf:

$$W = \int_1^2 \vec{F}\,d\vec{s} = Q \int_1^2 \vec{E}\,d\vec{s} \quad [W] = J = W\,s. \tag{8.7}$$

8.1.3.1 Spannung im elektrischen Feld

> Die elektrische Spannung U wird durch die Arbeit W definiert, die beim Verschieben einer Probeladung Q vom Messpunkt 1 nach 2 im elektrischen Feld notwendig ist.

$$\boxed{U = \frac{W}{Q} \quad [U] = \frac{J}{C} = \frac{W\,s}{C} = V. \quad \text{Spannung } U} \tag{8.8}$$

Die Einheit der elektrischen Spannung U ist: $[U] = J/C = W\,s/A\,s = W/A = Volt = V$.

8.1.3.2 Spannung einer Spannungsquelle

Die Materie ist elektrisch neutral. Zur Erzeugung von Bereichen mit unterschiedlichen Ladungen (Plus- und Minuspol einer Spannungsquelle) müssen Ladungen getrennt werden. Dabei ist gegen die anziehende Coulomb'sche Kraft Arbeit zu verrichten. Die Trennung der Ladung kann chemisch (Batterien), optisch (Solarzellen) oder elektromechanisch (Dynamos) erfolgen.

> Die elektrische Spannung U ist die Trennungsarbeit W pro Ladungseinheit Q.

8.1.3.3 Spannung U und elektrische potenzielle Energie E_{pot}

Die Trennungsarbeit kann der Spannungsquelle wieder entnommen, indem das elektrische Feld an den Ladungen arbeitet verrichtet, wobei die potenzielle Energie der Ladungen verringert wird. Es ergibt sich mit der Definition der Spannung:

$$U = \frac{W}{Q} = \frac{-\Delta E_{pot}}{Q}.$$

> Das elektrische Potenzial φ ist die elektrische potenzielle Energie E_{pot} pro Ladungseinheit Q.

8.1.3.4 Elektrisches Potenzial φ

Zur Bestimmung der potenziellen Energie und des Potenzials muss ein Referenzpunkt festgelegt werden. Oft wird dieser im Unendlichen zu null festgelegt und die Probeladung Q vom Unendlichen (oder einem feldfreien Bereich) zu einem Punkt im elektrischen Feld geführt, sodass sich für das Potenzial folgende Festlegung ergibt:

$$\boxed{\varphi_\infty = \frac{E_{pot_\infty}}{Q} \quad [\varphi] = \text{V}. \quad \text{Potenzial } \varphi} \tag{8.9a}$$

Das Potenzial im Unendlichen ist nach dieser Definition gleich null. Potenzial φ und Spannung U besitzen die gleiche Einheit 1 V.

> Die Spannung U zwischen den Punkten 1 und 2 ist gleich der negativen Potenzialdifferenz $\Delta\varphi = \varphi_2 - \varphi_1$:

$$\boxed{U = -\Delta\varphi. \quad \text{Potenzialdifferenz } \Delta\varphi} \tag{8.9b}$$

8.1.3.5 Potenzial φ und Feldstärke E

Aus (Gl. 8.7 und 8.8) folgt:

$$\varphi_2 - \varphi_1 = -\int_1^2 \vec{E} \cdot d\vec{s}. \tag{8.10a}$$

Durch Differenzieren von (Gl. 8.9a) erhält man in skalarer Schreibweise für die Feldstärke E:

$$\boxed{d\varphi = -E ds \quad \text{oder} \quad E = -\frac{d\varphi}{ds} \quad [E] = \frac{\text{V}}{\text{m}}. \quad \text{Feldstärke } E} \tag{8.10b}$$

sofern d s in Richtung der Feldstärke $\vec{E}$ zeigt.

8.1.3.6 Feld im Kondensator

In einem homogenen Feld zwischen den Platten eines Kondensators im Abstand d kann (Gl. 8.10b) vereinfacht werden (Abb. 8.1), wobei der Zusammenhang (Gl. 8.9b) verwendet wurde:

$$\boxed{U = Ed \quad \text{oder} \quad E = \frac{U}{d} \quad [E] = \frac{V}{m}. \quad \text{Feldstärke } E} \tag{8.10b}$$

8.1.3.7 Äquipotenzialflächen

Alle Punkte im elektrischen Feld mit gleichem Potenzial φ liegen auf den sogenannten Äquipotenzialflächen. Diese stehen senkrecht zu den Feldlinien und sind im Abb. 8.1 eingezeichnet.

Beispiel 8.1.3a
Eine 12 V-Batterie hat 20 A h. Welche Energie kann ihr entnommen werden?
Es gilt $W = UQ = 12 \cdot 20 \cdot 3600$ V A s $= 8{,}64 \cdot 10^5$ J $= 0{,}24$ kW h.

Beispiel 8.1.3b
Wie groß ist die elektrische Feldstärke in einem Kondensator mit dem Plattenabstand $d = 1$ mm, der auf $U = 100$ V aufgeladen ist? Zwischen den Platten befindet sich Luft.
Es gilt: $E = U/d = 10^5$ V/m.

Frage 8.1.3c
Was ist der Unterschied zwischen Potenzial und Spannung?
Das Potenzial ist die potenzielle Energie pro Ladung im elektrischen Feld (Gl. 8.9a). Die Spannung ist die Potenzialdifferenz zwischen zwei Punkten.

8.1.4 Elektrische Influenz

Befindet sich Materie in einem elektrischen Feld, wirkt auf die Ladungen (Elektronen (−) und Atomkern (+)) die Coulomb-Kraft. In elektrischen Leitern sind die Leitungselektronen im elektrischen Feld frei beweglich. Die Ladungen werden getrennt und an die Oberfläche der Leiter verschoben. Man nennt diesen Effekt *Influenz*.

8.1.4.1 Influenz

Bringt man einen Leiter in ein äußeres elektrisches Feld, bewegen sich die freien Leitungselektronen entgegengesetzt zur äußeren Feldrichtung. Im vorher neutralen Leiter tritt eine Ladungstrennung auf. Die Leitungselektronen werden so lange an die Oberfläche verschoben, bis das resultierende elektrische Feld im Leiter null wird (Abb. 8.2) (Wenn das Feld noch nicht Null ist, werden weiter Ladungen verschoben). An Stellen mit einem Elektronenüberschuss tritt eine negative Oberflächenladung auf. Bei Elektronenmangel entsteht eine positive Oberflächenladung. Die Influenz wird

Abb. 8.2 Influenz: Die freien
Ladungen eines Leiters werden
durch ein äußeres elektrisches
Feld so verschoben, dass das
Innere feldfrei ist

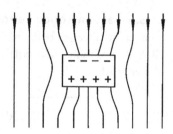

zur Abschirmung elektromagnetischer Felder im *Faraday'schen Käfig* ausgenutzt: im Inneren eines metallumschlossenen Raumes ist das elektrische Feld gleich null.

> Influenz ist die Verschiebung von Elektronen in einem Leiter unter dem Einfluss eines äußeren elektrischen Feldes.

8.1.4.2 Oberflächenladung σ

Durch die Influenz entstehen auf leitenden Körpern in äußeren elektrischen Feldern Oberflächenladungen. Die *Ladungsdichte* σ ist die Ladung dQ pro Fläche dA:

$$\sigma = \frac{dQ}{dA} \quad \text{oder für} \quad \sigma = const. \quad \sigma = \frac{Q}{A} \quad [\sigma] = \frac{C}{m^2}. \tag{8.11}$$

Der Zusammenhang zwischen der Oberflächenladung σ und der Feldstärke E an der Oberfläche lautet:

$$\sigma = \varepsilon_0 E \quad \text{oder} \quad \sigma = D \quad [D] = \frac{C}{m^2}. \quad \text{Oberflächenladung } \sigma \tag{8.12}$$

wobei ε_0 die elektrische Feldkonstante und $D = \varepsilon_0 E$ die elektrische Flussdichte (Abschn. 8.1.7) sind.

> Die Oberflächenladung σ ist gleich der elektrischen Flussdichte D.

Beweis von (Gl. 8.12): Für eine geladene Kugel mit dem Radius R gilt: $\sigma = Q/(4\pi R^2)$. Die Feldstärke an der Oberfläche beträgt (Gl. 8.6): $E = Q/(4\pi\varepsilon_0 R^2)$. Aus beiden Gleichungen folgt (Gl. 8.12).

Frage 8.1.4
Warum ist man in einem Kfz oder Flugzeug gegen Blitzschlag weitgehend geschützt?
   In beiden Fällen handelt es sich um einen Faraday'schen Käfig, der innen feldfrei ist.

8.1.5 Elektrische Polarisation

Bei einem Isolator sind die Elektronen nicht frei beweglich. Trotzdem gibt es für Isolatoren in elektrischen Feldern eine der Influenz ähnliche Erscheinung: die *Polarisation*. Die Ladungen können im elektrischen Feld innerhalb der Moleküle verschoben werden. Bringt man einen Isolator in ein elektrisches Feld, entstehen molekulare *Dipole*.

8.1.5.1 Dipole

Ursache für das Auftreten der elektrischen Polarisation sind atomare oder molekulare Dipole in der Materie. Ein elektrischer Dipol ist ein elektrisch neutrales Gebilde, bei dem die Ladungsschwerpunkte nicht zusammenfallen. Er besteht aus einer positiven und negativen Ladung ($+Q$ und $-Q$) im Abstand l, gekennzeichnet durch das Dipolmoment $\vec{p}$, wobei die Richtung des Vektors l von der negativen zur positiven Ladung zeigt:

$$\vec{p} = Q\,\vec{l}\,, \quad \text{Dipolmoment } \vec{p} \tag{8.13}$$

Im homogenen elektrischen Feld kompensieren sich die Kräfte an beiden Ladungen, sodass die resultierende Kraft null ist. Allerdings entsteht ein Drehmoment, das zu einer Orientierung des Dipols in Richtung des elektrischen Feldes führt.

8.1.5.2 Polarisation und Permittivitätszahl ε_r

Abb. 8.3 zeigt einen geladenen Kondensator mit einem Isolator zwischen den Platten. Durch das elektrische Feld werden molekulare Dipole gebildet (oder ausgerichtet), die Ladungen an den Endflächen erzeugen. Im Innern dagegen kompensieren sich die Ladungen der Dipole. Diese Oberflächenladung verursacht im Kondensator ein inneres Feld, das entgegengesetzt zum äußeren Feld liegt. Damit sinken die Feldstärke und die Spannung am Kondensator. Für die Kapazität eines Kondensators gilt $C = Q/U$ (Gl. 8.17). Da die Ladung auf den Platten konstant bleibt, steigt die Kapazität durch den Einfluss der Materie.

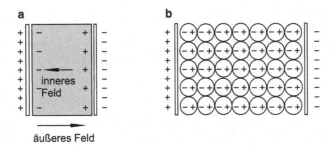

Abb. 8.3 Kondensator mit einem Dielektrikum: **a** Durch die Polarisation der Materie entstehen Oberflächenladungen, **b** Mikroskopisches Bild zur Erklärung der Polarisation und der Oberflächenladungen

Bringt man also einen Isolator (Dielektrikum) zwischen die Platten eines Kondensators, steigt die Kapazität von C_0 auf C. Zur Charakterisierung dieses Sachverhaltes dient der Begriff *Permittivitätszahl* ε_r:

$$\varepsilon_r = \frac{C}{C_0} > 1 \quad [\varepsilon_r] = 1. \quad \text{Permittivitätszahl } \varepsilon_r \qquad (8.14)$$

Der Einfluss von Dielektrika in elektrischen Feldern äußert sich darin, dass in vielen Gleichungen, in denen die elektrische Feldkonstante ε_0 vorkommt, diese durch die *Permittivität* (Dielektrizitätskonstante) ε ersetzt wird:

$$\varepsilon = \varepsilon_r \varepsilon_0 \quad [\varepsilon] = [\varepsilon_0] = \frac{C^2}{N\,m^2}. \quad \text{Permittivität } \varepsilon \qquad (8.15)$$

Oft wird auch der Begriff elektrische *Suszeptibilität* χ verwendet:

$$\chi = \varepsilon_r - 1 \quad [\chi] = 1. \quad \text{Suszeptibilität } \chi \qquad (8.16)$$

Beispiele für ε_r einiger Materialien zeigt Tab. 8.1.

8.1.5.3 Verschiebungspolarisation

Bringt man Atome in ein elektrisches Feld, verschieben sich der positive Kern und die negative Elektronenhülle. Durch diese induzierten Dipole entsteht die *Verschiebungspolarisation*, die zu relativ kleinen Werten von ε_r führt.

8.1.5.4 Orientierungspolarisation

Größere Werte für ε_r zeigt Materie mit permanenten Dipolen. Beispiele dafür sind polare Moleküle, wie H_2O, HCl oder Keramik (Tab. 8.1). Symmetrische Moleküle wie CO_2 oder CH_4 besitzen kein permanentes Dipolmoment. Normalerweise sind wegen der

Tab. 8.1 Permittivitätszahl ε_r verschiedener Materialien

Material	ε_r
Teflon	2,1
Paraffin	2,2
PVC	3,3 bis 4,6
Polyester	3,3
Kondensatorpapier	4 bis 6
Glas	3 bis 15
Wasser	81,6
Keramik (NDK)	10 bis 200
Keramik (HDK)	10^3 bis 10^4

Abb. 8.4 Aufbau eines
Elektrolytkondensators

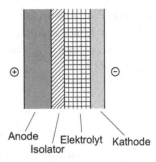

Anode   Elektrolyt   Kathode
     Isolator

Temperaturbewegung die Moleküle statistisch in alle Raumrichtungen orientiert. Beim
Anlegen eines äußeren elektrischen Feldes entsteht ein Drehmoment, das teilweise eine
Ausrichtung der Dipole in Feldrichtung verursacht. Dem wirken thermische Stöße ent-
gegen, sodass die Polarisation stark temperaturabhängig ist.

In Elektrolytkondensatoren wird die Orientierungspolarisation mit hohem ε_r ausgenutzt. Da Elektrolyten leitend sind, wird an der Anode eine Oxidschicht (Al_2O_3 oder
Ta_2O_5) als Isolator angebracht (Abb. 8.4).

Frage 8.1.5
Warum erhöht sich die Kapazität eines Kondensators, wenn man ihn zwischen den Elektroden mit
einem Dielektrikum ausstattet?
Durch die Polarisation des Dielektrikums wird ein elektrisches Feld erzeugt, das dem äußeren
Feld entgegengerichtet ist. Damit sinken die Feldstärke und Spannung am Kondensator. Da die
Ladung konstant bleibt, steigt nach (Gl. 8.17) die Kapazität.

8.1.6 Kondensator

8.1.6.1 Kapazität
Auf Leitern kann Ladung gespeichert werden. Bei Kondensatoren stehen sich zwei
isolierte Flächen gegenüber. Die gespeicherte Ladung Q und die Spannung U am
Kondensator sind proportional zueinander:

$$Q = CU \quad [C] = \frac{C}{V} = \text{Farad} = \text{F.} \quad \text{Kapazität } C \qquad (8.17)$$

Die Größe C stellt die Kapazität mit der Einheit $[C] = \text{Farad} = \text{F} = \text{C/V}$ dar. Technisch
realisierbare Werte für C liegen bei mF bis pF.

Die Kapazität C gibt an, welche Ladungsmenge Q pro angelegter Spannung U
gespeichert wird ($C = Q/U$).

8.1.6.2 Plattenkondensator

Für einen Kondensator mit der Fläche A und dem Plattenabstand d (Abb. 8.1c) gilt: $\sigma = \frac{Q}{A} = \varepsilon_0 E = \varepsilon_o U/d$ (Gl. 8.11 und 8.12). Daraus folgt $Q = \varepsilon_0 AU/d$ und im Vergleich mit (Gl. 8.17):

$$C = \varepsilon_0 \frac{A}{d} \quad \text{oder} \quad C = \varepsilon_0 \varepsilon_r \frac{A}{d}. \qquad (8.18)$$

Befindet sich Materie zwischen den Kondensatorenplatten, muss ε durch $\varepsilon = \varepsilon_r \varepsilon_0$ ersetzt werden (Gl. 8.15) und Tab. 8.1.

8.1.6.3 Parallelschaltung

Bei Parallelschaltung von Kondensatoren nach Abb. 8.5 wird die effektive Fläche A vergrößert. Unter Berücksichtigung von (Gl. 8.18) gilt für die Kapazität C:

$$C = C_1 + C_2 + C_2 + \ldots \quad \text{Parallelschaltung} \qquad (8.19)$$

Bei Parallelschaltung von Kondensatoren addieren sich die Kapazitäten.

8.1.6.4 Reihenschaltung

Anders ist es bei der Reihen- oder Serienschaltung. Die einzelnen Spannungen an den Kondensatoren addieren sich: $U = U_1 + U_2 + U_2 + \ldots = Q/C_1 + Q/C_2 + Q/C_3 + \ldots = Q/C$. Dabei wurde berücksichtigt, dass durch die Influenz die Ladung Q auf jedem Kondensator gleich ist. Man erhält damit für Reihenschaltung:

$$\frac{1}{C} = \frac{1}{C_1} + \frac{1}{C_2} + \frac{1}{C_3} + \ldots \quad \text{Reihenschaltung} \qquad (8.20)$$

Bei Reihenschaltung von Kondensatoren addieren sich die Kehrwerte der Kapazitäten.

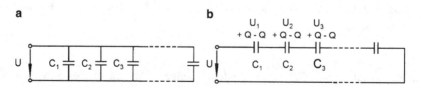

Abb. 8.5 Kondensator: **a** Parallelschaltung, **b** Reihenschaltung

8.1.6.5 Gespeicherte Energie

Die gespeicherte Energie in einem geladenen Kondensator berechnet man zu $dW = Fds = QEds = QdU = CUdU$. Durch Integration erhält man $W = \int CU\, dU$ und durch Lösung des Integrals:

$$W = \frac{CU^2}{2} \quad [W] = \mathrm{J} = \mathrm{W\,s}. \quad \text{Energie im Kondensator} \tag{8.21}$$

Kondensatoren sind als Energiespeicher ineffektiv, sodass sie diese Funktion nur in Sonderfällen erfüllen, z. B. bei Blitzlampen oder aber in neuesten Ausführungen als sogenannte Superkondensatoren. Sie dienen üblicherweise anderen wichtigen Aufgaben in Wechselstromkreisen.

Beispiel 8.1.6a

Wie groß ist die Gesamtkapazität, wenn zwei Kapazitäten mit $4\,\mu\mathrm{F}$ und $2\,\mu\mathrm{F}$ a) in Reihe und b) parallel geschaltet werden?

a) (Gl. 8.20): $1/C = (1/4 + 1/2) \cdot 1/\mu\mathrm{F}$ und $C = 1{,}333\,\mu\mathrm{F}$,
b) (Gl. 8.19): $C = (4 + 2)\,\mu\mathrm{F} = 6\,\mu\mathrm{F}$.

Beispiel 8.1.6b

Welche Energie liefert ein Kondensator eines Blitzlichtgerätes mit $600\,\mu\mathrm{F}$, der auf $550\,\mathrm{V}$ aufgeladen ist?
  Nach (Gl. 8.21) gilt: $W = CU^2/2 = 6 \cdot 10^{-4} \cdot 550^2/2\,\mathrm{F}\,\mathrm{V}^2 = 90{,}8\,\mathrm{W\,s}$ (oder J).

Beispiel 8.1.6c

Ein Kondensator besteht aus zwei Metallfolien von je $A = 10\,\mathrm{cm}^2$ Fläche, die durch eine isolierende Folie mit $\varepsilon_r = 10$ im Abstand von $d = 0{,}3\,\mathrm{mm}$ getrennt sind. Wie groß ist die Kapazität C?
  Man erhält mit (Gl. 8.18 und 8.3): $C = 0{,}295\,\mathrm{nF}$.

Beispiel 8.1.6d

Welche Kapazitäten lassen sich mit drei Kondensatoren mit je $C = 1\,\mu\mathrm{F}$ realisieren?

1. 3mal Parallelschaltung: $C_1 = 3C = 3\,\mu\mathrm{F}$.
2. 3mal Reihenschaltung: $\frac{1}{C_2} = \frac{1}{C} + \frac{1}{C} + \frac{1}{C} = \frac{3}{C}$. Es folgt: $C_2 = \frac{C}{3} = \frac{1}{3}\,\mu\mathrm{F}$.
3. 2mal Parallelschaltung plus einmal Reihenschaltung: $\frac{1}{C_3} = \frac{1}{2C} + \frac{1}{C}$. Es folgt $C_3 = \frac{2}{3}\,\mu\mathrm{F}$.
4. 2mal Reihenschaltung plus einmal Parallelschaltung: $C_4 = \frac{C}{2} + C$. Es folgt $C_4 = 1{,}5\,\mu\mathrm{F}$.

8.1.7 Elektrischer Fluss und Flussdichte

8.1.7.1 Elektrischer Fluss Ψ

Im elektrostatischen Feld beginnen und enden die Feldlinien auf Ladungen. Den Zusammenhang zwischen Feld und Ladung zeigt der *elektrische Fluss* Ψ. Dabei stelle man sich vor, dass die Feldlinien durch eine Fläche „strömen". In einem homogenen Feld E ist der Fluss durch eine senkrecht zur Feldrichtung stehende Fläche A gegeben durch (Abb. 8.6a):

$$\Psi = \varepsilon\, E\, A \quad [\Psi] = \mathrm{C}. \quad \text{Elektrischer Fluss } \Psi \tag{8.22a}$$

8.1.7.2 Elektrische Flussdichte D

Dementsprechend gilt für die *Flussdichte D* ($=$ Fluss Ψ pro Fläche A):

$$D = \frac{\Psi}{A} = \varepsilon\, E \quad [D] = \frac{\mathrm{C}}{\mathrm{m}^2}. \quad \text{Flussdichte } D \tag{8.22b}$$

D wird auch *elektrische Verschiebungsdichte* genannt. In vektorieller Schreibung gilt:

$$\vec{D} = \varepsilon\, \vec{E}. \tag{8.22c}$$

Man kann am Beispiel einer Punktladung (Gl. 8.6) zeigen:

$$\Psi = \oint \vec{D} \cdot \mathrm{d}\vec{A} = \oint \varepsilon\, \vec{E} \cdot \mathrm{d}\vec{A} = Q. \tag{8.23}$$

> Der elektrische Fluss Ψ durch eine geschlossene Fläche, z. B. eine Kugeloberfläche, ist gleich der umschlossenen Ladung Q (Abb. 8.6b, c).

Die Beziehung wird der Satz von Gauß der Elektrostatik genannt und stellt auch die 1. *Maxwell'sche Gleichung* dar (Abschn. 8.3.3).

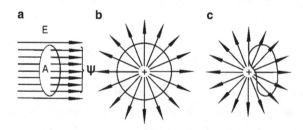

Abb. 8.6 **a** Der elektrische Fluss Ψ eines homogenen Feldes ist durch $\Psi = EA$ gegeben. **b** Der elektrische Fluss einer geschlossenen Oberfläche (z. B. Kugel) ist gleich der eingeschlossenen Ladung. **c** Der elektrische Fluss ist gleich null, wenn sich keine Ladung innerhalb der geschlossenen Oberfläche befindet

8.2 Magnetisches Feld

Statische elektrische Felder gehen von positiven und negativen Ladungen aus. Statische Magnetfelder dagegen werden durch elektrische Ströme, bzw. bewegte elektrische Ladungen erzeugt. Dies gilt sowohl für stromdurchflossene Leiter, z. B. in Form einer Spule, als auch für den atomaren Magnetismus der Materie, z. B. bei Permanentmagneten. Der atomare Magnetismus entsteht durch die Kreisströme der Elektronen in den Atomen und die Eigenrotation der Elektronen (Spin).

Es gibt getrennte positive und negative elektrische Ladungen bzw. Plus- und Minuspole. Dieses findet bei Magnetfeldern kein Analogon: eine magnetische Ladung, Monopol genannt, existiert nicht. Die magnetischen Pole treten immer paarweise auf. Man nennt die Gebilde, die aus einem Nord- und Südpol bestehen, *magnetische Dipole*.

8.2.1 Magnetische Feldstärke

8.2.1.1 Magnetische Dipole

Abb. 8.7a zeigt den Dipol eines Permanentmagneten mit Nord- und Südpol. Der Magnetismus entsteht durch atomare magnetische Dipole, die sich zu einem makroskopischen Dipol, dem Magneten, zusammensetzen. Abb. 8.7b zeigt, dass eine stromdurchflossene Spule auch einen magnetischen Dipol bildet. Sie weist ein vergleichbares Magnetfeld wie der Permanentmagnet auf. Für die Pole eines Dipols gilt:

> Gleichnamige Pole von Magneten stoßen sich ab, ungleichnamige Pole ziehen sich an.

Ein Magnet hat die Tendenz sich auf der Erde in Nord-Süd-Richtung auszurichten. Dabei zeigt der Nordpol des Magneten nach Norden. An dem geographischen Nordpol der

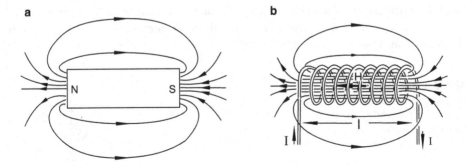

Abb. 8.7 a Magnetisches Feld eines Permanentmagneten. **b** Magnetfeld einer stromdurchflossenen Zylinderspule

Erde liegt also ein magnetischer Südpol, der den magnetischen Nordpol des Magneten anzieht.

Magnete üben Kräfte über große Distanzen aus. Dies wird dadurch erklärt, dass die Eigenschaften des Raumes verändert werden. Um den Magneten breitet sich ein magnetisches Feld aus, dessen Richtung definitionsgemäß von Nord nach Süd verläuft (Abb. 8.7). Im magnetischen Feld entsteht eine Kraft, die einen anderen Magnet in Richtung des Feldes dreht. Für die magnetischen Feldlinien gilt:

> Die Richtung der magnetischen Feldlinien hat man außerhalb des Magneten von Nord nach Süd festgelegt. Magnetische Feldlinien sind immer in sich geschlossen.

8.2.1.2 Magnetische Feldstärke *H*

Um einen stromdurchflossenen Leiter bilden sich kreisförmige magnetische Feldlinien aus Abb. 8.8. Die Dichte der Feldlinien ist ein Maß für die magnetische Feldstärke. Die magnetische Feldstärke ist ein Vektor $\vec{H}$. Die Richtung wird durch die ausrichtende Kraft auf einen kleinen magnetischen Dipol gegeben: er stellt sich parallel zum Feld ein. Man kann das Feld durch einen Versuch sichtbar machen. Ein Draht wird durch die Bohrung einer isolierenden Platte geführt, die mit feinen Eisenspänen (kleine magnetische Dipole) bestreut wird. Schaltet man den Draht an eine Autobatterie an, so fließt ein starker Strom. Die Eisenspäne ordnen sich bei leichtem Klopfen zur Überwindung der Reibung zu konzentrischen Kreisen an.

Für die magnetischen Feldlinien um einen geraden Leiter gilt die Regel der rechten Hand:

> Zeigt der rechte Daumen in Stromrichtung, so weisen die gekrümmten Finger in Feldrichtung.

Der Betrag der *magnetischen Feldstärke H* um einen geradlinigen Leiter ist proportional zum elektrischen Strom *I*, der durch den Leiter fließt. Er nimmt mit dem Abstand *r* vom Leiter ab (Abb. 8.8).

Abb. 8.8 Die magnetische Feldstärke *H* um einen mit dem Strom *I* durchflossenen Leiter beträgt: $I = 2\pi rH$

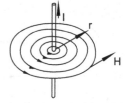

$$H = \frac{I}{2\pi r} \quad \text{oder} \quad I = 2\pi rH \quad [H] = \frac{A}{m}. \quad \text{Magnetische Feldstärke } H \qquad (8.24a)$$

Die Einheit der magnetischen Feldstärke H beträgt $[H] = A/m$. (8.24a) ist ein Spezialfall des *Durchflutungsgesetzes* (Gl. 8.24c).

8.2.1.3 Zylinderspule

Das äußere magnetische Feld einer langen Zylinderspule ähnelt dem eines Stabmagneten. Im Innern der Spule ist das Feld homogen (Abb. 8.7b). Die magnetische Feldstärke im Innern der Spule H wird durch die Zahl der Windungen N, die Länge der Spule l und den Strom I gegeben. Aus dem Durchflutungsgesetz (Gl. 8.24c) kann man näherungsweise ableiten:

$$H = \frac{NI}{l} \quad [H] = \frac{A}{m}. \quad \text{Zylinderspule} \qquad (8.24b)$$

Die Richtung der magnetischen Feldstärke $\vec{H}$ kann nach der Regel der rechten Hand ermittelt werden:

Zeigen die Finger der gekrümmten rechten Hand in Stromrichtung einer Zylinderspule, so weist der Daumen in Richtung der Feldlinien (und zum Nordpol der Spule (Abb. 8.7b)).

8.2.1.4 Durchflutungsgesetz

Integriert man die magnetische Feldstärke $\vec{H}$ längs einer geschlossenen Kurve mit den Wegelementen $d\vec{s}$, erhält man den eingeschlossenen Strom I (Abb. 8.8):

$$\oint \vec{H} \cdot d\vec{s} = I. \quad \text{Durchflutungsgesetz} \qquad (8.24c)$$

Beweis: Für das kreisförmige Feld um einen Leiter ist bei konstantem Radius r auch das Feld konstant $H = |\vec{H}|$ konstant und es gilt $\oint H ds = H 2\pi r = I$ (8.24a). Damit ist (8.24b) bewiesen.

Beispiel 8.2.1a

Das Erdmagnetfeld beträgt $H = 20$ A/m. Es ist eine Spule zu berechnen, die bei einem Strom von 50 mA das gleiche Magnetfeld erzeugt.

Es gilt $H = N \cdot I/l$. Damit beträgt die Windungszahl pro Meter: $N/l = H/I = 20/50 \cdot 10^{-3}$ 1/m $= 400$ 1/m.

Frage 8.2.1b

Geht das Magnetfeld analog zum elektrischen Feld von „magnetischen Ladungen" aus?

Es existieren keine „magnetischen Ladungen", sondern nur magnetisch Dipole, von denen das magnetische Feld ausgeht: von Nord- zum Südpol.

Frage 8.2.1c

Beschreiben Sie mithilfe Ihrer Hand das Magnetfeld um einen stromdurchflossenen Leiter.

Zeigt der rechte Daumen in Stromrichtung, so zeigen die gekrümmten Finger in Feldrichtung.

8.2.2 Magnetische Flussdichte und Fluss

Die magnetische Feldstärke H beschreibt die Wirkung des Feldes auf Magneten. In der Praxis wichtiger sind die Kräfte, die Magnetfelder auf bewegte Ladungen ausüben, z. B. die Lorentz-Kraft (Abschn. 8.2.3) oder das Induktionsgesetz (Abschn. 8.3.1). Zur Beschreibung dieser Vorgänge wird neben der *magnetischen Feldstärke H* noch die *magnetische Flussdichte* eingeführt.

8.2.2.1 Magnetische Flussdichte B

Im Folgenden werden die magnetische Flussdichte und der Fluss formal eingeführt. Eine genauere Begründung wird erst in den folgenden Abschnitten gegeben. Die magnetische *Flussdichte B* ist proportional zu magnetischen Feldstärke H und einer neuen Größe, der Permeabilität μ:

$$B = \mu H \quad [B] = \frac{\text{V s}}{\text{m}^2} = \text{Tesla} = \text{T}. \quad \text{Flussdichte } B \tag{8.25}$$

Die Einheit der magnetischen Flussdichte B beträgt: $[B] = \text{Tesla} = \text{T} = \text{V s/m}^2$. Die magnetische Flussdichte ist ein Vektor $\left(B = \left| \vec{B} \right| \right)$, der in Richtung der Feldlinien zeigt. Man spricht auch von Flusslinien.

> Die magnetische Feldstärke H beschreibt die Wirkung auf einen magnetischen Dipol. Dagegen ist die magnetische Flussdichte B für die Kräfte auf bewegte Ladungen verantwortlich. Diese Kräfte können Spannungen erzeugen und daher wird B auch magnetische Induktion genannt.

Die Permeabilität μ setzt sich aus der magnetischen Feldkonstanten

$$\mu_0 = 1{,}256\,637\,062\,12 \cdot 10^{-6} \frac{\text{Vs}}{\text{Am}}. \quad \text{Magnetische Feldkonstante } \mu_0 \tag{8.26a}$$

Tab. 8.2 Magnetische Suszeptibilität $\chi_m = \mu_r - l$ verschiedener Werkstoffe

Ferromagnetika $\mu_r \gg 1$, $\chi_m \gg 1$		Paramagnetika $\mu_r > 1$, $\chi_m < 0$		Diamagnetika $\mu_r < 1$, $\chi_m < 0$	
Stoff	χ_m[a]	Stoff	χ_m	Stoff	χ_m
Mu-Metall	bis $9 \cdot 10^4$	O_2 (flüssig)	$3,6 \cdot 10^{-3}$	Bi	$-1,6 \cdot 10^{-4}$
Eisen (rein)	10^4	Cr	$2,8 \cdot 10^{-4}$	Cu	$-1,0 \cdot 10^{-5}$
Fe-Si	$6 \cdot 10^3$	Pt	$2,5 \cdot 10^{-4}$	H_2O	$-9,0 \cdot 10^{-6}$
Ferrite (weich)	10^3	Al	$2,4 \cdot 10^{-5}$	CO_2	$-1,2 \cdot 10^{-8}$
Übertragerblech	$500 \ldots 10^4$	O_2 (Gas)	$1,5 \cdot 10^{-6}$	H_2	$-2,2 \cdot 10^{-9}$

[a] Maximalwerte an der größten Steigung der Hysteresekurve

und der *Permeabilitätszahl* μ_r, die eine Materialgröße ist, zusammen:

$$\mu = \mu_r \mu_0 \quad [\mu] = \frac{Vs}{Am} \quad \text{und} \quad [\mu_r] = 1. \quad \text{Permeabilität } \mu \qquad (8.26b)$$

Bringt man Materie in ein Magnetfeld verändert sich die Flussdichte B. Für magnetische Materialien wird B größer. Die Permeabilitätszahl μ_r beschreibt die Veränderung der Flussdichte B durch Materie. Für Vakuum (oder Luft) gilt $\mu_r = 1$. Werte für μ_r kann für verschiedene Materialien Tab. 8.2 entnommen werden (Abschn. 8.2.4). μ_0 wurde im SI-System auf den Wert in (Gl. 8.26a) festgelegt.

Das Erdfeld hat eine Flussdichte von $40\,\mu T$ entsprechend einer Feldstärke von $32\,A/m$. Der zugelassene Grenzwert für niedrigfrequente Magnetfelder, die durch Wechselströme entstehen, beträgt $100\,\mu T$ ($= 80\,A/m$). Die Werte für Rasierapparate betragen in 3 cm Entfernung 15 bis $1000\,\mu T$ und in 30 cm Entfernung 0,08 bis $8\,\mu T$. Unter Hochspannungsleitung treten typischerweise $10\,\mu T$ auf.

8.2.2.2 Magnetischer Fluss Φ

Multipliziert man die magnetische Flussdichte B mit einer Fläche A, die senkrecht zu den Flusslinien steht, erhält man den magnetischen Fluss Φ (Abb. 8.9):

Abb. 8.9 Der magnetische Fluss Φ in einem homogenen Feld ist gegeben durch $\Phi = BA = \mu HA$

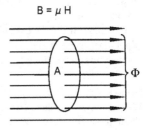

$$\Phi = BA = \mu HA \quad [\Phi] = \text{V s} = \text{Weber} = \text{Wb.} \quad \text{Fluss } \Phi$$

$$(8.27a)$$

Die Einheit des magnetischen Flusses Φ lautet: $[\Phi] = \text{V s} = \text{Weber} = \text{Wb}$. Der magnetische Fluss Φ hat beispielsweise beim Induktionsgesetz (Gl. 8.35a) Bedeutung.

Ist die Flussdichte über die Fläche A nicht konstant und steht die Flächennormale $\vec{A}$ nicht parallel zu den Flusslinien, kann (Gl. 8.27a) erweitert werden:

$$\Phi = \int \vec{B} \cdot d\vec{A}. \quad \text{Fluss } \Phi$$

$$(8.27b)$$

Dabei stellt $d\vec{A}$ den Vektor der Normalen des Flächenelementes d A dar und $\vec{B}$ den Vektor der Flussdichte.

Beispiel 8.2.2a

Wie groß ist die Flussdichte B in Eisen ($\mu_r = 3000$), das sich in einem Magnetfeld von $H = 600$ A/m befindet?

Nach (Gl. 8.25 und 8.26a) gilt:
$$B = \mu_0 \mu_r H = 4\pi \cdot 10^{-7} \cdot 3000 \cdot 600 \text{V s A}/\left(\text{A m}^2\right) = 2{,}26 \text{V s/m}^2 = 2{,}26 \text{ T.}$$

Beispiel 8.2.2b

Welcher Strom fließt durch eine Zylinderspule in Luft mit $N = 450$ Windungen, $d = 2$ cm Durchmesser und $l = 12$ cm Länge, die im Innern einen Fluss von $2 \cdot 10^{-6}$ Wb erzeugt?

Nach (Gl. 8.27a) gilt: $B = \Phi/A = 2 \cdot 10^{-6}/\left(\pi 10^{-4}\right) \text{Wb/m}^2 = 6{,}37 \cdot 10^{-3} \text{V s/m}^2$. Daraus folgt: $H = B/\mu_0 = 5069$A/m und $I = Hl/N = 1{,}35$A.

Beispiel 8.2.2c

Eine Zylinderspule von 20 cm Länge mit 2000 Windungen wird von einem Strom von 0,1 A durchflossen. Wie groß ist die magnetische Feldstärke? Wie groß ist die magnetische Flussdichte (Induktion), wenn in die Spule ein Eisenkern eingebracht wird?

Die Feldstärke beträgt (Gl. 8.24b): $H = In/l = 0{,}1 \cdot 2000/0{,}2$ A/m $= 1000$ A/m. Im Eisen entsteht eine Flussdichte von
$$B = \mu_0 \mu H = 4\pi \cdot 10^{-7} \cdot 3000 \cdot 1000(\text{V s/A m})(\text{A/m}) = 3{,}8\text{T} = 3{,}8 \text{ Tesla.}$$

Beispiel 8.2.2d

Mit supraleitenden Spulen können in Magnetresonanz-Tomographiegeräten Flussdichten von etwa 3 T erzeugt werden.

Frage 8.2.2e

Was ist der Unterschied zwischen der magnetischen Feldstärke und der Flussdichte?

Die magnetische Feldstärke beschreibt die Wirkung des Magnetfeldes auf einen magnetischen Dipol. Dagegen ist die Flussdichte (oder magnetische Induktion) für die Kräfte auf bewegte Ladungen verantwortlich (siehe Lorentz-Kraft).

Frage 8.2.2f

Welche physikalischen Größen werden durch die Einheiten Weber, Ampere/Meter und Tesla charakterisiert?

Magnetischer Fluss, magnetische Feldstärke und Flussdichte (magnetische Induktion).

8.2.3 Kräfte im Magnetfeld

Statische Magnetfelder üben Kräfte nur auf bewegte Ladungen aus, nicht auf ruhende. Man beobachtet diesen Effekt an Elektronen- oder Ionenstrahlen und an elektrischen Strömen in Leitern. Die Kräfte sind von der magnetischen Flussdichte B abhängig.

8.2.3.1 Leiter im Magnetfeld

Ein Leiter steht senkrecht zu den Feldlinien zwischen den Polen eines Magneten. Fließt ein Strom I durch den Leiter, bildet sich ein kreisförmiges Feld um den Leiter aus. In Abb. 8.10 findet links vom Leiter der Länge l eine Verstärkung der Feldlinien statt, rechts eine Schwächung. Anschaulich kann das so interpretiert werden, dass die verengten bzw. verstärkten Feldlinien den Leiter nach rechts drücken. Es zeigt sich, dass die Kraft F proportional zur magnetischen Flussdichte B ist. Die Kraft steht senkrecht zum Magnetfeld und zur Stromrichtung:

$$\boxed{F = I\, l\, B. \quad \text{Kraft } F \text{ im Magnetfeld}} \qquad (8.28)$$

Die Richtung der Kraft F kann durch folgende Regel ermittelt werden: Daumen, Zeigefinger und Mittelfinger der rechten Hand zeigen in Form eines x–y–z-Systems in Richtung von Strom I, Flussdichte B und Kraft F.

8.2.3.2 Elektromotor

Der Elektromotor oder auch das Drehspulinstrument beruhen auf dem Verhalten einer Leiterschlaufe im Magnetfeld. Nach Abb. 8.11 verursachen die Kräfte an den beiden Seiten der Schlaufe ein Drehmoment, das zu einer Rotationsbewegung führt. Beim Elektromotor wird statt einer Schlaufe eine gewickelte Spule eingesetzt, aber das Funktionsprinzip ist das gleiche.

Abb. 8.10 Kraft F auf einen mit dem Strom I durchflossenen Leiter im Magnetfeld (Lorentz-Kraft)

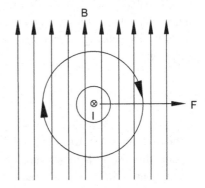

Abb. 8.11 Prinzip des
Elektromotors: auf eine
stromdurchflossene Schlaufe
wirkt ein Drehmoment

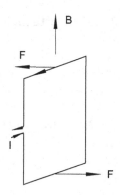

8.2.3.3 Parallele Leiter

Zwischen zwei stromdurchflossenen Leitern treten Kräfte auf, die auf einer Wechsel-
wirkung zwischen den Strömen und den erzeugten Magnetfeldern beruhen. Da das
Ampere durch die Kraft F zwischen parallelen Leitern definiert ist, wird folgende
Gleichung angegeben:

$$F = \frac{\mu_0 I_1 I_2}{2\pi d} l. \quad \text{Kraft } F \text{ zwischen Leitern} \tag{8.29}$$

Die Leiter der Länge l werden durch die Ströme I_1 und I_2 durchflossen und befinden
sich im Abstand d voneinander. Die Beziehung (Gl. 8.29) kann durch Anwendung von
(Gl. 8.24a und 8.28) bewiesen werden.

8.2.3.4 Lorentz-Kraft

Aus der Kraft auf stromdurchflossene Leiter $F = IlB$ (Gl. 8.28) kann die Wirkung auf
eine bewegte Ladung Q abgeleitet werden. Da $I = \Delta Q/\Delta t$ und die Geschwindigkeit v
der Ladung $v = \Delta l/\Delta t$ ist, erhält man für die sogenannte *Lorentz-Kraft* F:

$$\boxed{F = QvB. \quad \text{Lorentz - Kraft } F} \tag{8.30a}$$

Für (Gl. 8.30a) gelten ähnliche Voraussetzungen wie für (Gl. 8.28). Die Geschwindigkeit
v muss senkrecht zur Flussdichte B stehen. Die Kraft F wirkt senkrecht zu v und B.

Lässt man beliebige Richtungen der Geschwindigkeit $\vec{v}$ zu, gilt folgende Vektorgleichung:

$$\vec{F} = Q\left(\vec{v} \times \vec{B} \right). \quad \text{Lorentz - Kraft } \vec{F} \tag{8.30b}$$

Die Richtung der Kraft $\vec{F}$ auf eine Ladung $+Q$ kann durch folgende Regel
ermittelt werden: Daumen und Zeigefinger zeigen in Richtung der Geschwindig-
keit $\vec{v}$ und Flussdichte $\vec{B}$. Dann zeigt der Mittelfinger senkrecht zu $\vec{v}$ und $\vec{B}$ in
Richtung der Kraft $\vec{F}$.

8.2.3.5 Prinzip des Stromgenerators

Mithilfe der Lorentz-Kraft ist es möglich, den Stromgenerator zu erklären. Im Generator werden Leiterschlaufen senkrecht durch ein Magnetfeld bewegt. Die Leitungselektronen werden dabei mit bewegt. Auf die so bewegten Elektronen wirkt die Lorentz-Kraft. Man kann sich anhand der Dreifingerregel überlegen, dass die Kraft in Richtung des Leiters steht. Dadurch wird ein Strom erzeugt. Dies ist das Prinzip der Stromerzeugung in den Elektrizitätswerken. Eine andere gleichwertige Erklärung geht vom Induktionsgesetz aus (Abschn. 8.3.1).

8.2.3.6 Hall-Effekt

Durch die Lorentz-Kraft tritt an einem stromführenden Band der Breite b und Dicke d im Magnetfeld die *Hall-Spannung* auf. Nach Abb. 8.12 wirkt auf die Elektronen mit der Ladung $Q = -e$ im Leiter eine Kraft (Gl. 8.30a) senkrecht zur Elektronengeschwindigkeit v und zur Flussdichte $B : F = -evB$. Dabei wird vorausgesetzt, dass das Band senkrecht zur Flussdichte B steht. Durch die Kraft werden die Elektronen an eine Bandkante verschoben. Dadurch baut sich ein elektrisches Feld $E = U_H/b$ quer zum Strom I auf. Auf die Elektronen wirkt damit eine elektrische Kraft $F = -eE = -eU_H/b$. Im Gleichgewicht verschwindet die Summe beider Kräfte, woraus folgt:

$$\frac{U_H}{b} = vB \quad \text{oder} \quad U_H = vBb.$$

Die Hall-Spannung U_H wird quer zum Strom gemessen (Abb. 8.12). Man kann den Strom I durch die Geschwindigkeit v, Elementarladung e, Elektronendichte n und Querschnittsfläche bd ausdrücken:

$$I = nevbd \quad \text{oder} \quad v = \frac{I}{nebd} \quad \text{mit } e = 1{,}602\,176\,634 \cdot 10^{-19}\text{C}.$$

Man erhält für die *Hall-Spannung U_H*:

$$\boxed{U_H = \frac{IB}{ned} = \frac{A_H IB}{d} \quad \text{mit} \quad A_H = \frac{1}{ne}. \quad \text{Hall-Spannung } U_H} \tag{8.31}$$

Abb. 8.12 In einem stromdurchflossenen Band entsteht durch ein Magnetfeld die Hall-Spannung U_H quer zum Strom

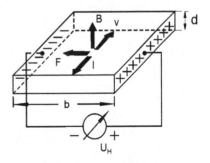

Der Hall-Effekt wird einerseits zur Messung der Flussdichte B andererseits aber auch zur Bestimmung des Hall-Koeffizienten $A_H = 1/(ne)$ ausgenutzt. Aus A_H erhält man bei Halbleitern das Vorzeichen der Ladungsträger (Elektronen oder positive Löcher) und deren Dichte n.

Beispiel 8.2.3a

Ein mit $I = 10$ A durchflossener Leiter befindet sich im rechten Winkel zum Magnetfeld mit einer Flussdichte von $B = 500$ mT. Wie groß ist die Kraft auf ein 4 cm langes Leiterstück?

Nach (Gl. 8.28) gilt: $F = IlB = 10 \cdot 0,5 \cdot 0,04$ A Tm $= 0,2$ A m V s/m$^2 = 0,2$ N.

Beispiel 8.2.3b

Ein Elektronenstrahl wird senkrecht zu den Feldlinien eines Magnetfeldes eingeschossen. Wie wird der Strahl abgelenkt?

Der Elektronenstrahl wird nach (Gl. 8.30b) stets senkrecht zu seiner Geschwindigkeit und senkrecht zum Magnetfeld abgelenkt. Damit ergibt sich eine kreisförmige Bahn im Magnetfeld.

Beispiel 8.2.3c

Wozu dient in der Praxis die Messung der Hall-Spannung?

Die Hall-Spannung hängt von der magnetischen Flussdichte ab, die somit gemessen werden kann. Weiterhin hängt die Hall-Spannung von der Dichte der Ladungsträger (Elektronen, positive Löcher) ab, die dadurch experimentell bestimmt werden kann.

8.2.3.7 Quanten-Hall-Effekt

In sehr dünnen Schichten (5 bis 10 nm) ist der Hall-Widerstand $R_H = U_H/I$ quantisiert und ist ein ganzzahliger Bruchteil des elementaren Quanten-Hall-Widerstandes, der sogenannten Von-Klitzing-Konstanten, h/e^2 (h ist das Planck'sche Wirkungsquantum):

$$R_H = \frac{A_H B}{d} = \frac{h}{e^2}\frac{1}{m} \quad (m = 1, 2, 3, \ldots) \quad \text{mit } \frac{h}{e^2} = 25\,812,807\,45 \ \Omega.$$

Die Messung des stufenförmigen Anstiegs des Hall-Widerstandes in zweidimensionalen Strukturen dient zur Festlegung des Widerstandsnormals (Abb. 8.13).

Abb. 8.13 Quanten-Hall-Effekt in einem sehr dünnen Leiter (zweidimensionales Elektronengas)

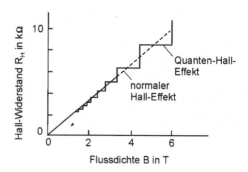

8.2.4 Polarisation und Magnetisierung

Bringt man Materie in ein Magnetfeld, ordnen oder bilden sich magnetische Dipole: die Materie wird magnetisiert. Dadurch erhöht sich die Flussdichte von B_0 auf B. Dieses wird durch Einführung der Permeabilitätszahl μ_r berücksichtigt (Gl. 8.26a):

$$B = \mu_r B_0 = \mu_r \mu_0 H_0 \quad [B] = \frac{V\,s}{m^2} = \text{Tesla} = \text{T.} \quad \text{Flussdichte } B \qquad (8.32)$$

H_0 und B_0 beziehen sich auf das Feld ohne Materie. Für die magnetische Feldkonstante μ_0 (Gl. 8.26a) gilt:

$$\mu_0 = 1{,}256\,637\,062\,12 \cdot 10^{-6} \frac{V\,s}{A\,m}. \quad \text{Magnetische Feldkonstante } \mu_0$$

8.2.4.1 Magnetische Polarisation J
Die in der Materie zusätzlich entstandene Flussdichte $B - B_0$ wird als *magnetische Polarisation J* bezeichnet:

$$J = B - B_0 \quad [J] = \frac{V\,s}{m^2} = \text{Tesla} = \text{T.} \quad \text{Polarisation } J \qquad (8.33a)$$

Mit $B = \mu_r B_0$ resultiert für die magnetische Polarisation J:

$$J = (\mu_r - 1)B_0 = (\mu_r - 1)\mu_0 H_0 \quad \text{oder} \quad J = \chi_m B_0 = \chi_m \mu_0 H_0. \qquad (8.33b)$$

Die Größe $\circ \chi_m$

$$\chi_m = (\mu_r - 1). \quad \text{Suszeptibilität } \chi_m \qquad (8.33c)$$

ist die *magnetische Suszeptibilität*. Sie gibt das Verhältnis von Polarisation J und Flussdichte B_0 an.

8.2.4.2 Magnetisierung
Während die Polarisation J die Zunahme der Flussdichte B beschreibt, gibt die *Magnetisierung M* die Erhöhung der magnetischen Feldstärke H an:

$$M = H - H_0 \quad \text{oder} \quad M = (\mu_r - 1)H_0 = \chi_m H_0. \quad \text{Magnetisierung } M \qquad (8.34)$$

Die Magnetisierung M ist bei vielen Stoffen proportional zur Feldstärke H, d. h. die Suszeptibilität χ_m ist eine Konstante. Ausgenommen davon sind nichtlineare magnetische Materialien, wie Ferromagnetika. Gemäß Tab. 8.2 kann man Materie einordnen in: *diamagnetisch* ($\mu_r < 1$), *paramagnetisch* ($\mu_r > 1$) und *ferro-, ferri- oder antiferromagnetisch* ($\mu_r \gg 1$).

Frage 8.2.4

Was versteht man unter der *magnetischen Polarisation* und der *Magnetisierung*?

Durch das Ausrichten (oder die Bildung) von magnetischen Dipolen in einem äußeren Magnetfeld erhöhen sich die magnetische Flussdichte und das Magnetfeld. *Die Erhöhung der Flussdichte nennt man magnetische Polarisation. Die Erhöhung der magnetischen Feldstärke wird Magnetisierung genannt.*

8.2.5 Materie im Magnetfeld

8.2.5.1 Atomarer Magnetismus

Das magnetische Verhalten von Materie wird durch die atomaren Elektronen bestimmt. Die Elektronen stellen Kreisströme um den Atomkern dar. Durch diese atomaren Kreisströme entsteht ein magnetischer Dipol. Größere Wirkungen als dieser *Bahnmagnetismus* rufen die magnetischen Eigendipole der Elektronen hervor. In klassischer Vorstellung beruht der Magnetismus der Elektronen (oder auch anderer Elementarteilchen) auf einer Eigenrotation (Spin), die auch die Wirkung eines Kreisstromes hat. Man spricht daher von *Spinmagnetismus*.

8.2.5.2 Diamagnetismus

Bringt man Atome in ein Magnetfeld, werden in den Elektronenschalen zusätzliche Kreisströme induziert (Induktionsgesetz in Abschn. 8.3.1). Nach der Lenz'schen Regel erzeugen die induzierten Kreisströme ein Magnetfeld, das entgegengesetzt zum äußeren Feld steht. Da das äußere Feld dadurch geschwächt wird, ist $\mu_r < 1$ und $\chi_m = \mu_r - 1 < 0$. Dieser sogenannte *Diamagnetismus* verschwindet wieder, wenn das äußere Feld abgeschaltet wird. Der Diamagnetismus ist sehr klein $|\chi_m| < 10^{-4}$. Er wird daher nur beobachtet, wenn die Atome unmagnetisch sind. Dies ist bei Systemen mit abgeschlossenen Schalen der Fall, bei denen sich die Elektronspins zu null kompensieren. Beispiele sind Ag, Au, Bi, Cu, H_2, N_2 (Tab. 8.2).

8.2.5.3 Paramagnetismus

In unaufgefüllten atomaren Schalen kompensieren sich die Spins der Elektronen nicht vollständig, sodass die Atome magnetische Dipole besitzen. Normalerweise zeigen diese statistisch verteilt in alle Richtungen. Durch Anlegen eines äußeren Feldes erfolgt eine Ausrichtung, der jedoch die thermische Bewegung entgegen wirkt. Die Suszeptibilität χ_m fällt nach dem Curie'schen Gesetz mit der Temperatur T:

$$\chi_m \sim \frac{C}{T}. \quad \text{Curie'sches Gesetz}$$

wobei der Faktor C stoffabhängig ist. Auch der Paramagnetismus mit $\chi_m < 10^{-2}$ ist sehr klein, wie es sich am Beispiel von Sn, Pt, W, Al, O_2 zeigt (Tab. 8.2).

8.2.5.4 Ferromagnetismus

Insbesondere in den Übergangsmetallen, Fe, Ni, Co, Gd, Er, existieren in inneren unaufgefüllten Schalen parallele Elektronenspins, die zu einem hohen atomaren Magnetismus führen. Durch die Wechselwirkung zwischen den Atomen bilden sich Kristallbereiche mit gleichgerichteter Magnetisierung, so genannte *Weiß'sche Bezirke* mit einer Ausdehnung von 1 bis $100\,\mu$ m. Im unmagnetischen Zustand ist die Magnetisierung einzelner Weiß'scher Bezirke so verteilt, dass sie sich makroskopisch zu null kompensieren.

Durch Anlegen eines äußeren Feldes H wird vom unmagnetischen Zustand ausgehend zunächst die *Neukurve* durchlaufen (Abb. 8.14a). Dabei wachsen die Weiß'schen Bezirke mit paralleler Orientierung zum Feld durch reversible Verschiebung der Grenzen, den *Bloch-Wänden*. Bei höheren Feldstärken H bleiben die Blochwände teilweise an Fehlstellen im Kristall hängen und reißen sich dann los, sodass es zu irreversiblen Wandverschiebungen kommt. Ist keine weitere Magnetisierung durch diesen Prozess mehr möglich, kommt es bei weiterer Steigung des angelegten Feldes zur Drehung der Magnetisierung Weiß'scher Bezirke. In der Sättigung sind alle Domänen parallel ausgerichtet. Bei sehr präziser Messung der Magnetisierungskurve nach Abb. 8.14b stellt man in Übereinstimmung mit dem aufgezeigten Modell fest, dass kleine sogenannte Barkhausen-Sprünge auftreten.

Verringert man von der Sättigung aus das äußere Feld bis auf Null, so bleibt eine Magnetisierung, die *Remanenz B_r*, bestehen (Abb. 8.14). Durch Umpolen des Feldes und Anlegen der *Koerzitivfeldstärke* kann die Magnetisierung auf Null gebracht werden. Bei weiterer Variation des äußeren Feldes wird die gesamte Magnetisierungskurve nach Abb. 8.14 durchfahren; man nennt sie *Hysteresekurve*. Das Prinzip der magnetischen Informationsspeicherung beruht auf der Remanenz, die je nach Vorgeschichte $+$ oder $-B_r$, (gleich 0 und 1) sein kann. Auch Permanentmagnete beruhen auf der Remanenz.

Für Temperaturen oberhalb der Curie-Temperatur T_C wird der Ferromagnetismus durch den Einfluss der Wärmebewegung zerstört.

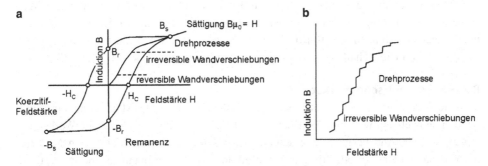

Abb. 8.14 Magnetisierungskurve: **a** Darstellung der Hysterese-Kurve. **b** Feinstruktur der Magnetisierungskurve aus a (Barkhausen-Sprünge)

Abb. 8.15 Darstellung
von Ferro-, Antiferro- und
Ferrimagnetismus

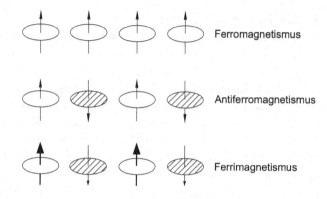

8.2.5.5 Antiferromagnetismus

Bei Antiferromagnetika liegen zwei gleiche ferromagnetische Untergitter vor, deren Magnetisierung antiparallel steht (Abb. 8.15). Die *Suszeptibilität* ist daher klein. Der antiferromagnetische Effekt verschwindet oberhalb der Néel-Temperatur. Beispiele sind MnO, FeO, NiO, CoO, CrF_3.

8.2.5.6 Ferrimagnetismus

Sind die magnetischen Dipole der antiparallelen Untergitter verschieden groß, so bleibt eine resultierende Magnetisierung vorhanden (Abb. 8.15). Ferrimagnetika oder *Ferrite* ähneln im Verhalten teils ferromagnetischen Materialien mit ihrer Hysteresekurve und teils antiferromagnetischen. Beispiele sind $MeOFe_2O_3$: für Me können die Metalle Mn, Co, Ni, Cu, Mg. Zn, Cd oder Fe stehen. Im Vergleich zu ferromagnetischen Metallen weisen sie einen hohen spezifischen Widerstand auf (zwischen 1 und 0,001 Ωm), sodass auch bei Anwendung hoher Frequenzen nur geringe Wirbelströme fließen.

8.2.5.7 Magnetostriktion

Durch die Verschiebung der Bloch-Wände im äußeren Magnetfeld kann eine Längen- und Dickenänderung auftreten. Bei Eisen führt die Magnetostriktion zu einer Ver- längerung in Richtung des Feldes, in Nickel zu einer Verkürzung. In der Praxis erreicht man Längenänderungen im 10-μm-Bereich. Magnetostriktive Materialien dienen zur Erzeugung von Ultraschall bei Anregung mit Wechselfeldern um 60 kHz.

8.2.5.8 Magnetische Werkstoffe

Werkstoffe können in magnetisch weiche, halbharte und harte Materialien eingeteilt werden, je nachdem wie groß die Koerzitivfeldstärke ist. Magnetisch weiche Werkstoffe mit $H_C < 1000$ A/m besitzen eine schmale Hysteresekurve, deren Fläche ein Maß für die Verluste bei Unmagnetisierung in Wechselfeldern ist. Dauermagnete sind magnetisch hart mit $H_C > 10.000$ A/m.

Frage 8.2.5a

Welche Bedeutung hat die Magnetisierungskurve für Permanentmagnete?

Permanentmagnete weisen eine magnetische Flussdichte (Induktion) auf, die durch die Remanz B_r gegeben ist (Abb. 8.14).

Frage 8.2.5b

Hat es Sinn, den Strom bei Elektromagneten beliebig hoch zu wählen?

Bei Erreichen der Sättigung in der Magnetisierungskurve (Abb. 8.14) steigt die magnetische Induktion nur noch sehr wenig. Eine weitere Erhöhung des Stromes ist dann im Allgemeinen nicht mehr sinnvoll.

Frage 8.2.5c

Wodurch wird der Ferromagnetismus verursacht?

In ferromagnetischen Materialien (z. B. Eisen) befinden sich kleine Bereiche (Weiß'sche Bezirke), in denen die Elektronenspins der äußeren atomaren Schalen parallel liegen. Diese Bereiche sind im nicht magnetisierten Zustand statistisch orientiert. Beim Anlegen eines äußeren Magnetfeldes werden diese Bereiche zunehmend in Richtung des Magnetfeldes gedreht. Damit steigt die Magnetisierung der Materie an, bis in der Sättigung alle Spins parallel liegen.

8.3 Elektromagnetische Wechselfelder

Im statischen Fall können elektrische und magnetische Felder für sich allein auftreten. Bei zeitlich veränderlichen Feldern jedoch sind elektrische und magnetische Feldlinien miteinander gekoppelt.

In diesem Kapitel werden zeitlich konstante Größen mit großen Buchstaben und zeitabhängige mit kleinen geschrieben.

8.3.1 Veränderliche Magnetfelder: Induktion

Die *elektromagnetische Induktion* ist das Prinzip für die Funktion von Stromgeneratoren, Transformatoren und anderen Baugruppen der Elektrotechnik und Elektronik.

8.3.1.1 Induktionsgesetz

Durch ein zeitlich veränderliches Magnetfeld wird in einer Leiterschleife mit N Windungen eine Spannung u_i induziert (Abb. 8.16a). Es gilt das *Induktionsgesetz*:

$$u_i = -N\frac{d\Phi}{dt}. \quad \text{Induzierte Spannung } u_i \tag{8.35a}$$

Eine induzierte Spannung u_i tritt nur bei Veränderungen des magnetischen Flusses $\Phi = BA$ auf, wobei B die Flussdichte oder Induktion und A die vom Feld durchströmte

Abb. 8.16 Induktionsgesetz:
a Durch veränderliche
Magnetfelder wird
eine Spannung in einer
Leiterschleife induziert.
b Erzeugung eines
elektrischen Feldes durch ein
veränderliches Magnetfeld

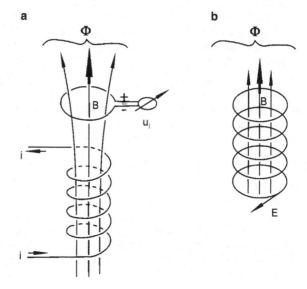

Fläche der Leiterschleife senkrecht zu den Feldlinien ist. Das Minuszeichen wird durch die *Lenz'sche Regel* erklärt:

Die induzierte Spannung u_i wirkt der Ursache entgegen.

Dies bedeutet, dass beim Fließen eines Stromes, verursacht durch u_i, das entstehende Feld das äußere Feld schwächt.

> Das Induktionsgesetz besagt, dass ein zeitlich veränderlicher Magnetfluss eine Spannung erzeugt.

Ein veränderliches Magnetfeld erzeugt ein elektrisches Feld, das den magnetischen Fluss Φ umschließt (Abb. 8.16b). Wird eine Leiterschleife eingebracht, so kann das elektrische Feld nach Abb. 8.16a durch Messen der induzierten Spannung u_i nachgewiesen werden. Das Induktionsgesetz wird mit $u_i = \oint \vec{E} \cdot \mathrm{d}\vec{s}$ für eine Windung $N = 1$ umgeschrieben:

$$\oint \vec{E} \cdot \mathrm{d}\vec{s} = -\frac{\mathrm{d}\Phi}{\mathrm{d}t}. \quad \text{Induktionsgesetz} \qquad (8.35b)$$

Die Integration erfolgt längs einer geschlossenen Kurve (Kreis), die das Magnetfeld umschlingt.

8.3.1.2 Bewegte Leiter

In einem zeitlich konstanten Magnetfeld B lassen sich Spannungen dadurch induzieren, dass Leiter im Magnetfeld bewegt werden (Abb. 8.17). Aus dem Induktionsgesetz für eine Windung ($N = 1$) kann die Spannung u_i berechnet werden:

Abb. 8.17 Erzeugung einer
Spannung durch bewegte
Leiter im Magnetfeld

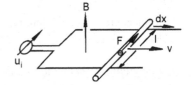

$$u_i = -\frac{d\Phi}{dt} = -B\frac{dA}{dt} = -Blv. \quad \text{Bewegte Leiter} \tag{8.36}$$

Nach Abb. 8.17 besitzt der Leiter der Länge l die Geschwindigkeit v, sodass für die Fläche gilt: $dA/dt = lv$. (Gl. 8.36) kann auch aus der Lorentz-Kraft abgeleitet werden.

8.3.1.3 Stromgenerator

Zur Umwandlung von mechanischer in elektrische Energie werden Generatoren eingesetzt. Diese bestehen im Prinzip aus einer Spule mit N Windungen, die im Magnetfeld B mit der Winkelgeschwindigkeit ω gedreht wird. Die senkrecht zu den Feldlinien projizierte Fläche beträgt $A\cos(\omega t)$. Daraus folgt $dA/dt = -\omega A\sin(\omega t)$. Das Induktionsgesetz liefert für die entstehende Wechselspannung:

$$u_i = NBA\omega\sin(\omega t). \quad \text{Wechselspannung} \tag{8.37}$$

Die Spannung wird an Schleifringen des Generators abgegriffen.

8.3.1.4 Selbstinduktion

Ein Wechselstrom i in einer Spule erzeugt ein zeitlich veränderliches Magnetfeld. Dieses magnetische Wechselfeld induziert in der gleichen Spule eine Spannung u_i. Man nennt diesen Vorgang *Selbstinduktion*.

Die induzierte Spannung u_i wirkt dem felderzeugenden Strom i entgegen (Lenz'sche Regel). Die Selbstinduktion kann am Beispiel einer langen Zylinderspule berechnet werden. Für den magnetischen Fluss Φ einer Spule der Länge l und der Querschnittsfläche A gilt:

$$\Phi = \mu_0 HA = \frac{\mu_0 NAi}{l}.$$

Nach dem Induktionsgesetz $u_i = -Nd\Phi/dt$ erhält man somit:

$$u_i = -\frac{\mu_0 N^2 A}{l}\frac{di}{dt}.$$

Die Spulendaten werden zur *Induktivität L* zusammengefasst und man erhält:

$$u_i = -L\frac{di}{dt} \quad [L] = \frac{V\,s}{A} = H = \text{Henry.} \quad \text{Selbstinduktion} \tag{8.38}$$

Stromänderungen induzieren in Spulen (Induktivität L) eine Gegenspannung.

Die Induktivität L weist die Einheit $[L] = \text{V s/A} = \text{H}$ (Henry) auf. Für Spulen erhält man in Verallgemeinerung obiger Gleichungen:

$$L = \frac{F\mu_0\mu_r AN^2}{l}. \quad \text{Induktivität } L \qquad\qquad (8.38\text{b})$$

Für eine lange Spule beträgt der Spulenformfaktor $F = 1$.

Beispiel 8.3.1a
Welche Spannung wird in einer Spule mit 75 Windungen induziert, wenn der magnetische Fluss durch die Spule in 3 s um 0,05 V s zunimmt?

Es gilt das Induktionsgesetz (Gl. 8.35a): $U = -N\mathrm{d}\Phi/\mathrm{d}t = -75 \cdot 0{,}05/3\,\text{V} = -1{,}25\text{V}$.

Beispiel 8.3.1b
In einem Magnetfeld mit einer Flussdichte $B = 0{,}25$ T rotiert eine Spule mit $N = 300$ Windungen und einer Fläche von $A = 5\,\text{cm}^2$ mit einer Drehzahl $n = 3000$ L/min. Wie groß ist die Amplitude U_0 der induzierten Spannung?

Es wird eine sinusförmige Spannung u_i induziert (Gl. 8.37):

$u_i = NBA\omega\sin(\omega t) = U_0\sin(\omega t)$. Es folgt: $U_0 = NAB\omega = NAB2\pi n$. Mit $n = 3000/60$ 1/s folgt $U_0 = 300 \cdot 5 \cdot 10^{-4} \cdot 0{,}25 \cdot 50\,\text{V} = 1{,}875$ V.

Beispiel 8.3.1c
Wie groß ist die Induktivität einer Zylinderspule in Luft mit $N = 1000$, Länge $l = 7\,\text{cm}$, Querschnittsfläche $A = 8\,\text{cm}^2$?

Für Luft gilt (Gl. 8.38b) (mit $F = 1$): $L = \mu_0 AN^2/l = 4\pi \cdot 10^{-7} \cdot 8 \cdot 10^{-4} \cdot 10^6/0{,}07\text{H} = 0{,}0144\text{H}$.

Frage 8.3.1d
Beschreiben Sie kurz das Induktionsgesetz.

Ein veränderlicher magnetischer Fluss erzeugt in einer Leiterschleife eine elektrische Spannung.

8.3.2   Veränderliche elektrische Felder

Das Induktionsgesetz besagt, dass ein magnetisches Wechselfeld eine elektrische Feldstärke und Spannung erzeugt. Auch die Umkehrung gilt: ein zeitlich veränderliches elektrisches Feld erzeugt ein Magnetfeld. Es gilt analog zu (Gl. 8.35b):

$$\oint \vec{H} \cdot \mathrm{d}\vec{s} = \frac{\mathrm{d}\Psi}{\mathrm{d}t}. \qquad\qquad (8.39)$$

Die elektrische Flussdichte Ψ ist durch (Gl. 8.22a) gegeben.

8.3.2.1 Ampere-Maxwell'sches Gesetz

Das Durchflutungsgesetz (Gl. 8.24c) sagt aus, dass das Umlaufintegral $\oint \vec{H} \cdot \mathrm{d}\vec{s}$ gleich dem eingeschlossenen Strom i ist. (Gl. 8.39) muss also ergänzt werden, falls neben dem veränderlichen elektrischen Feld noch zusätzlich ein Strom i vorhanden ist:

$$\oint \vec{H} \cdot \mathrm{d}\vec{s} = \frac{\mathrm{d}\Psi}{\mathrm{d}t} + i. \quad \text{Ampere - Maxwell'sches Gesetz} \tag{8.40}$$

Diese Gleichung ist auch als *4. Maxwell'sche Gleichung* bekannt.

8.3.3 Maxwell'sche Gleichung

Die wichtigsten Gleichungen von Kap. 8 beschreiben elektrische und magnetische Vorgänge. Sie sollen im Folgenden in Form der Maxwell'schen Gleichungen zusammengestellt werden. Sie beschreiben alle Phänomene der Elektrostatik und -dynamik.

Die physikalischen Größen für elektrische Felder lauten:

$\vec{E}$:	elektrische Feldstärke in V/m,
$\vec{D}$:	elektrische Flussdichte oder Verschiebungsdichte in A s/m^2 und
Ψ:	elektrischer Fluss in A s

Die entsprechenden magnetischen Feldgrößen sind:

$\vec{H}$:	magnetische Feldstärke in A/m,
Φ:	magnetischer Fluss in V s = Wb = Weber
$\vec{B}$:	magnetische Flussdichte oder Induktion in V s/m^2 = T = Tesla

Hinzu kommt die elektrische Stromstärke i in A, bzw. die Stromdichte $\vec{j}$ in A/m^2.

8.3.3.1 Dritte Maxwell'sche Gleichung

Es handelt sich um das Induktionsgesetz (Gl. 8.35b):

$$\oint \vec{E} \cdot \mathrm{d}\vec{s} = -\frac{\mathrm{d}\Phi}{\mathrm{d}t}. \quad \text{3. Maxwell'sche Gleichung}$$

8.3.3.2 Vierte Maxwell'sche Gleichung

Das Ampere-Maxwell'sche Gesetz (Gl. 8.40) ist die 2. Maxwell'sche Gleichung. Sie ist analog zur 1. Maxwell'schen Gleichung aufgebaut. Es wird berücksichtigt, dass ein Strom i fließen kann:

$$\oint \vec{H} \cdot \mathrm{d}\vec{s} = \frac{\mathrm{d}\Psi}{\mathrm{d}t} + i. \quad \text{4. Maxwell'sche Gleichung}$$

8.3.3.3 Zusätzliche Gleichungen

Der magnetische Fluss Φ ist mit der Flussdichte $\vec{B}$ wie folgt verbunden (Gl. 8.27b):

$$\Phi = \int \vec{B} \cdot d\vec{A}.$$

Die Linien des magnetischen Flusses sind in sich geschlossen. Integriert man (Gl. 8.26b) über eine Kugelfläche oder eine ähnlich in sich geschlossene Oberfläche, laufen genau so viele Flusslinien hinein wie heraus:

$$\oint \vec{B} \cdot d\vec{A} = 0. \quad \text{2. Maxwell'sche Gleichung} \tag{8.41}$$

Der elektrische Fluss Ψ ist durch folgende Gleichung mit der elektrischen Flussdichte $\vec{D}$ verknüpft (Gl. 8.22b):

$$\Psi = \int \vec{D} \cdot d\vec{A}.$$

Bei Integration von (Gl. 8.11) über eine geschlossene Fläche erhält man die eingeschlossene Ladung Q (Gl. 8.23):

$$\oint \vec{D} \cdot d\vec{A} = Q. \quad \text{1. Maxwell'sche Gleichung}$$

Der Unterschied zwischen den Gleichungen für das elektrische und magnetische Feld beruht darin, dass keine magnetische Ladung existiert.

8.3.3.4 Materialgleichungen

Folgende Gleichungen beschreiben den Einfluss von Materie auf elektromagnetische Felder. (Gl. 8.22c) lautet bei Vorhandensein von Materie:

$$\vec{D} = \varepsilon_r \varepsilon_0 \vec{E}.$$

Für Magnetfelder gilt analog (Gl. 8.32):

$$\vec{B} = \mu_r \mu_0 \vec{H}.$$

Zusätzlich existiert das Ohm'sche Gesetz (Abschn. 8.4.1):

$$\vec{j} = \kappa \vec{E}, \tag{8.42}$$

wobei κ den spezifischen Widerstand angibt. Den Strom i erhält man durch Integration der Stromdichte $\vec{j}$

$$\vec{j} = \int i \, d\vec{A}. \tag{8.43}$$

8.3.3.5 Lorentz-Gleichung

Die elektrische und magnetische Kraft auf eine Ladung Q lautet (Gl. 8.5 + 8.30b):

$$\vec{F} = Q\left(\vec{E} + \left(\vec{v} \times \vec{B}\right)\right).$$

Die Gleichungen dieses Abschnittes haben fundamentale Bedeutung, da sie alle elektromagnetischen Phänomene beschreiben. Sie stellen eine theoretische Grundlage der Elektronik und Optik dar.

8.3.4 Elektromagnetische Wellen

Zeitveränderliche elektrische und magnetische Felder sind untrennbar miteinander verknüpft und sie erzeugen sich gegenseitig. Ein elektrisches Wechselfeld verursacht ein umschlingendes periodisches Magnetfeld (Abb. 8.18). Dieses induziert wiederum ein elektrisches Feld usw.

Der Vorgang breitet sich wellenförmig im Raum aus. Das Spektrum dieser Wellen reicht von den Radiowellen, der infraroten Strahlung, dem Licht, der ultravioletten Strahlung der Röntgenstrahlung bis hin zur γ-Strahlung (Abb. 8.19).

8.3.4.1 Erzeugung und Ausbreitung

Eine elektromagnetische Welle wird durch beschleunigte Ladungen erzeugt, beispielsweise in einer Antenne, in die eine hochfrequente Spannung eingespeist wird. In der Antenne bewegen sich die Elektronen periodisch, sodass ein schwingender elektrischer Dipol entsteht (Abb. 8.20a).

Die von einer Antenne abgestrahlte elektromagnetische Welle ist in der Regel linear polarisiert. Die elektrische Feldstärke E steht parallel zur Dipolachse, die magnetische Feldstärke H senkrecht dazu. Es handelt sich um eine Transversalwelle. Im Nahfeld

Abb. 8.18 Erzeugung elektromagnetischer Wellen durch das Wechselfeld einer schwingenden Dipolantenne

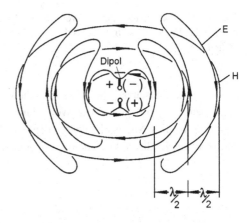

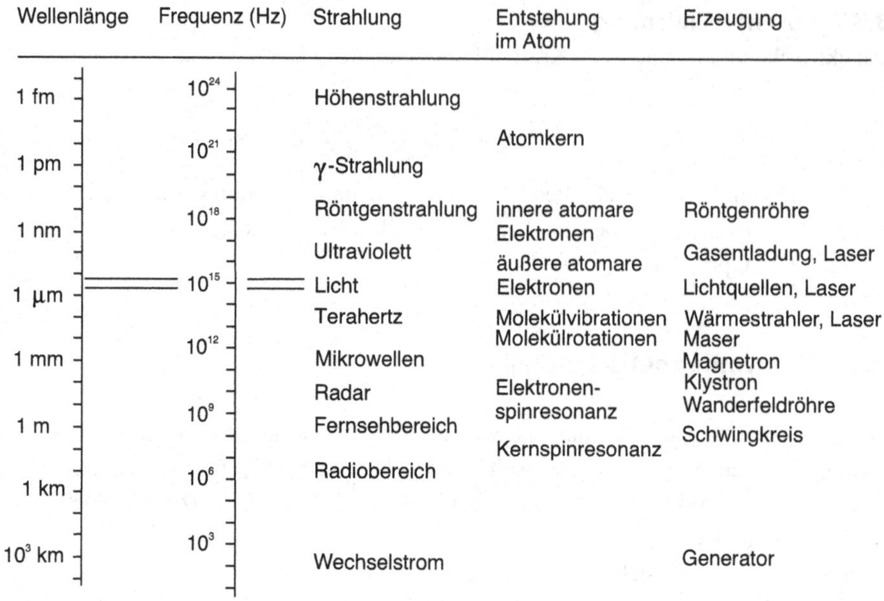

Wellenlänge	Frequenz (Hz)	Strahlung	Entstehung im Atom	Erzeugung
1 fm	10^{24}	Höhenstrahlung		
1 pm	10^{21}	γ-Strahlung	Atomkern	
1 nm	10^{18}	Röntgenstrahlung	innere atomare Elektronen	Röntgenröhre
		Ultraviolett	äußere atomare Elektronen	Gasentladung, Laser
1 µm	10^{15}	Licht		Lichtquellen, Laser
		Terahertz	Molekülvibrationen Molekülrotationen	Wärmestrahler, Laser Maser
1 mm	10^{12}	Mikrowellen		Magnetron
		Radar	Elektronen- spinresonanz	Klystron Wanderfeldröhre
1 m	10^{9}	Fernsehbereich		Schwingkreis
			Kernspinresonanz	
1 km	10^{6}	Radiobereich		
10^{3} km	10^{3}	Wechselstrom		Generator

Abb. 8.19 Darstellung des Frequenzspektrums der elektromagnetischen Strahlung

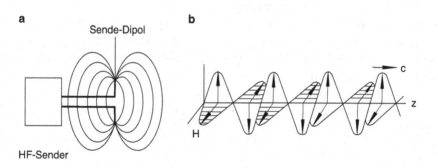

Abb. 8.20 Elektromagnetische Wellen: **a** Erzeugung durch einen schwingenden Dipol (elektrische Feldstärke), **b** Elektrisches und magnetisches Feld in der Welle stehen senkrecht zueinander

existiert eine Phasenverschiebung zwischen dem E- und H-Feld; im Fernfeld bei Entfernungen, die groß gegen die Wellenlänge λ sind, schwingen beide Felder in Phase (Abb. 8.20b). Der Nachweis elektromagnetischer Wellen kann durch Empfangsantennen erfolgen, welche die elektrische oder magnetische Feldstärke erfassen.

Auch Licht ist eine elektromagnetische Welle. Die Erzeugung und Ausbreitung von Licht wird in den Kapiteln Atomphysik und Optik beschrieben.

8.3.4.2 Lichtgeschwindigkeit c_0

Aus den Maxwell'schen Gleichungen kann eine Wellengleichung (analog zu 6.26) abgeleitet werden. Man erhält daraus die Ausbreitungsgeschwindigkeit elektromagnetischer Wellen in einem Medium, das durch die Permitivitätszahl ε_r und die Permeabilität μ_r sowie die elektrische und magnetische Feldkonstanten ε_0 und μ_0 beschrieben wird:

$$c = \frac{1}{\sqrt{\varepsilon\mu}} = \frac{1}{\sqrt{\varepsilon_r\varepsilon_0\mu_r\mu_0}} = \frac{c_0}{n}. \quad \text{Lichtgeschwindigkeit } c \qquad (8.44\text{a})$$

Dabei sind c_0 die Lichtgeschwindigkeit im Vakuum und n die Brechzahl:

$$c_0 = \frac{1}{\sqrt{\varepsilon_0\mu_0}} = 2{,}99\,792\,458 \cdot 10^8\,\frac{\text{m}}{\text{s}} \quad \text{und} \quad n = \frac{c_0}{c} = \sqrt{\varepsilon_r\mu_r}. \quad \text{Brechzahl } n$$
$$(8.44\text{b})$$

Elektromagnetische Wellen jeder Art breiten sich im Vakuum mit der Lichtgeschwindigkeit $c \approx 300.000$ km/s aus. In einem Medium verringert sich die Geschwindigkeit von c_0 auf c. Das Verhältnis c_0/c ist die Brechzahl n, eine wichtige optische Materialkonstante (Kapitel Optik).

8.3.4.3 Intensität/Leistungsdichte

Werden die Beträge der Feldstärken E und H miteinander multipliziert, erhält man die Intensität oder Leistungsdichte S bzw. den Betrag des sogenannten Poynting-Vektors, welche die in der Welle transportierte Leistung P pro Querschnittsfläche A angibt:

$$S = EH = \frac{E^2}{Z} = ZH^2 \quad [S] = \frac{\text{W}}{\text{m}^2}. \quad \text{Leistungsdichte } S \qquad (8.45)$$

$Z = E/H = \sqrt{\mu/\varepsilon}$ ist der *Wellenwiderstand*. Er beträgt im Vakuum $Z = 376{,}7\,\Omega$.

8.3.4.4 Elektrosmog

In der Umwelt gibt es beim Stromtransport niederfrequente und bei Fernsehen, Funk und Mobiltelefon hochfrequente elektromagnetische Felder. Die zugelassenen Grenzwerte für das 50 Hz Stromnetz betragen für das elektrische und magnetische Feld 5000 V/m und 100 μT. Für hochfrequente Felder von 10 MHz bis 30 GHz gelten Grenzen für die Leistungsdichte zwischen $S = 2$ und 10 W/m^2.

8.3.4.5 Koaxialkabel

Bei der Ausbreitung hochfrequenter elektrischer Signale in Leitungen, z. B. Koaxial-kabeln, muss das elektromagnetische Feld um den Mittelleiter herum mit berücksichtigt werden. Eine Leitung wird durch den Wellenwiderstand

$$Z = \sqrt{\mu/\varepsilon} = \sqrt{L'/C'}. \quad \text{Wellenwiderstand } Z \qquad (8.46)$$

charakterisiert, wobei L' und C' die Induktivität und Kapazität pro Längeneinheit dar-stellen. Elektromagnetische Wellen breiten sich in Leitungen ähnlich aus wie elastische Wellen in Drähten oder Stäben. An den Enden werden die Wellen flektiert und bilden stehende Wellen. Am offenen Ende liegen ein Spannungsbauch und ein Stromknoten vor. Am kurzgeschlossenen Ende dagegen entsteht ein Spannungsknoten und Strombauch. Ist der Leiter mit dem Wellenwiderstand abgeschlossen, findet keine Reflexion statt; die laufende Welle wird im Widerstand absorbiert. Ein üblicher Wert für Koaxialkabel beträgt $Z = 50\,\Omega$.

8.3.4.6 Synchrotronstrahlung

Beschleunigte Teilchen senden elektromagnetische Wellen aus. Beim Abbremsen von Elektronen in einer Röntgenröhre entsteht die sogenannte *Bremsstrahlung* (Abschn. 10.3.1). Synchrotronstrahlung wird von Elektronen oder Ionen emittiert, die sich auf einer Kreisbahn bewegen (Abb. 8.21). Im Elektronensynchrotron wird die Abstrahlung dadurch verstärkt, dass der Strahl durch Wiggler läuft, in denen der Strahl Schwingungen in radialer Richtung durchführt (Abb. 10.18). Es handelt sich um eine Dipolstrahlung.

Beispiel 8.3.4a
Berechnen Sie die Lichtgeschwindigkeit aus der elektrischen und magnetischen Feldkonstante $\left(\varepsilon_0 = 8{,}854 \cdot 10^{-12}\,\text{C}^2/(\text{N m}^2)\right)$, $\mu_0 = 4\pi \cdot 10^{-7}\,\text{V s}/(\text{A m})$).
   Man erhält nach (Gl. 8.44b): $c_0 = 1/\sqrt{\varepsilon_0\mu_0} = 2{,}998 \cdot 10^8$ m/s.

Beispiel 8.3.4b
Wie groß ist die elektrische Feldstärke E, die ein Radiosender mit einer Leistung von $P = 1\,\text{kW}$ in $r = 1\,\text{km}$ Entfernung erzeugt?

Abb. 8.21 Erzeugung von
Synchrotronstrahlung

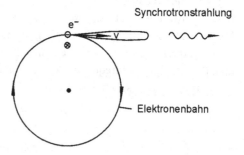

Der Sender strahlt die Leistung P näherungsweise kugelförmig mit einer Oberfläche von $4\pi r^2$. Damit erhält man: $S = P/\left(4\pi r^2\right) = 7{,}96 \cdot 10^{-5}\,\text{W/m}^2$. Nach (Gl. 8.45) gilt:

$$E = \sqrt{ZS} = \sqrt{376{,}7 \cdot 7{,}96 \cdot 10^{-5}\,\Omega\text{W/m}^2} = 0{,}173\,\text{V/m}.$$

Frage 8.3.4c
Wie kann eine elektromagnetische Welle erzeugt werden?
Sie kann beispielsweise durch die schwingenden Elektronen in einer Dipolantenne entstehen.

Frage 8.3.4d
Stellt Licht auch eine elektromagnetische Welle dar?
Ja, es entsteht beispielsweise durch Elektronenübergänge in Atomen.

8.4 Elektrische Ströme

8.4.1 Gleichstromkreise

8.4.1.1 Definition des elektrischen Widerstandes

In elektrischen Leitern wird der Widerstand R als Quotient aus Spannung U und Strom I definiert. Der Kehrwert $G = 1/R$ wird als Leitwert bezeichnet:

$$\boxed{R = U/I \quad \text{oder} \quad G = I/U \quad [R] = \frac{\text{V}}{\text{A}} = \Omega = \text{Ohm} \quad [G] = \frac{\text{A}}{\text{V}} = \text{S} = \text{Siemens.}}$$

$$(8.47)$$

Ohm'sches Gesetz: Der Widerstand R ist konstant ($R = const.$), woraus folgt, dass die Spannung U in einem ohmschen Leiter direkt proportional zum Strom I ist.

Der Widerstand ist proportional zur Länge l und umgekehrt proportional zum Querschnitt A eines Leiters:

$$R = \rho\frac{l}{A} \quad \text{und} \quad G = \kappa\frac{A}{l} \quad [\rho] = \Omega m \quad [\kappa] = \frac{\text{S}}{\text{m}}. \tag{8.48}$$

Die Materialgrößen ρ und $\kappa = 1/\rho$ nennt man *spezifischer Widerstand* und *elektrische Leitfähigkeit* (Tab. 8.3).

Wird in (Gl. 8.47) der Strom I durch die Querschnittsfläche A dividiert, erhält man die Stromdichte $j = I/A$. Die Spannung U durch die Feldstärke $E = U/l$ ersetzt. Man erhält (Gl. 8.42):

$$j = \kappa E \quad \text{bzw. vektoriell} \quad \vec{j} = \kappa\vec{E} \quad [j] = \frac{\text{A}}{\text{m}^2}. \quad \text{Stromdichte } j$$

Tab. 8.3 Spezifischer
Widerstand ρ und
Temperaturkoeffizient α bei
20 °C

Material	ρ in $10^{-6}\,\Omega\,\text{m}$	α in $10^{-3}\,\text{K}^{-1}$
Silber	0,016	3,8
Kupfer	0,017	3,9
Aluminium	0,027	4,7
Eisen	0,10	6,1
Platin-Iridium	0,32	2
Konstantan	0,50	0,03
Manganin	0,43	0,02
Graphit	8,0	−0,2

In Leitern diffundieren die Elektronen durch das Kristallgitter, ähnlich wie Gase in
Gefäßen. Mit steigender Temperatur wird die Zahl der Gitterstörungen größer, an denen
die Elektronen unelastisch gestreut werden. Daher nimmt der elektrische Widerstand R
mit der Temperatur ϑ zu. Näherungsweise gilt für Metalle ein lineares Gesetz:

$$R = R_{20}(1 + \alpha(\vartheta - 20\,°\text{C})). \quad \text{Metalle} \qquad (8.49a)$$

Man geht dabei von einem Widerstand R_{20} bei 20 °C aus. Beispiele für den Temperatur-
koeffizienten α

$$\alpha = \frac{\Delta R}{R}\frac{1}{\Delta\vartheta} \quad [\alpha] = \frac{1}{\text{K}} = \frac{1}{°\text{C}}. \quad \text{Temperaturkoeffizienten } \alpha \qquad (8.49b)$$

gibt   Tab. 8.3. Konstantan (60 % Cu, 40 % Ni) und Manganin (86 % Cu, 2 % Ni,
12 % Mn) zeigen eine sehr geringe Temperaturabhängigkeit. Halbleiter verhalten sich
anders als Metalle (Abschn. 11.3), der Widerstand fällt bei steigenden Temperaturen
(NTC-Widerstände, NTC = negative temperature coefficient).

8.4.1.2 Erstes Kirchhoff'sches Gesetz

Das 1. Kirchhoff'sche Gesetz, die *Knotenregel,* gilt in verzweigten Stromkreisen
(Abb. 8.22a). Nach dem Gesetz der Ladungserhaltung müssen an einem Knoten die
zufließenden Ströme gleich den abfließenden sein.

An einem Stromknoten ist die Summe der Ströme null. Die zufließenden Ströme
werden positiv und die abfließenden negativ gerechnet.

$$\boxed{I_1 + I_2 + I_3 + \ldots = 0. \quad \text{1. Kirchhoff'sches Gesetz}} \qquad (8.50)$$

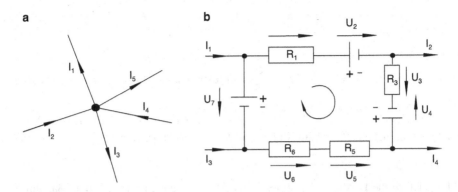

Abb. 8.22 **a** Darstellung der Knotenregel: Die Summe aller Ströme ist gleich null. **b** Maschenregel: Die Summe aller Spannungen ist gleich null.

8.4.1.3 Zweites Kirchhoff'sches Gesetz

In einem elektrischen Stromkreis muss mindestens eine Spannungsquelle vorhanden sein (Abb. 8.22b). Nach dem Gesetz der Energieerhaltung ist beim Transport von Ladung in einem geschlossenen Stromkreis, einer *Masche*, die zu- und abgegebene elektrische Arbeit gleich groß. Die Spannung U ist ein Maß für die Arbeit W (Gl. 8.8: $W = QU$). Die Summe der treibenden Spannungen der Quellen (U_{0i}) ist so groß wie alle Spannungsabfälle (U_{abi}) ($i = 1, 2, 3, \ldots$):

$$U_{01} + U_{02} + \ldots = U_{ab1} + U_{ab2} + \ldots \tag{8.51}$$

Die Richtungen der Spannungen werden für Quellen von Plus nach Minus gewertet. Im Stromkreis zeigen der die Spannungen auch von Plus nach Minus in Stromrichtung.

Man erhält man mit der Vorzeichenfestlegung für die Maschenregel:

$$\boxed{U_1 + U_2 + U_3 + \ldots = 0. \quad \text{2. Kirchhoff'sches Gesetz}} \tag{8.52}$$

In einer Masche ist die Summe aller Spannungen gleich Null.

8.4.1.4 Elektrische Leistung P

Beim Transport der Ladung $\Delta Q = I \Delta t$ zwischen zwei Stellen mit der Potenzialdifferenz oder Spannung U wird die Arbeit W verrichtet. Nach (Gl. 8.8) gilt:

$$\Delta W = \Delta Q U = UI \Delta t.$$

Aus dieser Gleichung erhält man die elektrische Leistung $P = \Delta W / \Delta t$ beim Fließen eines Stromes I:

$$\boxed{P = UI = RI^2 = \frac{U^2}{R}.} \quad \text{Elektrische Leistung } P \tag{8.53}$$

In dieser Gleichung wurde die Definition des elektrischen Widerstandes (Gl. 8.47) benutzt. Die Leistung P wird am Widerstand R in Wärme überführt.

Die elektrische Leistung P in einem Widerstand ist gleich Strom I mal Spannung U.

8.4.1.5 Reihenschaltung von Widerständen

Verbindet man Widerstände $R_1, R_2, R_3, \ldots$ in Reihe, so fließt durch alle Widerstände der gleiche Strom. Daraus folgt für den gesamten Widerstand bei Reihenschaltung:

$$\boxed{R = R_1 + R_2 + R_3 + \ldots} \quad \text{Reihenschaltung} \tag{8.54}$$

Bei Reihenschaltung addieren sich die Widerstände.

8.4.1.6 Parallelschaltung von Widerständen

Legt man Widerstände $R_1, R_2, R_3, \ldots$ parallel und verbindet die Enden miteinander, so liegt an jedem Widerstand die gleiche Spannung U. Man erhält den Strom: $I = U/R_1 + U/R_2 + U/R_3 + \ldots = U/R$. Bei Parallelschaltung ergibt sich damit für den gesamten Widerstand R:

$$\boxed{\frac{1}{R} = \frac{1}{R_1} + \frac{1}{R_2} + \frac{1}{R_3} + \ldots \quad \text{oder} \quad G = G_1 + G_2 + G_3 + \ldots} \quad \text{Parallelschaltung}$$

$$\tag{8.55}$$

Bei Parallelschaltung addieren sich die Leitwerte (=Kehrwerte der Widerstände).

Beispiel 8.4.1a

Ein Draht ($l = 1$ m, $d = 0{,}35$ mm) wird bei einer angelegten Gleichspannung von $U = 6$ V von einem Strom $I = 1{,}2$ A durchflossen. Berechnen Sie den Widerstand R, den Leitwert G, den spezifischen Widerstand ρ und die elektrische Leitfähigkeit κ. Um welches Material kann es sich handeln?

$$R = U/I = 5\,\Omega, \qquad G = 1/R = 0,2\,\Omega^{-1} = 0,2\,\text{S},$$
$$\rho = Rd^2\pi/(4l) = 4,8 \cdot 10^{-7}\,\Omega\text{m}, \quad \kappa = 1/\rho = 2,1 \cdot 10^6\,\Omega^{-1}\text{m}^{-1}.$$

Ein Vergleich von ρ mit Tab. 8.3 zeigt, dass es sich um Konstantan handeln kann.

Beispiel 8.4.1b
Wie groß ist der Strom I in einer Leuchtdiode mit 5 W bei einer Spannung von 0,7 V? Wie groß ist der Widerstand R?

$$I = P/U = 7,14\,\text{A}, \quad R = U/I = 0,098\,\Omega.$$

Beispiel 8.4.1c
Es werden zwei Widerstände mit $R_1 = 1\,\text{k}\Omega$ und $R_2 = 1\,\Omega$ einmal in Reihe und dann parallel geschaltet. Welche Widerstände ergeben sich?
In Reihe: $R = 1,001\,\text{k}\Omega \approx 1\,\text{k}\Omega$. Parallel: $R = 0,999\,\Omega \approx 1\,\Omega$.

Beispiel 8.4.1d
Es werden zwei 1,2 V-Batterien in Reihe und parallel geschaltet. Welche Spannungen ergeben sich?
In Reihe (Gl. 8.54): $U = 2,4\,\text{V}$. Parallel (Gl. 8.55): $U = 1,2\,\text{V}$.

Frage 8.4.1e
Warum steigt der elektrische Widerstand von Metallen mit der Temperatur?
In Metallen diffundieren die Elektronen im elektrischen Feld durch das Kristallgitter und werden an Gitterstörungen gestreut. Mit steigender Temperatur wird die Zahl der Gitterstörungen größer.

8.4.2 Wechselstromkreise

Wechselstromgeneratoren erzeugen eine Sinusspannung u mit der Amplitude $\widehat{U}$ (Gl. 8.37):

$$u = \widehat{U}\sin(\omega t). \quad \text{Wechselspannung } u \qquad (8.56a)$$

In diesem Kapitel werden zeitabhängige Ströme und Spannungen mit kleinen Buchstaben (i, u) und zeitlich konstante mit großen Buchstaben geschrieben (I, U). Ein an einen Generator angeschlossener Verbraucher wird von einem Strom i (Amplitude $\widehat{I}$) mit gleicher Kreisfrequenz $\omega = 2\pi f$ aber einem anderen Phasenwinkel φ durchflossen:

$$i = \widehat{I}\sin(\omega t + \varphi). \quad \text{Wechselstrom } i \qquad (8.56b)$$

Eine Phasenverschiebung φ zwischen Strom i und Spannung u tritt nur bei kapazitiven und induktiven Bauelementen auf. Für Ohm'sche Widerstände ist $\varphi = 0$ (Abb. 8.23a).

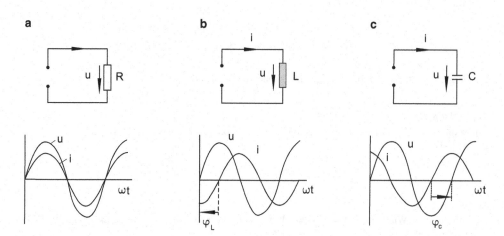

Abb. 8.23 Strom und Spannung in Wechselstromkreisen: **a** Ohm'scher Widerstand. **b** Induktiver Widerstand. **c** Kapazitiver Widerstand

8.4.2.1 Elektrische Leistung P

Die momentane elektrische Leistung $P(t)$ schwankt innerhalb einer Periode. Es gilt:

$$P(t) = ui. \quad \text{Momentane Leistung}$$

Es kann vorkommen, dass der Momentanwert der Leistung $P(t)$ kurzzeitig negative Werte annimmt. Die in der Kapazität oder Induktivität gespeicherte Energie wird dann an das Netz abgegeben. Interessant ist die Leistung P, die über eine oder mehrere Periodendauern T gemittelt wird:

$$P = \frac{\int_0^T P(t)\,dt}{T}.$$

Man kann die Werte für u und i aus (Gl. 8.56a) einsetzen:

$$P = \frac{\int_0^T \widehat{U}\,\sin(\omega t)\widehat{I}\,\sin(\omega t + \varphi)dt}{T}. \quad \text{Mittlere Leistung}$$

Das Integral lässt sich nach Einsatz der Produktenregel für trigonometrische Funktionen lösen:

$$P = \frac{1}{2}\widehat{U}\widehat{I}\cos\varphi. \quad \text{Elektrische Leistung } P \qquad\qquad (8.57a)$$

8.4.2.2 Effektiv- und Scheitelwerte

Die *Effektivwerte* U_{eff} und I_{eff} von Spannung und Strom können aus den *Scheitelwerten* $\widehat{U}$ und $\widehat{I}$ für Sinuskurven berechnet werden:

$$U_{eff} = \frac{\widehat{U}}{\sqrt{2}} \quad \text{und} \quad I_{eff} = \frac{\widehat{I}}{\sqrt{2}}. \quad \text{Effektivwerte } U_{eff}, I_{eff} \tag{8.57b}$$

Es handelt sich um die quadratischen Mittelwerte, z. B. $u_{eff} = \sqrt{\left(\int u^2 dt\right)/t}$. Übliche Messgeräte für Wechselstrom zeigen die Effektivwerte an.

Das Wechselstromnetz hat eine Spannung von $U_{eff} = 230$ V. Die Scheitelspannung beträgt $\widehat{U} = 324{,}3$ V und die Frequenz $f = 50$ Hz.

8.4.2.3 Wirk-, Schein- und Blindleistung

Für die *Wirkleistung* $P = \Delta W / \Delta t$ wird aus (Gl. 8.57a und 8.57b):

$$P = U_{eff} I_{eff} \cos\varphi. \quad \text{Wirkleistung } P \tag{8.57c}$$

Von den Elektrizitätswerken wird diese Wirkleistung P den Verbrauchern in Rechnung gestellt. Die Größe $\lambda = \cos\varphi$ nennt man *Leistungsfaktor*. Er gibt das Verhältnis von Wirkleistung zu Scheinleistung an.

Durch die induktive Belastung, z. B. bei Elektromotoren, entsteht im öffentlichen Netz eine Phasenverschiebung φ. Aus (Gl. 8.57c) ist ersichtlich, dass dadurch bei gleicher Leistung der Strom an einem Verbraucher ansteigt. Das Netz wird dadurch unnötig belastet und es entstehen zusätzliche Energieverluste in den Leitungen. Daher werden in Verbrauchern vorhandene Induktivitäten durch Kapazitäten ergänzt, um den Phasenwinkel φ möglichst klein zu halten.

Die *Scheinleistung S* ist wie folgt definiert:

$$S = U_{eff} I_{eff}. \quad \text{Scheinleistung } S \tag{8.57d}$$

Die *Blindleistung Q* ist der Teil der Leistung, der zwischen den Induktivitäten und Kapazitäten hin und her pendelt:

$$Q = U_{eff} I_{eff} \sin\varphi. \quad \text{Blindleistung } Q \tag{8.57e}$$

8.4.2.4 Induktiver Widerstand X_L

In Wechselstromkreisen treten Spannungsabfälle an Ohm'schen Widerständen R, Induktivitäten L und Kapazitäten C auf. Ohmsche Widerstände bezeichnet man als *Wirkwiderstand R*, Widerstände von Induktivitäten und Kapazitäten als *Blindwiderstand X_L* und X_C. Der *Scheinwiderstand oder die Impedanz* einer Schaltung setzt sich aus Wirk- und Blindwiderstand zusammen.

In einer Spule ohne Ohm'schen Widerstand R mit der Induktivität L muss die angelegte Wechselspannung u gleich der induzierten Wechselspannung $-u_i$ sein (Gl. 8.38a):

$$u = \widehat{U}\sin(\omega t) = -u_i = L\frac{di}{dt}.$$

Man löst die Gleichung nach d i auf und erhält durch Integration daraus den Strom i:

$$i = -\frac{\widehat{U}}{\omega L}\cos(\omega t) = \widehat{I}\sin\left(\omega t - \frac{\pi}{2}\right) \quad \text{mit} \quad \widehat{I} = \frac{\widehat{U}}{\omega L}. \tag{8.58a}$$

In einem Wechselstromkreis eilt die Spannung u an einer Induktivität L dem Strom i in der Phase um $\varphi_L = \pi/2 = 90°$ voraus (Abb. 8.23b).

Das Verhältnis der Amplituden von Spannung $\widehat{U}$ und Strom $\widehat{I}$ ist der *Blindwiderstand X_L*:

$$\boxed{X_L = \frac{\widehat{U}}{\widehat{I}} = \omega L.} \quad \text{Blindwiderstand } X_L \tag{8.58b}$$

Der induktive Blindwiderstand X_L, hängt von der Kreisfrequenz $\omega = 2\pi f$ ab. Die mittlere Leistung P über eine oder mehrere Perioden ist gleich null: $P = \frac{\int_0^T P(t)dt}{T} = 0$. Da der Blindwiderstand ωL keine Arbeit umsetzt, werden Drosselspulen als Vorwiderstände verwendet, z. B. bei Leuchtstoffröhren oder als Anlasswiderstände.

8.4.2.5 Kapazitiver Widerstand X_C

Besteht ein Wechselstromkreis nur aus einer Spannungsquelle und einem Kondensator der Kapazität C, so gilt mit $U = Q/C$ und $Q = \int idt$:

$$u = \widehat{U}\sin(\omega t) = \frac{Q}{C} = \frac{1}{C}\int idt.$$

Man löst die Gleichung nach $\int idt$ auf und erhält durch Differenzieren nach der Zeit t (mit $\frac{d}{dt}\int idt = i$) den Strom i:

$$i = \omega C\,\widehat{U}\cos(\omega t) = \widehat{I}\sin\left(\omega t + \frac{\pi}{2}\right) \quad \text{mit} \quad \widehat{I} = \omega C. \tag{8.59a}$$

In einem Wechselstromkreis eilt die Spannung u an einer Kapazität C dem Strom i in der Phase um $\varphi_C = -\pi/2 = -90°$ nach (Abb. 8.23c).

Das Verhältnis der Amplituden von Spannung $\widehat{U}$ und Strom $\widehat{I}$ ist der *Blindwiderstand* X_C:

$$X_C = \frac{\widehat{U}}{\widehat{I}} = \frac{1}{\omega C}. \quad \text{Blindwiderstand } X_C \qquad (8.59b)$$

Die Wirkleistung P an einem kapazitiven Blindwiderstand X_C ist ebenso wie beim induktiven Blindwiderstand X_L gleich Null. Die Phasenverschiebung in Stromkreisen durch Induktivitäten kann durch den Einsatz von Kondensatoren kompensiert werden.

8.4.2.6 Komplexe Schreibung, Reihenschaltung

Die Berechnung von Wechselstromkreisen gestaltet sich einfacher, wenn für die Impedanzen (= Wechselstromwiderstände) komplexe Zahlen eingeführt werden. *Im Folgenden werden komplexe Werte fett gedruckt.* Der Ohm'sche Widerstand wird auf der reellen Achse aufgetragen, die Scheinwiderstände X_L, X_C auf der imaginären Achse (Abb. 8.24). Für induktive Widerstände $X_L = \omega L$ eilt die Spannung u gegenüber der Strom i um 90° vor. Daher wird X_L auf der positiven Imaginärachse aufgezeichnet, d. h. in komplexer Schreibung gilt mit $j = \sqrt{-1}$:

$$\boldsymbol{X_L} = j\omega\, L. \quad \text{Blindwiderstand } \boldsymbol{X_L} \qquad (8.60a)$$

An kapazitiven Widerständen $X_C = 1/\omega C$ eilt die Spannung u gegenüber dem Strom i um 90° nach; die Auftragung erfolgt auf der negativen Imaginärachse:

$$\boldsymbol{X_C} = -\frac{j}{\omega C} = \frac{1}{j\omega C}. \quad \text{Blindwiderstand } \boldsymbol{X_C} \qquad (8.60b)$$

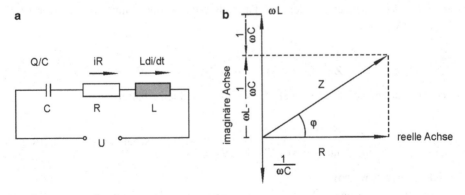

Abb. 8.24 a Reihenschaltung von Ohm'schem Widerstand, Kapazität und Induktivität, **b** Darstellung der Widerstände in der komplexen Ebene

Der komplexe Widerstand oder die Impedanz $\mathbf{Z}$ eines Stromkreises in Reihenschaltung ergibt sich zu (Abb. 8.24b):

$$\mathbf{Z} = R + X_L + X_C = Ze^{j\varphi}. \tag{8.60c}$$

Der Betrag der Impedanz $Z = |\mathbf{Z}|$ ist um den Winkel φ phasenverschoben (Abb. 8.24b):

$$\tan \varphi = \frac{X_L + X_C}{R} = \frac{\omega L - 1/(\omega C)}{R}. \quad \text{Impedanz } \mathbf{Z} \tag{8.61a}$$

Der Winkel φ beschreibt die Phasenverschiebung zwischen Strom und Spannung.

Der Betrag der Impedanz $Z = |\mathbf{Z}| = \widehat{U}/\widehat{I}$ gibt das Verhältnis der Scheitelwerte $\widehat{U}$ und $\widehat{I}$ an. Man erhält aus Abb. 8.24b:

$$Z = \sqrt{R^2 + (\omega L - 1/(\omega C))^2}. \quad \text{Betrag der Impedanz } \mathbf{Z} \tag{8.61b}$$

Eine weitere Begründung für das Einführen komplexer Widerstände ergibt die Lösung folgender Differentialgleichung für eine Reihenschaltung von R, L und C. Durch Summation der Spannungsabfälle resultiert für die Spannung u (Abb. 8.24a):

$$u = \frac{Q}{C} + iR + L\frac{\mathrm{d}i}{\mathrm{d}t} \quad \text{mit} \quad Q = \int i\,\mathrm{d}t$$

oder differenziert

$$\frac{\mathrm{d}u}{\mathrm{d}t} = \frac{i}{C} + R\frac{\mathrm{d}i}{\mathrm{d}t} + L\frac{\mathrm{d}^2 i}{\mathrm{d}t^2}.$$

Die Lösung wird mathematisch einfach, wenn komplexe Zahlen für die Impedanz, Strom und Spannung eingeführt werden.

8.4.2.7 Parallelschaltung

Auch die Berechnung von parallel geschalteten Widerständen R, Kapazitäten C und Induktivitäten L kann mithilfe komplexer Zahlen gelöst werden. Analog wie bei Ohm'schen Widerständen werden bei Parallelschaltung die komplexen Leitwerte $1/R$, $1/X_C$ und $1/X_L$ addiert:

$$\frac{1}{\mathbf{Z}} = \frac{1}{R} + \frac{1}{X_C} + \frac{1}{X_L} = \frac{1}{R} + j\omega C + \frac{j}{\omega L}. \tag{8.62a}$$

Durch Anwendung von Rechenregeln für komplexe Zahlen erhält man:

$$\frac{1}{Z} = \frac{1}{|\mathbf{Z}|} = \frac{1}{\sqrt{1/R^2 + (\omega C - 1/(\omega L))^2}} \quad \text{Parallelschaltung} \tag{8.62b}$$
$$\text{und} \quad \tan\varphi = R(\omega C - 1/(\omega L)).$$

8.4.2.8 Transformator

Der Transformator nach Abb. 8.25 ermöglicht die Umwandlung von Wechselspannungen. Durch die Primär- und Sekundärspule fließt der gleiche magnetische Fluss

Abb. 8.25 Prinzip eines
Transformators

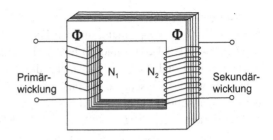

Φ. Aus dem Induktionsgesetz (Gl. 8.35a) $U = -N\mathrm{d}\Phi/\mathrm{d}t$ erhält man für die primäre und sekundäre Spannung u_1 und u_2 an einem verlustfreien Transformator:

$$\boxed{\frac{u_1}{u_2} = \frac{N_1}{N_2} \quad \text{und} \quad \frac{i_1}{i_2} = \frac{N_2}{N_1}. \quad \text{Transformator}} \tag{8.63}$$

Die Windungszahlen der Primär- und Sekundärspule betragen N_1 und N_2. Bei der Ableitung der Gleichung über die Ströme i_1 und i_2 wurde berücksichtigt, dass die Leistung bei der Transformation konstant bleibt.

8.4.2.9 Dreiphasenstrom

Große elektrische Leistungen werden mit Dreiphasen- oder Drehstrom übertragen. In den Generatoren wird Drehstrom durch drei um 120° gegeneinander versetzte Spulenpaare im Ständer erzeugt, in denen der rotierende Feldmagnet nacheinander Wechselspannungen induziert (Abb. 8.26a). Zwecks Einsparung von Leitungen verkettet man die drei Spannungen. In der *Dreiecksschaltung* werden die drei Spulenpaare zu einem Dreieck verbunden, und man benutzt die Leiter R, S und T.

Im öffentlichen Netz ist die *Sternschaltung* mit dem Symbol Y anzutreffen (Abb. 8.26b). Den elektrischen Leiter, der mit dem Sternpunkt verbunden ist, nennt man Mittel- oder Neutralleiter (N). Daneben gibt es drei Außenleiter (L1, L2, L3), die mit den Spulenenden verbunden sind. Zwischen diesen Außenleitern herrscht die *Leiter-*

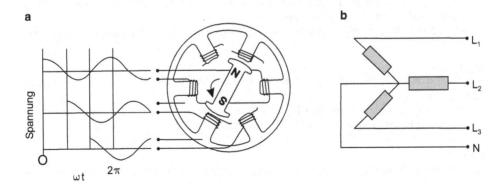

Abb. 8.26 **a** Erzeugung von Drehstrom. **b** Sternschaltung

spannung. Die Spannung zwischen einem Außenleiter und dem Sternpunkt ist die *Stern-spannung.* Die Leiterspannung um den Faktor $\sqrt{3}$ größer als die Sternspannung. Beim *Vierleiternetz* (L1, L2, L3 und N) haben die Leiter- und Sternspannungen die Effektiv-werte von 400 und 230 V. Man benutzt die Abkürzung: 3/N ~ 50 Hz 400/230 V. Die Haushalte werden zwischen einer Phase und dem Nullleiter geschaltet. Der Effektivwert der Netzspannung ist dann gleich der Sternspannung $U_{eff} = 230$ V.

Der Scheitelwert ist $\widehat{U} = 230 \cdot \sqrt{2}$V $= 325$ V. Warmwassergeräte oder Heizungs-anlagen werden zwischen 2 Phasen geschaltet. Die effektive Spannung beträgt dann $U_{eff} = 400$ V und der Scheitelwert $\widehat{U} = 400 \cdot \sqrt{3} = 665$ V.

Beispiel 8.4.2a

Das Haushaltsnetz hat eine Frequenz von 50 Hz und eine Spannung von 230 V. Gesucht ist die Gleichung für die sinusförmige Wechselspannung als Funktion der Zeit.

(Gl. 8.56a und 8.57b): $u = \widehat{U}\sin(\omega t) = \widehat{U}\sin(2\pi f t)$ mit $f = 50$ Hz und $\widehat{U} = U_{eff}\sqrt{2} = 230 \cdot \sqrt{2}$V $= 325{,}27$ V.

Damit folgt: $u = 325{,}27$V $\cdot \sin(314{,}14 \cdot t/\text{s})$.

Beispiel 8.4.2b

Ein ohmscher Verbraucher im Haushaltsnetz hat eine mittlere Leistung von 100 W. Wie groß ist der Maximalwert der Leistung während einer Wechselstromperiode?

Die mittlere Leistung beträgt (Gl. 8.57c): $P = U_{eff}I_{eff} = 100$ W. Die maximale Leistung in einer Periode beträgt: $P_{\max} = \widehat{U}\,\widehat{I} = \sqrt{2} \cdot U_{eff} \cdot \sqrt{2} \cdot I_{eff} = 200$ W.

Beispiel 8.4.2c

Wie groß ist die Impedanz Z bei 50 und 5000 Hz, wenn ein ohmscher Widerstand von $R = 10\,\Omega$ in Reihe zu einer Induktivität $J = 2{,}5$ mH zugeschaltet wird?

Der induktive Widerstand für $f_1 = 50$ Hz und $f_2 = 5000$ Hz beträgt (Gl. 8.60a): $X_{L50} = 2\pi f_1 L = 0{,}78\,\Omega$ und $X_{L5000} = 2\pi f_2 L = 78{,}5\,\Omega$. Für die Impedanz gilt (Gl. 8.61b): $Z_{50} = \sqrt{R^2 + X_{L50}^2} = 10{,}0\,\Omega$ und $Z_{5000} = \sqrt{R^2 + X_{L5000}^2} = 79{,}1\,\Omega$.

Beispiel 8.4.2d

Die Primärwicklung eines Transformators hat 2000 Windungen. Welche Windungszahl muss die Sekundärwicklung haben, damit eine Wechselspannung von 230 V auf 30 V reduziert wird? Wie verringert sich die Leistung auf der Sekundärseite?

$N_2 = 2000 \cdot 30/230 \approx 261$ Windungen. Die Leistung verändert sich nicht (bis auf Verluste).

Frage 8.4.2e

Wie schaltet man bei Dreiphasenstrom die Steckdosen und wie Geräte höherer Leistung (z. B. Warmwasser)?

Steckdosen werden zwischen einer Phase und dem Nullleiter geschaltet (Effektivwert 230 V). Geräte höherer Leistung werden zwischen 2 Phasen geschaltet (Effektivwert 400 V).

Frage 8.4.2 f

In einem Wechselstromkreis befindet sich eine sehr lange Kabelrolle. Ist es egal ob sie auf- oder abgerollt ist?

Nein, die aufgerollte Kabelrolle stellt eine Induktivität im Stromkreis dar.

8.4.3 Elektromagnetische Schwingungen

In Schaltkreisen mit Induktivitäten, Kapazitäten und Ohm'schen Widerständen können freie und erzwungene Schwingungen auftreten.

8.4.3.1 Freie Schwingungen

In einem Reihenschwingkreis sind C, R und L nach Abb. 8.27a angeordnet. Mittels eines Schalters wird der Kondensator auf die Spannung U_0 aufgeladen und Energie gespeichert. Durch Umschalten findet eine Entladung über L und C statt. Durch den Strom i wird in der Induktivität L ein Magnetfeld aufgebaut. Nach Absinken der Kondensatorspannung auf null ist die Energie ausschließlich im Magnetfeld vorhanden. Beim Zerfall des Feldes durch Abklingen des elektrischen Stromes i wird eine Spannung induziert, die den Kondensator wieder auflädt, allerdings in umgekehrter Polarität. Durch die Ohm'schen Verluste im Widerstand ist die Spannung etwas geringer. Der Vorgang beginnt von neuem und es entsteht eine gedämpfte Schwingung (Abb. 8.27b).

Im geschlossenen Stromkreis muss nach dem 2. Kirchhoff'schen Satz die Summe aller Spannungen gleich null sein:

$$L\frac{di}{dt} + Ri + \frac{Q}{C} = 0.$$

Mit $i = \int Q dt$ erhält man durch Differenzieren:

$$L\frac{d^2 i}{dt^2} + R\frac{di}{dt} + \frac{i}{C} = 0 \quad \text{oder} \quad \frac{d^2 i}{dt^2} + \frac{R}{L}\frac{di}{dt} + \frac{i}{LC} = 0. \tag{8.64}$$

(Gl. 8.64) hat die Form der Schwingungsgleichung (6.11b). In Analogie zu (6.12) erhält man als Lösung eine gedämpfte Schwingung nach Abb. 8.27b. Für die Kreisfrequenz $\omega = 2\pi f$ ergibt sich:

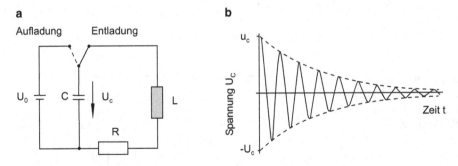

Abb. 8.27 a Erzeugung freier Schwingungen mit einem Reihen-Schwingkreis, **b** Darstellung freier gedämpfter Schwingungen

$$\omega = \sqrt{\omega_0^2 - \delta^2} \quad \text{mit} \quad \omega_0 = \frac{1}{\sqrt{LC}} \quad \text{und} \quad \delta = \frac{R}{2L}. \tag{8.65a}$$

Die Dämpfung der Schwingung verschwindet, wenn der Widerstand $R = 0$ wird.

8.4.3.2 Erzwungene Schwingungen, Reihenschwingkreis

Ein Schwingkreis kann durch Einspeisung einer Wechselspannung $u = \widehat{U} \, sin(\omega t)$ periodisch angeregt werden. Für die Impedanz der Reihenschaltung gilt (Gl. 8.61a). Die Impedanz Z erreicht bei der Resonanzfrequenz

$$\boxed{\omega_0 = \sqrt{\frac{1}{LC}} \quad \text{Resonanzfrequenz } \omega_0} \tag{8.65b}$$

ein Minimum, der Strom ein Maximum.

8.4.3.3 Erzwungene Schwingung, Parallelschwingkreis

Bei einem Parallelschwingkreis gilt (Gl. 8.62a). Der Leitwert $1/Z$ erreicht ein Minimum bei der gleichen Resonanzfrequenz

$$\boxed{\omega_0 = \sqrt{\frac{1}{LC}}. \quad \text{Resonanzfrequenz } \omega_0} \tag{8.65c}$$

Die Impedanz Z weist ein Maximum bei ω_0 auf. Bei Anregung mit einem Wechselstrom konstanter Amplitude $i = \widehat{I} \, sin(\omega t)$ erreicht die Spannung einen Maximalwert.

8.4.3.4 Rückkopplung

Die Erzeugung fortdauernder, ungedämpfter Schwingungen ist von großer technischer Bedeutung. Sie kann durch einen Ausgleich der Dämpfungsverluste bei periodische Energiezufuhr erreicht werden. Beim Prinzip der Rückkopplung oder der Selbsterregung wird an einen Schwingkreis nach Abb. 8.28 ein Verstärker angeschlossen. Durch induktive Kopplung wird ein Teil der Ausgangsspannung dem Schwingkreis in gleicher Phase wieder zugeführt.

Abb. 8.28 Erzeugung ungedämpfter Schwingungen durch das Prinzip der Rückkopplung

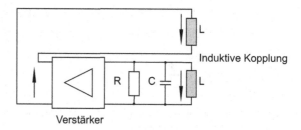

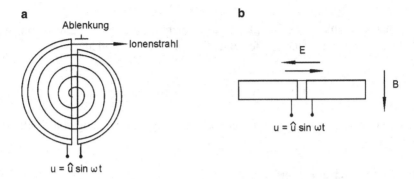

Abb. 8.29 Prinzip eines Zyklotrons **a** Ansicht von oben, **b** Seitenansicht

Beispiel 8.4.3a

Stellen Sie die Elemente für einen Parallelschwingkreis mit einer Resonanzfrequenz von 1 MHz zusammen.

(Gl. 8.65c): $\omega_0 = \sqrt{1/LC}$, $LC = 1/(4\pi^2 f^2)$. Man wählt z. B. eine Spule mit $L = 1$ mH und erhält $C = 23{,}3$ pF.

Frage 8.4.3b

Wie entstehen die Schwingungen in einem elektrischen Schwingkreis?

Ein Kondensator im Kreis ist aufgeladen. Er entlädt sich über eine Induktivität und überträgt damit seine Energie auf das Magnetfeld. Das Feld zerfällt und durch Induktion entstehen eine Gegenspannung und ein Strom, der den Kondensator wieder auflädt. Alles beginnt dann von Neuem.

8.4.4 Ströme im Vakuum

8.4.4.1 Elektronen- und Ionenstrahl

Strahlen geladener Teilchen sind in Wissenschaft und Technik von großer Bedeutung, z. B. Elektronenstrahlen im Elektronenmikroskop oder Ionenstrahlung in Beschleunigern (Abschn. 10.1.3). Daher soll im Folgenden die Bewegung von freien Ladungen in elektrischen oder magnetischen Feldern beschrieben werden.

Im elektrischen Feld ist die Kraft $\vec{F}$ auf eine Ladung Q durch die elektrische Feldstärke $\vec{E}$ gegeben (Gl. 8.5):

$$\vec{F} = Q\vec{E}.$$

Die kinetische Energie eines Elektrons mit der Elementarladung $-e$ nach Durchlaufen der Spannung U errechnet sich zu:

$$E_{kin} = |-eU|. \quad \text{Energie eines Elektrons } E \tag{8.66}$$

Aufgrund dieser Gleichung wird die Energie geladener Teilchen (und von Photonen) oft in der Einheit eV gegeben:

Ein Elektronenvolt (eV) ist gleich der Energie, die eine Elementarladung
$e \approx 1{,}6 \cdot 10^{-19}$ C nach Durchlaufen einer Spannung von 1 V erhält:

$$\boxed{1\,\mathrm{eV} \approx 1{,}6 \cdot 10^{-19}\,\mathrm{J}. \quad \text{Elektronenvolt}} \tag{8.66b}$$

Ein Elektron im Elektronenstrahl mit einer Beschleunigungsspannung von 15 kV besitzt
also eine Energie von 15 keV $= 2{,}4 \cdot 10^{-15}$ J.

8.4.4.2 Kreisbeschleuniger

Im Zyklotron (Abb. 8.28) zur Beschleunigung von Protonen oder anderen Ionen herrscht
ein konstantes Magnetfeld. Ionen werden durch ein elektrisches Wechselfeld zwischen
zwei halbkreisförmigen Bereichen beschleunigt. Dadurch vergrößert sich der Radius und
es entsteht eine spiralartige Bahnkurve. Die Ionen durchlaufen insgesamt eine Potenzialdifferenz von vielen 10^6 V, d. h. die Energie beträgt mehrere MeV. Eine Anwendung stellt
die Erzeugung radioaktiver Isotope dar, hauptsächlich für die Medizin.

In einem Synchrotron bleibt der Radius der Bahnkurve gleich. Entsprechend der
Zunahme der Geschwindigkeit erhöht sich das Magnetfeld. Derartige Beschleuniger
dienen zur Erzeugung hochenergetischer Ionen bis in den GeV-Bereich oder von
Elektronen zur Erzeugung von Synchrotronstrahlung (Abschn. 10.3.2).

8.4.4.3 Magnetspektrometer

Die magnetische Kraft kann zur Messung der Masse m ionisierter Atome eingesetzt
werden. Durch eine Spannung beschleunigte Ionen der Ladung Q werden mit der
Geschwindigkeit v in ein Magnetfeld B eingeschossen. Jede Masse m durchläuft
einen unterschiedlichen Bahnradius r. Aus der Messung von r wird die Ionenmasse m
bestimmt:

$$m = \frac{QrB}{v}.$$

Nach Abb. 8.30 können atomare Massen getrennt und vermessen werden.

Abb. 8.30 Prinzip eines
Massenspektrometers

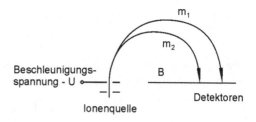

Optik

9

Licht hat dualen Charakter: in der Wellenoptik wird Licht als Welle dargestellt, in der Quantenoptik treten die Teilcheneigenschaften hervor. Dieses Kapitel wird mit der geometrischen Optik begonnen, die sich um die Struktur des Lichtes nicht kümmert. Es werden die Abbildungsgleichungen und deren Anwendung in optischen Geräten beschrieben, z. B. Linsensysteme, Mikroskope, Fernrohre, Fotoapparat, Beamer. In der Wellenoptik treten Interferenz und Beugung auf. Interferometer, Beugungsgitter, Holografie und andere optische Bauelemente beruhen auf diesen Effekten. In der Quantenoptik werden die Emission von Licht und der Laser beschrieben. Die messtechnische Bewertung von Licht liefert die Photometrie mit den Begriffen Lichtstrom in lumen und Beleuchtungsstärke in lux.

9.1   Geometrische Optik

In der *geometrischen Optik* wird die Ausbreitung des Lichtes vereinfacht durch Lichtstrahlen dargestellt. Die Grundphänomene der geometrischen Optik sind Reflexion und Brechung.

9.1.1   Reflexion und Brechung

In homogenen Medien breitet sich Licht geradlinig aus. Fällt es auf eine Grenzfläche, findet *Reflexion* statt. Ist das Material durchsichtig, tritt daneben auch *Brechung* auf (Abb. 9.1a).

© Springer Fachmedien Wiesbaden GmbH, ein Teil von Springer Nature 2023
J. Eichler und A. Modler, *Physik für das Ingenieurstudium*,
https://doi.org/10.1007/978-3-658-38834-8_9

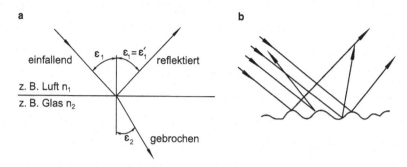

Abb. 9.1 **a** An der Grenzfläche optischer Medien findet Reflexion $\left(\varepsilon_1 = \varepsilon_1'\right)$ und Brechung $(n_1 \sin\varepsilon_1 = n_2 \sin\varepsilon_2)$ statt. **b** An einer rauen Grenzfläche wird Licht diffus reflektiert oder gestreut

9.1.1.1 Reflexionsgesetz

Das Reflexionsgesetz ist allgemein bekannt: der Einfallswinkel ε_1 ist gleich dem Ausfalls-winkel ε_1'. Ist die Oberfläche des reflektierenden Mediums rau, entsteht *diffuse Reflexion* (Abb. 9.1b). Einzelheiten über den Reflexionsgrad werden in Abschn. 9.2.1 beschrieben.

> In der Optik werden die Winkel stets gegen die Normale (Senkrechte, Lot) der Fläche gegeben.

9.1.1.2 Phasensprung

Findet die Reflexion an der Grenzfläche zu einem *optisch dünneren Medium*, z. B. Glas-Luft, statt, läuft die Welle ohne Veränderung der Phase zurück. Bei Reflexion am *optisch dichteren* Medium, z. B. Luft-Glas, findet ein Phasensprung um π statt. Die rücklaufende Welle wird um eine halbe Wellenlänge $\lambda/2$ verschoben. Dies ist in der geometrischen Optik belanglos, hat jedoch in der Wellenoptik Bedeutung.

> Ein optisch dünnes Medium hat eine kleinere Brechzahl n als ein optisch dichtes Medium.

9.1.1.3 Brechungsgesetz

Die Ursache der *Brechung* ist, dass sich an der Grenzfläche eines durchsichtigen Materials die Ausbreitungsgeschwindigkeit ändert (Abb. 9.1a). Die Materialgröße Brech-zahl n beschreibt diesen Effekt. n ist durch die Lichtgeschwindigkeiten im Medium c_M und im Vakuum c_0 definiert:

$$n = \frac{c_0}{c_M}. \quad \text{Brechzahl } n \qquad\qquad (9.1)$$

Tab. 9.1 Brechzahlen einiger Gläser bei bestimmten Wellenlängen (in nm) und Abbe'sche Zahl $v_e = (n_e - 1)/(n_{F'} - n_{c'})$ (Bezeichnungen: K = Kronglas, $v_e > 55$, F = Flintglas $v_e < 55$)

Kronglas	$n_{F'}$ 480,0 nm	n_e 546,1 nm	$n_{c'}$ 643,8 nm	v_e
BK 7	1,52283	1,51872	1,51472	63,96
K 5	1,52910	1,52458	1,52024	59,22
BaK 4	1,57648	1,57125	1,56625	55,85
SK 15	1,63108	1,6555	1,62025	57,79
Flintglas	$n_{F'}$	n_e	$n_{c'}$	v_e
F 2	1,63310	1,62408	1,61582	36,11
SF 2	1,66238	1,65222	1,64297	33,60
SF 6	1,82970	1,81265	1,79750	25,24
SF 10	1,74805	1,73430	1,72200	28,19

Da die Lichtgeschwindigkeit im Vakuum c_0 stets größer als die im Medium c_M ist, gilt $n \geq 1$. Das Brechungsgesetz lautet:

$$\boxed{n_1 \sin\varepsilon_1 = n_2 \sin\varepsilon_2. \quad \text{Brechungsgesetz}} \tag{9.2}$$

Die Brechzahlen beider Medien sind n_1 und n_2. Die Winkel ε_1 und ε_2 werden vom Lot aus gemessen (Abb. 9.1a). Man kann folgende Regel formulieren:

> Geht ein Lichtstrahl von einem optisch dichteren (n_1) in ein optisch dünneres Material ($n_1 > n_2$) über, so wird er vom Einfallslot weg gebrochen.

Tab. 9.1 zeigt die Brechzahlen n einiger Gläser, die Werte für Luft, Wasser und Diamant betragen $n = 1,0003, 1,33$ und $2,42$.

9.1.1.4 Totalreflexion

Tritt ein Strahl aus einem optisch dichten Medium in ein dünneres über ($n_1 > n_2$), kann bei Überschreiten eines Grenzwinkels *Totalreflexion* auftreten. In Abb. 9.2 wird der Einfallswinkel ε laufend vergrößert. Beim Winkel ε_{gr} (Abb. 9.2b) verläuft der gebrochene

Abb. 9.2 Beim Übergang zu einem optisch dünneren Medium ($n_1 > n_2$) kann Totalreflexion auftreten: **a** keine Totalreflexion $\varepsilon < \varepsilon_{gr}$, **b** Grenzwinkel $\varepsilon = \varepsilon_{gr}$, **c** Totalreflexion $\varepsilon > \varepsilon_{gr}$

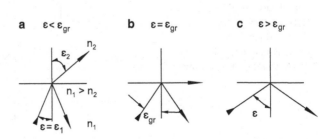

Strahl parallel zur Oberfläche, bei $\varepsilon > \varepsilon_{gr}$ verschwindet der gebrochene Strahl vollständig und es tritt nur Reflexion auf. Mathematisch erhält man den Grenzwinkel ε_{gr} durch Setzen von $\varepsilon_2 = 90°$ in (Gl. 9.2):

$$\sin \varepsilon_{gr} = \frac{n_2}{n_1}. \quad \text{Grenzwinkel } \varepsilon_{gr} \qquad\qquad (9.3a)$$

Handelt es sich beim Medium 2 um Vakuum oder Luft mit $n_2 = 1$, ergibt sich:

$$\sin \varepsilon_{gr} = \frac{1}{n}. \quad \text{Grenzwinkel } \varepsilon_{gr} \qquad\qquad (9.3b)$$

Anwendungen der Totalreflexion findet man in der Faseroptik. Abb. 9.3 zeigt die Führung eines Lichtstrahls, z. B. aus einem Laser, durch eine flexible Faser für die Informatik, Materialbearbeitung oder Medizin. Auch bei Umlenkprismen wird die Totalreflexion ausgenutzt (Abb. 9.4).

9.1.1.5 Dispersion
In optischen Materialien nimmt die Brechzahl $n(\lambda)$ in der Regel mit zunehmender Wellenlänge λ des Lichtes ab. n ist für blaues Licht größer als für rotes. Man bezeichnet

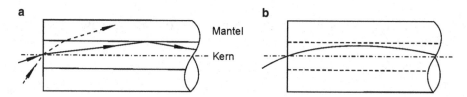

Abb. 9.3 Funktion von Lichtleitfasern ($n_{Kern} > n_{Mantel}$): **a** Bei Stufenindexfasern ändert sich die Brechzahl unstetig zwischen Kern und Mantel. (Bei zu großem Einstrahlwinkel findet keine Totalreflexion statt.) **b** Gradientenfaser mit kontinuierlichem Übergang der Brechzahl zwischen Kern und Mantel

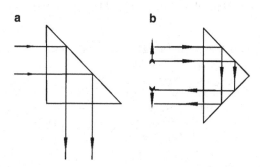

Abb. 9.4 Einsatz der Totalreflexion bei Prismen: **a** Reflexionsprisma für eine 90°-Ablenkung, **b** Umlenkprisma für eine 180°-Ablenkung (Katzenauge)

diese Abhängigkeit als *Dispersion* (Farbzerstreuung). In Tab. 9.1 sind Hauptbrechzahlen n_e für eine Hg-Spektrallinie bei $\lambda = 546{,}1$ nm (gelbgrün) angegeben. Weitere Werte $n_{F'}$ und $n_{c'}$ beziehen sich auf $\lambda = 480{,}0$ nm (Cd, violett) und 643,8 nm (Cd, rot). Die Unterschiede in der Brechzahl liegen um 1 %. Sie haben Konsequenzen beim Gebrauch von Prismen und bei Farbfehlern von Linsen. Gläser mit geringer Dispersion, d. h. eine geringe Variation von $n(\lambda)$, nennt man *Krongläser* und mit hoher Dispersion *Flintgläser*. Die Dispersion kann durch die Abbe'sche Zahl v_e beschrieben werden (Tab. 9.1).

> Die Abhängigkeit der Brechzahl von der Wellenlänge bezeichnet man als Dispersion.

9.1.1.6 Prisma

Die Dispersion wird zur Zerlegung des Lichtes nach Wellenlängen oder Spektralfarben durch Prismen ausgenutzt. Den Strahlengang durch ein Prisma zeigt Abb. 9.5. Der Ablenkwinkel φ durch ein Prisma mit dem Dachwinkel w kann aus dem Brechungsgesetz berechnet werden. Für *symmetrischen Durchgang* zeigt der Ablenkwinkel ein Minimum und man erhält den Ausdruck:

$$n = \frac{\sin((\varphi + \omega)/2)}{\sin(\omega/2)}. \quad \text{Prisma} \tag{9.4}$$

> Bei normaler Dispersion ($n_{blau} > n_{rot}$) wird blaues Licht stärker gebrochen als rotes.

9.1.1.7 Planplatte

Strahlen, die auf eine Planplatte fallen, erfahren keine Richtungsänderung, sondern lediglich eine leichte Parallelversetzung. Außerdem erscheinen Planplatten stets dünner zu sein, als sie es wirklich sind. Die *scheinbare Dicke* d' ist durch die Brechzahl n und die reale Dicke d bestimmt:

$$d' = \frac{d}{n}.$$

Abb. 9.5 Strahlengang durch ein Prisma. Bei symmetrischem Durchgang hat der Ablenkwinkel φ ein Minimum

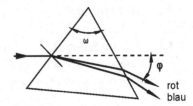

Beispiel 9.1.1a

Ein Laserstrahl ($\lambda = 632$ nm) fällt unter 45° auf die Oberfläche einer Flüssigkeit, wobei er von der Einfallsrichtung um 15° abknickt. Wie groß ist die Brechzahl? Wie groß sind Lichtgeschwindigkeit, Frequenz und Wellenlänge in der Flüssigkeit?

Brechungsgesetz (Gl. 9.2): $n_2 = n_1 \sin\varepsilon_1 / \sin\varepsilon_2 = 1{,}414$ (mit $n_1 = 1$, $\varepsilon_1 = 45°$ und $\varepsilon_2 = 45° - 15°$).

Lichtgeschwindigkeit (Gl. 9.1): $c = c_0/n_2 = 2{,}12 \cdot 10^8$ m/s, Frequenz: $f = c_0/\lambda = 4{,}75 \cdot 10^{14}$ Hz. Die Frequenz ändert sich in der Flüssigkeit nicht. Die Wellenlänge verkleinert sich: $\lambda_2 = \lambda/n_2 = 447$ nm.

Beispiel 9.1.1b

Eine optische Faser besteht aus einem Kern ($n_K = 1{,}550$ und einem Mantel $n_M = 1{,}500$). Wie groß ist der Winkel der Totalreflexion?

Totalreflexion (Gl. 9.3a): $\sin\varepsilon_{gr} = n_M/n_K = 0{,}968$, $\varepsilon_{gr} = 75{,}4°$.

Beispiel 9.1.1c

In eine Glasfaser von $s = 1$ km Länge wird rote (680 nm) und grüne (500 nm) Strahlung eingekoppelt. Wie groß ist der Laufzeitunterschied ($n_{680} = 1{,}514$ und $n_{500} = 1{,}522$)?

Aus $c = c_0/n$ folgt: $\Delta t = t_{500} - t_{680} = s n_{500}/c_0 - s n_{680}/c_0 = \Delta n s/c_0 = 2{,}7 \cdot 10^{-8}$ s ($\Delta n = n_{500} - n_{680}$).

Beispiel 9.1.1d

Wie groß ist der Ablenkwinkel φ, wenn ein Laserstrahl symmetrisch durch ein Prisma mit dem Dachwinkel $\omega = 60°$ tritt ($n = 1{,}554$)?

Aus (Gl. 9.4) folgt: $\sin((\varphi + \omega)/2) = n \sin(\omega/2) = 0{,}772$, $(\varphi + \omega)/2 = 50{,}53°$ und $\varphi = 41{,}07°$.

Frage 9.1.1e

Wie entsteht Totalreflexion?

Das Licht muss bei Totalreflexion aus einem Bereich mit höherer Brechzahl auf eine Grenzfläche zu einem Bereich mit niedrigerer Brechzahl fallen, z. B. vom Wasser in Luft. Das Licht wird vom Lot weg gebrochen. Bei größerem Einfallswinkel wird der gebrochene Strahl parallel zur Grenzfläche zeigen. Bei Überschreitung dieses Grenzwinkels verschwindet der gebrochene Strahl und es tritt nur Reflexion auf, die zu einem geringeren Maße auch schon vorher vorhanden war.

Frage 9.1.1 f

Warum werden beim Licht die verschiedenen Wellenlängen nach Durchgang durch ein Prisma unterschiedlich abgelenkt?

Die Brechzahl von Glas hängt von der Wellenlänge ab (Dispersion).

9.1.2   Hohlspiegel

9.1.2.1 Ebene Spiegel

Die Bilderzeugung durch einen ebenen Spiegel ist in Abb. 9.6a dargestellt. Es entsteht ein *virtuelles oder scheinbares Bild*.

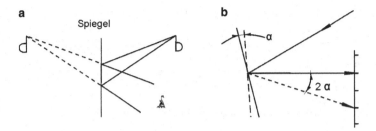

Abb. 9.6 Ebener Spiegel: **a** Entstehung des virtuellen Spiegelbildes, **b** Bei Drehung des Spiegels um den Winkel α ändert sich der Reflexionswinkel um $2\,\alpha$

Ein virtuelles Bild kann nicht auf einem Schirm aufgefangen werden.

Mit einem *Drehspiegel* werden kleine Drehwinkel nachgewiesen. Nach Abb. 9.6b verändert sich der reflektierte Lichtstrahl um den doppelten Drehwinkel des Spiegels.

9.1.2.2 Hohlspiegel (konkav)

Aus technischen Gründen werden Hohlspiegel meist sphärisch gefertigt: sie sind Teil einer Kugelfläche mit dem Radius r. Fällt achsenparalleles Licht auf einen *konkaven Spiegel* (cavus = hohl), wird es in dem *Brennpunkt oder Fokus F* gesammelt (Abb. 9.7). Die Entfernung vom Spiegelscheitel nennt man *Brennweite f*, die gleich dem halben Radius $r/2$ misst:

$$f = \frac{r}{2}. \quad \text{Konkavspiegel, Brennweite } f \qquad (9.5a)$$

Die Existenz eines Brennpunktes F und (Gl. 9.5a) gelten nur für achsennahen Lichteinfall. Zusätzlich muss für Strahlen, die die optische Achse unter dem Winkel α kreuzen, die Näherung $\sin\alpha \approx \alpha$ (α im Bogenmaß!) erfüllt sein.

Die geometrische Optik benutzt die Gauß'sche (paraxiale) Näherung $sin\alpha \approx \alpha$.

Man kann (Gl. 9.5a) wie folgt beweisen (Abb. 9.7a): Es gilt $\alpha = \alpha_1$ und damit $\overline{MF} = \overline{FP}$. Da β klein ist, erhält man $\overline{FS} = \overline{FP} = \overline{MF}$. Aus $\overline{FS} = \overline{MF}$ folgt näherungsweise $f = r/2$.

Achsenparalleles Licht in größerem Abstand von der Achse wird vor den Brennpunkt F gesammelt. Es tritt der sogenannte *Öffnungsfehler* auf. Dagegen funktionieren parabelförmige Hohlspiegel bei achsenparallelem Lichteinfall auch bei großer Öffnung fehlerfrei. Allerdings entstehen Fehler bei schrägem Einfall.

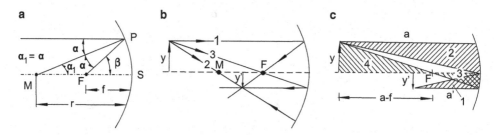

Abb. 9.7 Verhalten des konvexen Hohlspiegels: **a** Achsenparallel einfallend Strahlen gehen durch den Brennpunkt F ($f = r/2$). **b** Strahlen 1 bis 3 zur Bildkonstruktion. **c** Ähnliche Dreiecke zur Ableitung der Abbildungsgleichungen

9.1.2.3 Konstruktion zur Abbildung

Ein Hohlspiegel ist in der Lage Bilder von Gegenständen zu erzeugen. Zur Konstruktion des Bildes reicht es aus, von einem Gegenstandspunkt mindestens zwei Strahlen zu verfolgen. Die Konstruktion ist nach folgenden Regeln einfach (Abb. 9.7b):

1. Der Parallelstrahl läuft nach der Reflexion durch den Brennpunkt.
2. Der Strahl durch den Krümmungsmittelpunkt trifft senkrecht auf die Spiegeloberfläche und wird in sich selbst reflektiert.
3. Der Brennpunktstrahl wird zu einem Parallelstrahl.

Nach Abb. 9.7b ergibt sich ein Schnittpunkt, der Größe und Lage des Bildes angibt. Geht man mit dem Gegenstand zwischen Brennpunkt F und Spiegelscheitel, ergibt sich ein scheinbarer Schnittpunkt hinter dem Spiegel. Es entsteht ein virtuelles Bild.

9.1.2.4 Abbildungsgleichungen

Die beschriebene Bildkonstruktion lässt sich mathematisch formulieren. Für Hohlspiegel werden folgende Festlegungen getroffen:

Gegenstands- und Bildweite (a, a') sind positiv auf der Spiegelseite und negativ hinter dem Spiegel. Gegenstands- und Bildgröße (y, y') zählen positiv senkrecht nach oben, negativ nach unten. Das Licht kommt von links. (Zur Vereinfachung werden bei Hohlspiegeln nicht die Vorzeichenregeln nach DIN 1336 angewendet.)

Da nur achsennahe Strahlen betrachtet werden, wird die Krümmung des Spiegels vernachlässigt, sodass die schraffierten Flächen Abb. 9.7c näherungsweise Dreiecke sind. Aus der Ähnlichkeit der Dreiecke 1 und 2 folgen die Beziehungen für den *Abbildungsmaßstab β*:

$$\beta = \frac{y'}{y} = -\frac{a'}{a}. \quad \text{Hohlspiegel, Abbildungsmaßstab } \beta \qquad (9.6a)$$

Dabei ist y die Größe des Gegenstands und y' des Bilds. Auch die Dreiecke 3 und 4 sind ähnlich, man erhält: $y/y' = -f/(a'-f)$.

Durch Gleichsetzen mit (Gl. 9.6a) wird daraus: $-y'/y = -f/(y-f)$.

Dies schreibt man um, und es entsteht die *Abbildungsgleichung:*

$$\frac{1}{a'} = \frac{1}{f} - \frac{1}{a} \quad \text{bzw.} \quad \frac{1}{f} = \frac{1}{a} + \frac{1}{a'}. \quad \text{Hohlspiegel, Abbildungsgleichung} \quad (9.6b)$$

Dabei ist a der Abstand des Gegenstandes vom Spiegel und a' der Abstand des Bildes. Geht man von bekannter Gegenstandslage und -größe (a, y) aus, können mit (Gl. 9.6a und 9.6b) die Eigenschaften des Bildes (a', y') berechnet werden.

9.1.2.5 Wölbspiegel

Bei Konvex- oder Wölbspiegeln liegen Krümmungsmittelpunkt und Brennpunkt F hinter der Spiegelfläche. Nach den Vorzeichenregeln gilt:

$$f = -\frac{r}{2}. \quad \text{Konvexspiegel, Brennweite } f \quad (9.5b)$$

Ansonsten bleiben die *Abbildungsgleichungen* Gl. 9.6a und 9.6b in gleicher Form. Auch die geometrische Konstruktion ist analog. Nach Abb. 9.8 schneiden sich die reflektierten Strahlen, wenn man sie hinter dem Spiegel verlängert. Ähnlich wie bei einem normalen Spiegel nach Abb. 9.6a entsteht ein *virtuelles Bild.*

Hohlspiegel werden in der Beleuchtungstechnik, beim Bau astronomischer Teleskope und als Resonatorspiegel in der Lasertechnik eingesetzt. Beispielsweise bei Automobilscheinwerfern und Pumpkammern für Laser werden auch nichtsphärische Spiegel eingesetzt.

Beispiel 9.1.2a

Bei einem speziellen 1 m langem Laser sollen die Brennpunkte der beiden gleichen Laserspiegel zusammenfallen. Wie groß ist der Krümmungsradius r der Spiegel?

Es gilt: $f = 50$ cm und nach (Gl. 9.5a) $r = 2f = 1$ m.

Abb. 9.8 Bildkonstruktion beim Konvexspiegel. Der Konstruktionsstrahl 2 durch den Krümmungsmittelpunkt M ist zur besseren Übersicht nicht eingezeichnet

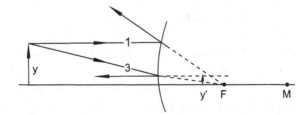

Beispiel 9.1.2b

Berechnen Sie die Bildlage und den Abbildungsmaßstab bei einem Rasierspiegel (konkav) mit einem Krümmungsradius von $r = 40$ cm. Der Gegenstand soll sich $a = 10$ cm vor dem Spiegel befinden.

Mit $f = r/2 = 20$ cm gilt (Gl. 9.6b): $1/a' = 1/f - 1/a, a' = -20$ cm (virtuelles Bild) und $\beta = -a'/a = 2$.

Beispiel 9.1.2c

Der Rückspiegel eines Autos bildet einen 10 m entfernten Gegenstand 200 fach verkleinert ab. Wie groß sind die Brennweite f und Krümmungsradius r? Ist der Spiegel konkav oder konvex?

Nach (Gl. 9.6a): $y'/y = -a'/a = 1/200$ und $a = 10$ m folgt: $a' = -0,05$ m. Aus (Gl. 9.6b) folgt: $1/f = 1/a + 1/a', f = -0,0503$ m $\approx a'$ und $|r| = 2|f| \approx 0,1$m. Die Brennweite ist negativ: der Spiegel ist konvex.

Frage 9.1.2d

Liefert ein Hohlspiegel fehlerfreie Abbildungen?

Nein, die Abbildung funktioniert nur näherungsweise für achsennahe Strahlen.

Frage 9.1.2e

Was versteht man unter einem virtuellen Bild?

Ein virtuelles Bild sieht man zwar, aber kann es nicht auf einem Schirm auffangen.

9.1.3   Linsen

Die abbildenden Eigenschaften von Hohlspiegeln und Linsen sind ähnlich, obwohl die physikalischen Prinzipien verschieden sind. Bei Spiegeln tritt Reflexion, bei Linsen Brechung auf. Das Gemeinsame an beiden Bauelementen ist, dass einfallende Strahlen abgelenkt werden. Im Rahmen der *Gauß'schen Näherung* ist (bei fester Gegenstandweite) der Ablenkwinkel proportional zum Abstand von der optischen Achse. In diesem Abschnitt wird auf die Ableitung der Linsengleichung zunächst verzichtet. Sie werden mit anderen Vorzeichenregeln von den Hohlspiegeln übernommen. Ein kurzer Beweis für die Linsengleichungen wird am Ende des Abschnittes nachgetragen. In der Optik werden meist Linsen mit sphärischen Flächen eingesetzt. Im Folgenden werden zunächst *dünne Linsen* behandelt, bei denen die Dicke in den Rechnungen vernachlässigt wird.

9.1.3.1 Brennweite

Fällt achsenparalleles Licht von *links* auf eine Linse, wird das Licht im *bildseitigen Brennpunkt* F' gebündelt. Der Abstand des Brennpunkts F' von der Linse ist die *bildseitige Brennweite f'*. Fällt achsenparalleles Licht von *rechts* auf eine Linse, wird das Licht im *gegenstandsseitigen Brennpunkt* F gebündelt. Der Abstand des Brennpunkts F von der Linse ist die *gegenstandsseitige Brennweite f*. Es wird für Linsen folgende Vorzeichenregel eingeführt:

Gegenstands- und Bildweite (a, a') sind positiv rechts von der Linse und negativ links von der Linse. Gegenstands- und Bildgröße (y, y') zählen positiv senkrecht nach oben, negativ nach unten. Das Licht kommt von links. Die Regeln entsprechen DIN 1336.

Im Folgenden werden nur Linsen betrachtet, die von beiden Seiten von Luft umgeben sind. In diesem Fall gilt:

$$\boxed{f' = -f. \quad \text{Brennweiten } f' \text{ und } f} \tag{9.7a}$$

Für Sammellinsen ist f' positiv. *Aus diesem Grund wird im Folgenden die Brennweite einer Linse durch f' angegeben.* Für Sammellinsen erhält man positive, für Zerstreuungslinsen negative Brennweiten.

Den reziproken Wert der Brennweite

$$\boxed{D = \frac{1}{f'} \quad [D] = \frac{1}{m} = \text{Dioptrie} = \text{dpt.} \quad \text{Brechkraft } D} \tag{9.7b}$$

nennt man *Brechkraft*. Die Stärke einer Brille wird meist in Dioptrien angegeben, wobei die Einheit meist weggelassen wird.

Die Brennweite f' ist durch die Brechzahl n und die Krümmungsradien r_1 und r_2 bestimmt:

$$\frac{1}{f'} = D = (n-1)\left(\frac{1}{r_1} - \frac{1}{r_2}\right). \quad \text{Brennweite } f' \tag{9.7c}$$

Folgende Vorzeichenregel ist zu beachten: für $r > 0$ zeigt der Radiusvektor nach links.

9.1.3.2 Bildkonstruktion

Bei der Brechung von Lichtstrahlen durch eine dünne Linse kann diese durch die *Hauptebene H* repräsentiert werden. Die Konstruktion des Bildes erfolgt analog zu den Hohlspiegeln (Abb. 9.9a und b):

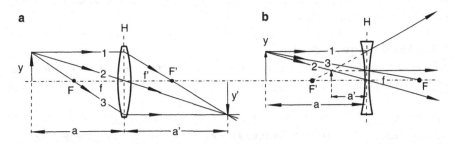

Abb. 9.9 Bildkonstruktion für Linsen: **a** Sammellinse, **b** Zerstreuungslinse

Übersicht
1. Der Parallelstrahl läuft nach der Brechung durch den Brennpunkt F′.
2. Der Mittelpunktstrahl durchdringt die Linse ungebrochen.
3. Der Brennpunktstrahl durch F wird nach der Brechung Parallelstrahl.

Bei der Bildkonstruktion durch eine Zerstreuungslinse (Abb. 9.9b) ist zu beachten, dass die Brennweite f' negativ und die Lage der Brennpunkte F, F′ gegenüber einer Sammellinse vertauscht sind. Die gestrichelten Linien stellen keine realen Lichtstrahlen dar. Sie sind erforderlich, um ein virtuelles Bild zu finden.

Virtuelle Bilder können nicht auf einem Schirm aufgefangen werden.

9.1.3.3 Linsensysteme
Eine Kombination aus zwei dünnen Linsen in Abstand d voneinander kann als eine einzige Linse mit Brechkraft $D = 1/f'$ aufgefasst werden:

$$D = \frac{1}{f'} = \frac{1}{f_1'} + \frac{1}{f_2'} - \frac{d}{f_1'f_2'}. \quad \text{Linsensystem} \tag{9.8a}$$

Legt man die Linsen direkt übereinander, ist $d \approx 0$ und es addieren sich die beiden Brechkräfte:

$$\boxed{D = D_1 + D_2. \quad \text{Linsensystem, Brechkraft } D} \tag{9.8b}$$

9.1.3.4 Dicke Linsen
Die bisherigen Betrachtungen vernachlässigen die Ausdehnung der Linsen. Bei dicken Linsen führt man die *beiden Hauptebene* H und H′ ein. Misst man Gegenstands-, Bild- und Brennweite ab der entsprechenden Hauptebene, so verläuft die Brechung und Bildkonstruktion genau wie bei dünnen Linsen (Abb. 9.10). Die Hauptebenen können experimentell bestimmt werden.

9.1.3.5 Abbildungsgleichung
Zur Formulierung der *Abbildungsgleichungen* sind die bereits zitierten *Vorzeichenregeln* nach DIN 1335 notwendig:

Koordinatenursprung ist der Schnittpunkt der Hauptebene mit der optischen Achse. Abstände (a, a') nach rechts sind positiv, nach links negativ; Bildgrößen (y, y') nach oben zählen positiv nach unten negativ.

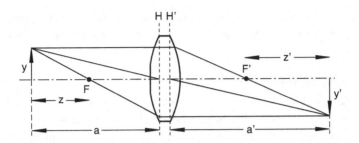

Abb. 9.10 Bildkonstruktion bei dicken Linsen. Alle Abstände werden von den Hauptebenen H und H′ aus gemessen

Unter Beachtung dieser Regeln werden (Gl. 9.6a und 9.6b) für Hohlspiegel leicht modifiziert übernommen:

$$\beta = \frac{y'}{y} = \frac{a'}{a} \quad \text{und} \quad \frac{1}{a'} = \frac{1}{f'} + \frac{1}{a}. \quad \text{Abbildungsgleichungen} \qquad (9.9a)$$

Dabei sind β der Abbildungsmaßstab, f' die Brennweite der Linse, y die Gegenstandsgröße, y' die Bildgröße, a der Abstand des Gegenstandes von der Linse und a' der Abstand des Bilds von der Linse. (Aufgrund der unterschiedlichen Vorzeichenregeln für Hohlspiegel und Linsen ändert sich das Vorzeichen vor der Bildweite a'.)

Die letzte Gleichung kann in die *Newton'sche Form* gebracht werden:

$$zz' = -f'^2. \quad \text{Newton'sche Abbildungsgleichungen} \qquad (9.9b)$$

In (Gl. 9.9b) werden die Gegenstands- und Bildweite (z, z') vom jeweiligen Brennpunkt (F, F′) aus gemessen (Abb. 9.10).

9.1.3.6 Farbfehler (chromatische Aberration)

Nach (Gl. 9.7c) hängt die Brennweite f' einer Linse von $n - 1$ ab. Tab. 9.1 zeigt, dass die Brechzahl n für blaues Licht gegenüber rotem ansteigt. Damit ist die Brennweite einer Linse f' für Blau kleiner als für Rot. Bei der optischen Abbildung entstehen somit *Farbfehler*, die sich in bunten Bildsäumen bemerkbar machen. Diese Fehler können teilweise durch eine Kombination von Linsen korrigiert werden, z. B. eine Sammellinse aus Kronglas und eine Zerstreuungslinse aus Flintglas (Achromat).

9.1.3.7 Öffnungsfehler (sphärische Aberration)

Die Gültigkeit der Abbildungsgleichungen Gl. 9.9a ist auf achsennahe Strahlen begrenzt (Gauß'sche Näherung). Achsenferne Strahlen im Randbereich einer sphärischen Linse werden stärker gebrochen und die Brennweite wird kürzer. Diesen Linsenfehler nennt man *sphärische Aberration* oder *Öffnungsfehler*. Er kann durch eine Blende von der

Linse verringert werden. Durch Kombination einer Sammel- und Zerstreuungslinse unterschiedlicher Brechzahlen wurden sogenannte *Aplanate* mit kleinem Öffnungsfehler entwickelt.

9.1.3.8 Astigmatismus

Durch Fertigungsfehler kann eine Linsenfläche je nach Richtung verschiedene Krümmungsradien aufweisen. Den entsprechenden Bildfehler nennt man *Astigmatismus,* der häufig beim Auge auftritt. Auch bei ideal sphärischen Linsen kommt Astigmatismus vor, wenn ein Lichtbündel schräg einfällt.

9.1.3.9 Ableitung der Abbildungsgleichungen

Im Folgenden wird die Ableitung der Abbildungsgleichung (Gl. 9.9a) am Beispiel einer dünnen Plan-Konvex-Linse äußerst knapp aber vollständig angedeutet (Abb. 9.11) Für den gezeichneten Strahl wirkt die Linse wie ein Prisma mit dem kleinen Dachwinkel ω. Nach der Prismengleichung (Gl. 9.4) gilt in der Näherung $\sin\gamma \approx \gamma$ für den Ablenkwinkel: $\varphi = \omega(n - 1)$. Der Dachwinkel ω beträgt $\omega \approx R/r$, wobei r der Radius der Linsenfläche und R der Abstand von der Achse bedeuten. Weiterhin gelten $\varphi = \alpha + \beta$ mit $\alpha \approx -R/a$ und $\beta = R/a'$. Kombiniert man diese Gleichungen, resultiert:

$$\frac{n - 1}{r} = \frac{1}{a'} - \frac{1}{a}.$$

Man erhält daraus (Gl. 9.7c und 9.9a), was zu beweisen war.

9.1.3.10 Fresnel-Linse

Für einfache Abbildungsaufgaben werden linsenähnliche Strukturen in Kunststofffolien geprägt. Es handelt sich um Kreisringzonen mit prismatischem Profil, die parallel einfallendes Licht in einem gemeinsamen Brennpunkt fokussieren. Man erhält *Fresnel-Linsen,* indem eine Plan-Konvex-Linse zonenförmig aufgeteilt und in axialer Richtung zusammengeschoben wird.

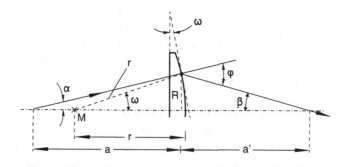

Abb. 9.11 Zur Ableitung der Abbildungsgleichung

Beispiel 9.1.3a

Die Brennweite des Auges beträgt (ungefähr) 20,0 mm. Wie verändert sich die Brennweite durch eine Brille der Stärke 2 ($D_B = 2$ Dioptrien $= 2\,\mathrm{m}^{-1}$)?

Die Brechkraft des Auges beträgt nach (Gl. 9.8a): $D_A = 1/f' = 1/(20 \cdot 10^{-3})\,\mathrm{m}^{-1} = 50\,\mathrm{m}^{-1}$. Für die Brechkraft mit Brille ergibt sich $D = D_A + D_B = 52\,\mathrm{m}^{-1}$ und für die Brennweite $1/D = 1{,}92\,\mathrm{cm}$.

Beispiel 9.1.3b

Eine dünne bikonvexe Linse ($n = 1{,}530$) mit zwei gleichen Krümmungsradien bildet einen 1 m entfernten Gegenstand 20 cm von der Linsenmitte ab. Bestimmen Sie die Brennweite f' und Krümmungsradien r.

Aus (Gl. 9.9a) $1/a' = 1/f' + 1/a$ (mit $a = -1$ m, Vorzeichenregel beachten!), $a' = 0{,}2$ m) folgt: $f' = 0{,}1667$ m.

Für r ergibt sich aus (Gl. 9.7b) $1/f' = (n-1)(1/r_1 - 1/r_2)$ (mit $r = r_1 = -r_2$, Vorzeichenregel beachten!): $r = 2(n-1)f' = 0{,}177$m.

Beispiel 9.1.3c

Ein Gegenstand befindet sich 8 cm vor einer Linse mit $f' = 3$ cm. Wo liegt das Bild? Wie groß ist der Abbildungsmaßstab? Berechnen Sie das Gleiche mit $f' = -3$ cm.

Aus (Gl. 9.9a) $1/a' = 1/(-8\,\mathrm{cm}) + 1/(3\,\mathrm{cm})$ (Vorzeichenregel beachten!) folgt für die Bildweite: $f' = 4{,}8$ cm. Damit wird der Abbildungsmaßstab: $y'/y = a'/a = -0{,}6$.

Für $f' = -3$ cm erhält man: $a' = -2{,}2$ cm und $y'/y = a'/a = 0{,}27$.

Frage 9.1.3d

Unter welchen Voraussetzungen liefern Linsen gute Bilder?

Die Voraussetzungen sind: achsennahe Strahl und kleine Winkel, sodass $\sin \alpha \approx \alpha$ (Bogenmaß) ist (Gauß'sche Näherung).

Frage 9.1.3e

Erläutern Sie die Aussage: Eine Brille hat die Stärke 2 (oder -2).

Gemeint ist die Brechkraft: $D = 2\,\mathrm{m}^{-1}\,(-2\mathrm{m}^{-1})$. Die Brennweite ist dann $f = 1/D = 0{,}5$ m ($-0{,}5$ m).

9.1.4   Auge

9.1.4.1 Anatomischer Aufbau

Das Auge ist nahezu kugelförmig und wird von der weißen Leder- oder Sehnenhaut umschlossen (Abb. 9.12). An der Vorderseite geht sie in die vorgewölbte durchsichtige

Abb. 9.12 Anatomischer Aufbau des Auges

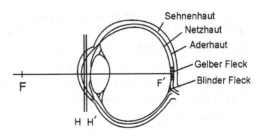

Hornhaut (Cornea) über. Dahinter befindet sich die Regenbogenhaut (Iris) mit der
Pupille. Darauf folgt die Linse mit verschieden gekrümmten Flächen. Die Innenräume
des Auges, die vordere und große Augenkammer, sind mit einer durchsichtigen Substanz
gefüllt. Die Innenwand der großen Augenkammer ist mit der Aderhaut ausgekleidet,
darüber liegt die Netzhaut (Retina), welche die lichtempfindlichen Sehzellen enthält. Die
Nervenbahnen für die Sehzellen treten hinten aus dem Auge, das an dieser Stelle licht-
unempfindlich ist (Blinder Fleck). Etwas höher liegt der Gelbe Fleck (Macula lutea), die
Stelle des schärfsten Sehens. Die Sehachse geht durch die Pupillenmitte und den Gelben
Fleck mit der Netzhautgrube.

9.1.4.2 Optische Eigenschaften

Die abbildende Wirkung des Auges wird durch die Linse und überwiegend durch die
gekrümmte Hornhaut bewirkt. Die Brennweite des Auges kann sich im Bereich zwischen
19 mm und 23 mm einstellen, je nach Entfernung des betrachteten Gegenstandes
(Akkomodation). Als Bezugssehweite oder deutliche Sehweite a bezeichnet man die Entfernung, in die man einen Gegenstand bei genauer Betrachtung hält. Die deutliche Sehweite wird in den Normen zu

$$\boxed{a = 25\,\text{cm.}\quad \text{Deutliche Sehweite } a} \tag{9.10}$$

festgelegt.

> Der kleinste auflösbare Sehwinkel beträgt etwa 1 Winkelminute $= 3 \cdot 10^{-4}\,\text{rad}$.

Diese Grenze wird einerseits durch die Beugung des Lichtes an der Pupille gegeben
(siehe Abschn. 9.2). Anderseits wird dieser Winkelabstand durch die Linsenfehler und
die Dichte der Sehzellen auf der Netzhaut begrenzt. Mit den *Zäpfchen* können unterschiedliche Farben gesehen werden, während die sensibleren *Stäbchen* nur schwarzweiß-
empfindlich sind. Der Abstand der Stäbchen auf der Netzhaut beträgt rund 5 μm; bei
den Zäpfchen ist er etwa 4-mal so groß. Die Auflösung des Auges ist für Farben somit
schlechter als für Schwarzweiß und Grauunterschiede.

9.1.4.3 Brille

Bei *Kurzsichtigkeit* ist die Brechkraft des Auges so groß, dass parallel einfallendes Licht
von einem entfernten Gegenstand vor der Netzhaut vereinigt wird. Erst im Nahbereich
kann der Kurzsichtige scharf sehen. Zur Korrektur wird eine Brille mit Zerstreuungslinsen verwendet (Abb. 9.13a).

Bei *Weitsichtigkeit* ist die Brechkraft zu gering, sodass der Brennpunkt hinter dem
Auge liegt (Abb. 9.13b). Bei entfernten Gegenständen kann dieser Fehler teilweise durch
Akkomodation ausgeglichen werden. Bei kurzen Abständen hilft jedoch nur eine Brille
mit Sammellinsen.

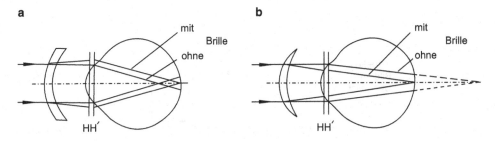

Abb. 9.13 Korrektur von Augenfehlern durch eine Brille: **a** Kurzsichtigkeit, **b** Weitsichtigkeit

9.1.4.4 Lupe

Eine Lupe ist eine Sammellinse mit einer Brennweite im cm-Bereich, die zur Vergrößerung des Sehwinkels Γ dient. Die Winkelvergrößerung Γ optischer Geräte ist definiert durch den Sehwinkel σ', unter dem ein Gegenstand unter Zuhilfenahme des Gerätes erscheint, und den Winkel σ beim Betrachten mit dem bloßen Auge in der Entfernung $a = 25$ cm:

$$\Gamma = \frac{\sigma'}{\sigma}. \quad \text{Vergrößerung } \Gamma \tag{9.11}$$

Die Vergrößerung σ'/σ einer Lupe hängt von der Brennweite f' und der Art des Gebrauches ab. Zur Einstellung der *Normalvergrößerung* hält man die Lupe so, dass der Gegenstand in der Brennebene liegt. Das Gesichtsfeld wird am größten, wenn sich das Auge möglichst am anderen Brennpunkt f' der Linse befindet, die Vergrößerung hängt jedoch davon nicht ab. Nach Abb. 9.14 liegt das entstehende Bild des Gegenstandes im Unendlichen. Der Sehwinkel σ' beträgt $\sigma' \approx y/f'$. Dabei wird die Näherung von $\tan\sigma' \approx \sigma'$ benutzt. Ohne Lupe hält man den Gegenstand in der deutlichen Sehweite $a = 25$ cm, d. h. der Sehwinkel beträgt $\sigma \approx y/a$. Die Winkelvergrößerung Γ, in diesem Fall die Normalvergrößerung, beträgt somit:

$$\Gamma = \frac{a}{f'} \quad \text{mit} \quad a = 25\,\text{cm}. \quad \text{Lupen – Normalvergrößerung } \Gamma \tag{9.12a}$$

Man kann die Lupe auch so halten, dass das entstehende Bild in der deutlichen Sehweite $a = 25$ cm liegt. Man beweise selbst, dass in diesem Fall die Vergrößerung folgenden Wert annimmt:

$$\Gamma = \frac{a}{f'} + 1. \quad \text{Lupenvergrößerung} \tag{9.12b}$$

Okulare von optischen Geräten, wie Fernrohr oder Mikroskop, funktionieren wie eine Lupe.

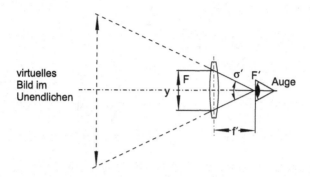

Abb. 9.14 Zur Normalvergrößerung einer Lupe. Der Gegenstand liegt im Brennpunkt, das virtuelle Bild im Unendlichen (Die nicht gezeichneten Strahlen von den Pfeilspitzen (Objekt) durch den Linsenmittelpunkt verlaufen parallel zu den gestrichelten Linien und schneiden diese im Unendlichen.)

Beispiel 9.1.4a

Das Auge hat eine Brennweite von $f' = 23{,}0$ mm. Die Augenlinse ist in der Lage, die Brechkraft des Auges um 10 dpt = 10 1/m zu vergrößern (Akkomodation). Wie verändert sich die Brennweite des Auges?

Ohne Akkomodation: $\qquad D = 1/f' = 43{,}5\,\text{m}^{-1}$. Mit Akkomodation: $D^* = D + 10\,\text{m}^{-1} = 53{,}5\,\text{m}^{-1}$ und $f^* = 18{,}7$ mm. Das Auge kann also die Brennweite zwischen 18,7 und 23,0 mm verändern.

Beispiel 9.1.4b

Welche Brennweite hat eine Lupe mit einer Normal-Vergrößerung von $10 \times$?

Man erhält für die Brennweite nach (Gl. 9.12a): $f' = a/\Gamma = 25\,\text{cm}/10 = 2{,}5$ cm.

Beispiel 9.1.4c

Berechnen Sie (nach den Gesetzen der Geometrischen Optik) den Radius r des Brennflecks auf der Netzhaut, wenn ein Laserstrahl mit dem halben Divergenzwinkel $\theta = 1{,}6 \cdot 10^{-4}$ rad in das Auge fällt ($f_{Auge} = 23$ mm).

Ein achsenparalleles Lichtbündel erzeugt (nach der Geometrischen Optik) ein Lichtpunkt im Brennpunkt des Auges. Ist das parallele Bündel um den Winkel $\theta = 1{,}6 \cdot 10^{-4}$ rad gekippt, so verschiebt sich der Punkt um: $r = f_{Auge}\theta = 3{,}7\,\mu\text{m}$. Die Aufgabe kann auch mithilfe der Wellenoptik berechnet werden. Durch Linsenfehler vergrößert sich der Radius auf etwa 10 μm.

Beispiel 9.1.4d

Der kleinste auflösbare Sehwinkel beträgt $\theta = 3 \cdot 10^{-4}$ rad. Welchen Abstand y kann man in $x = 1$ m und 100 m noch auflösen?

Es gilt näherungsweise: $\theta = 3 \cdot 10^{-4}$ rad $= y/x$. Damit folgt: $y = 0{,}3$ mm ($x = 1$ m) und $y = 3$ cm (für $x = 100$ m).

Frage 9.1.4e

Was ist der Unterschied zwischen Abbildungsmaßstab und Vergrößerung?

Der Abbildungsmaßstab gibt das Verhältnis von Bildgröße zu Gegenstandsgröße an und die Vergrößerung das Verhältnis der Sehwinkel von Bild zu Gegenstand an.

Frage 9.1.4f
Warum wird bei einer Lupe die Vergrößerung und nicht der Abbildungsmaßstab angegeben?

Bei der Lupe entsteht ein großes Bild weit weg vom Auge. Die Bildgröße auf der Netzhaut wird durch den Sehwinkel bestimmt. Ohne Lupe hält man den Gegenstand in der Regel in der deutlichen Sehweite (25 cm). Auch hier wird Bildgröße auf der Netzhaut durch den Sehwinkel bestimmt. Also gibt man das Verhältnis der Sehwinkel (= Vergrößerung) an.

9.1.5 Fotoapparat

9.1.5.1 Öffnungsverhältnis

Die Prinzipien der Abbildung bei Fotoapparat und Auge sind ähnlich. Das Objektiv erzeugt ein umgekehrtes verkleinertes Bild auf dem Film oder der Detektormatrix. Zur Erzielung kurzer Belichtungszeiten soll das Objektiv einen möglichst großen Durchmesser d aufweisen. Da jedoch mit zunehmender Öffnung die Linsenfehler anwachsen, ist eine Korrektur der Objektive gegen diese Fehler notwendig. Ein Maß für die Qualität des Objektivs ist das Öffnungsverhältnis $1 : k_{min}$, das wie folgt definiert ist:

$$\boxed{\text{Öffnungsverhältnis} = 1 : k_{min} = \frac{d}{f'}. \quad \text{Öffnungsverhältnis}} \tag{9.13}$$

Ein Objektiv mit $f' = 45$ mm und einem Öffnungsverhältnis 1:2,8 besitzt einen Durchmesser der sogenannten *Eintrittspupille* von $d = 16$ mm. $k_{min} = 2,8$ ist die minimale Blendenzahl. Durch eine Blende mit den Werten $k = 1, 4, 2, 2,8, 4, 5,6, 8, 12, 16$ und 22 kann der Durchmesser verkleinert werden. Die Werte sind so abgestuft, dass sich die Fläche jeweils halbiert. Damit verdoppelt sich die notwendige Belichtungszeit.

9.1.5.2 Brennweite

Die Brennweite des Objektivs bestimmt das Gesichtsfeld, das auf dem Film oder der Detektormatrix gespeichert wird. Möchte man ein kleines Gesichtsfeld fotografieren, benötigt man Teleobjektive mit großer Brennweite f'.

Rückt man beim Fotografieren den Gegenstand näher heran, verlängert sich die Bildweite und das Objektiv muss herausgedreht werden. Dies geht nur bis zu einer gewissen Grenze. Bei noch kürzeren Abständen werden Zwischenringe eingesetzt oder die Brennweite wird durch eine Vorsatzlinse verkürzt.

9.1.5.3 Schärfentiefe

Auf dem Film wird nur eine Gegenstandsebene scharf abgebildet. Bildpunkte außerhalb der idealen Ebene verursachen einen Unschärfekreis. Bei Verwendung kleiner Blenden reduziert sich die Unschärfe (Abb. 9.15) und man erhält eine hohe Schärfentiefe, die oft auf dem Objektiv abgelesen werden kann. Man versteht unter diesem Begriff den Bereich der Gegenstandsweite, der scharfe Bilder ergibt.

Abb. 9.15 Zur Erklärung
der Schärfentiefe. Der
Unschärfekreis verkleinert sich
beim Zuziehen der Blende

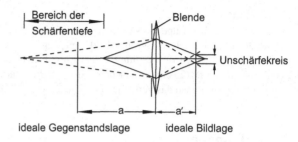

Beispiel 9.1.5a

Welche Fläche der Erde wird von einer Kamera mit $f' = 5\,\mathrm{cm}$ auf einer Detektormatrix von
$20\,\mathrm{mm} \times 20\,\mathrm{mm}$ aus einer Höhe von $a = 5\,\mathrm{km}$ abgebildet?

Aus (Gl. 9.9a) folgt: $y/y' = a/a'$ mit $y' = 0{,}02\,\mathrm{m}, a' = 0{,}05\,\mathrm{m}$ und $a = -5000\,\mathrm{m}$ (Vorzeichenregel!).

Daraus folgt $y = y'a/a' = -2000\,\mathrm{m}$. Die Fläche beträgt somit $4\,\mathrm{km}^2$.

Beispiel 9.1.5b

Um welche Strecke s muss das Objektiv einer Kamera mit $f' = 5\,\mathrm{cm}$ verschiebbar sein, damit
eine Einstellung zwischen 0,7 m und unendlich möglich ist.

Bei $a = -0{,}7\,\mathrm{m}$ (Vorzeichenregel!) berechnet sich a' nach (Gl. 9.9a) aus $1/a' = 1/a + 1/f'$
zu $a' = 53{,}8\,\mathrm{m}$.

Bei $a = -\infty$ gilt $a'_\infty = f = 50\,\mathrm{mm}$. Damit beträgt $s = a' - f' = 3{,}8\,\mathrm{mm}$.

Beispiel 9.1.5c

Ein Digitalkamera hat eine Chipbreite von $x = 5\,\mathrm{mm}$. Die Brennweite beträgt $f' = 2\,\mathrm{cm}$.

Wie groß ist Winkelbereich $2\,\alpha$, unter dem Objekt aufgenommen werden können?

Es gilt: $\tan\alpha \approx (x/2)/f' = 2{,}5/20 = 0{,}125$ und $2\,\alpha \approx 14°$.

Beispiel 9.1.5d

Ein Objektiv ($f' = 5\,\mathrm{cm}$) ein Öffnungsverhältnis von 1:1,6. Wie groß ist der Durchmesser des
Objektivs D?

Es gilt (Gl. 9.13): $1: 1{,}6 = d/f'$ und $d = f'/1{,}6 = 3{,}1\,\mathrm{cm}$.

Frage 9.1.5e

Ein Fotograf möchte bei wenig Licht arbeiten. Was für ein Objektiv wird er wählen?

Er wird ein Objektiv mit großem Öffnungsverhältnis wählen.

Frage 9.1.5f

Warum wird das Bild beim Fotoapparat bei großer Blende unschärfer?

Siehe Abschnitt *Schärfentiefe*.

9.1.6 Projektor (Beamer)

Das Objektiv eines Bildprojektors entwirft ein vergrößertes, umgekehrtes, reelles
Bild auf einem Schirm oder einer Wand. Der Gegenstand befindet sich zwischen der

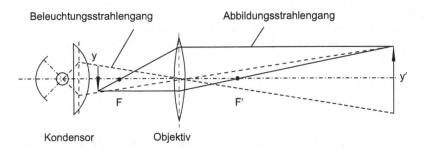

Beleuchtungsstrahlengang Abbildungsstrahlengang

Kondensor Objektiv

Abb. 9.16 Prinzip eines Projektors. Man unterscheidet zwischen dem Strahlengang der Abbildung und der Beleuchtung

einfachen und doppelten Brennweite des Objektivs. Bei hohen Vergrößerungen ist die Gegenstandsweite nur wenig größer als die Brennweite.

9.1.6.1 Projektor und Beamer

Zur Abbildung dienen durchsichtige von hinten beleuchtete Objekte. Durch einen *Kondensor* wird erreicht, dass das durch das Objekt tretende Licht nahezu vollständig durch das *Objektiv* auf den Projektionsschirm gelangt. Dazu ist es notwendig, dass der Kondensor die Lichtquelle in das Objektiv abbildet.

Man unterscheidet nach Abb. 9.16 zwischen dem *Abbildungs- und Beleuchtungs-strahlengang*. Bei gegebenem Abstand Projektor-Wand bestimmt die Brennweite des Objektivs die Bildgröße. Man benötigt also für verschieden lange Räume und Bildgrößen Projektoren mit unterschiedlichen Brennweiten.

Als Projektor für Computer benutzt man Beamer, bei denen als Objekt ein transparentes Display aus Flüssigkristallen verwendet wird.

9.1.6.2 Filmprojektor

Der optische Strahlengang bei Filmprojektoren verläuft analog zu Abb. 9.16. Durch die unterschiedliche Größe der zu projizierenden Objekte ergeben sich andere Brennweiten.

Beispiel 9.1.6a
Berechnen Sie die Brennweite des Objektivs eines Beamers, welches das 24 mm hohe Display auf eine $a' = 4$ m entfernte Wand 1,5 m groß abbildet.

Es gilt (Gl. 9.9a): $y'/y = a'/a = -150/2,4 = -62,5$ (Das Minuszeichen gibt eine Bild-umkehr an.).

Aus $1/f' = 1/a' - 1/a$ erhält man mit $a' = 400$ cm und $a = -a'/62,5 = -6,4$ cm die Brennweite $f' = 6,3$ cm.

Beispiel 9.1.6b
Ein Schreibprojektor mit einer Brennweite von $f' = 50$ cm liefert an einer 5 m entfernten Wand ein Bild mit 2 m × 2 m. Wie groß sind Gegenstand und Gegenstandsweite?

Aus (Gl. 9.9a) $1/a = 1/a' - 1/f'$ folgt mit $a' = 5$ m und $f' = 0,5$ m: Gegenstandsweite $a = -0,56$ m.

Die Gegenstandsgröße y berechnet man aus $y'/y = a'/a$ zu: $y = -0,22$ m (Bildumkehr!).

Frage 9.1.6d

Welche Funktion hat der Beleuchtungsstrahlengang beim Beamer?

Er soll möglichst viel Licht durch das Objektiv bis auf die Leinwand bringen. Dazu wird die Lichtquelle in das Objektiv abgebildet.

9.1.7 Fernrohr

Fernrohre dienen zur Vergrößerung des Sehwinkels weit entfernter Gegenstände. Die Vergrößerung Γ wird wie bei der Lupe definiert; sie ist durch die Sehwinkel beim Beobachten mit und ohne Instrumente (σ' und σ) gegeben (Gl. 9.11):

$$\boxed{\Gamma = \frac{\sigma'}{\sigma}. \quad \text{Vergrößerung } \Gamma} \tag{9.11}$$

Man unterscheidet Fernrohre zum Beobachten von terrestrischen oder astronomischen Objekten sowie Fernrohre für Sonderzwecke, z. B. für Mess- und Prüfaufgaben.

9.1.7.1 Kepler-Fernrohr

Das *Objektiv* entwirft von einem weit entfernten Gegenstand ein Bild in der Brennebene. Dieses verkleinerte umgekehrte Bild wird mit dem *Okular*, das wie eine Lupe funktioniert, vergrößert betrachtet (Abb. 9.17a). Der weit entfernte Gegenstand erscheint ohne Instrument unter dem Sehwinkel σ. Nach Abb. 9.17a kann die Bildgröße B aus der Brennweite des Objektivs f_1 näherungsweise berechnet werden:

$$\sigma = \frac{B}{f_1}.$$

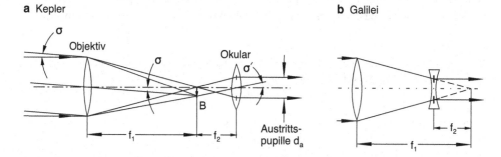

Abb. 9.17 Strahlengang durch ein **a** Kepler-Fernrohr, **b** Galilei-Fernrohr. (Der „Strich" bei den Brennweiten f_1, f_2 wird weggelassen.) (B = Bildgröße eines „unendlich" weit entfernten Gegenstandes)

Das Okular mit der Brennweite f_2 wird so eingestellt, dass das Zwischenbild in dessen Brennebene fällt. Es wirkt als Lupe (Abb. 9.14); das entstehende Bild wird unter dem Sehwinkel

$$\sigma' = \frac{B}{f_2}$$

erblickt (Abb. 9.17a). Damit ergibt sich für die Vergrößerung eines Fernrohres:

$$\boxed{\Gamma = \frac{f_1}{f_2}. \quad \text{Fernrohr} - \text{Vergrößerung } \Gamma} \qquad (9.14a)$$

Das Bild beim Kepler-Fernrohr „steht auf dem Kopf", was in (Abb. 9.14a) nicht berücksichtigt wurde.

9.1.7.2 Prismenfernrohr

Die Baulänge von Kepler'schen Fernrohren ist gleich der Summe der Brennweiten von Objektiv und Okular $f_1 + f_2$. Bei terrestrischen Fernglässern erfolgt eine Faltung des Strahlenganges durch den Einbau zweier totalreflektierender Umkehrprismen (Abb. 9.4b). Die Baulänge wird verkürzt und die Bildumkehrung rückgängig gemacht.

9.1.7.3 Bezeichnungen

Fernrohre werden durch die Vergrößerung Γ und den Durchmesser des Objektivs charakterisiert, z. B. 8×40. Bei dieser Bezeichnung gibt 8× die Vergrößerung und 40 den Durchmesser in mm an. Der Objektivdurchmesser bestimmt die Helligkeit des Bildes.

Schaut man aus größerer Entfernung auf das Okular eines Fernglases, sieht man ein helles Scheibchen einige mm über dem Okular schweben. Es handelt sich um das Bild des Objektivs, das vom Okular entworfen wird. Man bezeichnet es als *Austrittspupille*. Der Benutzer eines Fernrohres bringt seine Augenpupille an die Stelle der Austrittspupille. Daraus ergeben sich folgende Konsequenzen: Am Tage ist die Augenpupille klein, nachts ist sie weit geöffnet. Damit sind bei Tagglässern kleinere Objektivdurchmesser d möglich als bei Nachtglässern. Für den Durchmesser der Austrittspupille d_A gilt näherungsweise (Abb. 9.17a):

$$d_A = \frac{d}{\Gamma}. \quad \text{Fernrohr, Austrittspupille} \qquad (9.14b)$$

9.1.7.4 Galilei-Fernrohr

Dieser Fernrohrtyp, als Opernglas bekannt, hat eine kürzere Baulänge, da als Okular eine Zerstreuungslinse eingesetzt wird. Nach Abb. 9.17b fallen die Brennpunkte von Objektiv und Okular, wie beim Kepler-Fernrohr, zusammen. Da jedoch f_2 negativ ist, erhält man für die Baulänge $f_1 - |f_2|$. Abb. 9.17b zeigt den Strahlengang zur Bildkonstruktion. Es entsteht ein aufrechtes Bild mit der Vergrößerung $\Gamma = f_1/f_2$ (Gl. 9.14a).

Da die Austrittspupille zwischen Objektiv und Okular liegt, ist das Gesichtsfeld eingeschränkt. Man beobachtet „wie durch ein Schlüsselloch".

9.1.7.5 Spiegelteleskop

In der Wellenoptik wird gezeigt, dass das Auflösungsvermögen eines Fernrohres mit steigendem Objektivdurchmesser zunimmt. Die Ursache dafür ist die Beugung am Rand des Objektivs. In der Astronomie möchte man möglichst viele Details erkennen und benötigt daher Objektive mit Durchmesser im m-Bereich. Da Linsen dieser Größe nicht herstellbar sind, wählt man Hohlspiegel mit Durchmessern bis zu 5 m.

9.1.7.6 Messfernrohre

In der Technik und Wissenschaft werden Fernrohre für verschiedene Messaufgaben verwendet. Der Theodolit, ein drehbares Fernrohr, dient zur Winkelmessung. Bei Entfernungsmessern wird aus der Stellung des Okulars bei Scharfstellung des Bildes auf die Entfernung des Gegenstandes geschlossen. Ein Kollimator ist ein Projektor, der eine beleuchtete Strichplatte nach Unendlich abbildet. Er wird in Kombination mit einem Fernrohr zur Winkelmessung eingesetzt.

Beispiel 9.1.7a
Was bedeuten die Bezeichnungen auf einem Fernglas: a) 5×35; 150 m und b) 7×21; 7,5° ?
   Die erste Ziffer gibt die Vergrößerung Γ und die zweite den Durchmesser des Objektivs (Eintrittspupille) in mm. Hinter dem Semikolon steht der Durchmesser des Sehfeldes in 1000 m Entfernung oder der volle Sehwinkel des Sehfeldes.

Beispiel 9.1.7b
Ein Fernglas (Kepler-Typ) trägt die Bezeichnung 8×30 und besitzt die Brennweite des Objektivs von $f_1 = 12$ cm. Wie groß sind die Vergrößerung Γ, die Okularbrennweite f_2, die Baulänge l (bei ungefaltetem Strahlengang) und der Durchmesser der Austrittspupille d_A?
   Es gilt mit (Gl. 9.14a und 9.14b): $\Gamma = 8$, $f_2 = f_1 / \Gamma = 1{,}5$ cm, $l = f_1 + f_2 = 13{,}5$ cm, $d_A = d / \Gamma = 3{,}75$ mm.

Beispiel 9.1.7c
Ein Kepler-Fernrohr soll zur Vergrößerung des Durchmessers eines Laserstrahls $d_1 = 0{,}7$ mm auf $d_2 = 5$ mm eingesetzt werden. Die Baulänge soll $l = 12$ cm betragen. Wie groß sind f_1 und f_2?
   Für die Strahlaufweitung gilt mithilfe von Abb. 9.20: $f_2/f_1 = d_2/d_1 = 5/0{,}7 = 7{,}16$. Die Baulänge beträgt: $l = f_1 + f_2 = 12$ cm. Daraus folgt: $f_1 + 7{,}16 \cdot f_1 = 12$ cm, $f_1 = 1{,}47$ cm und $f_2 = 10{,}53$ cm.

Beispiel 9.1.7d
Ein Opernglas (Galilei-Typ) weist folgende Daten auf: Objektiv: $f_1 = 8$ cm, Durchmesser $d_1 = 3$ cm, Okular: $f_2 = -2$ cm. Geben Sie Vergrößerung Γ und die Baulänge l an.
   Aus (Gl. 9.14a) folgt $\Gamma = 4$, $l = f_1 + f_2 = 6$ cm (f_2 ist negativ!).

Frage 9.1.7e

Welche Fernrohrtypen gibt es? Was sind die Unterschiede?

Kepler: Okular ist Sammellinse, Baulänge ist die Summe der Objektiv- und Okularbrennweite. *Galilei:* Okular ist Zerstreuungslinse, Baulänge ist die Differenz der Objektiv- und Okularbrennweite.

Frage 9.1.7f

Was gibt die Vergrößerung eines Fernrohrs an?

Sie gibt das Verhältnis der Sehwinkel mit und ohne Fernrohr an.

Frage 9.1.7g

Was sieht man, wenn man ein Fernrohr mit der Hand weit weg vom Auge gegen das Licht hält?

Man sieht hinter dem Okular die Austrittspupille als helles Scheibchen. Diese stellt das Bild des Objektivs dar.

9.1.8 Mikroskop

9.1.8.1 Aufbau

Mit Mikroskopen werden kleine im Nahbereich liegende Gegenstände in zwei Stufen vergrößert abgebildet. Während beim Fernrohr Objektive großer Brennweite eingesetzt werden, liegt beim Mikroskop die Brennweite im mm-Bereich. Der Gegenstand befindet sich in der Nähe des Brennpunktes und das vergrößerte Zwischenbild wird im Tubus erzeugt (Abb. 9.18a). Es wird mit dem Okular, das als Lupe wirkt, nochmals vergrößert. Die Gesamtvergrößerung Γ errechnet sich aus dem Abbildungsmaßstab des Objektivs β und der Vergrößerung des Okulars Γ_{Ok}:

$$\boxed{\Gamma = \beta \Gamma_{Ok}. \quad \text{Gesamtvergrößerung } \Gamma} \tag{9.15a}$$

Die entsprechenden Werte für β und Γ_{Ok} sind auf dem Objektiv und Okular angegeben, z. B. $\beta = 40$ und $\Gamma_{Ok} = 12$. Der Abbildungsmaßstab des Objektivs β kann man nach Abb. 9.18a aus dessen Brennweite f_1 berechnen. Es gilt näherungsweise:

$$\boxed{\beta = \frac{t}{f_1}, \quad \text{Objektiv – Abbildungsmaßstab } \beta} \tag{9.15b}$$

wobei t die Tubuslänge angibt. Sie ist als Abstand der Brennpunkte definiert und konstruktiv meist zu $t = 160$ mm festgelegt. Die Vergrößerung des Okulars Γ_{Ok} ergibt sich aus der Lupenvergrößerung (Gl. 9.12a):

$$\boxed{\Gamma_{Ok} = \frac{a}{f_2}, \quad \text{Okularvergrößerung } \Gamma_{Ok}} \tag{9.15c}$$

wobei $a = 25$ cm die deutliche Sehweite und f_1 die Brennweite des Okulars angeben.

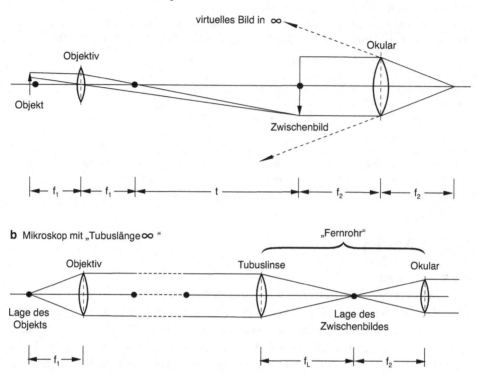

a Mikroskop mit endlicher Tubuslänge

b Mikroskop mit „Tubuslänge ∞ "

Abb. 9.18 Aufbau von Mikroskopen. (Der „Strich" bei den Brennweiten f_1, f_2 wird weggelassen.) **a** Abbildung durch Objektiv und Okular (klassisches Mikroskop), **b** Mikroskop mit „Tubuslänge ∞"

9.1.8.2 Mikroskop mit Tubuslänge „unendlich"

Moderne Mikroskope weisen oft abweichende Strahlengänge als oben beschrieben auf. Der Gegenstand befindet sich genau in der Brennebene des Objektivs und wird nach Unendlich abgebildet, wie bei einem Kollimator (Abb. 9.18b). Danach wirken ein Zwischenobjektiv (Tubuslinse) zusammen mit dem Okular als Kepler-Fernrohr. Diese Konstruktion hat den Vorteil, dass zwischen Objektiv und Tubuslinse ein „paralleler Strahlengang" vorliegt. Damit können durch einen Strahlteiler andere Strahlengänge zur Beleuchtung oder Beobachtung mit einer Fernsehkamera eingespiegelt werden.

Man berechnet die Gesamtvergrößerung Γ aus den Vergrößerungen des Objektivs Γ_{Ob} und des Fernrohrs Γ_F, bestehend aus Tubuslinse und Okular:

$$\Gamma = \Gamma_{Ob}\Gamma_F. \tag{9.16a}$$

Da das Objektiv mit der Brennweite f_1 als Lupe wirkt, gilt mit (Gl. 9.14a):

$$\boxed{\Gamma_{Ob} = \frac{a}{f_1}. \quad \text{Für das Fernrohr erhält man mit (9.14a)} : \Gamma_F = \frac{f_L}{f_2},} \quad (9.16b)$$

wobei f_L die Brennweite der Tubuslinse und f_{Ok} die des Okulars darstellen. Durch Umschreiben der Gleichungen resultiert für die Gesamtvergrößerung Γ:

$$\boxed{\Gamma = \Gamma_{Ob} q \Gamma_{Ok} \quad \text{mit} \quad q = \frac{f_L}{a} \quad \text{und} \quad \Gamma_{Ok} = \frac{a}{f_2}.} \quad (9.16c)$$

Dabei ist q der *Tubusfaktor* und Γ_{Ok} die Vergrößerung des Okulars. Ein Beispiel für eine Mikroskopbeschriftung lautet: Objektiv 10×, Tubus 1,25×, Okular 5×: die Gesamtvergrößerung beträgt 62,5.

Es wurden Mikroskope für unterschiedliche Aufgaben entwickelt: Mikroskope hoher Vergrößerung und Auflösung zur Beobachtung kleinster Objekte, Operationsmikroskope geringerer Vergrößerung für medizinisches Arbeiten, Messmikroskope und andere.

Neben den Lichtmikroskopen gibt es Geräte, die auf anderen Prinzipien beruhen: Elektronenmikroskop, Tunnel-Mikroskop, Feld-Ionen- und Elektronenmikroskope und Laser-Scanning-Mikroskop (Abschn. 10.1.3).

9.1.8.3 Auflösungsvermögen

Die Wellenoptik in   Abschn. 9.2.4 zeigt, dass die Grenze der Auflösung, d. h. die Genauigkeit, mit der Strukturen sichtbar werden, durch die Lichtwellenlänge λ begrenzt ist. Man erhält für den kleinsten auflösbaren Abstand g:

Dabei ist n die Brechzahl des Mediums zwischen dem Objekt und Objektiv und u der halbe Öffnungswinkel des Objektivs mit dem Durchmesser d und der Brennweite f_1: $\tan u = d/(2f_1)$.

Man nennt $n \sin u$ die *numerische Apertur*. Durch Einbringen eines Öltropfens zwischen Objekt und Objektiv mit $n \approx 1,3$ erreicht man numerische Aperturen bis über 1. Damit können Strukturen mit $g \approx \lambda/2$ sichtbar gemacht werden. Neben der Vergrößerung ist die numerische Apertur ein wichtiges Charakteristikum für die Funktion und Qualität eines Mikroskops.

Beispiel 9.1.8a

Ein Mikroskop ist mit einem Objektiv 40× und einem Okular 12× ausgestattet. Geben Sie die Gesamtvergrößerung Γ, die Brennweiten und die genaue Gegenstandweite an.

$\Gamma = 40 \times 12 = 480$, nach (Gl. 9.15b) $f_1 = t/\beta = 160\,\text{mm}/40 = 4\,\text{mm}$ ($t = 160\,\text{mm} =$ Tubuslänge), nach (Gl. 9.15c) $f_2 = a/\Gamma_{Ok} = 250\,\text{mm}/12 = 20,8\,\text{mm}$ ($a = 250\,\text{mm} =$ deutliche Sehweite).

Aus $1/a = 1/a' - 1/f_1$ mit $a' = t + f_1 = 164\,\text{mm}$ folgt: $a = -4,1\text{mm} \approx -f_1$.

Beispiel 9.1.8b

Ein Objektiv 100×hat eine numerische Apertur von $n\sin u = 1,3$ (Öl mit $n = 1,4$). Wie groß ist der kleinste auflösbare Abstand g bei Beleuchtung mit blauem Licht $\lambda = 500$ nm? Wie groß ist der Objektdurchmesser D?

Auflösbarer Abstand (Gl. 9.26): $g = \lambda/2n \sin u = 500/(2 \cdot 1,3)$nm $= 192$ nm.

Objektivdurchmesser: $\sin u = 1,3/1,4 = 0,93$, $u = $ $68,2°$,
$f_1 = t/100 = 1,6$ mm, $D = 2f_1 \tan u = 8$ mm.

Frage 9.1.8c

Welche Größe bestimmt das Auflösungsvermögen eines Mikroskops?

Es ist die numerische Apertur.

Frage 9.1.8d

Wie kann man die Vergrößerung eines „normalen" Mikroskops aus den Bauelementen bestimmen?

Die Vergrößerung setzt sich aus dem Produkt des Abbildungsmaßstabs des Objektivs (z. B. 40×) und der Vergrößerung des Okulars (z. B. 12×) zusammen.

9.2   Wellenoptik

Licht ist eine *elektromagnetische Welle* mit einer Wellenlänge zwischen etwa 400 und 700 nm (Abschn. 8.3.4), welche die Farbe bestimmt: violett (400 nm), blau (470 nm), grün (525 nm) und rot (670 nm). In der geometrischen Optik (Abschn. 9.1) wird die Wellennatur des Lichtes nicht betrachtet. Viele Erscheinungen, wie Polarisation, Interferenz oder Beugung, erfordern jedoch eine Beschreibung durch die Wellenoptik.

Licht breitet sich im Vakuum wie alle elektromagnetischen Wellen mit der Lichtgeschwindigkeit c_0 aus. In einem Medium verringert sich die Geschwindigkeit: $c_M = c_0/n$, wobei n die Brechzahl des Mediums ist (Gl. 9.1). Der Zusammenhang zwischen der Frequenz f und Wellenlänge λ des Lichtes lautet:

$$\boxed{f = \frac{c_0}{\lambda} \quad \text{mit} \quad c_0 = 299\,792\,458\,\frac{\text{m}}{\text{s}}. \quad \text{Lichtwelle}} \qquad (9.17a)$$

Die Frequenz im Bereich des sichtbaren Lichts mit 10^{14} Hz ist messtechnisch nicht direkt erfassbar.

9.2.1   Polarisation von Licht

9.2.1.1 Lineare Polarisation

In einer elektromagnetischen Welle schwingen die elektrische und magnetische Feldstärke senkrecht zur Ausbreitungsrichtung und auch senkrecht zueinander. Sie sind miteinander verkoppelt. Es reicht daher aus, allein die elektrische Feldstärke E zu betrachten. Die Ausrichtung der Feldstärke nennt man *Polarisation*. Bei unpolarisiertem Licht schwingt die elektrische Feldstärke statistisch in alle Richtungen senkrecht zur

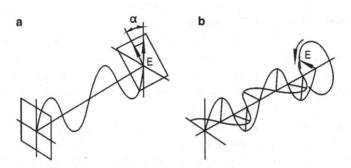

Abb. 9.19 Polarisation von Licht: **a** Lineare Polarisation, **b** Durch Überlagerung zweier verschobener linear polarisierter Wellen entsteht zirkular polarisiertes Licht

Ausbreitung. Die Sonne und übliche Lichtquellen emittieren unpolarisierte Strahlung. Durch spezielle Polarisationsfilter wird erreicht, dass Licht nur in einer Ebene schwingt. Eine „Momentaufnahme" einer linear polarisierten Welle zeigt Abb. 9.19a.

9.2.1.2 Zirkulare Polarisation

Neben der *linearen Polarisation* sind auch komplizierte Schwingungsformen möglich. Durch die Überlagerung zweier geeigneter linear polarisierter Wellen kann eine *zirkulare Polarisation* entstehen, bei dem sich die Feldstärke schraubenförmig durch den Raum bewegt (Abb. 9.19b). In der Wellenlehre wurde unter dem Begriff *Lissajous'sche Figuren* gezeigt, dass zwei senkrechte Schwingungen gleicher Frequenz eine Kreisbewegung ausführen, wenn eine Phasenverschiebung um 90° vorliegt (Abschn. 6.1.4). Zirkular polarisiertes Licht entsteht durch Überlagerung zweier linear polarisierter Lichtwellen, die senkrecht zueinander schwingen und gegeneinander um $\lambda/4$ (oder 90°) in der Phase verschoben sind. Ändert man die Verschiebung, entsteht eine *elliptische Polarisation*.

9.2.1.3 Polarisationsfolien

Dichroitische längliche Moleküle absorbieren nur eine Schwingungskomponente. Strahlt man unpolarisiertes Licht auf eine Folie mit derartigen Substanzen, so wird das hindurchtretende Licht bis zu 99 % linear polarisiert.

Stellt man zwei Polarisationsfilter hintereinander in einen Lichtstrahl, sodass ihre Vorzugsrichtungen gekreuzt sind, wird das Licht vollständig absorbiert. Bringt man sie in parallele Stellung, entsteht maximale Transmission. Wird ein Filter um den Winkel α aus der parallelen Lage gedreht, tritt von der Feldstärke E aus dem ersten Filter (Polarisator) nur die Komponente $E\cos\alpha$ hindurch (Abb. 9.19a). Die Intensität I ist proportional zum Quadrat der Feldstärke. Bei Drehung ändert sich die Intensität I wie folgt:

$$\boxed{I = I_0\cos^2\alpha, \quad \text{Polarisationsfilter, Drehung (Gesetz von Malus)}} \qquad (9.17b)$$

wobei I_0 die maximale Intensität bei paralleler Stellung ($\alpha = 0$) angibt.

9.2.1.4 Polarisation durch Reflexion

Bei Reflexion an Grenzflächen wird das Licht teilweise polarisiert. Bei Metallen sind die Verhältnisse kompliziert, es entsteht elliptisch polarisiertes Licht. Auf die Metalloptik wird nicht weiter eingegangen. Im Folgenden wird das Verhalten durchsichtiger Medien beschrieben. Licht wird an einer Glasfläche teilweise reflektiert und gebrochen (Abschn. 9.1.1). Das unpolarisiert einfallende Licht kann in zwei Komponenten zerlegt werden: parallel und senkrecht zur Reflexionsebene. Bei senkrechtem Einfall werden beide Komponenten zu etwa je 4 % reflektiert (Abb. 9.20). Bei schräger Einstrahlung wird jedoch die senkrechte Komponente stärker gespiegelt. Damit tritt nach Reflexion eine partielle Polarisation auf. Abb. 9.20 zeigt, dass die Reflexion unter dem *Brewster-Winkel* für die parallele Komponente verschwindet, sodass das reflektierte Licht vollständig senkrecht zur Reflexionsebene polarisiert ist.

Der Brewster-Winkel kann aus dem Brechungsgesetz errechnet werden. Man stellt sich vor, dass die Reflexion durch die Emission der Elektronen im Glas mit der Brechzahl n erfolgt, die durch die einfallende Lichtwelle angeregt werden. Die Elektronen strahlen wie ein schwingender Dipol: in Richtung der Schwingung ist die Emission Null, senkrecht dazu maximal. Damit kann eine Reflexion für die parallele Polarisationskomponente nicht erfolgen, wenn der Winkel zwischen dem gebrochenen und reflektierten Strahl gleich 90° beträgt. Aus dem Brechungsgesetz (Gl. 9.2) erhält man für den *Brewster-Winkel* ε_B:

$$\boxed{\tan \varepsilon_B = n. \quad \text{Brewster} - \text{Winkel } \varepsilon_B} \qquad (9.17c)$$

Reflektiertes Licht ist stets teilweise polarisiert. Damit ergibt sich die Möglichkeit, Reflexe an Glas- oder Wasserflächen durch Polarisationsfolien zu reduzieren. Davon wird in der Fotografie und bei sogenannten Polaroid-Sonnenbrillen Gebrauch gemacht.

Abb. 9.20 Reflexionsgrad an einer Glasfläche mit $n = 1,52$ für verschieden polarisiertes Licht. Für unpolarisierte Strahlung gilt der Mittelwert beider Kurven. (s = Polarisationsrichtung steht senkrecht zur Einfallsebene, p = parallel zu Einfallsebene)

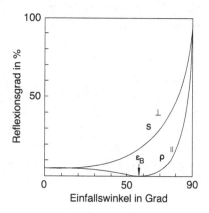

9.2.1.5 Polarisation durch Streuung

Licht wird an Molekülen und kleinen Teilchen gestreut. Auch hier stellt man sich vor, dass Elektronen durch die Lichtwelle zu Dipolschwingungen angeregt werden. Daher wird Licht in Richtung der Polarisation, d. h. der Schwingung, minimal und senkrecht dazu maximal gestreut. Aus diesem Grund ist Sonnenlicht, das in der Erdatmosphäre gestreut wird, teilweise linear polarisiert.

9.2.1.6 Doppelbrechung

In *anisotropen Medien,* wie Kristallen oder optischen Medien unter mechanischer Spannung, hängt die Brechzahl *n* von der Richtung der Polarisation und Lichtausbreitung ab. Die Verhältnisse der Kristalloptik sind kompliziert, sodass hier nur einige wichtige Sonderfälle erwähnt werden.

In Kristallen gilt das Brechungsgesetz (Gl. 9.2) nicht vollständig. Dies wird am Beispiel einer Kalkspatplatte deutlich, die in einer speziellen Kristallrichtung geschnitten ist. Unpolarisiertes Licht wird im Kristall in zwei Polarisationskomponenten aufgespalten (Abb. 9.21). Der sogenannte *ordentliche Strahl* verhält sich völlig normal, die Brechzahl hängt nicht von der Ausbreitungsrichtung ab. Der *außerordentliche Strahl* ist senkrecht dazu polarisiert, und er wird im Widerspruch zum Brechungsgesetz gebrochen. Die Brechzahl *n* hängt von der Ausbreitungsrichtung ab.

9.2.1.7 λ/4- und λ/2-Platte

Bei einer Kalkspatplatte, in der das Licht senkrecht zur *optischen Achse* einfällt, findet keine Aufspaltung in die ordentliche und außerordentliche Welle statt. Allerdings sind die Brechzahlen ungleich, beide Wellen breiten sich verschieden schnell aus. Damit entsteht ein Phasenunterschied zwischen den Wellen, der von der Dicke des Kristalls abhängt. Bei der λ/4-Platte beträgt der Phasenunterschied 90° und es entsteht für eine Wellenlänge zirkular polarisiertes Licht (Abb. 9.19b), sofern man linear polarisiertes Licht einstrahlt (unter 45° zur optischen Achse). Dementsprechend dreht eine λ/2-Platte die Polarisationsebene um 90°. Derartige Bauelemente haben in der Lasertechnik Bedeutung.

Eine λ/4-Platte dient zur Erzeugung von zirkular polarisiertem Licht aus linear polarisiertem Licht. Eine λ/2-Platte dreht die Polarisationsebene von linear polarisiertem Licht um 90°.

Abb. 9.21 Doppelbrechung in Kalkspat. Zerlegung unpolarisierten Lichtes in senkrecht zueinander polarisiertes Licht

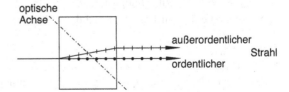

9.2.1.8 Spannungsdoppelbrechung

Gläser und Kunststoffe werden durch mechanische Spannungen *doppelbrechend*. Dieser Effekt wird zur optischen Darstellung von Spannungen ausgenutzt. Man bringt den zu untersuchenden durchsichtigen Körper zwischen zwei gekreuzte Polarisationsfilter. Im spannungsfreien Zustand läuft kein Licht durch das System. Bei Wirkung von Kräften erscheinen im hindurchgehenden Licht helle Streifen, die bei weißem Licht farbig sind. Kurven gleicher Helligkeit oder Farbe stellen Bereiche gleicher Spannung dar.

9.2.1.9 Optische Aktivität

> Optisch aktive Substanzen drehen die Polarisationsebene von Licht.

Dieser Effekt wird dazu ausgenutzt, um die Konzentration von Zucker in Lösungen zu bestimmen (Saccharimeter). Neben chiralen Molekülen sind auch Flüssigkristalle optisch aktiv, was in Anzeigeeinheiten ausgenutzt wird.

9.2.1.10 Faraday-Effekt

Bringt man isotrope transparente Medien in ein Magnetfeld, tritt *optische Aktivität* auf. Bei Durchstrahlung von Licht in Feldrichtung wird die Schwingungsebene von linear polarisiertem Licht gedreht. Als *Faraday-Isolator* bezeichnet man Systeme, oft mit Permanentmagneten, die wie eine $\lambda/2$-Platte wirken. In Verbindung mit einem Polarisationsfilter verhindern sie, dass Licht in einem Strahlengang durch Spiegelung an Grenzflächen zurückläuft. Laser werden leicht durch rückgestreutes Licht gestört.

9.2.1.11 Pockelszelle

Elektrische oder magnetische Felder können in Materialien *Doppelbrechung* hervorrufen. Der *Pockelseffekt* wird in der Lasertechnik zur Konstruktion von Lichtschaltern und für Modulatoren in der optischen Nachrichtentechnik ausgenutzt. Ein Kristall mit zwei Elektroden, z. B. KDP (Kaliumdihydrogenphosphat) oder ADP (Ammoniumdihydrogenphosphat), wird zwischen zwei gekreuzte Polarisatoren gebracht (Abb. 9.22). In dieser Form ist der optische Schalter geschlossen. Bei Anlegen einer sogenannten $\lambda/2$-*Spannung* von etwa 4 kV wird der Kristall doppelbrechend und er wirkt wie eine $\lambda/2$-Platte. Die Polarisation wird um $90°$ gedreht und das Licht kann durch das System hindurchtreten: der Schalter ist offen.

Der *Kerreffekt* tritt hauptsächlich in Flüssigkeiten auf, beim Anlegen eines elektrischen Feldes wird das Material doppelbrechend.

Beispiel 9.2.1a

Ein unpolarisierter Lichtstrahl fällt nacheinander durch drei Polarisationsfilter, die jeweils um $60°$ gegeneinander verdreht sind. Wie groß ist die Intensität nach Durchgang durch das 1., 2. und 3. Filter?

Abb. 9.22 Pockelszelle zur Modulation von Licht

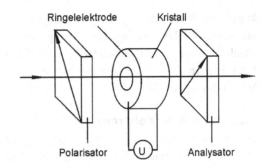

Das erste Filter polarisiert das Licht und es lässt somit (Gl. 9.17b) 50 % durch. Die Intensität I nach dem zweiten und dritten Filter wird jeweils um $\cos^2 \alpha = \cos^2 60° = 0{,}25$ geschwächt. Es ergibt sich nach dem zweiten und dritten Filter eine Schwächung um $0{,}5 \cdot 0{,}25 = 12{,}5$ % und $0{,}5 \cdot 0{,}25 \cdot 0{,}25 = 3{,}125$ %.

Beispiel 9.2.1b

Unter welchem Winkel müssen die Endfenster ($n = 1{,}56$) des Entladungsrohres eines HeNe-Lasers stehen, damit linear polarisiertes Licht ohne Verluste hindurchtritt?

In der Einfallsebene polarisiertes Licht wird an einer Glasfläche unter dem Brewster-Winkel ε_B nicht reflektiert. Nach (Gl. 9.17c) gilt: $\tan \varepsilon_B = n = 1{,}56$. Daraus folgt $\varepsilon_B = 57{,}3°$.

Frage 9.2.1c

Was versteht man unter dem Brewster-Winkel?

Unter dem Brewster-Winkel wird Licht einer Polarisationsrichtung nicht reflektiert. Das reflektierte Licht ist damit linear polarisiert.

Frage 9.2.1d

Was versteht man unter Doppelbrechung?

Bei der Doppelbrechung hängt die Brechzahl von der Polarisationsrichtung und der Ausbreitungsrichtung des Lichtes ab.

Frage 9.2.1e

Was bewirkt eine $\lambda/2$-Platte?

Sie kann die Polarisationsrichtung von linear polarisiertem Licht um 90° drehen. Das Licht muss unter 45° zur optischen Achse eingestrahlt werden.

Frage 9.2.1f

Wie erzeugt man zirkular polarisiertes Licht?

Zunächst wird das unpolarisierte Licht mit einem Polarisationsfilter linear polarisiert. Dann wird das Licht durch eine $\lambda/4$-Platte geschickt. Fertig!

9.2.2 Eigenschaften der Kohärenz

Weißes Licht besteht aus einem kontinuierlichen Wellenlängenspektrum, d. h. einem Gemisch unterschiedlicher Wellen. Dagegen strahlen Laser monochromatisch mit nahezu konstanter Wellenlänge. Man sagt Laserlicht ist *kohärent* (zusammenhängend). Bei kohärenten Lichtwellen machen sich spezielle *Interferenzeffekte* bemerkbar; dieses sind Erscheinungen bei der Überlagerung von Wellen. Weißes Licht dagegen ist *inkohärent*. Interferenzen sind nicht beobachtbar, da sie sich durch die Unregelmäßigkeiten der Wellen herausmitteln.

9.2.2.1 Zeitliche Kohärenz

Die Begriffe *Interferenz* und *Kohärenz* werden an der Funktion eines *Michelson-Interferometers* erläutert (Abb. 9.23). Eine Lichtwelle, z. B. aus einem Laser, wird durch einen halbdurchlässigen Spiegel in zwei Teilbündel aufgespalten. Die beiden Wellen werden an zwei Spiegeln in sich selbst reflektiert und hinter dem Strahlteiler wieder zur Überlagerung gebracht. Kippt man einen der Spiegel leicht an, erhält man die Überlagerung zweier ebener Wellen unter einem kleinen Winkel. Wie in Abb. 9.23 dargestellt, gibt es Stellen der Überlagerung zweier Wellenberge und es ist hell. Das Gleiche gilt für die Überlagerung der Wellentäler. Zwischen den hellen Stellen treffen Berg und Tal aufeinander, die sich gegenseitig auslöschen und es ist dunkel. Es entstehen bei der Überlagerung zweier verkippter ebener Wellen helle und dunkle Interferenzstreifen.

Bewegt man einen der Spiegel in Abb. 9.23 in Richtung der Wellenausbreitung, so verschiebt man beide Teilwellen und die Interferenzstreifen im Überlagerungsgebiet gegeneinander. Sofern die primäre Welle kohärent ist, ändert sich nichts am Kontrast der Streifen. Ist sie jedoch nur teilweise kohärent, nimmt der Kontrast mit zunehmender Verschiebung ab. Es interferieren verschiedene Teilstücke der Welle, die einander nicht mehr exakt entsprechen. Die Interferenzstreifen werden unscharf und verschwinden bei großen Spiegelverschiebungen.

Mit dem Michelson-Interferometer kann der Kohärenzgrad einer Lichtquelle gemessen werden. Man definiert als *Kohärenzlänge* l_K die Verschiebung der Wellen

Abb. 9.23 Michelson-Interferometer zur Messung der zeitlichen Kohärenz. Die Intensitätsverteilung $I(x)$ in der Beobachtungsebene hängt von der Verzögerungszeit $t = 2\Delta l/c_0$ der Teilwellen ab, die durch den Strahlteiler T erzeugt werden

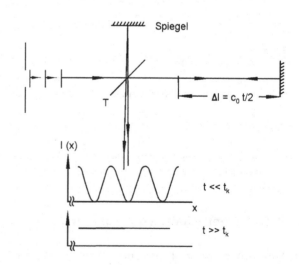

gegeneinander, bei welcher der Kontrast stark abnimmt (um den Faktor $1/\sqrt{2}$). Dem entspricht die Kohärenzzeit t_K:

$$\boxed{l_K = t_K c_0. \quad \text{Kohärenzlänge } l_K} \tag{9.18a}$$

Licht entsteht durch atomare und molekulare Übergänge von höheren zu tieferen Energieniveaus. Man kann sich vorstellen, dass im Prinzip ein emittierter Wellenzug nur mit sich selbst interferiert, da Wellen von anderen Atomen zu unterschiedlich sind. Die Kohärenzzeit t_K entspricht daher etwa der Emissionsdauer oder der Lebensdauer τ ($t_K \approx \tau$) des Ausgangsniveaus. Durch den mathematischen Formalismus der Fourier-Analyse (Abschn. 6.1.5) kann eine Welle der zeitlichen Dauer τ durch ein Spektrum von Sinuswellen mit der Bandbreite Δf beschrieben werden:

$$\Delta f \approx \frac{1}{\tau}. \quad \text{Spektrale Bankbreite } \Delta f$$

Mit $\tau \approx t_K$ wird die Kohärenzlänge l_K somit durch die spektrale Bandbreite Δf der Lichtquelle bestimmt (Tab. 9.2):

$$l_K = \frac{c_0}{\Delta f}. \quad \text{Kohärenzlänge } l_K \tag{9.18b}$$

Die Kohärenzlänge l_K beschreibt die *zeitliche Kohärenz*, da bei der Messung zwei Teilwellen zeitlich gegeneinander verschoben werden.

9.2.2.2 Räumliche Kohärenz

Die räumliche Kohärenz untersucht die Interferenz an zwei verschiedenen seitlichen Stellen einer Lichtwelle zur gleichen Zeit. Zur Untersuchung dieser Kohärenz blendet man aus einer breiten Wellenfront zwei nebeneinander liegende spaltförmige Bereiche aus und bringt diese Teilwellen zur Überlagerung (Doppelspaltversuch nach Young). Man beobachtet bei Vergrößerung des Spaltabstandes eine Abnahme des Kontrastes der Interferenzstreifen. Bei den technischen Anwendungen von Interferenzen werden meist Laser in der TEM_{00}-Mode eingesetzt, die örtlich vollständig kohärent sind.

Tab. 9.2 Kohärenzlänge l_K verschiedener Lichtquellen	Lichtquelle	Δf in Hz	l_K
	Sonne	$5 \cdot 10^{14}$	$0{,}6\,\mu\text{m}$
	Spektrallampe	10^9	$30\,\text{cm}$
	Nd-Laser	$3 \cdot 10^7$	$1\,\text{cm}$
	He-Ne-Laser	10^9	$30\,\text{cm}$
	He-Ne-Laser stabilisiert	$1{,}5 \cdot 10^5$	$2\,\text{km}$

Beispiel 9.2.2a

Wie groß ist die Kohärenzlänge eines HeNe-Lasers mit einer Bandbreite von 1 GHz?

Nach (Gl. 9.18b) gilt: $l_K = c_0/\Delta f = 0{,}3$ m.

Beispiel 9.2.2b

In einen weißen Lichtstrahl wird ein Interferenzfilter ($\lambda = 500$ nm, $\Delta \lambda = 1$ nm) gestellt.

Wie groß ist die Kohärenzlänge?

Aus $f = c_0/\lambda$ (Gl. 9.17a) erhält man durch Differenzieren $|\Delta f| = c_0 \Delta \lambda / \lambda^2 = 1{,}2 \cdot 10^{12}$ Hz. Damit erhält man die Kohärenzlänge (Gl. 9.18b) $l_K = c_0/\Delta f = 2{,}5 \cdot 10^{-4}$ m.

Frage 9.2.2c

Wie misst man die Kohärenzlänge?

Mit dem Michelson-Interferometer.

Frage 9.2.2d

Was ist kohärentes Licht?

Es hat eine kleine spektrale Frequenzbreite und daher eine große Kohärenzlänge.

9.2.3   Erscheinungen der Interferenz

Die Anwendungen der Interferenzoptik sind durch die Erfindung des Lasers stark angewachsen. Wichtige Bauelemente und Geräte dieses Fachgebietes sind beispielsweise: Gitter, Filter, Schichten zur Ent- und Verspiegelung, Interferometer und holografische Systeme.

9.2.3.1 Interferenzen an parallelen Schichten

Zwischen parallelen Schichten können sich stehende Lichtwellen ausbilden (Abschn. 6.2.4). Diese entstehen durch die Überlagerung der einfallenden und reflektierten Lichtwellen. Abb. 9.24a zeigt eine Lichtwelle, die auf eine Planplatte fällt.

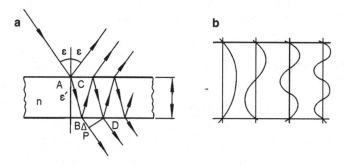

Abb. 9.24 Interferenzen an parallelen Schichten: **a** Zur Berechnung der maximalen Transmission. **b** Bedingung für maximale Transmission bei senkrechtem Einfall. Moden (= Schwingungsformen) in Schichten und Lasern

An den Grenzflächen finden mehrfach Brechung und Reflexion statt. Betrachtet man im durchgehenden Licht den optischen Wegunterschied Δ zwischen zwei benachbarten Wellen, so kann man mithilfe des Brechungsgesetzes zeigen:

$$\Delta = n(\overline{BC} + \overline{CD}) - \overline{BP} = 2d\sqrt{n^2 - \sin^2 \varepsilon}.$$

In der Gleichung wurde berücksichtigt, dass an der Grenzfläche zum dichteren Medium ein Phasensprung von π (Verschiebung der Welle um $\lambda/2$) auftritt und dass im Glas die Wellenlänge λ auf den Wert λ/n verkleinert wird. Um dies nicht jedes Mal mit bedenken zu müssen, setzt man im Medium statt des zurückgelegten Weges x den optischen Weg nx ein und arbeitet dementsprechend mit der normalen Wellenlänge λ. Die beiden Teil-wellen überlagern sich konstruktiv, wenn der Gangunterschied Δ gleich der Wellenlänge oder ein Vielfaches davon ist ($\Delta = m\lambda$). Maximale Helligkeit entsteht also, wenn

$$\Delta = 2d\sqrt{n^2 - \sin^2 \varepsilon} = m\lambda \quad \text{mit} \quad m = 1, 2, 3, \ldots \quad \text{Konstruktive Interferenz}$$
$$(9.19a)$$

gilt. Dagegen entsteht ein Minimum der Transmission, wenn Berg und Tal der beiden Teilwellen zusammenfallen: $\Delta = m\lambda - \lambda/2$.

Für senkrechten Einfall ($\varepsilon = 0$) kann (Gl. 9.19a) vereinfacht werden. Maximale Transmission entsteht, wenn die Schichtdicke nd ein Vielfaches von $\lambda/2$ beträgt:

$$nd = m\frac{\lambda}{2} \quad \text{mit} \quad m = 1, 2, 3, \ldots \quad \text{Maximale Transmission} \qquad (9.19b)$$

Dieser Fall ist in Abb. 9.24b skizziert. Es ergeben sich folgende technische Anwendungen.

Interferenzfilter Derartige Filter bestehen aus einem Glasträger, auf dem folgende Schichtfolge aufgedampft ist: dünne metallische Spiegelschicht mit einem Reflexions-grad etwas unterhalb von 100 %, eine transparente Schicht der Dicke λ/n oder ein Viel-faches davon und eine weitere Spiegelschicht. Für eine Zwischenschicht $nd = 600$ nm erhält man nach (Gl. 9.19b) maximale Transmission für $\lambda = 1200$ nm, 600 nm, 400 nm, 300 nm, 200 nm, usw. Durch den hohen Reflexionsgrad der Verspiegelung wird eine mehrfache Reflexion in der Zwischenschicht erreicht. Die Transmissionsbereiche können bis auf 10 nm scharf definiert sein. Zur Beschränkung der Durchlässigkeit auf eine einzelne Wellenlänge wird die Schichtstruktur mit einem Farbfilter kombiniert.

Laserresonatoren Ein Laser besteht aus einem aktiven Medium, das sich zwischen zwei Spiegeln befindet (Abschn. 9.3). In der Praxis werden Hohlspiegel mit einem Krümmungsradius im m-Bereich verwendet, die näherungsweise als eben angesehen werden können. Zwischen diesen Spiegeln bilden sich stehende Wellen aus, die nach (Gl. 9.19b) beschrieben werden. Auch Abb. 9.24b ist mit dem Hinweis gültig, dass die Spiegelabstände L (außer bei Halbleiterlasern) im 10-cm-Bereich liegen, sodass die Zahl der Halbwellen etwa $m \approx 10^5$ beträgt. Die Frequenzen eines Laserresonators erhält man aus (Gl. 9.19b) mit $f = c_0/\lambda$:

$$f = m\frac{c_0}{2L}. \quad \text{Laserresonator}$$

Daraus ergibt sich für den Frequenzabstand $\Delta f = (m+1)c_0/2L - mc_0/2L$ benachbarter Moden (Schwingungsformen) mit $m+1$ und m:

$$\boxed{\Delta f = \frac{c_0}{2L}. \quad \text{Longitudinale Moden}} \qquad (9.20)$$

Im Allgemeinen strahlen Laser mehrere Moden, deren Zahl durch die Linienbreite des Laserüberganges bestimmt ist: man dividiert die Linienbreite durch Δf und erhält die Zahl der Moden. Kurze Laser weisen nach (Gl. 9.20) einen großen Modenabstand Δf auf. Man kann erreichen, dass nur eine Mode auftritt. Auch bei langen Lasern ist Monomode-Betrieb möglich, wenn man einen zusätzlichen kurzen Resonator zwischen die Laserspiegel bringt. Dieser besteht aus einer planparallelen beidseitig verspiegelten Glasplatte mit einer Dicke um 1 cm, die man *Etalon* oder *Fabry-Perot-Etalon* nennt.

Entspiegelung Nach Abb. 9.20 reflektiert eine Glasplatte bei senkrechtem Einfall etwa 4 % an jeder Grenzfläche. Durch Aufdampfen dünner $\lambda/4$-Schichten kann je nach Wahl der Brechzahl eine Ent- oder Verspiegelung erreicht werden. Bei der einfachsten Art der Entspiegelung wird auf das Glas ein durchsichtiges Material mit einer Brechzahl n_2 gedampft, die zwischen der des Glases (n_3) und der Luft ($n_1 = 1$) liegt. Damit minimale Reflexion auftritt, muss bei senkrechtem Einfall der Wegunterschied $2n_2d = \lambda/2$ betragen. In diesem Fall löschen sich an den beiden Grenzflächen reflektierten Wellen aus. Man kann somit für eine Schichtdicke von $n_2d = \lambda/4$ bei senkrechtem Einfall eine Entspiegelung erzielen (Abb. 9.25a). Durch mehrere $\lambda/2$-Schichten wird eine Entspiegelung für ein breites Wellenlängenspektrum nahezu vollständig erreicht. Dadurch wird die Lichtstärke von Objektiven mit mehreren Linsen erheblich erhöht. Gegenüber (Gl. 9.19b) erhält man einen Unterschied, da bei der Entspiegelung die parallele Schicht auf Glas auf-

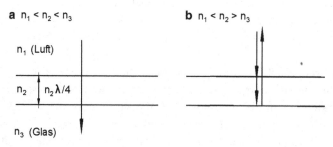

a $n_1 < n_2 < n_3$ **b** $n_1 < n_2 > n_3$

n_1 (Luft)

n_2 | $n_2\lambda/4$

n_3 (Glas)

Abb. 9.25 Interferenzen an dünnen Schichten: **a** Entspiegelung, **b** Verspiegelung, z. B. Laserspiegel

gebracht ist. Bei Reflexion an den beiden Grenzflächen entsteht jeweils ein Phasensprung von π, der bei der Überlagerung der beiden reflektierten Wellen keine Rolle spielt.

Laserspiegel Besitzt die aufgedampfte $\lambda/4$-Schicht eine Brechzahl n_2 größer als die des Glases (n_3), resultiert statt der Ent- eine Verspiegelung. Der Phasensprung tritt nur an der ersten Grenzfläche auf. Entsprechend den oben dargelegten Gedankengängen entsteht im durchgehenden Licht eine destruktive Interferenz. Durch mehrere $\lambda/4$-Schichten mit unterschiedlichen Brechzahlen können Spiegel mit Reflexionsgraden bis über 99,9 % produziert werden, die beispielsweise als Laserspiegel eingesetzt werden (Abb. 9.25b).

9.2.3.2 Interferenzen an keilförmigen Schichten

Auch an nichtparallelen Schichten treten Interferenzen auf. Am bekanntesten sind die *Newton'schen Ringe,* die an dünnen Luftkeilen auftreten, z. B. bei in Glas gerahmten Diapositiven. Abb. 9.26 zeigt die Entstehung von Interferenzen durch Reflexion an der Oberfläche einer plankonvexen Linse und einer ebenen Glasplatte. Die beiden reflektierten Wellen verlaufen nicht genau parallel, werden jedoch bei der optischen Abbildung durch die Augenlinse zur Überlagerung gebracht. Bei Beobachtung in Reflexion treten Interferenzringe auf, wenn der Luftkeil die Dicke $d_m = m\lambda/2 + \lambda/2$ aufweist. Der Term $\lambda/2$ entsteht durch den Phasensprung bei Reflexion am dichten Medium (Glasplatte). Der Satz von Pythagoras liefert (Abb. 9.26): $R^2 = r_m^2 + (R - d_m)^2$ oder näherungsweise $d_m = r_m^2/(2R)$ (für $R \gg r_m$). Damit resultiert für den Radius r_m der hellen Ringe:

$$r_m = \sqrt{(m + 1/2)\lambda R} \quad \text{mit} \quad m = 0, 1, 2, \ldots \quad \text{Newton'sche Ringe} \quad (9.21a)$$

Für den Radius der dunklen Ringe erhält man:

$$r_m = \sqrt{m\lambda R} \quad \text{mit} \quad m = 0, 1, 2, \ldots \quad (9.21b)$$

Die Newton'schen Ringe können als Höhenschichtlinien des Luftkeils angesehen werden. Von Streifen zu Streifen ändert sich die Dicke um $\lambda/2$. Ähnliche Erscheinungen werden an

Abb. 9.26 Zur Entstehung von Interferenzen an keilförmigen Schichten am Beispiel der Newton'schen Ringe

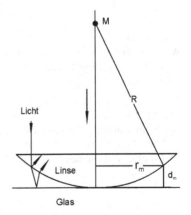

einer normalen Glasplatte beobachtet, an der ein aufgefächerter Laserstrahl reflektiert wird.
Im an beiden Oberflächen gespiegelten Licht treten unregelmäßige dunkle Streifen auf.

9.2.3.3 Farben dünner Plättchen

Dünne Schichten, wie Ölfilme, Oxid- oder Aufdampfschichten, zeigen bei Beleuchtung
mit weißem Licht schillernde Interferenzfarben. Dies liegt daran, dass jede Wellenlänge
ein eigenes System von Interferenzstreifen verursacht.

9.2.3.4 Interferometer

Das bekannte Michelson-Interferometer wurde bereits in Abschn. 9.2.2 zur Messung
der Kohärenzlänge dargestellt. Es wird auch zu anderen Messaufgaben eingesetzt. Beispielsweise können Längenänderungen sehr genau durch die Bewegung und Zählung
der Interferenzstreifen bei Verschieben eines Spiegels gemessen werden. Dies wird zur
Steuerung von Werkzeugmaschinen hoher Präzision ausgenutzt. Ein anderes Verfahren
prüft die Oberflächenstruktur von reflektierenden Werkstücken, die einen der Spiegel
ersetzen. Das Interferenzbild ist entsprechend der Oberfläche deformiert. Die Messgenauigkeit liegt unterhalb von 100 nm.

Beim Interferenzmikroskop wird das Prinzip des Michelson-Interferometers mit der
Mikroskopie kombiniert. Es wird eine ideal plane Oberfläche mit dem Objekt verglichen,
z. B. eine Schleifspur in einem Metall. Die Interferenzstreifen geben als Höhenschichtlinien das Oberflächenprofil des Werkstücks an. Eine Verschiebung um einen Streifen-
abstand entspricht der Veränderung der Oberfläche um $\lambda/2$.

Beispiel 9.2.3a

Eine Glasplatte ($n_G = 1{,}54$) soll durch Aufdampfen eines Materials ($n = 1{,}36$) für die Wellenlänge $\lambda = 550$ nm entspiegelt werden. Wie groß ist die Schichtdicke d?

Für Entspiegelung gilt: $nd = \lambda/4, d = \lambda/(4n) = 101$ nm.

Beispiel 9.2.3b

Wie groß ist der Frequenzabstand longitudinaler Moden in einem Laser der Länge $L = 1$ m und $0{,}1$ m?

Nach (Gl. 9.20) gilt: $\Delta f = c_0/(2L)$: $L = 1$ m: $\Delta f = 3 \cdot 10^8/2$ Hz $= 150$ MHz. $L = 1$ m:
$\Delta f = 1{,}5$ GHz.

Frage 9.2.3c

Was versteht man unter den longitudinalen Moden eines Lasers?

Im Laserresonator können mehrere stehende Wellen auftreten, die innerhalb der Linienbreite
des Lasermediums liegen.

Frage 9.2.3d

Wie kann man eine Glasfläche entspiegeln?

Man dampft eine $\lambda/4$-Schicht auf. Die Brechzahl muss kleiner als die des Glases sein. Wenn
die Brechzahl der Schicht größer als die des Glases ist, entsteht eine Verspiegelung.

9.2.4 Beugung von Licht

Unter Beugung versteht man das Eindringen von Licht in den geometrischen Schatten-raum hinter Hindernissen. Mit dem Huygens'schen Prinzip können Effekte der Beugung erklärt werden:

Jeder Punkt einer Wellenfläche ist Ausgangspunkt einer kugelförmigen Elementar-welle (Huygens'sches Prinzip).

9.2.4.1 Beugung am Gitter

Die Beugung an einem regelmäßigen Gitter, das aus strichförmigen durchsichtigen Bereichen besteht, ist relativ einfach zu berechnen (Abb. 9.27). Von jedem Punkt der Gitterstriche breiten sich kugelförmige Elementarwellen aus, die sich überlagern. Auf einem entfernten Schirm erhält man eine Beugungsfigur mit mehreren Maxima und Minima (Abb. 9.27a). Das erste Maximum entsteht unter dem Winkel α, bei dem der Weglängenunterschied von zwei Spalten bis zum Schirm gleich einer Wellen-länge λ beträgt. Für große Entfernungen des Schirmes vom Gitter gilt näherungsweise Abb. 9.27b. Man erhält aus dem schraffierten Dreieck für die erste seitliche Beugungs-ordnung: $\sin\alpha = \lambda/d$, wobei d der Gitterabstand ist (Gitterkonstante). Weitere *Beugungs-maxima* entstehen für die Wegunterschiede $m\lambda$. Allgemein gilt für die Maxima:

$$\sin\alpha = m\frac{\lambda}{d} \quad \text{mit} \quad m = 1, 2, 3, \dots \text{ Beugungsgitter} \tag{9.22}$$

Die 0. Ordnung tritt in Richtung der einlaufenden Welle auf, rechts und links davon ent-steht die 1., 2., 3., usw. Beugungsordnung.

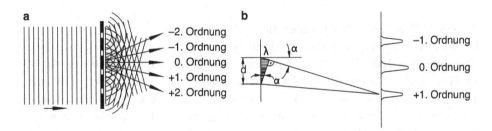

Abb. 9.27 Beugung am Gitter: **a** Durch Überlagerung von Elementarwellen entstehen ver-schiedene Beugungsordnungen. **b** Geometrische Beziehungen zur Berechnung der Beugungs-winkel

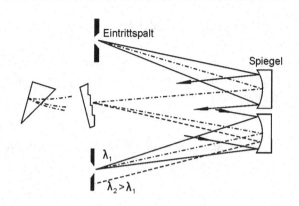

Abb. 9.28 Darstellung eines Gitterspektrometers. Im Prinzip kann das Gitter durch ein (reflektierendes) Prisma ersetzt werden

9.2.4.2 Spektralapparat

Beugungsgitter werden zur Vermessung von Wellenlängen in Spektralapparaten verwendet, meist als Reflexionsgitter. Abb. 9.28 zeigt, dass das zu analysierende Licht parallel auf das Gitter fällt. Licht verschiedener Wellenlängen λ wird in unterschiedliche Richtungen gebeugt. Mittels eines Hohlspiegels wird das gebeugte Licht einer Wellenlänge auf den Austrittsspalt fokussiert. Durch Drehen eines reflektierenden Gitters schiebt sich das gesamte Spektrum über den Spalt, an dem das Licht optoelektronisch nachgewiesen wird. Statt des Spaltes kann auch ein Diodenarray eingesetzt werden. Es entsteht ein optischer Vielkanalanalysator, der das gesamte Spektrum gleichzeitig erfasst. Das Auflösungsvermögen eines Gitters lässt sich zu

$$\frac{\lambda}{\Delta\lambda} = mp \quad \text{Auflösungsvermögen eines Beugungsgitters}$$

berechnen, wobei m die Beugungsordnung, p die Zahl der beleuchteten Gitterstriche und $\Delta\lambda$ der kleinste nachweisbare Wellenlängenunterschied angeben. Die Herstellung von Beugungsgittern erfolgt holografisch durch Ätzverfahren. Statt Gitter lassen sich auch Prismen einsetzen (Abb. 9.28), allerdings ist das Auflösungsvermögen geringer. Die Anwendung von Spektralapparaten ist in Abschn. 10.3.1 beschrieben.

9.2.4.3 Diffraktive optische Elemente

Das Beugungsgitter ist das einfachste Element der *diffraktiven Optik*. Durch komplizierte Gitterstrukturen können zahlreiche optische Bauelemente hergestellt werden, die beispielsweise wie Linsen, Prismen, Strahlteiler oder Strahlablenker wirken. Während übliche optische Elemente auf den Prinzipien von Brechung und Reflexion beruhen, nutzen diffraktive Systeme die Beugung und Interferenz aus. Im Abschn. 9.2.5 wird in der Holografie nochmals auf diese Thematik eingegangen.

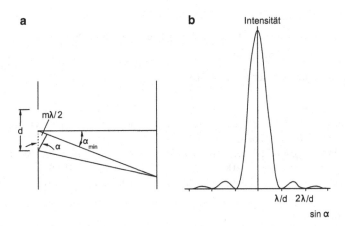

Abb. 9.29 Beugung am Spalt: **a** Geometrische Beziehungen zur Berechnung der Winkel im Beugungsminimum. **b** Darstellung der Beugungsfigur

9.2.4.4 Beugung am Spalt

Trifft Licht auf einen dünnen Spalt, tritt ähnlich wie beim Gitter Beugung auf. Zur Berechnung des Beugungswinkels α wird nach Abb. 9.29a der untere Randstrahl mit einem Strahl in Spaltmitte verglichen. Beträgt der Gangunterschied dieser gebeugten Wellen ein Vielfaches von $m\lambda/2$, löschen sie sich aus. Jeder Strahl der unteren Bündelhälfte findet einen Partner in der oberen, mit dem er sich kompensiert. Der Winkel, unter dem ein *Beugungsminimum* auftritt, berechnet sich nach Abb. 9.29a:

$$\sin\alpha = m\frac{\lambda}{d} \quad \text{mit} \quad m = 1, 2, 3, \ldots \tag{9.23a}$$

Die *Beugungsmaxima* befinden sich zwischen den Minima:

$$\sin\alpha = (m + 1/2)\frac{\lambda}{d} \quad \text{mit} \quad m = 1, 2, 3, \ldots \quad \text{Beugung am Spalt} \tag{9.23b}$$

Die Gleichungen für den Spalt (Gl. 9.23a) und das Beugungsgitter (Gl. 9.22) sind unterschiedlich. Die Intensitätsverteilung der Beugung am Spalt zeigt Abb. 9.29b. Die Beugung am Draht ergibt die gleichen Interferenzstrukturen wie die des Spaltes. Diese Aussage gilt allgemein für komplementäre Strukturen, wie Spalt und Draht oder Kreisblende und Vollkreis (*Babinet'sches Theorem*). Allerdings verhält sich das nicht gebeugte Licht unterschiedlich.

9.2.4.5 Beugung an der Kreisblende

Die Berechnung ringförmiger Beugungsstrukturen kreisförmige Öffnungen übersteigt den Rahmen dieses Buches. Die radiale Intensitätsverteilung ähnelt Abb. 9.29b. Allerdings liegen die Extremwerte anders; der erste dunkle Ring (Minimum) erscheint unter dem Winkel α:

$$\boxed{\sin \alpha = 1{,}22 \frac{\lambda}{d}. \quad \text{Beugung an Kreisblende}} \qquad (9.24)$$

wobei d den Durchmesser der Kreisöffnung angibt.

Beispiel 9.2.4a

Unter welchem Winkel wird paralleles weißes Licht (400 bis 750 nm) an einem Gitter (700 Linien/mm) bei senkrechtem Einfall gebeugt (1. Ordnung)?

Für die 1. Ordnung gilt (Gl. 9.22): $\sin\alpha = m\lambda/d$ mit $m = 1$ und $d = 1/700$ mm $= 1430$ nm. Daraus erhält man: $\sin\alpha_{400} = 400/1430 = 0{,}28$ bzw. $\alpha_{400} = 0{,}28$ rad $= 16{,}1°$ sowie $\alpha_{700} = 0{,}55$ rad $= 31{,}6°$. Der Winkelbereich für weißes Licht umfasst also $16{,}1°$ bis $31{,}6°$.

Beispiel 9.2.4b

Ein paralleles Lichtbündel fällt auf ein *Gitter* bzw. ein *Prisma*. Welche Erscheinungen treten in beiden Fällen auf?

Gitter: Licht wird gebeugt. Rotes Licht wird mit seiner längeren Wellenlänge stärker gebeugt als blaues Licht.

Prisma: Licht wird gebrochen. Rotes Licht hat eine kleinere Brechzahl und wird daher schwächer gebrochen als blaues Licht.

Frage 9.2.4c

Licht kann mithilfe eines Gitters und eines Prismas spektral zerlegt werden. Welche Unterschiede gibt es?

Die Funktion eines Gitters beruht auf Beugung, rotes Licht wird stärker abgelenkt. Beim Prisma ist die Brechung für die spektrale Zerlegung verantwortlich. Blaues Licht wird stärker abgelenkt.

Beispiel 9.2.4d

Eine Kamera in einem Satellit soll zwei Punkte im Abstand von $x = 1$ m aus einer Höhe $h = 300$ km noch unterscheiden können. Wie groß muss der Linsendurchmesser d sein ($\lambda = 550$ nm)?

Jeder Gegenstandspunkt erzeugt eine eigene Bewegungsfigur nach Abb. 9.29. Das Hauptmaximum des einen Punktes muss in das Minimum des anderen Punktes fallen. So werden beide Maxima noch getrennt.

Nach (Gl. 9.24) gilt: $\sin\delta = 1{,}22\lambda/d$ mit $\delta = x/h = 3{,}3 \cdot 10^{-6}$. Daraus folgt: $d = 1{,}22\lambda/\sin\delta \approx 1{,}22\lambda/\delta = 20$ cm.

9.2.4.6 Auflösung optischer Geräte

Bei der optischen Abbildung tritt Beugung am Linsenrand auf und es entstehen konzentrische helle und dunkle Ringe. Das erste Minimum entsteht unter dem Winkel α nach (Gl. 9.24). Die Anwesenheit von Linsen ändert nichts daran. Bildpunkte bestehen durch den Einfluss der Beugung aus einem zentralen Beugungsscheibchen, umgeben von Ringen. Dadurch wird die Abbildung unscharf.

Zur Berechnung der Auflösung denke man sich zwei Punkte eines entfernten Gegenstandes. Jeder sendet aufgrund der großen Entfernung näherungsweise eine ebene Welle aus und in der Bildebene entstehen statt zweier Bildpunkte kleine Beugungsfiguren. Verringert man den Winkelabstand der Objektpunkte, z. B. durch Verschieben des Objekts zu größeren Entfernungen, so fließen die Beugungsscheibchen ineinander. Schließlich ist es in der Bildebene nicht mehr möglich zu unterscheiden, ob es sich um einen oder zwei Punkte handelt. Die Grenze der Auflösung ist ungefähr dann erreicht, wenn das Hauptmaximum der einen Beugungsfigur in das Minimum der anderen fällt. Damit erhält man als Bedingung für den kleinsten Winkelabstand δ, unter dem Gegenstandspunkte bei der Abbildung noch getrennt werden:

$$\sin \delta = 1{,}22 \frac{\lambda}{d}. \quad \text{Winkelauflösung } \delta \qquad\qquad (9.25)$$

$$g = \frac{\lambda}{2n \sin u}. \quad \text{Mikroskop, Auflösungsvermögen} \qquad\qquad (9.26)$$

Dieser Ausdruck für die Winkelauflösung bei der optischen Abbildung ist der Form nach identisch mit (Gl. 9.24). Je größer der Linsendurchmesser d umso kleinere Strukturen werden aufgelöst.

Auge Als Beispiel wird der kleinste auflösbare Sehwinkel des Auges bei einem Pupillendurchmesser von $d = 3\,\text{mm}$ und einer Wellenlänge von $\lambda = 600\,\text{nm}$ ermittelt. Man erhält aus (Gl. 9.25): $\sin \delta \approx \delta \approx 0{,}24\,\text{mrad} \approx 1$ Bogenminute (siehe Abschn. 9.1.4). Durch Linsenfehler vergrößert sich der Wert.

Fernrohr Um genaue astronomische Bilder zu erhalten, werden Fernrohre mit großen Objektivdurchmessern benötigt (Abschn. 9.1.7). Für ein Spiegelteleskop mit $d = 5\,\text{m}$ und $\lambda = 400\,\text{nm}$ resultiert eine Auflösung von $\delta \approx 10^{-7}\,\text{rad}$. Auch die Bildschärfe von Satellitenbildern der Erde ist durch (Gl. 9.25) gegeben.

Mikroskop Beim Mikroskop liegt der Gegenstand praktisch in der Brennebene des Objektivs. Die zitierte Beugungstheorie mit ebenen Wellen muss daher modifiziert werden, da damit keine ebenen Wellen vorliegen. Der kleinste auflösbare Punktabstand g beim Mikroskop hängt von der *numerischen Apertur* $n \sin u$ ab (Gl. 9.26):

$$g = \frac{\lambda}{2n \sin u}. \quad \text{Auflösung beim Mikroskop}$$

Dabei bedeuten u den halben Öffnungswinkel des Objektivs und n die Brechzahl des Mediums zwischen Objekt und Objektiv (Abschn. 9.1.8).

Zum Beweis betrachtet man zwei Gegenstandspunkte im Abstand g voneinander als Teil eines Beugungsgitters. Zur Bildentstehung im Mikroskop muss neben der 0. Ordnung noch mindestens die 1. Ordnung der Beugungsfigur des beleuchteten Objekts durch das Objektiv gelangen. Für den Beugungswinkel der 1. Ordnung eines Gitters gilt

(Gl. 9.22): $\sin\alpha = \lambda/d$. Führt man den halben Öffnungswinkel des Objektivs u ein, erhält man bei schräger Beleuchtung als Bedingung für die Auflösung $\alpha = 2u$. Damit wird der kleinste auflösbare Abstand beim Mikroskop $g \approx \lambda/(2n\sin u)$. Berücksichtigt man, dass die Wellenlänge in einem Medium durch λ/n gegeben ist, entsteht die zu beweisende Gl. (9.26).

Beispiel 9.2.4e

Wie groß ist der kleinste auflösbare Abstand bei einem Mikroskop mit der numerischen Apertur von $n \sin u = 1{,}3$ bei einer Wellenlänge von $\lambda = 500$ nm?

Nach (Gl. 9.26) gilt: $g = \lambda/(2n \sin u) \approx 200$ nm.

Frage 9.2.4f

Warum ist das Auflösungsvermögen optischer Instrumente prinzipiell durch die Lichtwellenlänge begrenzt?

An den Objektivrändern entsteht Beugung, sodass einzelne Bildpunkte kleine Beugungsfiguren sind, die zu einer Unschärfe führen.

9.2.5 Holografie

Wird ein Gegenstand beleuchtet, geht von diesem eine Lichtwelle aus. In dieser *Objektwelle* ist die Information über die dreidimensionale Struktur des Gegenstandes enthalten. In der Holografie gelingt es, die Eigenschaften der Objektwelle zu speichern und später zu rekonstruieren. Damit ist die Herstellung dreidimensionaler Bilder von Gegenständen möglich. In der Fotografie dagegen entstehen nur zweidimensionale Bilder, da bei der Speicherung Information verloren geht. Es wird nur die *Intensität,* d. h. die Helligkeit, der Objektwelle festgehalten. Die *Phase,* welche die Form der Wellenfronten widerspiegelt, geht verloren.

9.2.5.1 Objektwelle

Eine Welle wird durch eine komplexe Funktion gegeben, die in diesem Abschnitt durch Fettdruck wiedergegeben wird. Die Objektwelle ist *o*, wobei *o* die elektrische Feldstärke in der Lichtwelle angibt. In *o* ist die optische Information über den Gegenstand enthalten.

Die folgende kurze Erläuterung über die mathematische Form einer Welle ist für das Verständnis der Holografie wichtig, aber nicht unbedingt erforderlich. Eine Lichtwelle in z-Richtung kann als Sinusfunktion dargestellt werden, einfacher ist jedoch die Beschreibung als komplexe Exponentialfunktion (Gl. 6.24b, 6.24c):

$$\boldsymbol{u} = \hat{u}e^{i\left(\omega t - \vec{k}\cdot\vec{r}\right)} \quad \text{mit} \quad u = \text{Im}\ \boldsymbol{u} = \hat{u}\sin\left(\omega t - \vec{k}\cdot\vec{r}\right). \quad \text{Komplexe Welle}$$

Es stellen u die Feldstärke mit der Amplitude $\hat{u}$, ω die Kreisfrequenz, $\vec{r}$ den Ortsvektor und $k = \left|\vec{k}\right| = 2\pi/\lambda$ die Wellenzahl mit der Wellenlänge λ dar. Im Folgenden wird das Imaginärzeichen (Im) weggelassen und die Welle durch die komplexe Größe $\boldsymbol{u}$

beschrieben. Für die Holografie ist es nur wichtig: *eine Welle wird durch eine komplexe Größe **u** beschrieben.*

9.2.5.2 Aufnahme

Bei der holografischen Aufnahme wird die *Objektwelle **o*** mit einer *Referenzwelle **r*** über-lagert (Abb. 9.30a). Beide Wellen sind kohärent, d. h. sie besitzen gleiche Frequenz und eine zeitlich konstante Phasenbeziehung. In der Praxis bedeutet dies, dass **o** und **r** aus dem gleichen Laser stammen. Daher entstehen Interferenzstrukturen, die zu gitterähn-lichen hellen und dunklen Bereichen führen (Abschn. 9.2.3). In dieses Streifensystem mit typischen Gitterabständen im μ m-Bereich wird eine lichtempfindliche Schicht, z. B. eine feinkörnige Fotoplatte, gestellt und belichtet. Die Überlagerung der Wellen und die Inter-ferenzstreifen werden mathematisch durch **o** + **r** beschrieben. In der Wellenlehre errechnet sich die Bestrahlungsstärke oder Intensität I aus dem Quadrat der Feldstärke $|r + o|^2$.

$$I = |r + o|^2 = (r + o)(r + o)^*. \quad \text{Hologramm} - \text{Aufnahme} \quad (9.27a)$$

Die fett gedruckten Buchstaben stehen für komplexe Funktionen und * bezeichnet die konjugiert komplexe Funktion. Ausmultiplizieren der Klammern ergibt:

$$I = |r|^2 + |o|^2 + ro^* + r^*o. \quad \text{Hologramm} - \text{Aufnahme} \quad (9.27b)$$

Von Bedeutung für die Holografie ist besonders der letzte Term, der die Objektwelle **o** enthält. Die anderen Terme sind für Holografie weniger wichtig. Die Schwärzung eines holografischen Films hängt von der Intensität I ab. Damit wird in der Fotoschicht die Information über die Objektwelle **o** gespeichert. In den Gleichungen wurde für die Bildung des Betrages einer komplexen Zahl folgende Rechenregel angewendet:

$$|a|^2 = aa^*.$$

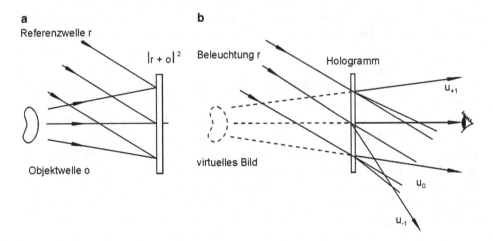

Abb. 9.30 Prinzip der Holografie: **a** Aufnahme eines Hologramms, **b** Wiedergabe des holo-grafischen Bildes

9.2.5.3 Wiedergabe

Der Speichervorgang der Objektwelle wird anhand der folgenden Berechnungen zur Bildwiedergabe verständlich. Bei der Rekonstruktion wird das Hologramm mit der Referenzwelle r beleuchtet (Abb. 9.30b). Im Gegensatz zur üblichen Filmentwicklung wird hier zur Vereinfachung angenommen, dass sich die Amplituden-Transmission des Films proportional zu I verhält. Damit erhält man bei der Rekonstruktion für die Feldstärke u direkt hinter dem Hologramm:

$$u \sim r \cdot I = r\left(|r|^2 + |o|^2\right) + rro^* + |r|^2 o = u_0 + u_{-1} + u_{+1}. \quad \text{Hologramm} - \text{Wiedergabe}$$
$$(9.27c)$$

Das Wellenfeld hinter dem Hologramm setzt sich aus drei Anteilen zusammen. Für Holografie ist hauptsächlich der dritte Term $|r|^2 o$ von Bedeutung. Man sieht, dass bei der Beleuchtung des Hologramms die Objektwelle o entsteht, die die dreidimensionale Information über das Objekt enthält. Der erste Term u_0 bestimmt die Referenzwelle o, die durch die Schwärzung des Hologramms um den Faktor $\left(|r|^2 + |o|^2\right)$ geschwächt ist (0. Beugungsordnung). Der zweite Term u_{-1} beschreibt im Wesentlichen die konjugiert komplexe Objektwelle o^*. Sie entspricht der -1. Beugungsordnung. Im letzten Term u_{+1} wird die Objektwelle o rekonstruiert, wobei die Amplitude der Referenzwelle $|r|^2$ über dem Hologramm konstant ist. Damit ist gezeigt, dass die Objektwelle o vollständig wiedergegeben werden kann. Es handelt sich um die 1. Beugungsordnung.

9.2.5.4 Zusammenfassung

Bei der Herstellung eines Hologramms wird die Objektwelle o mit einer Referenzwelle r überlagert. Das entstehende System von Interferenzstreifen wird auf einer lichtempfindlichen Schicht gespeichert, man erhält ein Hologramm. Bei der Bildwiedergabe wird das Hologramm mit der Referenzwelle r beleuchtet. Das Licht wird an den Gitterstrukturen des Hologramms gebeugt. Als 1. Beugungsordnung entsteht eine Welle, die bis auf einen konstanten Faktor mit der Objektwelle o identisch ist. Ein Beobachter im Wellenfeld sieht den Gegenstand wie im Original, also dreidimensional (Abb. 9.30b).

9.2.5.5 Beugungsgitter

Ersetzt man in Abb. 9.30a die Objektwelle durch eine ebene Welle, entsteht als Hologramm eine regelmäßige Struktur, ein Beugungsgitter. Aus Abschn. 9.2.4 ist bekannt, dass bei Beleuchtung eines Gitters Beugung auftritt. Die 1. Beugungsordnung entspricht dem holografischen Bild. Beliebige Objektwellen werden durch eine Summe ebener Wellen repräsentiert; ein Hologramm stellt somit eine Überlagerung von Gittern mit unterschiedlichen Gitterabständen dar. Bei sogenannten Reflexionshologrammen liegen die Gitterebenen in einer 5 bis 10 μm dicken Schicht parallel zur Oberfläche, sodass die Bildwiedergabe mit weißem Licht möglich ist. Es entsteht *Bragg-Reflexion* an den Gitterebenen (Abb. 10.17).

9.2.5.6 Anwendungen

Display-Hologramme finden Anwendungen in der Kunst, Grafik und Anzeigetechnik. In der holografischen Interferometrie werden kleinste Bewegungen zur zerstörungsfreien Werkstoffprüfung oder zur Schwingungsanalyse sichtbar gemacht. Ein konkurrierendes Verfahren ist die Speckle-Fotografie. Die Vorteile holografischer Speicher liegen in der Möglichkeit, große Datenmengen parallel zu speichern und zu lesen, einer hohen Speicherkapazität und darin, dass ein Bit im gesamten Speicherraum archiviert ist. Holografisch optische Elemente stellen einen Bereich diffraktiver optischer Elemente dar (Abschn. 9.2.4).

9.3 Quantenoptik

Die *Wellenoptik* allein kann viele Erscheinungen der modernen Optik nicht erklären, z. B. die Entstehung von Licht in Atomen. Erst im Zusammenwirken mit der *Quantenoptik* gelingt eine vollständige Beschreibung der Phänomene des Lichtes. Die atomphysikalischen Grundlagen der Quantenoptik werden in Abschn. 10.3 beschrieben. Im Folgenden geht es um das wichtigste Bauelement der Quantenoptik, den Laser.

9.3.1 Emission und Absorption von Licht

9.3.1.1 Spontane Emission

In Atomen bewegen sich die Elektronen auf bestimmten Elektronenbahnen um den Atomkern. Normalerweise befinden sich die Elektronen auf den tiefen Bahnen mit niedriger Energie. Dieser Zustand wird im sogenannten Energieniveaus-Schema in Abb. 9.31 durch einen waagerechten Strich symbolisiert.

Durch Energiezufuhr, z. B. durch Elektronenstoß in einer Gasentladung, können die atomaren Elektronen in höhere Bahnen gebracht werden. Das Atom befindet sich dann in einem höheren Energieniveau. Die Lebensdauer τ dieser Niveaus ist kurz (ns bis ms)

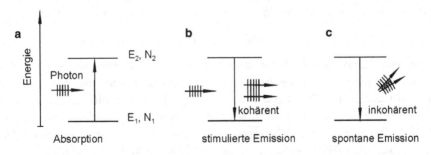

Abb. 9.31 Absorption, stimulierte und spontane Emission von Licht

Tab. 9.3 Einteilung der Spektralbereiche von elektromagnetischer Strahlung. In allen Bereichen existieren Laser, unterhalb von 100 nm werden Röntgenlaser entwickelt

Bezeichnungen (DIN 5031)		Wellenlänge (nm)	Frequenz (10^{14} Hz)	Energie (eV)
UV-C	Vakuum-UV	100–200	30–15	12,4–6,2
UV-C	Fernes UV	200–280	15–10,7	6,2–4,4
UV-B	Mittleres UV	280–315	10,7–9,5	4,4–3,9
UV-A	Nahes UV	315–380	9,5–7,9	3,9–3,3
VIS	Licht	380–780	7,9–3,9	3,3–1,6
IR-A	Nahes IR	780–1400	3,9–2,1	1,6–0,9
IR-B	Nahes IR	1400–3000	2,1–1,0	0,9–0,4
IR-C	Mittleres IR	3000–50.000	1–0,06	0,4–0,025
IR-C	Fernes IR	50.000–1 mm	0,06–0,003	0,025–0,001

und es wird Energie in Form von Strahlung ausgesendet. Diesen Vorgang nennt man *spontane Emission* (Abb. 9.31c).

Licht, IR und UV stellen elektromagnetische Strahlung dar (Tab. 9.3), die durch die Wellenlänge λ und die Frequenz f charakterisiert wird. Die Ausbreitung erfolgt mit der Lichtgeschwindigkeit c_0:

$$\boxed{c_0 = f\lambda \quad \text{mit} \quad c_0 = 299\,792\,458\,\text{m/s.} \quad \text{Lichtwelle}} \tag{9.28a}$$

In der Quantenoptik tritt der Dualismus des Lichtes hervor: Licht hat auch Teilchen-eigenschaften (Abschn. 10.1.2). Die Energie E eines Lichtteilchens oder *Photons* lässt sich aus der Frequenz des Lichtes f und dem Planck'schen Wirkungsquantum h errechnen:

$$\boxed{E = hf \quad \text{mit} \quad h = 6{,}626\,070\,15 \cdot 10^{-34}\,\text{J\,s.} \quad \text{Lichtquant}} \tag{9.28b}$$

Die spontane Emission entsteht durch den Übergang eines angeregten Zustandes mit der Energie E_2 zu einem tieferen Zustand mit E_1. Dabei wird ein Lichtwellenzug abgestrahlt, den man auch Photon nennt. Die Energie des Photons ist gleich der Energiedifferenz:

$$hf = E_2 - E_1.$$

Die *spontane Emission* ist ein statistischer Vorgang. Die Photonen werden inner-halb des Bereiches der Lebensdauer zu verschiedenen Zeiten und in verschiedene Richtungen abgestrahlt. Die Breite bzw. Unschärfe der Energiedifferenzen in Atomen ist insbesondere bei hohen Drücken so groß, dass unterschiedliche Lichtfrequenzen und Wellenlängen auftreten. Daher erzeugt die spontane Emission *inkohärentes Licht*. Dies bedeutet, dass das Licht keine zusammenhängende Welle darstellt, sondern eine statistische Überlagerung kurzer Wellenzüge.

Normale Lichtquellen wie Glühlampen, Gasentladungslampen oder Leuchtdioden beruhen auf der spontanen Emission und senden daher inkohärentes Licht aus. Dagegen beruht der Laser auf der *stimulierten Emission*.

9.3.1.2 Absorption von Licht

Bei Bestrahlung von Atomen in Materie mit Licht kann Absorption stattfinden. Voraussetzung dafür ist, dass die Energie der Lichtquanten hf gleich der Energiedifferenz zwischen einem unteren besetzten (1) und oberen unbesetzten (2) Niveau ist (Abb. 9.22a):

$$hf = E_2 - E_1. \tag{9.29}$$

In freien Atomen sind die Energieniveaus schmal und es wird nur ein kleiner Wellenlängenbereich absorbiert. Anders ist es in Festkörpern, bei denen breite Energiebänder auftreten (Kap. 11). Die Intensität oder Leistungsdichte I (in W/m^2) verringert sich durch Absorption längs des Weges dx um dI:

$$\left(\frac{dI}{dx}\right)_A = -\sigma_{12}N_1 I. \quad \text{Absorption (Beer'sches Gesetz)} \tag{9.30a}$$

Dabei bedeutet N_1 die Dichte der absorbierenden Atome (in Atome/m^3) und σ_{12} nennt man *Wirkungsquerschnitt für Absorption*. Er gibt die effektive Querschnittsfläche in m^2 an, mit der ein Atom absorbiert. Man kann (Gl. 9.30a) integrieren und erhält eine e-Funktion, welche die Intensität in die Tiefe eines absorbierenden Mediums beschreibt:

$$\boxed{I_A = I_0 e^{-\sigma_{12}N_1 x} = I_0 e^{-\alpha x}.} \quad \text{Absorptionsgesetz} \tag{9.30b}$$

Der Index A in (9.30a und 9.30b) gibt an, dass es sich um den Vorgang der Absorption handelt. Die Größe $\alpha = \sigma_{12}N_1$ ist der *Absorptionskoeffizient* und I_0 ist die eingestrahlte Intensität vor der Absorption.

9.3.1.3 Stimulierte Emission

Der Umkehrprozess zur Absorption ist die *stimulierte oder induzierte Emission* von Strahlung. Bei der Absorption wird durch einfallende Strahlung mit der Frequenz f (Gl. 9.29) ein Elektron von einem niedrigen (1) auf ein höheres Energieniveau (2) gehoben. Bei der stimulierten Emission wird ein Elektron durch resonante Strahlung von einem höheren Niveau (2) auf das tiefere (1) gezwungen (Abb. 9.31b). Die frei werdende Energie wird in Form eines Lichtquants abgestrahlt. Das entstehende Licht hat die gleiche Frequenz und Phase wie das einfallende und auch die gleiche Richtung. Es handelt sich also um eine Verstärkung von Licht durch einen *kohärenten* Prozess, der die Grundlage des Lasers bildet.

Die Berechnung der Lichtverstärkung verläuft wie bei der Absorption. Jedoch müssen folgende Unterschiede beachtet werden: die Indizes 1 und 2 sind zu vertauschen, und dI/dx ist wegen der Verstärkung positiv. Damit wird die Verstärkung durch stimulierte Emission gegeben durch:

$$\boxed{I_S = I_0 e^{\sigma_{21} N_2 x}. \text{ Stimulierte Emission}} \qquad (9.30c)$$

Der Index S in (Gl. 9.30c) gibt an, dass es sich um den Vorgang der stimulierten Emission handelt. Zu berücksichtigen ist, dass die Wirkungsquerschnitte für Absorption und stimulierte Emission in einfachen Fällen gleich sind: $\sigma = \sigma_{12} = \sigma_{21}$.

9.3.1.4 Lichtverstärkung

In einem optischen Medium finden einerseits eine *Schwächung durch Absorption* und anderseits eine *Verstärkung durch stimulierte Emission* statt. Fragt man, ob eine Lichtwelle verstärkt oder geschwächt wird, ist die Summe beider Prozesse zu betrachten:

$$dI = dI_A + dI_S. \quad \text{Man erhält zusammen für beide Prozesse :}$$

$$\boxed{I = I_0 e^{(N_2 - N_1)\sigma x}. \quad \text{Laserverstärker}} \qquad (9.31)$$

Das Vorzeichen im Exponenten bestimmt, ob eine Schwächung oder Verstärkung vorliegt. In normalen Medien und Lichtquellen ist das untere Niveau wesentlich stärker besetzt: $N_1 > N_2$. Das Vorzeichen ist negativ und die Absorption überwiegt. In einem Lasermedium muss jedoch das obere Niveau stärker besetzt werden, d. h. $N_2 > N_1$. Dies wird durch einen Prozess erreicht, den man *Pumpen* nennt. Das Vorzeichen des Exponenten in (Gl. 9.31) wird in diesem Fall positiv und es tritt eine Lichtverstärkung auf.

> Voraussetzung für eine Verstärkung und eine Lasertätigkeit ist somit eine Inversion (Umkehrung) in der Besetzung der Zustände.

Der Grund dafür liegt darin, dass bei kleinem N_1 wenig absorbiert werden kann, da sich nur wenige Atome im unteren Zustand befinden.

Beispiel 9.3.1a
Wie groß ist die Wellenlänge bei einem atomaren Übergang mit der Energiedifferenz von 0,6 eV ($1 \text{ eV} \approx 1{,}6 \cdot 10^{-19}$ J)?
    Aus $E = hf = hc_0/\lambda$ folgt: $\lambda = hc_0/E = 2{,}06 \text{ } \mu\text{m}$ (infrarote Strahlung).

Beispiel 9.3.1b
Licht wird in einer Materialdicke von $x = 3$ cm um 50 % geschwächt. Wie groß ist der Absorptionskoeffizient? Kann man daraus den Wirkungsquerschnitt berechnen?
    Es gilt (Gl. 9.30b): $I/I_0 = \exp(-\alpha x)$. Daraus folgt: $\alpha x = -\ln I/I_0$ und $\alpha = -\ln 0{,}5/3 \text{ cm}^{-1} = 0{,}23 \text{ cm}^{-1}$. Der Wirkungsquerschnitt berechnet sich aus: $\sigma = \alpha/N$. Durch Berechnung der Zahl der Atome N pro m^3 kann der Wirkungsquerschnitt berechnet werden.

Frage 9.3.1c
Was ist eine Voraussetzung für Lichtverstärkung in einem Medium und damit für Lasertätigkeit?
  Nach (Gl. 9.31) muss die Atomdichte im oberen Zustand größer sein als im unteren (Inversion).

Frage 9.3.1d
Was versteht man unter stimulierter Emission?
  Ein angeregtes Atom wird durch ein einfallendes Photon gezwungen, ein identisches Photon abzustrahlen.

9.3.2 Prinzipien des Lasers

Ein laserfähiges Medium (mit $N_2 > N_1$) besteht aus einem System angeregter Atome oder Moleküle, z. B. einem Gas oder Festkörper. Bei Einstrahlung einer Lichtwelle mit einer Frequenz f, die der Energie der atomaren oder molekularen Übergänge hf entspricht, findet eine Lichtverstärkung durch induzierte Emission statt.

> Die durch induzierte Emission erzeugten Wellenzüge haben die gleiche Frequenz, Phase und Richtung wie die einfallende Welle. Es entsteht kohärentes (zusammenhängendes) Licht.

Dies kann wie folgt verstanden werden. Atome, die von einer Wellenfront getroffen werden, strahlen in gleicher Phase. Nach dem Huygens'schen Prinzip kann die einfallende Welle in kohärente Elementarwellen zerlegt werden. Eine ebene Welle ergibt sich dadurch, dass jeder Punkt der Phasenfläche eine Kugelwelle abstrahlt. Die Überlagerung aller Kugelwellen resultiert in einer ebenen Wellenfront, wodurch diese erklärt wird. Durch die induzierte Emission kommen weitere kohärente Wellen dazu, die sich analog zu den Huygens'schen Elementarwellen verhalten. Daraus ergibt sich eine Lichtverstärkung in Einstrahlrichtung.

9.3.2.1 Erzeugung der Inversion
In Abb. 9.32 sind die am Laserprozess beteiligten Zustände am Beispiel eines 4-Niveau-Lasers dargestellt. Das obere Laserniveau (2) wird durch Energiezufuhr, die man beim Laser *Pumpen* nennt, besetzt. Dabei kann es günstig sein, einen Umweg über ein höheres breites Niveau zu machen. Lichtverstärkung und Lasertätigkeit treten nur auf, wenn die Atomdichte N_2 im oberen Niveau größer ist als die Zahl N_1 im unteren: $N_2 > N_1$ (Inversion). Dies liegt daran, dass andernfalls die entstehende Strahlung durch das Niveau (1) wieder absorbiert wird. Das Pumpen zur Erreichung der Inversion kann durch Einstrahlung von Licht oder durch Elektronenstoß in einer Gasentladung erreicht werden. Bei manchen Lasern wird das obere Laserniveau direkt gepumpt, bei anderen (z. B. He-Ne-Laser) gehört das Pumpniveau zu einer anderen Atomart. Das Laserniveau

Abb. 9.32 Termschema
eines Vierniveau-Lasers, z. B.
Neodymlaser

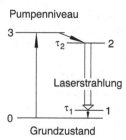

soll möglichst nicht durch spontane Emission zerfallen, d. h. die Lebensdauer für
spontane Emission τ_2 soll lang sein. Der obere Laserzustand zerfällt beim Laser durch
induzierte Emission in ein unteres Niveau (1). Dieses soll schnell entleert werden, τ_1
muss klein sein. Andernfalls wird die Laserstrahlung wieder absorbiert, und die Lichtverstärkung sinkt.

9.3.2.2 Laser

Bisher wurde lediglich die Verstärkung von Licht in einem Lasermedium behandelt. Aus
der Elektronik ist bekannt, dass aus einem Verstärker ein Oszillator wird, wenn ein Teil der
Ausgangsleistung wieder in den Eingang rückgekoppelt wird. Das System beginnt dann
nach dem Einschalten selbstständig zu schwingen. Dieses Prinzip wird auch beim Laser
angewendet. Das angeregte Lasermedium dient als Lichtverstärker. Die Rückkopplung wird
durch zwei parallel angeordnete Spiegel erzielt, zwischen denen sich der Lichtverstärker
befindet (Abb. 9.33). In diesem *optischen Resonator* bildet sich eine stehende Laserwelle aus.

9.3.2.3 Anschwingen des Lasers

Die Entstehung der Laserwelle kann wie folgt erklärt werden: durch optisches
Pumpen oder andere Anregungsmechanismen wird eine Inversion im Lasermedium
erzeugt. Dabei entsteht zunächst nur spontane Emission. Ein Teil der Strahlung läuft
auch in axialer Richtung des Resonators. Diese Lichtwelle wird durch stimulierende
Emission verstärkt. Durch die Reflexion an den Spiegeln verlängert sich der Weg und

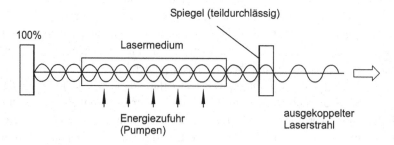

Abb. 9.33 Schematischer Aufbau eines Lasers

die Verstärkung steigt, bis sich ein Gleichgewichtszustand einstellt (Abb. 9.33). Die Reflexion an den Spiegeln entspricht der Rückkopplung. Der Laserstrahl wird aus dem Resonator ausgekoppelt, indem auf der einen Seite des Lasers ein teildurchlässiger Spiegel mit dem Reflexionskoeffizienten $R < 100\,\%$ angebracht wird. Der Reflexionskoeffizient des anderen Spiegels beträgt möglichst 100 %.

9.3.2.4 Moden

Das zwischen den Spiegeln des Lasers hin- und herlaufende Licht bildet *stehende Wellen,* die bestimmte räumliche Verteilungen der elektrischen Feldstärke zeigen. Man nennt sie Schwingungsformen oder *axiale oder longitudinale Moden.* An den Spiegeln des Resonators wird die elektrische Feldstärke der Welle gleich null. Daraus folgt, dass in die Resonatorlänge L eine ganze Anzahl q von halben Lichtwellenlängen $\lambda/2$ passen muss (Abb. 9.24b und 9.33, Gl. (9.19b)). Die axialen Moden werden demnach durch folgende Gleichung beschrieben:

$$L = q\frac{\lambda}{2} \quad \text{mit} \quad q = \text{ganzeZahl.} \quad \text{Longitudinale Moden} \tag{9.32}$$

In der Regel treten beim Laser mehrere axiale Moden mit den Frequenzen $f_q = qc_0/(2L)$ gleichzeitig auf (Gl. 9.32). Diese haben voneinander den Frequenzabstand $\Delta f = f_{q+1} - f_q$:

$$\boxed{\Delta f = \frac{c_0}{2L}.} \quad \text{Longitudinale Moden} \tag{9.33}$$

Daneben existieren *transversale Moden.* Aufgrund der Randbedingungen im Resonator bilden sich bestimmte Intensitätsverteilungen quer oder transversal zur Ausbreitungsrichtung aus. Diese transversalen Moden werden durch die Symbolik TEM_{mn} klassifiziert, wobei die Abkürzung TEM für **T**ransverse **E**lectromagnetic **M**ode steht. Für den rotationssymmetrischen Fall gibt m die Zahl der Nullstellen in radialer und n in azimutaler Richtung an.

9.3.2.5 TEM$_{00}$

Von besonderer Bedeutung ist die TEM$_{00}$-Mode$_{00}$, da sie minimalen Strahlradius und minimale Strahldivergenz besitzt. Die radiale Verteilung der Leistungsdichte oder Bestrahlungsstärke $I(r)$ ist durch eine Gauß-Verteilung gegeben:

$$\boxed{I(r) = I_0 e^{-2r^2/w^2} \quad [I] = \frac{\text{W}}{\text{m}^2}.} \quad \text{Strahlprofil} \tag{9.34}$$

Dabei ist r die radiale Koordinate und I_0 maximale Leistungsdichte im Zentrum des Strahls. Der Strahldurchmesser $2\,w$ beschreibt die Stelle ($r = w$), an der die Leistungsdichte auf $e^{-2} = 13{,}5\,\%$ gefallen ist. In der Strahlfläche πw^2 sind 86,5 % der gesamten Laserleistung enthalten.

Der Laserstrahl breitet sich nie vollständig parallel aus. Die Grundmode (TEM$_{00}$) hat die Form eines sogenannten *Gauß*'schen Strahls, bei dem sich eine Strahltaille mit dem Radius w bildet. Neben dem Strahlradius am Ausgang des Lasers ($w \approx w_0$) wird meist von den Herstellern die Divergenz angegeben. In größerer Entfernung von der Strahltaille ergibt sich für den halben Divergenzwinkel Θ:

$$\Theta = \frac{\lambda}{\pi w_0} \quad [\Theta] = \text{radiant} = 1. \quad \text{Divergenzwinkel } \Theta \tag{9.35}$$

Laser mit großer Wellenlänge, z. B. der CO_2-Laser mit $\lambda = 10,6 \, \mu$m, haben eine höhere Divergenz als solche mit kurzer Wellenlänge.

9.3.2.6 Eigenschaften von Laserstrahlung

Laserstrahlung zeichnet sich durch eine hohe Kohärenz und Monochromasie (Einfarbigkeit) aus (Abschn. 9.2.2). Infolgedessen ist die Divergenz der Strahlung gering (Gl. 9.35). Bei der Fokussierung durch Linsen entstehen Brennflecke mit minimalen Durchmessern von der Größe der Wellenlänge, sodass hohe Leistungsdichten erzeugt werden. Durch besondere Techniken, wie Güteschaltung oder Modenkopplung, lassen sich kurze Pulse im ns- und ps-Bereich herstellen. Bei Pulsenergien von 0,1 J resultieren dabei Spitzenleistungen im GW-Bereich und mehr.

Beispiel 9.3.2a

Eine 100-W-*Glühlampe* strahlt eine Lichtleistung von $P = 1$ W aus. Wie groß ist die Bestrahlungsstärke I (in W/m^2) in $r = 1$ m Entfernung? Wie groß ist die Bestrahlungsstärke bei einem Laser mit $P = 1$ W und einem Strahldurchmesser von $2\,w = 1$ mm?

Glühlampe: $I = P/A = P/(4\pi r^2) = 0,08 \, \text{W/m}^2$.

Laser: $I = P/A = P/(\pi w^2) = 1,3 \cdot 10^6 \, \text{W/m}^2$.

Beispiel 9.3.2b

Wie groß ist die Energie eines Photons bei einer Wellenlänge von $\lambda = 700$ nm?

Wie viele Photonen pro Sekunde werden von einem 1 mW-Laser abgestrahlt?

Die Energie E eines Lichtquants beträgt ($h \approx 6,63 \cdot 10^{-34}$ J s, $c_0 \approx 3 \cdot 10^8$ m/s): $E = hf = hc_0/\lambda = 2,8 \cdot 10^{-19}$ J.

Die Leistung ist durch die Zahl der Photonen pro Sekunde n/t gegeben: $P = hf \cdot n/t$.

Es folgt: $n/t = P/hf = 3,5 \cdot 10^{15} \, 1/\text{s}$.

Beispiel 9.3.2c

Wie viele longitudinale Moden N strahlt ein Nd-Laser mit $L = 1$ m (Linienbreite $\Delta f_L = 120$ GHz)?

Der Abstand der longitudinalen Moden beträgt (Gl. 9.33): $\Delta f = c_0/2L = 1,5 \cdot 10^8$ Hz $= 0,15$ GHz.

Für die Zahl der Moden folgt: $N = \Delta f_L/\Delta f = 800$. Andere Lasertypen strahlen auch mit $N = 1$.

Beispiel 9.3.2d

Wie groß ist die Strahldivergenz eines Lasers mit $\lambda = 700$ nm und einem Strahlradius von $w_0 = 0{,}4$ mm? Wie groß ist der Strahlradius w in $x = 100$ m Entfernung?

Nach (Gl. 9.35) gilt: $\Theta = \lambda/(\pi w_0) = 0{,}56 \cdot 10^{-3}$ rad. In $x = 100$ m erhält man: $w \approx x \cdot \Theta = 5{,}6$ cm.

Frage 9.3.2e

Gibt es einen Laser ohne Spiegel?

Ja, bei sogenannten Superstrahlern ist die Verstärkung bei einmalig Durchlaufen des Lasermediums so groß, dass durch stimulierte Emission ein Laserstrahl entsteht.

9.3.3 Lasertypen

Heutzutage sind ungefähr 10.000 verschiedene Laserübergänge bekannt, die Strahlung im Wellenlängenbereich von 1 nm bis über 1 mm hervorbringen und damit die Spektralgebiete der weichen Röntgenstrahlung, des ultravioletten, sichtbaren und infraroten Lichtes sowie der Millimeterwellen abdecken. Die wichtigsten Laser sind in Tab. 9.4 zusammengestellt.

9.3.3.1 Typenübersicht

In *Gaslasern* wird die Strahlung in freien Atomen, Ionen oder Molekülen erzeugt. In Ionen sind die Energien größer als in Atomen, sodass *Ionenlaser* bei kürzeren Wellenlängen strahlen. In *Moleküllasern* existieren außer den elektronischen Niveaus auch Vibrations- und Rotationszustände (Abschn. 10.3.2). Bei Laserübergängen zwischen elektronischen Niveaus entsteht Strahlung im Sichtbaren oder Ultravioletten (UV). Geringere Energien haben Vibrationszustände, die zu Laserstrahlung im Infraroten (IR) führen. Die Energie sinkt weiter für Übergänge zwischen Rotationsniveaus, wie es bei Ferninfrarotlasern der Fall ist. Bei *Festkörperlasern* treten scharfe und vibronisch ver-

Tab. 9.4 Kommerzielle Laser, nach Wellenlängen geordnet

Wellenlänge (nm)	Laser	Betriebsart, mittlere Leistung
150 bis 350	Excimerlaser	Pulse, einige W
200 bis 3000	Festkörperlaser	kont. und Pulse, bis kW
337	N_2-Laser	Pulse, einige 0,1 W
400 bis 1600	Diodenlaser	kont. u. Pulse, bis 1 W und kW
bis 630	Ar^+-Laser/Kr^+-Laser	kont., mW bis einige W
632	He-Ne-Laser	kont., bis zu 100 mW
670 bis 1100	Titan-Saphir-Laser	kont. u. Pulse, einige W
1064	Nd-Laser	kont. u. Pulse, über 100 W
9 ... 11	CO_2-Laser	kont. u. Pulse, bis kW

breiterte Zustände auf, die diskrete oder kontinuierliche Laserstrahlung verursachen können. In *Farbstofflasern* sind die Energieniveaus vibronisch verbreitert, sodass abstimmbare Laserstrahlung erzeugt wird, ähnlich wie bei vibronischen Festkörperlasern. Auch bei *Halbleiterlasern* sind breite Energiebänder vorhanden (Abschn. 11.3.2).

9.3.3.2 Pumpmechanismen

Ein wichtiger Aspekt beim Aufbau eines Lasers ist die Anregung des aktiven Materials, die sogenannte Inversionserzeugung, die eine Lichtverstärkung bewirkt. Die notwendige Energie kann auf verschiedene Weise zugeführt werden. Der erste Rubinlaser wurde durch Einstrahlung von Licht betrieben, eine Technik, die als Vorbild für viele weitere Laser diente. Derartige Geräte werden als *optisch gepumpte Laser* bezeichnet. Beispiele sind die Festkörper- und Farbstofflaser. Bei anderen Verfahren können Gase durch direkte elektrische Energiezufuhr angeregt werden, was zur Klasse der *Gasentladungslaser* führt. Eine besonders wirkungsvolle *Anregung durch Strom* ist bei Halbleitern möglich (Abschn. 11.3.2).

Frage 9.3.3
Welche Gruppen von Moleküllasern gibt es?

Moleküle zeigen Übergänge zwischen elektronischen Niveaus (UV-Laser, z. B. Excimerlaser), Vibrationsniveaus (IR-Laser, z. B. CO_2-Laser) und Rotationsniveaus (Ferninfrarot-Laser).

9.3.4   Nichtlineare Optik

In der linearen Optik hängen die Brechzahl n und der Absorptionskoeffizient α nicht von der Intensität der Strahlung ab. Reflexion, Brechung, Frequenz und Schwächung des Lichtes sind daher ebenfalls intensitätsunabhängig. Die Lichtausbreitung in Materie wird dadurch erklärt, dass die elektrische Feldstärke des Lichtes eine Kraft auf die atomaren Elektronen bewirkt. Dadurch schwingen die Elektronen mit der Lichtfrequenz f. Die oszillierenden Elektronen sind Ausgangspunkt von neuen Lichtwellen, die durch Überlagerung die Lichtausbreitung in der Materie darstellen. Bei kleinen Feldstärken ist die Schwingung linear und das abgestrahlte Licht hat gleiche Frequenz. Gepulste Laser können Leistungen im GW-Bereich und mehr erzeugen, wobei Feldstärken von der Größenordnung der atomaren Felder auftreten. Die Schwingungen der Elektronen werden verzerrt, was zu nichtlinearen optischen Effekten führt.

9.3.4.1 Frequenzverdopplung
Bei Einstrahlung eines intensiven Laserstrahls mit der Lichtfrequenz f in einen geeigneten Kristall kann eine Umwandlung in Strahlung mit der Frequenz $2f$ erfolgen. Dem entspricht eine Halbierung der Wellenlänge λ auf den Wert $\lambda/2$. Voraussetzung für eine hohe Umwandlungsrate ist eine Orientierung des Strahls in eine Richtung im

Kristall, in der die Brechzahlen n für die Grund- und Oberwelle mit f und $2f$ gleich sind. In diesem Fall besitzen beide Wellen gleiche Geschwindigkeit, sodass eine kohärente Überlagerung bei der Frequenzumwandlung auftritt.

Im Teilchenbild des Lichtes kann die Frequenzverdopplung als Vereinigung zweier Photonen mit der Energie hf angesehen werden. Es entsteht bei diesem Vorgang ein Photon mit der doppelten Energie $2hf$, also mit der Frequenz $2f$. In der Lasertechnik hat dieser Vorgang große Bedeutung bei der Umwandlung von infraroter Strahlung von Pulslasern ins Sichtbare. Wegen der Verdopplung der Frequenz $2f$ kann auch $3f$, $4f$ usw. erzeugt werden, wodurch UV-Laserstrahlung erzeugt werden kann.

9.3.4.2 Frequenzmischung
Bei Einstrahlung zweier Lichtwellen mit den Frequenzen f_1 und f_2 in Kristalle treten neben der Frequenzverdopplung $2f_1$ und $2f_2$ auch Summen- und Differenzfrequenzen $f_1 + f_2$ und $f_1 - f_2$ auf.

9.3.4.3 Sättigbare Absorber
Absorption findet in atomaren Systemen dadurch statt, dass Elektronen durch Einstrahlung von Licht vom Grundzustand in einen angeregten Zustand übergehen (Abschn. 10.3.1). Bei hohen Intensitäten wird der Grundzustand dadurch entleert. Die Absorption sinkt und das Medium wird schließlich transparent. Sättigbare Absorber, z. B. Farbstofflösungen, finden in der Lasertechnik Anwendung als Güteschalter (Q-switch).

9.4   Fotometrie

In der Fotometrie wird Licht messtechnisch untersucht. Einerseits existieren physikalische, objektive Messgrößen, die beispielsweise in der Lasertechnik verwendet werden. Andererseits sind in der Beleuchtungstechnik subjektive, physiologische Begriffe notwendig, um die Wirkung auf das menschliche Auge zu beschreiben. In diesem Kapitel wird auf die entsprechenden lichttechnischen Größen eingegangen.

9.4.1   Farbmetrik

Das Auge zeigt für verschiedene Wellenlängen oder Spektralfarben große Unterschiede in der Sensibilität. Beim Tagsehen liegt die maximale Empfindlichkeit bei 550 nm (gelbgrün) (Abb. 9.34). Bei Nachtsehen werden nur Schwarzweiß-Unterschiede wahrgenommen (Abschn. 9.1.4), und die Empfindlichkeitskurve des Auges ist zu kurzen Wellenlängen verschoben.

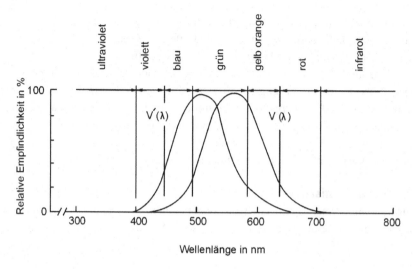

Abb. 9.34 Spektrale Empfindlichkeit des Auges. Die Kurve $V(\lambda)$ gilt für Tagsehen, $V'(\lambda)$ für Nachtsehen

9.4.1.1 Farben

Das kontinuierliche Spektrum zeigt eine Reihe von Spektralfarben. Jede Wellenlänge erzeugt eine Farbe. Die Umkehrung, dass jeder Farbe eine Wellenlänge zuzuordnen ist, gilt jedoch nicht. Es gibt eine Reihe von Farben, die im Spektrum nicht vorkommen z. B. rosa, braun, oliv. Sie sind Gemische verschiedener Wellenlängen.

Die Erfahrung zeigt, dass jede Farbe durch drei Maßzahlen gekennzeichnet werden kann. Dazu werden die Farben in ein x, y, z-Koordinatensystem eingetragen. Abb. 9.35 zeigt einen x-y-Schnitt durch das System in Form des *Farbdreiecks*. Auf den gebogenen Seiten ordnet man die Spektralfarben der Wellenlänge entsprechend an. Auf der Verbindungslinie Rot-Blau liegen die Purpurfarben. Die Farben in der Mitte entstehen durch Mischung, die auf unterschiedliche Art und Weise erfolgen kann. Die z-Koordinate ist in Abb. 9.35 nicht eingetragen, sie gibt die Helligkeit an. Jede Farbe kann somit durch Angabe von x, y und z charakterisiert werden.

Das Farbdreieck zeigt, dass aus Rot, Grün und Blau jede andere Farbe innerhalb der von diesen Punkten aufgespannten Fläche erzeugt werden kann. Dies wird beim Farbdruck, Fernsehen und bei der Fotografie ausgenutzt, wobei allerdings auch andere Grundfarben benutzt werden.

Frage 9.4.1
Mit welchen drei Farben kann man alle anderen Farben mischen?

An den Ecken des Farbdreiecks befinden sich die Farben rot, grün und violett (Abb. 9.35). Damit sind alle Farben innerhalb dieses Dreiecks mischbar. In der Praxis benutzt man rot, grün und blau.

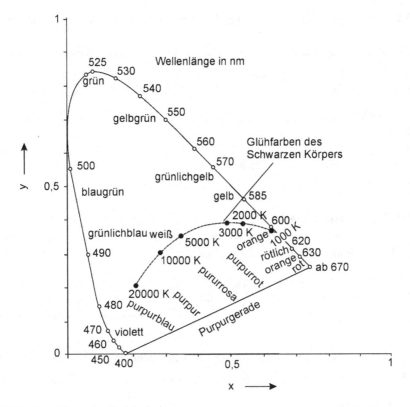

Abb. 9.35 Darstellung des Farbdreiecks

9.4.2 Grundbegriffe der Lichttechnik

9.4.2.1 Lichtstrom Φ

Die elektrische Leistung einer Lichtquelle wird in Watt ausgedrückt. Zur Kennzeichnung der Lichtleistung, so wie sie vom Auge physiologisch empfunden wird, dient der Begriff *Lichtstrom* Φ mit der Einheit $[Φ] = 1\,\text{lm} = 1\,\text{lm}$. Im Maximum der Augenempfindlichkeit ($\lambda = 555\,\text{nm}$) gilt:

$$\boxed{Φ = 683\ \text{Lumen (lm) entspricht 1 Watt (W) bei 555 nm.}\quad\text{Lichtstrom } Φ} \quad (9.36)$$

Die Leistung in W in (Gl. 9.36) bezieht sich auf die Lichtstrahlung, nicht auf die elektrische Leistung. Bei anderen Wellenlängen ist die relative Empfindlichkeit beim Tagsehen zu berücksichtigen (Abb. 9.34). Der Lichtstrom einiger Lichtquellen ist in Tab. 9.5 dargestellt.

Tab. 9.5 Lichtstrom, Lichtausbeute und Leuchtdichte einiger Lichtquellen (220 V, außer Leuchtdiode)

Lichtquelle	Leistung in W	Lichtstrom in lm	Ausbeute in lm/W	Leuchtdichte in cd/m^2
Leuchtdiode	6	600	100	
Glühlampe	60	730	12	ca. 10^7, matt 10^5
Leuchtstofflampe	40	2300	58	ca. 10^3
Leuchtstoffl. (kompakt)	13	730	56	
Hg-Dampflampe	2000	125.000	62	ca. 10^{10}

9.4.2.2 Beleuchtungsstärke E

Für die Raumbeleuchtung ist die wichtigste Größe die Beleuchtungsstärke E (Tab. 9.6); sie gibt den Lichtstrom Φ pro bestrahlter Fläche A an:

$$E = \frac{\Phi}{A} \quad \text{oder genauer} \quad E = \frac{d\Phi}{dA} \quad [\Phi] = \frac{lm}{m^2} = lx. \quad \text{Beleuchtungsstärke } E$$

$$(9.37)$$

Die Einheit beträgt $[E] = \text{Lux} = \text{lx} = \text{lm/m}^2$. Die Beleuchtungsstärke nimmt quadratisch mit der Entfernung von der Lichtquelle ab.

9.4.2.3 Lichtstärke I

Die Lichtstärke dient zur Kennzeichnung der Winkelabhängigkeit der Ausstrahlung von einer Lichtquelle. Die *Lichtstärke I* charakterisiert den Lichtstrom Φ pro Raumwinkel Ω:

$$I = \frac{\Phi}{\Omega} \quad \text{oder genauer} \quad I = \frac{d\Phi}{d\Omega} \quad [I] = \frac{lm}{sr} = cd. \quad \text{Lichtstärke } I \quad (9.38)$$

Die Einheit lautet $[I] = \text{Candela} = \text{cd} = \text{lm/sr}$. Die Lichtstärke ist eine Basisgröße des SI-Systems (siehe Tab. 1.2).

Tab. 9.6 Daten zur Beleuchtungsstärke

Natürliche Beleuchtung	E in lx	Erforderliche Beleuchtung	E in lx
Sommersonne	100.000	Erkennung von Farben	3
Wintersonne	5500	Straßenbeleuchtung	1 bis 16
Himmel bedeckt	1000	Grobe Arbeit	60
Vollmond	0,2	Lesen und Schreiben	250
Sterne ohne Mond	0,001	Technisches Zeichnen	1000

Die Lichtstärke von Lichtquellen ist stark winkelabhängig. Eine ebene diffus strahlende Fläche nennt man *Lambert-Strahler*, wenn die Lichtstärke proportional zum Kosinus des Abstrahlwinkels ist. Für kugelförmige Abstrahlung gilt:

$$I = \frac{\Phi}{4\pi}, \quad \text{Kugelförmige Ausstrahlung}$$

Für den Zusammenhang zwischen der Lichtstärke I und der Beleuchtungsstärke E ergibt sich bei senkrechtem Einfall auf eine bestrahlte Fläche A:

$$\boxed{E = \frac{\Phi}{A} = \frac{I\Omega}{A} = \frac{I}{r^2}. \quad \text{Beleuchtungsstärke } E} \tag{9.39a}$$

Dabei wurde berücksichtigt, dass der Raumwinkel durch $\Omega = A/r^2$ gegeben ist, wobei r der Abstand von der Lichtquelle ist. Bei schräger Beleuchtung einer Fläche A unter dem Winkel α resultiert:

$$\boxed{E = \frac{I}{r^2}\cos\alpha. \quad \text{Beleuchtungsstärke } E} \tag{9.39b}$$

9.4.2.4 Leuchtdichte L

Die Leuchtdichte einer Lichtquelle gibt die Strahlungsleistung $\mathrm{d}P$ an, die von einem Flächenelement $\mathrm{d}A$ und dem Winkel ε in den Raumwinkel $\mathrm{d}\Omega$ gesandt wird:

$$L = \frac{\mathrm{d}^2 P}{\mathrm{d}\Omega\, \mathrm{d}A \cos\varepsilon} \quad \text{oder} \quad L = \frac{P}{\Omega A}. \tag{9.39c}$$

Die zweite Gleichung beschreibt eine Näherung für senkrechte Abstrahlung ($\cos\varepsilon = 1$).

9.4.2.5 Ulbricht'sche Kugel

Dieses Gerät dient zur Messung des Lichtstromes Φ einer Lichtquelle. Die Lichtquelle wird in das Innere einer Hohlkugel gebracht. Die Oberfläche der Hohlkugel streut diffus, sodass sich durch mehrfache Reflexionen eine gleichmäßige Ausleuchtung einstellt. An einer Stelle befindet sich abgeschirmt vom direkten Licht ein Photodetektor mit einer Empfindlichkeit, die dem Auge angepasst ist. Nach einer Kalibrierung wird der Lichtstrom Φ angezeigt.

Beispiel 9.4.2a

Wie viel Lumen strahlt eine Lichtquelle mit 1 W bei 570 nm und 500 nm?

Bei 570 nm (etwa Maximum der Augenempfindlichkeit) gilt: 1 W entspricht 683 lm (Gl. 9.36). Nach Abb. 9.34 (Tagsehen) ist die relative Empfindlichkeit bei 500 nm etwa 30 % und damit gilt: 1 W entspricht $0{,}3 \cdot 683$ lm ≈ 200 lm.

Beispiel 9.4.2b

Eine isotrop strahlende Lichtquelle mit 10.000 lm hängt in $r = 5$ m Höhe. Welche Beleuchtungs-stärken herrschen senkrecht unter der Lampe (E) und $s = 2$ m seitlich (E')?

Zusammenhang zwischen Beleuchtungsstärke E und Lichtstrom Φ (Gl. 9.37): $E = \Phi/A$. Im Abstand r wird die Kugelfläche $A = 4\pi r^2$ bestrahlt. Für $r = 5$ m gilt: $E = 32$ lm/m$^2 = 32$ lx. Seitlich errechnet sich r' aus dem Satz von Pythagoras: $r' = \sqrt{r^2 + s^2} = \sqrt{29}$m. Damit wird $E' = 25$ lx.

Beispiel 9.4.2c

Eine Fläche, die $r = 2{,}5$ m unter einer (kugelsymmetrisch strahlenden) Lampe liegt, soll mit $E = 80$ lx beleuchtet werden. Wie groß sind Lichtstärke I, Lichtstrom Φ und elektrische Leistung P (10 lm/W)?

Nach (Gl. 9.39a und 9.38) gilt: $I = Er^2 = 500$lx $\cdot$ m$^2 = 500$cd, $\Phi = I\Omega = 500 \cdot 4\pi =$ 6280cd $\cdot$ sr $= 6280$lm (mit $\Omega = 4\pi$), $P = 6280$ lm/10 lm/W $= 628$ W.

Atomphysik

10

Das Verhalten und die Struktur der Atome werden durch die Elektronenhülle bestimmt. Die Atome können nur verstanden und berechnet werden, wenn man den Teilchen- und Wellencharakter der Elektronen berücksichtigt. Das Wasserstoffatom kann so relativ einfach berechnet werden und man erhält numerisch die Energien der einzelnen Zustände, sowie die Wellenlängen der Spektrallinien. Jeder Zustand wird durch 4 Quantenzahlen beschrieben, mit denen auch der Aufbau des Periodensystems verstanden werden kann. Es werden wichtige Anwendungen der Atomphysik beschrieben, wie die Röntgenröhre und deren Strahlung, die Spin- und Kernspinresonanz, die Computertomographie (CT und MRT) und die Synchrotronstrahlung. Weiterhin wird auf die Energiezustände von Molekülen und entsprechende Anwendungen hingewiesen.

10.1 Bestandteile der Atome

10.1.1 Schematischer Aufbau der Atome

10.1.1.1 Kern und Hülle

Atome bestehen aus dem positiv geladenen *Kern* und der negativen Elektronenhülle. Der Kern setzt sich aus Nukleonen zusammen: den *positiven Protonen* und *ungeladenen Neutronen*, wie in Abb. 10.1 schematisch dargestellt ist. Die Masse der Nukleonen oder Kernteilchen ist nahezu gleich, sie beträgt für das Proton und Neutron:

$$m_P = 1{,}672\,621\,923\,69 \cdot 10^{-27}\ \text{kg und } m_N = 1{,}674\,927\,498\,04 \cdot 10^{-27}\ \text{kg. Nukleonenmasse} \tag{10.1}$$

© Springer Fachmedien Wiesbaden GmbH, ein Teil von Springer Nature 2023
J. Eichler und A. Modler, *Physik für das Ingenieurstudium*,
https://doi.org/10.1007/978-3-658-38834-8_10

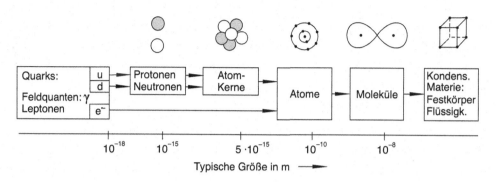

Abb. 10.1 Aufbau der Materie aus Quarks, Nukleonen und Elektronen, Kernen, Atomen, Molekülen und Festkörpern

Der Kernradius r_K ist außerordentlich klein, er hängt von der Zahl der Nukleonen ab, die man Massenzahl A nennt:

$$\boxed{r_K \approx 1{,}4 \cdot 10^{-15} \cdot \sqrt[3]{A} \cdot m. \quad \text{Kernradius } r_K} \tag{10.2}$$

Die Atomhülle ist wesentlich ausgedehnter, die Radien r_A für Grundzustände reichen von

$$\boxed{r_A = 0{,}5 \cdot 10^{-10}\,\text{m} \quad \text{bis} \quad 2{,}5 \cdot 10^{-10}\,\text{m}. \quad \text{Atomradius } r_A} \tag{10.3}$$

Die Hülle wird durch Elektronen mit der Masse

$$\boxed{m_E = 9{,}109\,383\,701\,5 \cdot 10^{-31}\text{kg}. \quad \text{Elektronenmasse } m_E} \tag{10.4}$$

gebildet. Die Elektronen besitzen den gleichen Betrag der Ladung wie die Protonen, allerdings mit unterschiedlichem Vorzeichen:

$$\boxed{e_E = -e = -1{,}602\,176\,634 \cdot 10^{-19}\,\text{C und } e_P = +e = +1{,}602\,176\,634 \cdot 10^{-19}\,\text{C}. \quad \text{Elementarladung}}$$
$$\tag{10.5}$$

Atome sind normalerweise elektrisch neutral: die Zahl Z der Protonen ist gleich der Elektronenzahl. Im Periodensystem stellt Z die *Ordnungszahl* dar.

Aus den Daten erhält man folgendes Bild: Die Masse der Atome ist zu über 99,9 % im sehr kleinen Kern konzentriert. Die leichten Elektronen umkreisen den winzigen schweren Kern in relativ großen Abständen. Nach diesen Vorstellungen besteht das Atom aus den Elektronenbahnen, leerem Raum und dem Kern. Die *Ordnungszahl Z* wird durch die Zahl der Protonen, die *Massenzahl A* durch Anzahl der Nukleonen im Kern gegeben.

Alle chemischen und elektrischen Prozesse der Materie laufen in der Atomhülle ab. Das Gleiche gilt für mechanische Vorgänge, die im Grunde auf den Kräften zwischen den Elektronenhüllen beruhen. Der Kern ist durch die Hülle abgeschirmt. Seine positive Ladung hält das Atom zusammen.

10.1.1.2 Periodensystem

Schon vor über 100 Jahren wurden die Elemente aufgrund ihrer chemischen Eigenschaften in das Periodensystem eingeordnet (Tab. 10.1). Jedes Element wird durch die *Ordnungszahl Z* und die *Massenzahl A* charakterisiert:

$$\boxed{A = N + Z. \quad \text{Massenzahl } A} \tag{10.6}$$

Die Gleichung formuliert, dass die Zahl Neutronen N und Protonen Z gleich der Summe der Kernteilchen A ist. Das Periodensystem wird in Abschn. 10.2.3 genauer beschrieben.

10.1.1.3 Quantenmechanik

Der Aufbau der Atome ist mit den klassischen Gesetzen der Physik nicht zu erklären. Erst durch ungewöhnliche Vorstellungen über die Struktur von Licht und Materie gelingt eine vollständige Beschreibung der Atome. Die Prinzipien der Quantenmechanik und deren Anwendungen werden in den beiden folgenden Abschnitten kurz beschrieben.

Beispiel 10.1.1a

Wie viele Protonen Z, Neutronen N und Elektronen enthält Silizium?

Aus Tab. 10.1 folgt: $Z = 14$ und $A = N + Z = 28$. Es folgt: $N = 14$. Die Zahl der Elektronen in der Hülle ist gleich der Zahl der Protonen im Kern.

Beispiel 10.1.1b

Welche Masse besitzen ein Aluminiumkern und die Aluminiumhülle?

Aus Tab. 10.1 folgt: $Z = 13$ und $N = 14$ (da $Z + N \approx 27$).

Kernmasse: $m_{Kern} = 13m_P + 14m_N \approx 27m_P \approx 27m_N \approx 4{,}52 \cdot 10^{-26}$ kg.

Masse der Atomhülle: $m_{Hülle} = 13m_e = 1{,}2 \cdot 10^{-29}$ kg. Die Masse der Hülle ist 3800mal kleiner als die Kernmasse.

Beispiel 10.1.1c

Eine Batterie hat eine „Kapazität" von 24 A h. Wie viele Elektronen n können der Batterie entnommen werden?

Ladung $Q = 24\text{Ah} = 86.400\text{A s} = 86.400\,\text{C}$. Zahl $n = Q/e = 86.400/1{,}6 \cdot 10^{-19} = 5{,}4 \cdot 10^{23}$.

Frage 10.1.1d

Was gibt die Ordnungszahl an?

Sie bestimmt die Zahl der Protonen im Kern, weswegen sie auch Kernladungszahl genannt wird. Sie bestimmt das chemische Element.

Tab. 10.1 Aufbau des Periodensystems. Über dem Symbol für das Element ist die Ordnungszahl Z, darunter die relative Atommasse m_r angegeben. Die Klammern bedeuten, dass die Elemente instabil sind

Periode	Gruppe I	Gruppe II											Gruppe III	Gruppe IV	Gruppe V	Gruppe VI	Gruppe VII	Gruppe VIII
1	1 H 1.00																	2 He 4.00
2	3 Li 6.94	4 Be 9.01											5 B 10.81	6 C 12.01	7 N 14.01	8 O 16.00	9 F 19.00	10 Ne 20.18
3	11 Na 22.99	12 Mg 24.31											13 Al 26.98	14 Si 28.09	15 P 30.98	16 S 32.07	17 Cl 35.46	18 Ar 39.94
4	19 K 39.10	20 Ca 40.08	21 Sc 44.96	22 Ti 47.90	23 V 50.94	24 Cr 52.00	25 Mn 54.94	26 Fe 55.85	27 Co 58.93	28 Ni 58.71	29 Cu 63.54	30 Zn 63.37	31 Ga 69.72	32 Ge 72.59	33 As 74.92	34 Se 78.96	35 Br 79.91	36 Kr 83.8
5	37 Rb 85.47	38 Sr 87.66	39 Y 88.91	40 Zr 91.22	41 Nb 92.91	42 Mo 95.94	43 Tc (99)	44 Ru 101.1	45 Rh 102.91	46 Pd 106.4	47 Ag 107.87	48 Cd 112.40	49 In 114.82	50 Sn 118.69	51 Sb 121.75	52 Te 127.60	53 I 126.90	54 Xe 131.30
6	55 Cs 132.91	56 Ba 137.34	57–71 *	72 Hf 178.49	73 Ta 180.95	74 W 183.85	75 Re 186.2	76 Os 190.2	77 Ir 192.2	78 Pt 195.09	79 Au 197.0	80 Hg 200.59	81 Tl 204.37	82 Pb 207.19	83 Bi 208.98	84 Po (210)	85 At (210)	86 Rn 222
7	87 Fr (223)	88 Ra 226.05	89–103 **															

•Seltene Erden

57 La 138.91	58 Ce 140.12	59 Pr 140.91	60 Nd 144.24	61 Pm (145)	62 Sm 150.35	63 Eu 152.0	64 Gd 157.25	65 Tb 158.92	66 Dy 162.50	67 Ho 164.92	68 Er 167.26	69 Tm 168.93	70 Yb 173.04	71 Lu 174.97

••Aktiniden

89 Ac 227	90 Th 232.04	91 Pa 231	92 U 238.03	93 Np (237)	94 Pu (242)	95 Am (243)	96 Cm (247)	97 Bk (249)	98 Cf (251)	99 Es (254)	100 Fm (253)	101 Md (256)	102 No (254)	103 Lw (257)

Alkalimetalle: Gruppe I
Erdalkalimetalle: Gruppe II
Halogene: Gruppe VII
Edelgase: Gruppe VIII
Übergangsmetalle: zwischen Gruppe II und III
Halbmetalle: Diagonale von Gruppe III–VI (B, Si, Ge, As, Sb, Te, Po)
Metalle: unterhalb der Diagonale von Gruppe III–VI
Nichtmetalle: Oberhalb der Diagonale von Gruppe III–VI

10.1.2 Lichtwellen und Photonen

Die Bausteine der Materie, wie Elektronen, Protonen und Neutronen haben neben dem Teilchencharakter auch Welleneigenschaften, zu deren Beschreibung die Quantentheorie aufgestellt wurde. Als Einleitung zu den dualen Eigenschaften der Materie wird das gleiche Phänomen am Beispiel des Lichtes dargelegt.

10.1.2.1 Welle-Teilchen-Dualismus

Aus der Optik her ist bekannt, dass Licht eine elektromagnetische Welle darstellt; Beugung und Interferenz von Licht sind ein Beweis dafür. Andere Erscheinungen, beispielsweise der Foto- oder Compton-Effekt, lassen sich durch die Wellenvorstellung nicht verstehen, sondern nur durch das Teilchenbild. Licht hat dualen, d. h. doppelartigen, Charakter: bei manchen Phänomenen treten die Eigenschaften als Welle hervor, bei anderen als Teilchen oder Quanten – den Photonen. Diese Aussage gilt nicht nur für Licht, sondern für das gesamte elektromagnetische Spektrum, wie Röntgen- und γ-Strahlung oder Wärmestrahlung.

10.1.2.2 Fotoeffekt

Der Fotoeffekt bildet die Grundlage zur Beschreibung optoelektronischer Bauelemente, wie von Photodioden. Beim *äußeren Fotoeffekt* werden Elektronen durch Licht aus einer Oberfläche, z. B. einer Zinkplatte, herausgelöst (Abb. 10.2a). Im Wellenbild ist dieser Effekt nicht zu verstehen. Die Lichtwelle trifft alle Elektronen des Festkörpers gleichmäßig, sodass auf ein einzelnes Elektron kaum Energie übertragen wird. Der Fotoeffekt lässt sich durch das Teilchenbild als Stoß zwischen einem Photon und einem Elektron erklären.

Die *Energie E* eines Lichtquants oder Photons hängt von der Frequenz f des Lichtes ab:

$$\boxed{E = hf \quad \text{mit} \quad h = 6{,}626\,070\,15 \cdot 10^{-34}\,\text{J s.} \quad \text{Photonenenergie } E} \qquad (10.7)$$

Die Konstante h wird *Planck'sches Wirkungsquantum* genannt; unter Wirkung versteht man das Produkt aus Energie mal Zeit (J s). Damit kann der Fotoeffekt nach dem Energiesatz berechnet werden. Ein Lichtquant der Energie hf wird von einem Elektron absorbiert, das die kinetische Energie $m_E v^2 / 2$ erhält. Beim Austritt des Elektrons aus einer Oberfläche ist die Austrittsarbeit W_A zu leisten:

$$hf = \frac{m_E v^2}{2} + W_A. \quad \text{Fotoeffekt} \qquad (10.8)$$

Beim *inneren Fotoeffekt* werden durch Einstrahlung von Licht in Halbleitern Elektronen in das Leitungsband gehoben werden und können elektronisch nachgewiesen werden (Abb. 10.2b). Diese Erscheinung bildet die Grundlage der Optoelektronik.

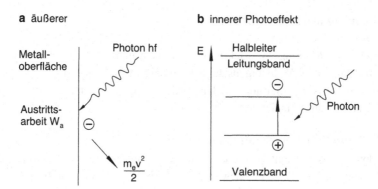

a äußerer   **b** innerer Photoeffekt

Abb. 10.2 Beim Fotoeffekt wird ein Elektron durch Absorption eines Photons aus dem Atomverband herausgelöst: **a** äußerer Fotoeffekt, **b** innerer Fotoeffekt in Halbleitern

10.1.2.3 Compton-Effekt

Die Teilchenvorstellung des Lichts oder von γ-Strahlung wird durch den Compton-Effekt unterstützt. Bei diesem Phänomen findet ein inelastischer Stoß zwischen einem Photon und einem Elektron statt, wobei dem Elektron nur ein Teil der Photonenenergie übertragen wird (Abb. 10.3). Die gestreute Strahlung besitzt eine niedrigere Energie und Frequenz, bzw. eine höhere Wellenlänge als die einfallende. Diese Tatsache ist durch das Wellenbild nicht erklärbar, sondern nur durch das Teilchenbild.

Der Compton-Effekt kann durch Aufstellung des Energie- und Impulssatzes berechnet werden. Dabei müssen die Erkenntnisse des nächsten Absatzes über den Impuls der Photonen berücksichtigt werden. Die Verschiebung der Wellenlänge der gestreuten Strahlung beim Compton-Effekt $\Delta\lambda$ ist unabhängig von der primären Wellenlänge λ:

$$\Delta\lambda = \frac{h}{m_E c_0}(1 - \cos\theta) = 2{,}426 \cdot 10^{-12}\,\text{m} \quad (1 - \cos\theta). \quad \text{Compton-Effekt} \quad (10.9)$$

Dabei bedeuten θ den Streuwinkel nach Abb. 10.3 und m_E die Elektronenmasse. Der Compton-Effekt spielt eine Rolle bei der Wechselwirkung von Röntgen- oder γ-Strahlung mit Materie (Kap. 12).

Abb. 10.3 Beim Compton-Effekt stößt ein Photon mit einem Elektron zusammen und verliert dabei Energie ($\Delta\lambda = \lambda_2 - \lambda_1$)

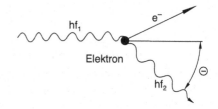

10.1.2.4 Impuls von Photonen

Wichtige Effekte der Physik können nur durch den Teilchencharakter des Lichtes, d. h. die Existenz von Photonen, erklärt werden. Die Energie E ist durch (Gl. 10.7) gegeben: $E = hf$. Daneben gilt nach den Gesetzen der Relativitätstheorie (Abschn. 4.2) die Äquivalenz von Masse m und Energie E:

$$E = mc_0^2. \quad \text{Masse } m \text{ und Energie } E \tag{10.10}$$

Photonen bewegen sich mit der Lichtgeschwindigkeit c_0. Man kann ihnen entsprechend ihrer Energie E formal eine Masse m zuordnen. Der Impuls p eines Photons, das Produkt aus Masse m mal Geschwindigkeit c_0, beträgt somit $p = mc_0 = E/c_0$ oder

$$p = \frac{hf}{c_0} = \frac{h}{\lambda}. \quad \text{Photonen-Impuls } p \tag{10.11a}$$

Im folgenden Abschnitt wird gezeigt, dass die Gleichung $p = h/\lambda$ auch für Materie gültig ist.

Beispiel 10.1.2a

Wie groß ist die Energie eines Lichtquants mit $\lambda = 514\,\text{nm}$ (in J und eV)?

Nach (Gl. 10.7) gilt: $E = hf = hc_0/\lambda = 3{,}9 \cdot 10^{-19}\,\text{J} = 2{,}4\,\text{eV} \quad \left(1\,\text{eV} = 1{,}6 \cdot 10^{-19}\,\text{J}\right)$.

Beispiel 10.1.2b

(Die medizinische Bildgebung beim Röntgen beruht auf der Absorption durch den Fotoeffekt. Die Compton-Streuung führt zu einer Bildunschärfe.) Wie groß ist der Energieverlust ΔE der unter $\theta = 60°$ gestreuten 80 keV-Strahlung ($E = 80$ keV)?

Aus (Gl. 10.9) $\quad \Delta\lambda = (1 - \cos\theta)h/(m_E c_0) \quad$ folgt mit $E = hf = hc_0/\lambda$ und $dE = -\left(hc_0/\lambda^2\right)d\lambda$ (differenzieren!): $\Delta E = -E^2(1 - \cos\theta)/\left(m_E c_0^2\right) = -6{,}3\,\text{keV}.$

Beispiel 10.1.2c

Welche Kraft wirkt auf eine Zelle, die unter einem Mikroskop die Leistung eines Lasers mit $P = 1$ mW vollständig absorbiert?

Die Leistung P ist durch die Zahl der Photonen pro Sekunde dn/dt und deren Energie hf gegeben: $P = hf\,dn/dt$. Der Impuls eines Photons beträgt (Gl. 10.11a): $p_p = hf/c_0$. Damit wird $P = c_0 p_p dn/dt$, wobei $p_p dn/dt$ die Impulsänderung pro Zeit (an die Zelle übertragener Impuls) ist. Nach (Gl. 2.25c) ist diese Impulsänderung gleich der Kraft: $F = p_p dn/dt$.

Daraus folgt: $F = P/c_0 = 3{,}3 \cdot 10^{-12}\,\text{N}$.

Mithilfe dieser Kraft werden Zellen unter dem Mikroskop gezielt bewegt (optische Pinzette).

Frage 10.1.2d

Welche Effekte zeigen den a) Wellen- und b) den Teilchencharakter von Licht?

a) Interferenz und Beugung, b) der Fotoeffekt und der Comptoneffekt.

10.1.3 Materiewellen und -strahlen

10.1.3.1 Materiewellen

Das Elektron kennen wir als Teilchen mit der Masse $m_E = 9{,}109\,383\,701\,5 \cdot 10^{-31}$ kg. Es zeigt sich jedoch, dass Elektronen oder andere Teilchen an Gitterstrukturen in Kristallen gebeugt werden. Daraus ist zu schließen, dass sich auch Materie wie eine Welle verhalten kann. Man stellt fest, dass der *Dualismus Teilchen-Welle* auch für Materie gilt. Es ist möglich, die für das Licht gültige Gl. (10.11a) auch für Elektronen- oder andere Teilchenstrahlen mit dem Impuls p anzuwenden. Die Wellenlänge λ von Materiewellen (*de-Broglie-Wellenlänge*) beträgt:

$$\boxed{\lambda = \frac{h}{p}. \quad \text{Materiewellenlänge } \lambda} \tag{10.11b}$$

10.1.3.2 Anwendungen

10.1.3.2.1 Elektronenwellen

Beim Quantengrabenlaser werden Halbleiterschichten mit einer Dicke $d \leq 30$ nm hergestellt, die in andere Schichten eingebettet sind. Die Elektronen im Leitungsband werden an den Grenzen der Schichten reflektiert, sodass sich stehende Elektronenwellen bilden. Für die Schichtdicke d gilt: $d = n\lambda/2$, wobei λ die Materiewellenlänge ist (Gl. 10.11b). Die Zahl $n = 1, 2, 3 \ldots$, stellt jeweils einen Energiezustand in der Halbleiterschicht dar. Die Laserstrahlung entsteht durch Übergänge zwischen diesen Energieniveaus.

10.1.3.2.2 Tunnelmikroskop

Es zeigt sich in zahlreichen Versuchen, dass Materie im atomaren Bereich durch Welleneigenschaften charakterisiert ist. Ein Beispiel ist der *Tunneleffekt* von Elektronen in Festkörpern. Im Wellenbild stellen frei bewegliche Elektronen in Metallen Materiewellen dar. An der Oberfläche werden die Wellen in den Festkörper reflektiert. Dabei dringt die Welle, ähnlich wie bei der Totalreflexion von Licht, geringfügig aus dem Material heraus, ohne jedoch in der Regel zu entweichen. Bringt man ein zweites Metallstück dicht aber berührungsfrei an die Oberfläche kann ein Teil der Elektronenwelle von einem Material zum anderen übertreten (tunneln). Legt man eine Spannung an, so fließt ein Strom.

Dieser Effekt wird im *Tunnelmikroskop* ausgenutzt. Eine Metallspitze, die in einem Atom endet, wird dicht über die zu untersuchende Oberfläche gebracht, bis ein Tunnelstrom von etwa 1 nA fließt. Die Spitze ist mit hoher Präzision durch piezoelektrische Stellelemente im x-, y- und z-Richtung verstellbar. Sie wird zeilenförmig über die Oberfläche der Probe geführt, wobei der Tunnelstrom und damit der Abstand von einigen nm konstant gehalten wird. Die Regelspannung ist ein Maß für das Oberflächenprofil, und sie enthält die Bildinformation über das Objekt. Eine Darstellung auf einem Bildschirm ermöglicht die Erkennung einzelner Atome.

10.1.3.2.3 Elektronenwellenlänge

Für Elektronen, z. B. im Elektronenmikroskop, erhält man den Impuls p aus der Geschwindigkeit v: $p = m_E v$. Durchlaufen die Elektronen die Spannung U, gewinnen sie die Energie $E = eU$ (Gl. 8.66a). Dies führt zu kinetischen Energie: $E = m_E v^2 / 2$:

$$E = \frac{m_E v^2}{2} = eU \quad \text{oder} \quad v = \sqrt{\frac{2eU}{m_E}}. \quad \text{Elektronenenergie } E$$

Für Elektronen ergibt sich damit eine De-Broglie-Wellenlänge $\lambda = h/(m_E v)$ (Gl. 10.11b):

$$\lambda = \frac{h}{\sqrt{2eU m_E}}. \quad \text{Elektronenwellenlänge } \lambda \tag{10.12}$$

In Elektronenmikroskopen werden Spannungen von $U \approx 10\,\text{kV}$ und mehr eingesetzt. Daraus resultiert $\lambda = 12\,\text{pm}$. Das Auflösungsvermögen von Elektronenmikroskopen ist durch die Wellenlänge λ gegeben (Gl. 10.12). In der Praxis treten jedoch Linsenfehler auf, welche die Auflösung auf etwa 0,1 nm vergrößern. Damit können atomare Strukturen sichtbar gemacht werden, während das gewöhnliche Lichtmikroskop im Auflösungsvermögen durch die Wellenlänge des Lichtes von 500 nm beschränkt ist.

10.1.3.3 Rasterelektronenmikroskop

Das *Rasterelektronenmikroskop* ist ohne die Wellenvorstellung erklärbar. Eine Oberfläche wird mit einem fokussierten Elektronenstrahl bei einem Durchmesser zwischen 1 bis 10 nm zeilenförmig abgetastet. Bei diesem Vorgang werden Elektronen gestreut, aus dem Objekt gelöst und auf einem Detektor gesammelt. Das daraus gewonnene elektrische Signal wird zur Helligkeitssteuerung eines Bildschirms verwendet. Die Auflösung ist schlechter als beim normalen Elektronenmikroskop; jedoch können auch tiefe Oberflächenprofile untersucht werden und es entstehen plastisch wirkende Bilder mit sehr hoher Tiefenschärfe. Nach einem ähnlichen Prinzip arbeiten *Laser-Scanning-Mikroskop*, welche die Oberfläche mit einem fokussierten Laserstrahl abtasten und das Streulicht als Bildsignal ausnutzen. Das Rasterelektronenmikroskop kann auch als Röntgenmikrosonde erweitert werden. Durch den gebündelten Elektronenstrahl werden innere Schalen der Atome ionisiert. Beim Auffüllen dieser Leerstellen entsteht Röntgenstrahlung, die für das jeweilige Element charakteristisch ist (Abschn. 10.3.1). Die Analyse dieser Strahlung gibt Auskunft über die Verteilung der Elemente in der untersuchten Oberfläche.

10.1.3.4 Heisenberg'sche Unbestimmtheitsrelation

Wegen der Quantennatur ist es nicht möglich, alle Eigenschaften eines Teilchens, z. B. eines Elektrons, gleichzeitig zu bestimmen. Die Genauigkeit des Ortes Δx und der Impulses Δp sind durch das Planck'sche Wirkungsquantum h miteinander verknüpft:

$$\Delta x \Delta p \geq h. \quad \text{Unbestimmtheitsrelation}$$

Die Größen Energie und Zeit sind durch eine vergleichbare Beziehung miteinander verknüpft:

$$\Delta E \Delta t \geq h. \quad \text{Unbestimmtheitsrelation}$$

Besitzt ein atomares Niveau die Lebensdauer Δt, so ist die Breite des Energiezustandes ΔE durch obige Gleichung festgelegt.

Beispiel 10.1.3a
Wie groß ist die Wellenlänge von Elektronen, die mit $U = 10$ kV beschleunigt wurden?
  Aus (Gl. 10.12) folgt: $\lambda = h/\left(\sqrt{2eUm_E}\right) = 1{,}2 \cdot 10^{-11}$ m.

Frage 10.1.3b
In welchen Versuchen zeigt sich der Wellencharakter von Materie?
  Beispielsweise bei der Elektronen- oder Neutronenbeugung, beim Tunneleffekt oder beim Quantengrabenlaser.

10.2 Aufbau der Atome

Nach den Gesetzen der klassischen Physik können stabile Atome nicht existieren; die kreisenden Elektronen müssten wie schwingende Dipole elektromagnetische Energie abstrahlen und schließlich auf den Kern fallen. Weiterhin kann der Schalenaufbau der Atome mit ganz bestimmten Elektronenbahnen nicht verstanden werden. Im Zusammenhang damit stehen die von den Atomen emittierten Spektrallinien. Im Wellenbild treten diese Schwierigkeiten nicht auf. Um den Kern bilden sich stehende Elektronenwellen, die den Schalen entsprechen. Nach dieser Vorstellung ist ein Elektron in einer Schale mit einer gewissen Aufenthaltswahrscheinlichkeit räumlich verteilt.

10.2.1 Wasserstoffatom

10.2.1.1 Stationäre Elektronenbahn
Im Folgenden werden die Elektronenbahnen um den Kern am Beispiel eines wasserstoffähnlichen Atoms mit einem Elektron berechnet. Im *Teilchenbild* wirkt zwischen dem Kern mit Z Protonen und einem kreisenden Elektron mit dem Bahnradius r die anziehende *Coulomb-Kraft* F_C. Diese ist proportional zu den Ladungen von Kern (Ze) und Elektron ($-e$) und umgekehrt proportional zum Quadrat des Abstandes r (Gl. 8.2). Für den Betrag der Kraft resultiert:

$$F_C = \frac{1}{4\pi\varepsilon_0} \frac{Zee}{r^2}. \quad \text{Coulomb-Kraft } F_C$$

Die elektrische Feldkonstante beträgt $\varepsilon_0 = 8{,}85 \cdot 10^{-12}$ A s/(V m) und die Elementarladung $e = 1{,}6 \cdot 10^{-19}$ C (Abschn. 8.1). Für Wasserstoffatome gilt $Z = 1$, für

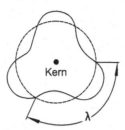

Abb. 10.4 Um den Atomkern bilden sich stehende Elektronenwellen. Dadurch kann die Schalenstruktur der Elemente verstanden werden. (Bei der Elektronenwelle handelt es sich nicht um eine schwingende Ladung, sondern sie beschreibt die Aufenthaltswahrscheinlichkeit des Elektrons. Es wird somit eine räumliche Ladungsverteilung beschrieben.)

wasserstoffähnliche Ionen $Z = 2, 3, 4, \ldots$ Die Gesamtkraft ist durch F_C geben, sodass mit der Beschleunigung bei einer Kreisbewegung mit konstantem Geschwindigkeitsbetrag $a = v^2/r$, und dem Newtonschen Bewegungsgesetz folgt:

$$\frac{1}{4\pi\varepsilon_0}\frac{Ze^2}{r^2} = \frac{m_E v^2}{r}.$$
(10.13a)

Nach dieser klassischen Gleichung kann das Elektron jeden beliebigen Bahnradius r einnehmen, ähnlich wie es bei einem Erdsatelliten der Fall ist.

Im *Wellenbild* entstehen um die Kerne stehende Elektronenwellen, d. h. in den Bahnumfang muss ein n-faches der de-Broglie-Wellenlänge $\lambda = h/p = h/m_E v$ betragen (Abb. 10.4):

$$2\pi r = n\lambda = n\frac{h}{m_E v} \quad \text{mit} \quad n = 1,2,3,\ldots \quad \text{Elektronenwellen}$$
(10.13b)

Dabei repräsentiert die Hauptquantenzahl $n = 1, 2, 3 \ldots$ jeweils eine stationäre Elektronenbahn, die auch als Schale bezeichnet wird. Schließen sich die Elektronenwellen nicht in ihrer Bahn, so löschen sie sich durch Interferenz nach mehreren Umläufen aus. Die stationären Bahnen können mit (Gl. 10.13a und 10.13b) berechnet werden:

$$r_n = \frac{h^2\varepsilon_0}{\pi m_E Ze^2}n^2 \quad \text{und} \quad v_n = \frac{Ze^2}{2\varepsilon_0 h}\frac{1}{n}. \quad \text{Bahnradius } r_n$$
(10.14)

In den Gleichungen für den Bahnradius $r = r_n$ und die Geschwindigkeit $v = v_n$ tritt neben einer Reihe von Naturkonstanten die Hauptquantenzahl n auf. Die Radien der verschiedenen Schalen steigen mit n^2. Man bezeichnet die Bahnen mit $n = 1, 2, 3, 4 \ldots$ als K-, L-, M-, N-, … Schale (Abb. 10.5).

Abb. 10.5 Bohr'sches
Atommodell (nicht
maßstabsgerecht)

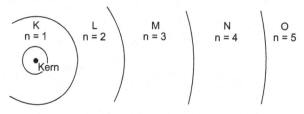

Elektronenbahnen

10.2.1.2 Energieniveau

Jede Elektronenbahn ist durch eine bestimmte Energie charakterisiert. Man nennt
die Elektronenzustände daher auch *Energieniveaus*. Die Energie E_n setzt sich aus der
kinetischen Energie $E_{kin} = m_E v^2/2$ und der potenziellen Energie E_{pot} zusammen:

$$E = E_{pot} + E_{kin}.$$

Die Arbeit, die aufgewendet wird, um das Elektron aus der Bahn mit dem Radius r_n vom
Atom zu entfernen, entspricht der negativen Änderung der potenziellen Energie ΔE_{pot}.
Das Elektron wird in diesem Fall nach „unendlich" verschoben bzw. ionisiert. Die Arbeit
an dem Elektron ist positiv. Das Bezugsniveau der potenziellen Energie im Unendlichen
wird mit Null festgelegt ($E_{pot}(\infty) = 0$):

$$\Delta E_{pot} = E_{pot}(\infty) - E_{pot}(r_n) = -\int\limits_{r_n}^{\infty} F_C \mathrm{d}r = -\int\limits_{r_n}^{\infty} \frac{Ze^2}{4\pi\varepsilon_o r_n^2}\,\mathrm{d}r$$
$$= -\frac{Ze^2}{4\pi\varepsilon_o r_n} = -\frac{Z^2 e^4 m_E}{4\varepsilon_0^2 h^2}\frac{1}{n^2},$$

woraus folgt:

$$E_{pot} = E_{pot}(r_n) = -\frac{Z^2 e^4 m_E}{4e_0^2 h^2}\frac{1}{n^2}.$$

Die kinetische Energie E_{kin} kann aus der Geschwindigkeit v_n nach (Gl. 10.14) berechnet
werden:

$$E_{kin} = \frac{Z^2 e^4 m_E}{8\varepsilon_0^2 h^2}\frac{1}{n^2}.$$

Die gesamte Energie $E = E_{pot} + E_{kin}$ eines Zustandes mit der Hauptquantenzahl n ergibt
sich somit zu:

$$\boxed{E_n = -\frac{Z^2 e^4 m_E}{8\varepsilon_0^2 h^2}\frac{1}{n^2}.\quad \text{Atomare Energiezustände } E_n} \qquad (10.15)$$

Das negative Vorzeichen gibt an, dass es sich um gebundene Zustände handelt. Es muss
von außen Energie zugeführt werden, um das Elektron aus seinem Zustand herauszulösen. Man nennt diesen Vorgang *Ionisation*.

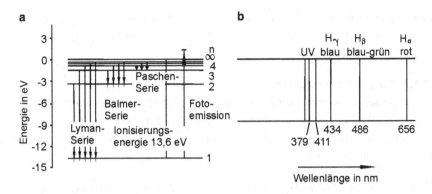

Abb. 10.6 Wasserstoffatom: **a** Termschema mit den Übergängen, **b** Linienspektrum der Balmer-Serie

Für Wasserstoff mit $Z = 1$ sind die Energieniveaus in Abb. 10.6a skizziert. Normalerweise ist nur die tiefste Bahn mit $n = 1$, d. h. die K-Schale mit einem Elektron besetzt. Die Energie beträgt $E_1 = -13{,}6$ eV $(= 2{,}2 \cdot 10^{-18}$ J$)$, der entsprechende Bahnradius $r_1 = 0{,}53 \cdot 10^{-10}$ m. Für große Hauptquantenzahlen $(n \to \infty)$ wird die Bindungsenergie $E_\infty = 0$. Das Elektron ist dann frei und das Atom ionisiert. Die Energie der Bahnen variiert mit $1/n^2$. Die Bahnen mit $n = 1, 2, 3, 4, \ldots$ weisen die Energien $-13{,}6$ eV, $-13{,}6/4$ eV, $-13{,}6/9$ eV, $-13{,}6/16$ eV, $\ldots$ auf.

10.2.1.3 Spektrallinie

In Gasentladungen oder durch andere Anregung können Elektronen aus ihrer niedrigsten Bahn in angeregte Zustände gehoben werden. Die Aufenthaltsdauer in diesen höheren Bahnen ist nur kurz (ms bis ns). Beim Übergang des Elektrons in die tieferen Zustände wird Energie in Form von Licht frei. Es entstehen ganz bestimmte, für das Atom charakteristische Spektrallinien, die in Abb. 10.6 mit ihren historischen Namen für das H-Atom eingetragen sind. Nur die sogenannte *Balmer Serie* liegt teilweise im sichtbaren Spektralbereich. Man kann die Frequenzen der Strahlung bei einem Übergang zwischen zwei Niveaus mit den Hauptquantenzahlen n_2 und n_1 aus (10.15) ableiten:

$$hf = E_2 - E_1$$
$$f = \frac{Z^2 e^4 m_E}{8\varepsilon_0^2 h^3}\left(\frac{1}{n_1^2} - \frac{1}{n_2^2}\right) \cdot \text{Spektrallinien} \qquad (10.16a)$$

Zur Abkürzung wird die Rydberg Frequenz R eingeführt:

$$\boxed{f = Z^2 R\left(\frac{1}{n_1^2} - \frac{1}{n_2^2}\right) \quad \text{mit} \quad R = \frac{e^4 m_E}{8\varepsilon_0^2 h^3} = 3{,}29 \cdot 10^{15} \text{Hz}. \quad \text{Spektrallinien}}$$

$$(10.16b)$$

Beispielsweise erhält man für die erste Linie der Balmer-Serie ($n_2 = 3$, $n_1 = 2$ und $Z = 1$); $f = 4{,}57 \cdot 10^{14}$ Hz und $\lambda = c_0/f = 656$ nm in Übereinstimmung mit dem Wert aus Abb. 10.6b.

10.2.1.4 Bohr'sche Postulate

Im vorliegenden Abschnitt wurde das H-Atom mithilfe des Teilchen- und Wellenbildes von Elektronen berechnet. Historisch standen am Anfang der Atomphysik die Bohr'schen Postulate im Vordergrund, die erst durch das Wellen- und Teilchenbild verständlich werden. Sie lauten:

1. *Es existieren stationäre Elektronenbahnen, bei denen der Drehimpuls $pr = m_E vr$ gleich einem ganzzahligem Vielfachen von $h/(2\pi)$ ist, d. h., $2\pi m_E vr = nh$. Dieser Ausdruck ist identisch mit (Gl. 10.13b).*
2. *Beim Übergang von einer Bahn höherer Energie E_2 zu einer mit niedriger E_1 entsteht Licht mit der Frequenz $hf = E_2 - E_1$ (Gl. 10.16a).*

In diesem Abschnitt wurden grundlegende Aussagen und Berechnungen über das einfachste Atom, Wasserstoff, gemacht. Eine genaue Beschreibung kann durch die Quantenmechanik erfolgen, die auch den Aufbau komplizierter Atome vollständig beschreibt.

Beispiel 10.2.1a
Wie groß ist die Gravitationskraft im Verhältnis zur Coulomb-Kraft beim H-Atom?
Gravitationskraft (Gl. 4.1): $F = \gamma m_1 m_2/r^2$ ($\gamma = 6{,}673 \cdot 10^{-11} \mathrm{m}^3/\mathrm{kg\,s}^2$, $m_1 = m_E =$ Elektronenmasse, $m_2 = m_P =$ Protonenmasse), *Coulomb-Kraft*: $F_C = (1/4\pi\varepsilon_0) \cdot Ze^2/r^2$ ($Z = 1$).
Verhältnis: $F/F_C = \gamma m_E m_P 4\pi\varepsilon_0/e^2 = 4 \cdot 10^{-40}$. Die Gravitationskraft ist vernachlässigbar.

Beispiel 10.2.1b
Wie groß ist die Energie J zur Ionisation des H-Atoms?
Es gilt (Gl. 10.15) mit $Z = 1$: $E_n = -\left(e^4 m_E/8\varepsilon_0^2 h^2\right)/n^2 = -2{,}2 \cdot 10^{-18}/n^2 \mathrm{J} = 13{,}6/n^2 \mathrm{eV}$.

Damit hat der Grundzustand ($n = 1$) die Energie $E_1 = -13{,}6$ eV. Das Minuszeichen zeigt, dass diese Energie frei wird, wenn ein freies Elektron in diesen Grundzustand übergeht. Um das Elektron herauszulösen (Ionisation), muss die Energie von 13,6 eV aufgebracht werden.

Beispiel 10.2.1c
Man berechne die Spektrallinien des H-Atoms, die im ersten angeregten Zustand ($n = 2$) enden (Balmer-Serie).
Nach (Gl. 10.16b) gilt: $f = 3{,}29 \cdot 10^{15}\left(1/2^2 - 1/n_2^2\right)$ Hz mit $n_2 = 3, 4, 5, \ldots$ Damit erhält man: $f = 4{,}57 \cdot 10^{14}$ Hz, $6{,}17 \cdot 10^{14}$ Hz, $6{,}91 \cdot 10^{14}$ Hz, $\ldots$ Mit $\lambda = c_0/f$ folgt: $\lambda = 656$ nm, 486 nm, 434 nm, $\ldots$

Beispiel 10.2.1d
In einer Schicht (eines Quantengrabenlasers) der Dicke d soll eine stehende Elektronenwelle mit $d = \lambda/2$ mit der Energie von 2 eV erzeugt werden. Wie groß muss d sein?

Es gilt: $d = \lambda/2$. Die Wellenlänge errechnet sich aus (Gl. 10.12) mit $U = 2\,\text{V}$: $\lambda = h/\sqrt{2eUm_E} = 1,7$ nm.

Damit folgt $d = 0,87$ nm.

Beispiel 10.2.1e
Wie groß ist der Radius des H-Atoms?

Nach (Gl. 10.14) errechnet man mit $Z = 1$: $r_1 = 53 \cdot 10^{-12}$ m.

Frage 10.2.1 f
Mit welchen Vorstellungen kann man ein Atom berechnen?

Für die kreisenden Elektronen gilt: $F_C = m_e a$ mit $a = v^2/r$. Weiterhin muss in den Umfang einer Bahn ein Ganzzahliges der Elektronenwellenlänge passen.

Frage 10.2.1 g
Wie kann man die Rechnungen zum Atom experimentell prüfen?

Man misst die Spektrallinien.

10.2.2 Quantenzahlen

Die Energiezustände des H-Atoms wurden bisher durch die Hauptquantenzahl n beschrieben. Untersuchungen zeigen, dass weitere Quantenzahlen existieren (Tab. 10.2), welche die Details der Wasserstoffspektren und den Aufbau komplizierter Atome des Periodensystems verständlich machen.

10.2.2.1 Hauptquantenzahl n
Hauptquantenzahl n gibt die Schale und deren Energie an. Sie bestimmt den Radius der Kreisbahn; im Wellenbild ist n die Zahl der Wellenlängen im Bahnumfang. In jede Schale n können sich $2n^2$ Elektronen in verschiedenen Zuständen aufhalten:

$$\boxed{\text{Elektronenzahl in der } n\text{-ten Schale} = 2n^2.} \qquad (10.17)$$

10.2.2.2 Bahndrehimpulsquantenzahl l
Die auch als *Nebenquantenzahl l* bezeichnete Größe berücksichtigt, dass neben einer Kreisbahn auch Ellipsenbahnen um den Kern möglich sind.

Da sich nach dem Wellenbild auch auf den Ellipsen geschlossene Wellen bilden müssen, ist die Zahl l der Ellipsen auf insgesamt n Werte begrenzt:

$$\boxed{l = 0,1,2,3,4,\ldots(n-1). \quad \text{Nebenquantenzahl } l} \qquad (10.18)$$

oder in historischer Symbolik: $l = $ s, p, d, f, $\ldots$

Tab. 10.2 Bedeutung der Quantenzahlen in Atomen

Quantenzahl	Symbol	Bedeutung
Haupt-Quantenzahl$n$	$n = 1,2,3,4,\ldots = K, L, M, N, \ldots$	n charakterisiert den Radius der Kreisbahn oder die große Halbachse der Ellipsenbahn. Durch n werden die Schale (K, L, M, N, ...) und die Energie angegeben. In jeder Schale können sich $2\,n^2$ Elektronen aufhalten
Bahndrehimpuls-Quantenzahl$l$	$l = 0, 1, 2, 3, \ldots (n-1)$	l gibt für eine Schale n die Zahl der Ellipsenbahnen mit verschiedenerer Exzentrizität an. Der Drehimpuls beträgt $lh/2\pi$
Magnet-Quantenzahl$m$	$m = 0, \pm 1, \pm 2, \ldots \pm l$	m gibt die Lage der Bahnebenen im Raum an. Das magnetische Moment ist proportional zu m
Spin-Quantenzahl$s$	$s = \pm 1/2$	s bestimmt die Lage des Eigendrehimpulses (Spin) des Elektrons zum Bahndrehimpuls bzw. zur Drehachse (parallel = +, antiparallel = −)

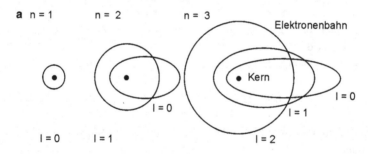

Abb. 10.7 Bohr-Sommerfeld'sche Elektronenbahnen für die Hauptquantenzahlen $n = 1$, 2, 3 (K-, L-, M-Schalen)

Man spricht von s-, p-, d- oder f-Elektronen, entsprechend der Nebenquantenzahl l. In Abb. 10.7 sind die Bahnen für die K-, L- und M-Schale dargestellt. Die Bahnkurven stellen eine an der klassischen Physik orientierte Darstellung dar. Tatsächlich ist die Aufenthaltswahrscheinlichkeit ein Elektron an einer bestimmten Stelle anzutreffen durch das Betragsquadrat der Wellenfunktionen gegeben, die Lösung der zugrunde liegenden Wellengleichung, der sogenannten Schrödinger-Gleichung, ist. Die Aufenthaltswahrscheinlichkeit ein Elektron in einem Raumgebiet anzutreffen ist abhängig von den Quantenzahlen.

Kreis- und Ellipsenbahnen mit gleichem n besitzen unterschiedliche Drehimpulse, die durch l angegeben werden. (Elektronen mit $l = 0$ besitzen nach der Quantenmechanik

keinen Drehimpuls; aus den Bahnkurven ist dies nicht ersichtlich.) Mit einem Bahndrehimpuls ist ein atomares magnetisches Moment verknüpft, d. h. s-Bahnen sind nicht
magnetisch, dagegen verhalten sich p- und d-Orbitale wie magnetische Dipole.

10.2.2.3 Magnetquantenzahl m

Bei Atomen in äußeren Magnetfeldern beobachtet man eine Aufspaltung der Spektrallinien (*Zeeman-Effekt*). Dies liegt daran, dass die Bahnebenen verschieden zum Magnetfeld stehen können. Dies hat zur Folge, dass die atomaren magnetischen Momente
Positionen im Raum mit unterschiedlichen Richtungen und Energien einnehmen. Das
magnetische Moment oder der Bahndrehimpuls, gegeben durch l, kann sich (als Folge
der Quantenmechanik) nur in bestimmte Raumrichtungen einstellen. Die Projektion des
Drehimpulses mit l in Richtung des Magnetfeldes muss ganzzahlig sein, d. h. gleich ± 1,
$\pm 2, \pm 3, \ldots$ Für diese Werte wird eine dritte Quantenzahl m eingeführt. Es gilt:

$$\boxed{m = \pm 1, \pm 2, \pm 3, \ldots \pm l. \quad \text{Magnetquantenzahl } m} \tag{10.19}$$

Für eine Bahndrehimpulsquantenzahl l ergeben sich damit $2l + 1$ verschiedene Möglichkeiten der Orientierung im Raum. Im Magnetfeld ist damit die Aufspaltung einer
Spektrallinie gegeben.

10.2.2.4 Spinquantenzahl s

Elektronen besitzen einen Eigendrehimpuls der auch *Spin* genannt wird, der in der Sicht-
weise der klassischen Physik als Eigenrotation des Teilchens vereinfachend aufgefasst
wird. Die Größe des Spin-Drehimpulses eines Elektrons ist halb so groß wie der Bahndrehimpuls mit $l = 1$. Daher ordnet man einem Elektron die Spinquantenzahl s zu:

$$\boxed{s = \pm 1/2. \quad \text{Spinquantenzahl } s} \tag{10.20}$$

Die Vorzeichen beschreiben, ob Spin- und Bahndrehimpuls parallel oder antiparallel
zueinander stehen. Der Spin führt zu einem magnetischen Moment, das Elektron besitzt
die Eigenschaften eines winzigen Permanentmagneten (Abschn. 10.3.2).

10.2.2.5 Pauli-Prinzip

Ein atomarer Zustand oder eine Bahn ist durch vier Quantenzahlen (n, l, m, s) gekennzeichnet. Nach dem *Pauli-Prinzip* kann ein Zustand nur durch ein Elektron besetzt
werden; alle Elektronen im Atom besitzen unterschiedliche Quantenzahlen.

Man kann die Zahl N der Zustände für die Hauptquantenzahl n durch Summation
berechnen: $n - 1$ Unterniveaus können jeweils $2l + 1$ Werte annehmen; wegen der Spinquantenzahl ist mit 2 zu multiplizieren (Gl. 10.17):

$$\boxed{N = \sum_{l=0}^{n-1} 2(2l + 1) = 2n^2. \quad \text{Elektronenzahl } N \text{ in einer Schale}}$$

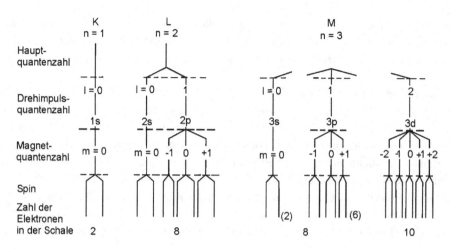

Abb. 10.8 Zur Schalenstruktur der Elemente: Niveauschemata für die Hauptquantenzahlen $n =$ 1, 2, 3 (K-, L-, M-Schalen)

Dies bedeutet, dass in die K-Schale ($n = 1$) 2 Elektronen passen, in die L-Schale ($n = 2$) acht Elektronen.

10.2.2.6 Aufspaltung der Schalen

In Abb. 10.8 ist die Aufspaltung der Energieniveaus der K-, L- und M-Schale durch die zusätzlichen Quantenzahlen l,m,s dargestellt.

Beispiel 10.2.2a

Wie viele Elektronen N können in der K-, L-, M- und N-Schale aufgenommen werden?

Nach (Gl. 10.17) gilt: $N = 2n^2$ ($n = 1, 2, 3, 4,...$). Man erhält $N = 2, 8, 18$ und 32 Elektronen.

Beispiel 10.2.2b

Wie lauten die Kombinationen der vier Quantenzahlen in der L-Schale?

Nach Abb. 10.8 erhält man: (n, l, m, s): $(2,0,0, \pm 1/2)$, $(2,1, -1, \pm 1/2)$, $(2,1,0, \pm 1/2)$, $(2,1, +1, \pm 1/2)$.

Frage 10.2.2c

Welche Quantenzahlen gibt es?

Hauptquantenzahl n (gibt die Schale an), Nebenquantenzahl oder Bahndrehimpulsquantenzahl l, Magnetquantenzahl m und Spinquantenzahl s.

Frage 10.2.2d

Was besagt das Pauli-Prinzip?

Jeder Zustand (durch vier Quantenzahlen bestimmt) kann nur von einem Elektron besetzt werden.

10.2.3 Deutung des Periodensystems

Abb. 10.8 zeigt die Aufspaltung der Schalen in Unterniveaus. Mittels dieser Darstellung kann der Aufbau des Periodensystems (Tab. 10.1) und die Schalenstruktur der Atome verstanden werden:

K-Schale (1. Periode)

H (Z = 1)	Der Wasserstoffkern besteht aus einem Proton, das von einem Elektron umkreist wird. Nach den Abb. 10.8 befindet sich das Elektron in einem 1 s-Zustand
He (Z = 2)	Der Kern besteht aus zwei Protonen und zwei Neutronen. Die beiden Elektronen der Hülle befinden sich in 1 s-Zuständen mit antiparallelen Spins. Diese Konfiguration ist besonders stabil, die K-Schale ist abgeschlossen. Daher ist He ein Edelgas
L-Schale (2. Periode):	
Li (Z = 3)	Das dritte Hüll-Elektron befindet sich in einem 2 s-Niveau. Als das erste Elektron in der L-Schale ist es nur schwach gebunden. Deshalb ist Lithium, wie die anderen Alkalien Na, K, Rb, Cs, chemisch aggressiv
Be (Z = 4)	In Beryllium nimmt die 2 s-Unterschale ein zweites Elektron auf
B (Z = 5)	Das fünfte Elektron in Bor hat den Zustand 2p. Die Elektronen-verteilung mit 2p hat die Form einer Hantel (Abb. 10.7b)
C (Z = 6)	Bei Kohlenstoff wird ein weiterer p-Zustand gebildet. Die Achse der hantelförmigen Elektronenverteilung zeigt in y-Richtung (2 p $_y$), die von Bor in x-Richtung (2 p $_x$)
N (Z = 7)	Das hinzukommende Elektron in Stickstoff belegt einen 2 p $_z$-Zustand
O (Z = 8)	Beim Sauerstoff wird ein zweites Elektron im Zustand 2 p $_x$ eingebaut
F (Z = 9)	Nach Auffüllen der 2 p $_y$-Zustände fehlt im Fluor noch ein Elektron zum Auffüllen der L-Schale. Das fehlende Elektron hat eine hohe Bindungsenergie. Daraus erklärt sich das chemisch aktive Verhalten der Halogene, wie F, Cl, Br, I
M-Schale (3. Periode):	
Ne (Z = 10)	Die L-Schale wird durch ein zusätzliches 2 p $_z$-Elektron abgeschlossen. Es handelt sich um eine sehr stabile Konfiguration; Ne ist ein Edelgas
Na (Z = 11)	Das erste 3 s-Elektron von Natrium in der M-Schale ist wie bei Li nur schwach gebunden
Mg (Z = 12)	Es wird ein zweites 3 s-Elektron gebunden

Den weiteren Verlauf des Periodensystems entnimmt man Tab. 10.1. Die Auffüllung der Schalen erfolgt für $Z > 18$ unregelmäßig.

10.3 Licht, Röntgenstrahlung und Spinresonanz

Im Grundzustand der Atome befinden sich die Elektronen auf den niedrigsten Bahnen, deren Aufbau im letzten Abschnitt dargelegt wurde. Durch Energiezufuhr, z. B. Strahlung oder Stöße mit Elektronen oder Atomen, werden atomare Elektronen in höhere Zustände gehoben. Die Lebensdauer dieser Niveaus ist kurz (ms bis ns) und beim Zerfall emittiert das Atom Strahlung. Je nach Wellenlänge unterscheidet man infrarote Strahlung, Licht, ultraviolette Strahlung und Röntgenstrahlung. Die Entstehung von Licht wurde ausführlich in den Abschnitten zur Quantenoptik (Gl. 9.3) und zum Aufbau der Atome (Gl. 10.2) behandelt.

10.3.1 Röntgenstrahlung

In einer Röntgenröhre wird ein Elektronenstrahl auf Materie geschickt. Die beschleunigten Elektronen werden im Festkörper abgebremst oder schlagen Hüll-Elektronen aus den Atomen heraus, insbesondere aus den inneren Schalen. Man unterscheidet daher zwei Typen von Röntgenstrahlung: Die *Röntgenbremsstrahlung* übernimmt die kinetische Energie der Elektronen beim Abbremsen. Die *charakteristische Strahlung* entsteht beim Auffüllen der Lücken der inneren Schalen. Röntgenstrahlung kann auch mit anderen Geräten erzeugt werden: dem Elektronensynchrotron und in Zukunft mit dem Röntgenlaser. Daneben ist eine Erzeugung durch den Fotoeffekt möglich (Röntgenfluoreszenz).

10.3.1.1 Bremsstrahlung
Abb. 10.9 zeigt den Aufbau einer Röntgenröhre. Aus einer Glüh-Kathode werden Elektronen frei, die im Vakuum auf eine Anode geschossen werden. Die Spannung U zur Beschleunigung liegt zwischen 10 kV und 250 kV. Die Elektronen werden im Festkörper abgebremst und die dabei frei werdende Energie wird teilweise als elektromagnetische Strahlung (Röntgenstrahlung) ausgesendet.

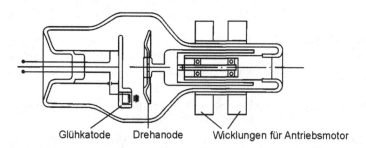

Glühkatode   Drehanode   Wicklungen für Antriebsmotor

Abb. 10.9 Röntgenröhre für medizinische Anwendungen. Durch die Drehung des Anodentellers wird die Wärme, die beim Auftreffen der Elektronen entsteht, besser verteilt

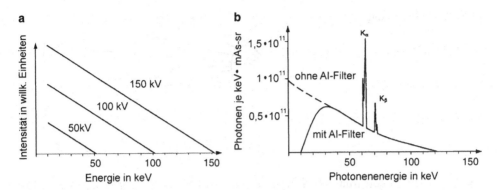

Abb. 10.10 Spektren der Röntgenstrahlung: **a** Bremsstrahlung bei verschiedenen Beschleunigungsspannungen (Theorie). **b** Dem Bremsspektrum sind die charakteristischen Linien überlagert. Beispiel: medizinische Röntgenröhre mit Wolfram-Anode bei 120 kV. Der niederenergetische Anteil des Spektrum wurde durch 2 mm Al weggefiltert

Das Energiespektrum der Bremsstrahlung in Abb. 10.10a zeigt eine Maximalenergie $E_G(=hf)$, die von der Spannung U abhängt. Dem entspricht eine minimale Grenzwellenlänge $\lambda_G(=c_0/f)$ der Röntgenstrahlung:

$$E_G = eU \quad \text{oder} \quad \lambda_G = \frac{c_0}{f} = \frac{hc_0}{eU}. \quad \text{Bremsstrahlung} \tag{10.21}$$

In der Gleichung wurde angenommen, dass die gesamte kinetische Energie eU eines Elektrons in einem Quant abgestrahlt wird. Für $U = 60$ kV erhält man als maximale Energie $E_G = 60$ keV (1 eV $= 1,6 \cdot 10^{-19}$ J) und eine minimale Wellenlänge $\lambda_G = 2,1 \cdot 10^{-11}$ m. Abb. 10.10 zeigt das Energiespektrum einer medizinischen Röntgenröhre. Die kontinuierliche Bremsstrahlung wird von charakteristischen Röntgenlinien überlagert.

Der Wirkungsgrad einer Röntgenröhre liegt bei 1 %; dieser Anteil der zugeführten elektrischen Energie wird als Röntgenstrahlung abgegeben. Der Rest wird in der Anode in Wärme umgewandelt. Zur Verringerung der thermischen Belastung wird diese durch Wasser gekühlt oder es wird eine Drehanode eingesetzt (Abb. 10.9).

10.3.1.2 Charakteristische Röntgenstrahlung

Die in die Anode eindringenden Elektronen stoßen mit den atomaren Elektronen und schlagen diese aus den inneren Schalen. Dadurch können Elektronen der äußeren Schalen nachrücken. Bei diesen Übergängen entsteht „Licht hoher Energie", d. h. Röntgenstrahlung mit bestimmten diskreten Wellenlängen. Die Aussendung der charakteristischen Strahlung bei einem Loch in der K-Schale zeigt Abb. 10.11. Es kann K $_\alpha$-, K $_\beta$- oder K $_\gamma$-Strahlung entstehen, je nachdem ob der Übergang aus der L-, M,- oder N-Schale erfolgt. Bei einem Loch in der L-Schale wird dementsprechend L $_\alpha$-, L $_\beta$- oder L $_\gamma$-Strahlung erzeugt. Nach Abb. 10.10b ist das kontinuierliche Bremsspektrum

Abb. 10.11 Entstehung
der charakteristischen
Röntgenstrahlung

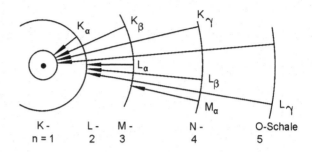

K -   L -   M -   N -   O-Schale
n = 1   2   3   4   5

von einem Linienspektrum überlagert. In einer Röntgenröhre zur Bildgebung, insbesondere in der Medizin, wird überwiegend die Bremsstrahlung ausgenutzt. Für Weich-
gewebe benötigt man Spannungen von mehreren 10 kV, während für Knochen 100 kV
und mehr erforderlich sind. Zur Strukturanalyse durch Röntgenbeugung werden dagegen
oft die charakteristischen Linien verwendet.

Die K-Linien, die bei einem Loch in der innersten Schale entstehen, können relativ
einfach aus (Gl. 10.16b) berechnet werden. Da die Kernladung durch das eine noch vorhandene K-Elektron verringert wird, erhält man die Frequenzen der K-Linien ($n_1 = 1$)
(Mosley'sches Gesetz):

$$\boxed{f = (Z - 1)^2 R \left(1 - \frac{1}{n_2^2} \right) \text{ mit } R = 3{,}29 \cdot 10^{15} \text{Hz.} \quad \text{Charakteristische Strahlung}}$$

(10.16c)

Für Wolfram ($Z = 74$) resultiert als Wellenlänge für die K_α-Strahlung ($n_2 = 2$)
$\lambda = c_0/f = 2{,}3 \cdot 10^{-11}$ m, für Kupfer ($Z = 29$) $\lambda = 1{,}5 \cdot 10^{-10}$ m; die entsprechenden
Energien betragen 52 keV und 7 keV.

10.3.1.3 Absorption von Röntgenstrahlen

Die Röntgentechnik beruht auf der materialabhängigen Absorption und Streuung der
Strahlung. Die Schwächung der Flussdichte Φ (in Photonen / (m^2 s)) in Materie hängt
von der Schichtdichte x ab:

$$\boxed{\Phi = \Phi_0 e^{-\mu x}. \quad \text{Schwächungsgesetz (Beer'sches Gesetz)}}$$ (10.22)

Der *Schwächungskoeffizient* μ charakterisiert die Streuung und Absorption; er steigt
stark mit zunehmender Ladungszahl Z der absorbierenden Elemente an. In der Medizin
wird ein Körperteil mit einer möglichst punktförmigen Röntgenquelle bestrahlt. Hinter
dem Körperteil wird ein Röntgenfilm oder ein Röntgenbildverstärker aufgestellt. Die
Transmission der Strahlung hängt von der Zusammensetzung des Gewebes ab. Das Bild
entsteht wie ein „Schattenwurf" bei einer Punktquelle.

10.3.1.4 Computertomographie

Verfahren der Bildverarbeitung mit Computern haben die Röntgentechnik präziser gemacht. In Computertomographen wird die Röntgenröhre um das Objekt gedreht. Die Strahlung wird in einer Matrix mit einigen 1000 Detektoren nachgewiesen. Dabei werden Bilder vom Objekt bei verschiedenen Strahlrichtungen gespeichert. Ein Computer errechnet durch spezielle mathematische Verfahren die dreidimensionale Bildstruktur. Nachteilig ist die erhöhte Strahlendosis im Vergleich zu normalen Röntgenaufnahmen.

10.3.1.5 Röntgenbeugung

Die Beugung von Röntgenstrahlung hat erheblich zur Aufklärung des Aufbaus von Festkörpern und Molekülen beigetragen. Beispielsweise wurde die Helixstruktur von DNS, der Erbsubstanz, dadurch entschlüsselt. Bei der Röntgenbeugung an Kristallen tritt die *Bragg-Reflexion* an den Kristallebenen auf. Durch die regelmäßig angeordneten Atome können nach Abb. 10.12a mehrere jeweils parallele Ebenen gelegt werden. Es tritt Reflexion unter dem Winkel θ auf, bei dem der Weglängenunterschied an zwei Ebenen eine oder mehrere Wellenlängen λ beträgt. Nach Abb. 10.12a erhält man die *Bragg-Bedingung* für einen Gitterabstand d:

$$\boxed{2d\sin\theta = m\lambda \quad \text{mit} \quad m = 1,2,3,4,\dots \quad \text{Bragg-Bedingung}} \tag{10.23}$$

Die Röntgenbeugung kann analog zur Elektronen- oder Neutronenbeugung durchgeführt werden. Beim *Laue-Verfahren* fällt breitbandige Röntgenstrahlung, auf einen unbeweglichen Einkristall. Es entstehen für jeden Gitterabstand d mehrere Reflexe bei unterschiedlichen Wellenlängen. Aus dem Beugungsbild gelingt eine Bestimmung der Lage der Atome im Kristallgitter.

Bei der *Drehkristall-Methode* wird ein monochromatischer Strahl, meist aus der K-Linie bestehend, auf einen Einkristall geschickt (Abb. 10.12b). Dieser wird so lange gedreht, bis die Bragg-Bedingung für die feste Wellenlänge λ erfüllt ist.

Einfacher ist die *Pulvermethode* nach Debye-Scherrer mit polykristallinen Pulverproben und monochromatischen Röntgenstrahlen. Polykristallin bedeutet, dass kleine

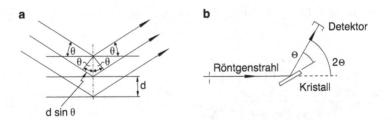

Abb. 10.12 Prinzipien der Röntgenbeugung an Kristallebenen mit dem Abstand d: **a** Bedingung bei Bragg-Reflexion, **b** Schema eines Röntgen-Spektrometers zur Untersuchung von Kristallstrukturen

Kristallbereiche statistisch in alle Richtungen orientiert sind. Damit finden sich für jeden Gitterabstand d Kristalle unter dem Winkel θ, die der Bragg-Bedingung (Gl. 10.23) genügen. Da die Probe rotationssymmetrisch ist, liegen die Bragg-Reflexe auf Kreisen. Mit abnehmendem Gitterabstand vergrößert sich der Beugungswinkel θ.

10.3.1.6 Röntgenfluoreszenz

Röntgenstrahlung wird in Materie hauptsächlich durch den Fotoeffekt absorbiert. Wegen der hohen Quantenenergie werden Elektronen aus den inneren K- oder L-Schalen gelöst. In die Leerstellen rücken Elektronen der äußeren Schalen nach, ähnlich wie es im Abb. 10.11 beschrieben ist. Die sekundäre Röntgenstrahlung gibt Informationen über die Elemente der bestrahlten Probe. Dabei ergeben sich Anwendungen der *Röntgenfluoreszenz* in der Analytik.

10.3.1.7 Synchrotronstrahlung

Beschleunigte Elektronen senden Strahlung aus; ein Beispiel dafür ist die *Röntgenbremsstrahlung,* ein anderes die *Synchrotronstrahlung* von Elektronen auf einer Kreisbahn (Abb. 8.21). Bei Kreisbeschleunigungen zur Erzeugung von Synchrotronstrahlung werden Elektronen durch Wiggler geschickt, die den Elektronenstrahl radial oszillieren lassen (Abb. 10.13). Durch diese Schwingungen strahlt das Elektron wie ein Dipol. Da die Geschwindigkeit der Elektronen nahe an der Lichtgeschwindigkeit c_0 liegt, entsteht eine Abstrahlung vorwärts in Form eines schmalen Kegels. Der Öffnungswinkel δ ist durch die Ruheenergie $m_E c_0^2$ ($= 0,511$ meV) und die Energie E der Elektronen der Masse m_E gegeben:

$$\delta = \frac{m_E c_0^2}{E}. \quad \text{Synchrotronstrahlung, Divergenz } \delta \qquad (10.24a)$$

Die Wellenlänge λ der Synchrotronstrahlung hängt von Wigglerperiode L ab, welche die Schwingungen verursacht:

$$\lambda \approx \frac{L\delta^2}{2}. \quad \text{Synchrotronstrahlung, Wellenlänge } \lambda \qquad (10.24b)$$

Mit Energien von $E = 500$ meV und $L = 1$ cm erhält man $\lambda = 5$ nm. Der Vorteil der Synchrotronstrahlung liegt darin, dass sie monochromatisch und relativ gut gebündelt

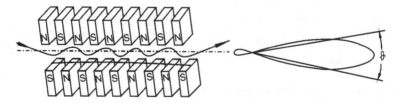

Abb. 10.13 Erzeugung von Synchrotron-Strahlung mit einem Wiggler

ist. Die Strahlung überstreicht den Bereich vom kurzwelligen UV bis in den niederenergetischen Röntgenbereich. Die Anwendungen liegen beispielsweise in der Röntgenlithographie zur Erzeugung integrierter Schaltkreise und der Strukturanalyse von Materialien.

Beispiel 10.3.1a

Eine Röntgenröhre wird mit einer Spannung von $U = 100$ kV betrieben. Wie groß sind die maximale Energie E_G der Röntgenquanten und deren Wellenlänge λ_G?

Es gilt (Gl. 10.21): $E_G = 100 \, \text{keV} = 1.6 \cdot 10^{-14}$ J und $\lambda_G = hc_0/\lambda = 1.2 \cdot 10^{-11}$ m.

Beispiel 10.3.1b

In der Mammographie wird überwiegend die K_α-Strahlung von Molybdän eingesetzt.

Wie groß ist die Energie der Quanten und die Mindestspannung der Röntgenröhre?

Nach (Gl. 10.16c) gilt für Mo ($Z = 42$ und $n_2 = 2$): $f = 41^2 \cdot 3.29 \cdot 10^{15}\left(1 - 1/2^2\right)\text{Hz} = 4.15 \cdot 10^{18}$ Hz und $E = hf = 2.74 \cdot 10^{-15}$ J $= 17.1$ keV. Für die Anregung muss ein Elektron aus der K-Schale befreit werden.

In (Gl. 10.16c) ist $n_2 = \infty$ zu setzen: $f = 41^2 \cdot 3.29 \cdot 10^{15}(1 - 1/\infty)\text{Hz} = 5.5 \cdot 10^{18}$ Hz und $E = 23$ keV.

Die Mindestspannung beträgt also 23 kV.

Beispiel 10.3.1c

Die Strahlung einer medizinischen Röntgenröhre wird durch ein Bleiblech von $d = 0.14$ mm auf die Hälfte geschwächt (Halbwertsdicke). a) Wie groß ist der Schwächungskoeffizient. b) Wie viele Halbwertsdicken sind notwendig, um die Strahlung auf 1 % zu schwächen?

a) Aus (Gl. 10.22) folgt: $0.5 = \exp(-\mu x)$. Damit erhält man: $\mu x = -\ln 0.5$ und $\mu = 4.95 \, \text{mm}^{-1}$.

b) $0.01 = \exp(-\mu x)$. Damit erhält man: $\mu x = -\ln 0.01$ und $x = 0.93$ mm.

Es werden $0.93/0.14 = 6.6$ Halbwertsdicken benötigt.

Beispiel 10.3.1d

Bei einem Kristall tritt für 50 keV-Röntgenstrahlung Bragg-Reflexion bei $\theta = 25°$ auf. Wie groß ist der Gitterabstand?

Es gilt (Gl. 10.23) für die erste Beugungsordnung: $2d \sin\theta = \lambda$. Die Wellenlänge berechnet man aus $\lambda = hc_0/E = 2.5 \cdot 10^{-11}$ m$\left(E = 50\text{keV} = 8 \cdot 10^{15} \text{ J}\right)$ und man erhält: $d = \lambda/2 \sin\theta = 3.0 \cdot 10^{-11}$ m..

Frage 10.3.1e

Welche Arten von Röntgenstrahlung entstehen in einer Röntgenröhre?

Bremsstrahlung und charakteristische Strahlung.

Frage 10.3.1 f

Wie entsteht Synchrotronstrahlung?

Elektronen in einem kreisförmigen Beschleuniger werden durch einen Wiggler (periodische Magnetfelder) geschickt. Die oszillierenden Elektronen wirken wie eine Antenne und strahlen Synchrotronstrahlung ab.

10.3.2 Spinresonanz

Die Elektronen und der Atomkern besitzen ein magnetisches Moment. Sie weisen die Eigenschaften eines winzigen Permanentmagneten auf. Man erklärt die Entstehung des Feldes durch die Eigenrotation oder den Spin der geladenen Teilchen, die einem Kreisstrom ähnelt. Bei Elektronen werden die magnetischen Eigenschaften durch die Spinquantenzahl $s = \pm 1/2$ beschrieben (Abschn. 10.2.2).

Nach der Quantenmechanik kann sich der Spin gegenüber einem äußeren Magnetfeld parallel oder antiparallel einstellen. Beide Stellungen unterscheiden sich in der Energie und es ist möglich, durch Absorption von Strahlung den Spin umzuklappen. Bei den Elektronen nennt man diesen Vorgang *Elektronenspinresonanz*.

10.3.2.1 Kernspinresonanz

Größere Bedeutung in der medizinischen Diagnosetechnik hat die Kernspinresonanz. Besonders wichtig sind die Wasserstoffkerne im biologischen Material, die aus einem Proton bestehen. Das Proton besitzt ebenfalls eine Spinquantenzahl von $s = \pm 1/2$ und es kann genau wie das Elektron parallel oder antiparallel zu einem Magnetfeld stehen. Die antiparallele Stellung hat eine etwas höhere Energie. Normalerweise befinden sich die Protonen hauptsächlich im niedrigen Zustand. In Abb. 10.14 ist die Energie in Abhängigkeit von der magnetischen Induktion B aufgetragen. Der Energieabstand ΔE (in Joule = J) beträgt für Protonen etwa:

$$\Delta E = 5{,}58 \mu_K B \quad \text{mit} \quad \mu_K = 5{,}05 \cdot 10^{-27} \text{ J/T. Kernspinresonanz}$$
(10.25)

Durch Strahlung im Hochfrequenzbereich kann ein Übergang vom unteren zum oberen Niveau erfolgen. Die Frequenz berechnet sich nach der Gleichung $\Delta E = hf$ zu etwa 60 MHz bis 300 MHz, je nach Größe des Magnetfeldes B (in Tesla = T).

Nach klassischen Vorstellungen findet das Umklappen des Spins in einer schraubenförmigen Drehbewegung statt, wobei sich die Spitze des magnetischen Moments (Spin) auf einer Kugeloberfläche bewegt. In der medizinischen Diagnostik wird wie folgt vorgegangen: Man strahlt bei Anlegen eines Magnetfelds kurzzeitig hochfrequente Strahlung

Abb. 10.14 Prinzip der Spinresonanz. Durch Absorption von Hochfrequenzstrahlung kann der Spin umgeklappt werden

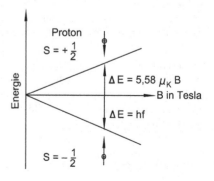

in das untersuchte Gewebe ein, bis sich die Spins um 90° gedreht haben. Danach wird die Strahlung abgeschaltet. Die Spins drehen sich in ihre Ausgangslage zurück und emittieren dabei die absorbierte Energie. Dabei können zwei Effekte gemessen werden:

1. Beim Zurückdrehen steigt die Magnetisierung der Probe innerhalb der Zeit T_1.
2. Dadurch, dass sich die einzelnen Spins nicht völlig gleichmäßig zurückdrehen, wird das abgestrahlte Signal nur innerhalb einer Zeit T_2 ausgesendet.

Diese beiden Zeiten hängen von der Umgebung ab, in der sich das Proton befindet. Das bedeutet, dass Fett oder Krebsgewebe sich durch spezielle Werte für T_1 und T_2 auszeichnen. Die Messung beider sogenannter Relaxationszeiten wird zur Bildgebung ausgenutzt.

10.3.2.2 Bildgebung
Mithilfe der Kernspintomographie können präzise dreidimensionale Bilder des Körperinneren gewonnen werden, deren Informationsgehalt sich von den Röntgenbildern unterscheidet. Ein wichtiger Vorteil liegt darin, dass die Belastung durch ionisierende Strahlung bei der Untersuchung entfällt.

Beispiel 10.3.2
Wie groß ist die Frequenz f bei der Kernspinresonanz in Wasserstoff (Protonen) bei $B = 1$ T? Vergleichen Sie den Energieabstand mit der thermischen Energie.
    Aus (Gl. 10.25) folgt: $\Delta E = 2,8 \cdot 10^{-27}$ J und $f = \Delta E/h = 42$ MHz.
    Die thermische Energie $\Delta E_t = 1,5 \cdot kT = 6,2 \cdot 10^{-21} (k = 1,38 \cdot 10^{-23}$ J/K, $T = 300$ K) ist etwa 20.000 mal größer als ΔE. (Daher sind hohe Magnetfelder günstig, da die Zustände mit unterschiedlichen Spinstellungen etwas unterschiedlicher besetzt werden.)

Frage 10.3.2b
Was ist das Prinzip bei der Kernspinresonanz?
    Bei der Kernspinresonanz werden die magnetischen Momente der Atomkerne durch Absorption von Hochfrequenzstrahlung in einem äußeren Magnetfeld umgeklappt.

10.3.3 Moleküle

Man unterscheidet bei Molekülen hauptsächlich zwei Bindungstypen:

1. Bei der *konvalenten Bindung* besitzen die Atome ein oder mehrere Elektronenpaare gemeinsam. Die Aufenthaltswahrscheinlichkeit der Elektronen ist zwischen den Atomen besonders groß. Dadurch wird eine anziehende Kraft auf die Kerne verursacht. Ein Beispiel ist das H-Molekül, dessen Elektronenpaar beide Protonen gemeinsam umschlingt
2. Bei der *Ionenbindung* gehen ein oder mehrere Elektronen von einem Atom auf das andere. Die entstehenden positiven und negativen Ionen ziehen sich an. Dies ist beispielsweise bei NaCl der Fall, das aus Na$^+$ und Cl$^-$ besteht

10.3.3.1 Potenzialkurve

Moleküle werden durch eine Potenzialkurve beschrieben, die am Beispiel zweiatomiger Systeme erklärt wird. Verringert man den Abstand r zwischen zwei Atomen (oder Ionen), so tritt eine Kraftwirkung auf. Sie kann abstoßend oder anziehend sein und damit zu einer Erhöhung oder Absenkung der Energie führen, die durch den Begriff *Potenzial* gekennzeichnet ist. Ursache sind die Coulomb-Kräfte zwischen Kern und Hülle. Zeigt die Potenzialkurve ein Minimum, so findet eine chemische Bindung statt (Abb. 10.15). Der steile Anstieg bei weiterer Annäherung wird durch die Abstoßungskräfte der Kernladungen erklärt. Derartige Potenzialkurven existieren für Moleküle im Grundzustand und in elektronisch angeregten Zuständen. Das Minimum liegt dabei meist bei verschiedenen Kernabständen r. Potenziale angeregter Zustände müssen nicht immer ein Minimum aufweisen; eine Anregung in einen nicht bindenden Zustand führt zur Dissoziation des Moleküls (Abb. 10.15).

10.3.3.2 Molekülschwingungen

Moleküle können im Minimum der Potenzialkurve schwingen, d. h. die Atomkerne bewegen sich periodisch. Durch die Schwingungsenergie werden die Moleküle etwas aus der Potenzialmulde herausgehoben, wie es durch die waagerechten Striche in Abb. 10.15 angedeutet ist. Die Quantenmechanik zeigt, dass die Schwingungsenergie gequantelt ist und die Schwingungsniveaus gleiche Abstände haben. In Abb. 10.16 ist das Vibrationsspektrum des CO_2-Moleküls mit drei unterschiedlichen Schwingungstypen dargestellt.

10.3.3.3 Molekülrotationen

Moleküle können auch rotieren und die damit verbundene Rotationsenergie ist ebenfalls gequantelt. Abb. 10.16 zeigt am Beispiel des CO_2-Moleküls, dass die Energie bei Rotation kleiner als bei Vibration ist. Das Termschema bezieht sich auf den gleichen elektronischen Grundzustand; man nennt es Rotations-Vibrationsspektrum. Zwischen den verschiedenen Übergängen können nach sogenannten Auswahlregeln zahlreiche Übergänge stattfinden, bei denen Strahlung emittiert oder absorbiert wird. Während

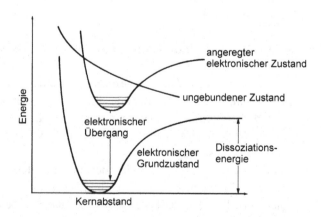

Abb. 10.15 Potenzialkurven von Molekülen: bindender Grund- und angeregter Zustand, nicht bindender angeregter Zustand. (Die waagrechten Linien geben die Schwingungszustände an.)

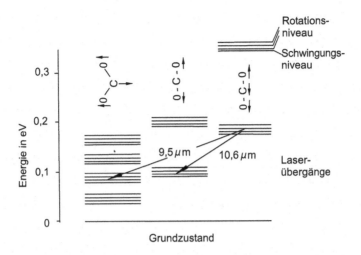

Abb. 10.16 Energieniveaus beim CO_2-Molekül mit Laserübergängen

die Übergänge zwischen verschiedenen elektronischen Zuständen im sichtbaren Spektralbereich liegen, treten Übergänge zwischen Rotations-Vibrations-Niveaus nach Abb. 10.16 im Infraroten auf. Beim CO_2-Laser entsteht Strahlung bei Wellenlängen um 9,5 μ m und 10,5 μ m. Das CO_2-Molekül spielt bei der Klimaerwärmung eine wichtige Rolle. Die Wärmestrahlung der Erde hat eine mittlere Wellenlänge um die 10 μ m (Beispiel 5.5.3h) und wird daher stark vom CO_2 in der Atmosphäre absorbiert, wodurch die mittlere Temperatur der Erdatmosphäre steigt.

10.3.3.4 Raman-Effekt

Rotations-Vibrationszustände können durch den *Raman-Effekt* untersucht werden. In ein molekulares Gas wird intensives Licht gestrahlt, vorzugsweise aus einem Laser. Durch die Raman-Streuung werden Moleküle zu Rotationen und Vibrationen angeregt. Die Energie wird dem eingestrahlten Licht entnommen, sodass das gestreute Licht zu längeren Wellenlängen verschoben ist. Auch der umgekehrte Fall ist möglich, bei dem Schwingungs-Rotations-Energie der Moleküle auf das Licht übertragen wird. Der Ramaneffekt wird in der Forschung und Industrie zur Analyse von chemischen Verbindungen eingesetzt.

Beispiel 10.3.3

Welche Energiezustände gibt es bei *Atomen* und welche bei *Molekülen*?

Bei *Atomen* gibt es nur elektronische Zustände. Bei *Molekülen* gibt es neben den elektronischen Zuständen (Strahlung in Ultravioletten) auch noch Vibrationsniveaus (Strahlung im Infraroten) und Rotationsniveaus (Strahlung im Ferninfraroten).

Festkörper

11

Atome und Moleküle können sich zu Festkörpern ordnen. Viele Werkstoffe weisen eine kristalline Struktur auf. Daher beschäftigt sich der Hauptteil des Kapitels Festkörperphysik mit Kristallen und ihren Eigenschaften. Dabei sind Halbleiter von besonderer Bedeutung, die mithilfe des Bändermodells verstanden werden können. Es wird auf die technischen Anwendungen der Festkörperphysik eingegangen, wie metallische Leitung, Thermoelemente, Supraleitung, Leitungsmechanismen in Halbleitern, Dioden und andere Halbleiterbauelemente, Leuchtdioden und Diodenlaser.

11.1 Struktur der Festkörper

11.1.1 Bindung in Kristallen

Zwischen Atomen und Molekülen wirken überwiegend elektrische Kräfte; die magnetischen Wirkungen bei der Bindung können vernachlässigt werden. In Kristallen unterscheidet man folgende Bindungsarten (Tab. 11.1):

1. *Kovalente* oder *homöopolare Bindung*
2. *Ionenbindung* oder *heteropolare Bindung* und
3. *metallische Bindung*

Nur in Sonderfällen, beispielsweise bei der Verfestigung von Edelgasen, spielt die Van-der-Waals-Wechselwirkung eine Rolle.

11.1.1.1 Kovalente Bindung

Bei der kovalenten Bindung werden Elektronenpaare von benachbarten Atomen gemeinsam benutzt. Beispiele sind Kristalle aus den vierwertigen Elementen wie Silizium

© Springer Fachmedien Wiesbaden GmbH, ein Teil von Springer Nature 2023
J. Eichler und A. Modler, *Physik für das Ingenieurstudium*,
https://doi.org/10.1007/978-3-658-38834-8_11

Tab. 11.1 Bindungsarten in Festkörpern

Typ	Struktur	Energie in eV	Festkörper	Eigenschaften
Kovalente Bindung	Si = Si = Si = Si = ‖ ‖ ‖ ‖ Si = Si = Si = Si = ‖ ‖ ‖ ‖ Si = Si = Si = Si = ‖ ‖ ‖ ‖	1 bis 7	4-wertige Elemente, C, Si, InSb, organische Stoffe	Isolator, Halbleiter, schwer verformbar, hoher Schmelzpunkt
Ionen-Bindung	$Na^+ Cl^-$	6 bis 20	Salze, wie NaCl, KCl BaF_2	Isolator, Ionenleitung, bei hohen Temperaturen plastisch verformbar

Metallische Bindung	−
	  + _+ _+ +_
	  −
	  _+ + _+ +
	       −
	  +_ + _+ +_
		1 bis 5	Metalle, Legierungen	Leiter, Wärmeleiter, plastisch verformbar, Lichtreflexion

und Kohlenstoff. Diese Atome sind von vier Nachbaratomen umgeben, von denen sie jeweils ein Elektron erhalten. Damit wird die Schale mit acht Elektronen aufgefüllt und es entsteht eine stabile edelgasähnliche Konfiguration. Da zwei Elektronen (mit antiparallelem Spin) die Verbindung zu einem Nachbaratom herstellen, spricht man auch von *Elektronenpaarbindung*. Die kovalente Bindung herrscht in Isolatoren und Halbleitern. Die Materialien sind hart und schwer verformbar und weisen einen hohen Schmelzpunkt auf.

11.1.1.2 Ionenbindung
Diese Bindung wird durch die Coulomb'sche Kraft zwischen zwei Ionen verursacht. Sie ist typisch für Salze. Im Kristall NaCl liegen die Ionen Na^+ und Cl^- mit jeweils abgeschlossenen Schalen vor. Die elektrostatischen Kräfte erstrecken sich über mehrere Nachbaratome. Kristalle mit Ionenbindung sind bei niedrigen Temperaturen Isolatoren; bei hohen kann durch Dissoziation eine elektrolytische Ionenleitung erfolgen.

11.1.1.3 Metallische Bindung
In Metallen werden die äußeren Elektronen von den Atomen abgegeben. Die Bindung kommt dadurch zustande, dass diese *Valenzelektronen* mit allen positiven Atomrümpfen in anziehende Wechselwirkung treten. Die freien Elektronen sind nicht lokalisiert und sie können als *Elektronengas* aufgefasst werden, das sich relativ frei durch den Festkörper bewegen kann. Metalle sind daher gute Strom- und Wärmeleiter. Da die Bindungskräfte isotrop wirken, wird die Lage der Atome bevorzugt durch die *dichteste Kugelpackung* beschrieben. Dies erklärt die leichte Verformbarkeit und das Auftreten stabiler Legierungen.

Frage 11.1.1

Erläutern Sie mit wenigen Stichpunkten die Begriffe kovalente, Ionen- und metallische Bindung.

Kovalente Bindung (homoöpolar): Bindungsenergie 1 bis 7 eV, gemeinsame Elektronenpaare um Atome (Elektronenpaarbindung), vierwertige Elemente (Si, Ge oder C), „abgeschlossene" Schale für jedes Atom, Isolatoren oder Halbleiter, hart, schwer verformbar, hoher Schmelzpunkt.

Ionenbindung (heteropolar): Bindungsenergie 6 bis 20 eV, Coulomb-Kraft zwischen pos. und neg. Ionen, Salze wie NaCl (Na^+ Cl^-), Isolatoren, bei hohen Temperatur Ionenleitung, weich, niedriger Schmelzpunkt.

Metallische Bindung: Bindungsenergie 1 bis 5 eV, Atome geben Elektronen ab, Anziehung zwischen pos. Kristallgitter und neg. Leitungselektronen, Strom- und Wärmeleiter, plastisch, Lichtreflexion.

11.1.2 Kristallstrukturen

Die meisten Festkörper verfestigen sich aus ihren Schmelzen polykristallin mit mono-kristallinen Bereichsgrößen von einigen Mikrometern. Die makroskopischen Eigenschaften dieser Materialien sind isotrop, d. h. in allen Richtungen gleich. Durch spezielle Ziehver-fahren aus der Schmelze gelingt es, große Einkristalle mit einheitlicher Struktur herzustellen. Wichtige Anwendungen für Einkristalle finden sich in der Halbleitertechnik und Optik.

11.1.2.1 Kristallsysteme

Kristallgitter werden durch periodische Anordnungen einer Elementarzelle gebildet. Man kann diese Zelle durch drei Seitenlängen oder Gitterkonstanten *(a, b, c)* und drei Winkel *(α, β, γ)* zwischen den Kristallachsen beschreiben. Je nachdem, ob die Gitterkonstanten gleich oder ungleich sind und ob die Winkel 90° betragen, unterscheidet man sieben Kristallsysteme. Beim *primitiven Gitter* sind nur die Endpunkte mit Atomen belegt. Daneben gibt es *flächen-, basis- oder raumzentrierte Gitter.* Es ergeben sich insgesamt 14 *Bravais-Gitter.* Mittels der Röntgen- und Neutronenbeugung lässt sich die Kristall-struktur von Festkörpern experimentell bestimmen (Abschn. 10.3.1).

11.1.2.2 Dichteste Kugelpackung

Wegen der isotropen Bindungskräfte spielen in Metallen nur drei Gitterstrukturen eine Hauptrolle: die kubisch-flächenzentrierte, die kubisch-raumzentrierte und die hexagonale Kugelpackung. Die Lage der Atome ist in Abb. 11.1 als Kugelmodell skizziert. Einige Metalle in kubisch-flächenzentrierter Anordnung sind Pb, Ag, Au, Al, Pt, Cu, Ni mit einer Gitterkonstanten von a zwischen $3{,}5 \cdot 10^{-10}$ und $4{,}9 \cdot 10^{-10}$ m. Kubisch-raumzentriert sind beispielsweise Cs, K, Ba, Na, Zr, Li, W und Fe mit $a = 2{,}9 \cdot 10^{-10}$ bis $6{,}1 \cdot 10^{-10}$ m.

11.1.2.3 Gitterfehler

Der periodische Aufbau von Kristallen weist Gitterfehler auf, die zu veränderten Material-eigenschaften führen. Man unterscheidet *Punkt-, Linien-* und *Flächenfehler.* Punktfehler können sein: Leerstellen (es fehlen Atome auf einigen Gitterplätzen), Zwischengitter-atome oder Fremdstörstellen (es befinden sich fremde Atome an Gitter- oder

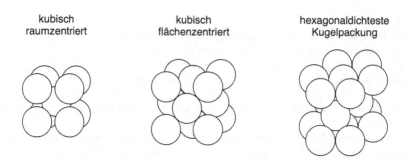

Abb. 11.1 Gittertypen dichtester Kugelpackung beispielsweise bei Metallen

Zwischengitterplätzen). Von besonderer Bedeutung in der Halbleitertechnik sind Fremd-störstellen, die durch Dotierung erzielt werden.

11.1.2.4 Phasenumwandlungen

Bei Variation der Temperatur kann sich die Kristallstruktur verändern. Ein Beispiel ist Eisen, das bei 769 °C umkristallisiert (Abb. 5.1). Ein anderes Beispiel sind die sogenannten *Memory-Legierungen,* die in der Hochtemperaturphase (Austenit) eine völlig andere Form aufweisen können als bei niedrigeren Temperaturen (Martensit).

11.1.2.5 Piezoeffekt

Unter der Wirkung äußerer Kräfte deformieren sich die Kristallgitter. Die Atome werden verschoben, was am Beispiel von Quarz (SiO_2) in Abb. 11.2 dargestellt ist. Durch eine Kraft F entsteht eine Ladungen Q an den Oberflächen des Kristalls und es tritt eine elektrische Spannung parallel (Abb. 11.2b) oder senkrecht (Abb. 11.2c) zur Kraft-richtung auf. Die Ladung Q ist proportional zur Kraft F und zum Piezomodul k:

$$Q = kF \text{ mit } k = 2{,}3 \cdot 10^{-12} \frac{\text{A s}}{\text{N}} \text{ für Quarz und } k = 250 \cdot 10^{-12} \frac{\text{A s}}{\text{N}} \text{ für Bariumtitanat.}$$

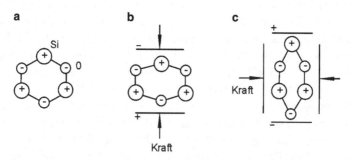

Abb. 11.2 Darstellung des Piezoeffekts: **a** Kristallgitter von Quarz (SiO_2). **b** Druck in Richtung der sogenannten E-Achse. **c** Druck senkrecht zu **b**

Man nennt diese Erscheinung Piezoelektrizität nach dem griechischen Ausdruck „*piezo* = ich drücke". Der *Piezoeffekt* ist umkehrbar: Beim Anlegen einer elektrischen Feldstärke E deformiert sich der Kristall in Längs- oder Querrichtung, je nach Lage des Feldes zur Kristallachse *(Elektrostriktion)*. Die relative Längenänderung $\varepsilon = \Delta l / l$ ist proportional zur Feldstärke E und einer Materialgröße c:

$\varepsilon = cE$. Bei Spannungen im kV-Bereich erhält man Längenänderungen um 0,1 μm.

Die technischen Anwendungen des Piezoeffektes und dessen Umkehrung, der *Elektrostriktion,* sind zahlreich. Einige Beispiele sind: Erzeugung von Ultraschall, elektromechanische Sensoren und Stellglieder, elektronische Baugruppen oder Erzeugung von Hochspannungspulsen.

Beispiel 11.1.2a
Wie groß ist die Packungsdichte PD bei einem kubisch-raumzentrierten Gitter nach Abb. 11.1?

$$PD = V_{\text{Kugel}} V_{\text{Würfel}} = (4/3)\pi r^3 / 8r^3 = \pi/6 = 0{,}52.$$

Beispiel 11.1.2b
An einem Piezokristall aus Quarz wird eine Kraft von 100 N innerhalb 0,5 s angelegt. Wie hoch ist der Strom?
Es gilt $Q = kF$ und $I = dQ/dt = k dF/dt$. Mit $k = 2{,}3 \cdot 10^{-12}$ A s/N, $dF = 100$ N und $dt = 0{,}5$ s erhält man: $I = 0{,}46$ nA.

Frage 11.1.2c
Gibt es technische Anwendungen des Piezoeffekts?
Ein Beispiel sind elektromechanische Stellelemente, ein weiteres Ultraschallwandler.

11.2 Elektronen in Festkörpern

Die Elektronen in Festkörpern bestimmen deren elektrische und optische Eigenschaften. Sie haben Einfluss auf das thermische Verhalten, das in Kap. 5 (Thermodynamik) beschrieben ist.

11.2.1 Energiebänder

Freie Atome besitzen scharfe elektronische Energiezustände, die durch die Elektronenbahnen um das Atom gegeben sind (Abb. 11.3). Bei Molekülen spalten die Energieniveaus auf. Es treten zahlreiche Vibrations-Rotationsniveaus auf (Abschn. 10.3.3). Bei höherem Druck überlappen sich die Niveaus und es entstehen *Energiebänder.* Ähnlich ist es in Festkörpern. Während jeder atomare Zustand mit einem Elektron besetzt werden kann, haben in einem Energieband N Elektronen Platz, wobei N die Zahl der Atome im Festkörper ist. Überlappen sich mehrere Energiebänder, kann die Zahl auch ein mehr-

Abb. 11.3 Energiezustände in Atomen, Molekülen und Festkörpern

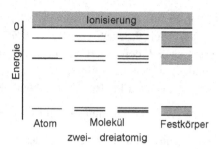

faches von N betragen. So wie ein freies Atom verschiedene angeregte Niveaus besitzt, treten beim Festkörper mehrere Energiebänder auf.

11.2.1.1 Leiter, Halbleiter, Isolatoren

Die Bandstruktur bestimmt das elektrische und optische Verhalten von Festkörpern (Abb. 11.4). Bei Leitern (spezifischer Widerstand $\rho < 10^{-5}\,\Omega\text{m}$) ist das obere Band teilweise gefüllt. Die Elektronen können sich in diesem *Leitungsband* frei bewegen.

Bei Halbleitern ($10^{-5} < \rho < 10^{7}\,\Omega\text{m}$) ist das Leitungsband unbesetzt. Das untere *Valenzband* ist voll belegt. Ein Elektronentransport kann nicht stattfinden, es sei denn, Elektronen werden aus dem Valenzband in das Leitungsband befördert. Da der Energieabstand zwischen beiden Bändern relativ gering ist (< 3 eV), kann der Übergang durch die thermische Energie im Festkörper erreicht werden. Bei Isolatoren ($\rho > 10^{7}\,\Omega\text{m}$) ist dies nicht möglich, da der Abstand der Bänder größer ist.

11.2.1.2 Fermi-Energie

Bei Steigerung der Temperatur kann ein Elektron in einen höheren Energiezustand gebracht werden, z. B. in ein höheres Band. Die Frage, ob ein Zustand in einem

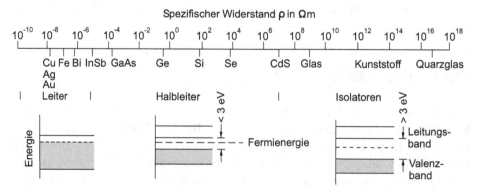

Abb. 11.4 Spezifischer elektrischer Widerstand ρ und Bändermodell von Leitern, Halbleitern und Isolatoren

Festkörper besetzt oder unbesetzt ist, hängt also von der Temperatur ab. Am absoluten Nullpunkt $T = 0$ werden alle Zustände bis zur so genannten *Fermi-Energie* belegt, darüber bleiben sie frei. Für einen reinen Halbleiter liegt die Fermi-Energie in der Mitte zwischen dem Valenz- und Leitungsband. Bei höheren Temperaturen findet ein Übergang von Zuständen unterhalb der Fermi-Energie E_F zu Niveaus oberhalb E_F statt. Die Fermi-Energie verändert sich mit der Elektronendichte n, z. B. bei Dotierung.

Beispiel 11.2.1
Ein Zylinder mit $A = 10\,\text{mm}^2$ Querschnitt und $l = 1\,\text{m}$ Länge hat einen Widerstand von $R = 8\,\text{M}\Omega$. Handelt es sich um einen Leiter? Kann es sich um Si handeln?

Nach (8.48) gilt: $\rho = RA/l = 80\,\Omega\text{m}$. Es kann sich um den Halbleiter Si handeln (Abb. 11.4).

11.2.2 Metallische Leitung

11.2.2.1 Beweglichkeit
In Metallen bewegen sich die Elektronen des Leitungsbandes ungebunden durch das Kristallgitter. Die Bewegung wird jedoch durch Stöße mit dem Gitter gestört und es findet ein Energieaustausch statt. Legt man an einen Leiter eine Spannung, driften die Elektronen entgegengesetzt zur Richtung der elektrischen Feldstärke E, die von plus nach minus zeigt. Während im Vakuum Elektronen im Feld beschleunigt werden, gewinnen sie wegen der Energieverluste durch Stöße im Festkörper eine konstante mittlere Driftgeschwindigkeit v :

$$\boxed{v = \mu E \quad [\mu] = \frac{\text{m}^2}{\text{s V}} \quad [E] = \frac{\text{V}}{\text{m}}, \qquad \text{Driftgeschwindigkeit } v} \tag{11.1}$$

wobei μ die *Beweglichkeit* ist.

11.2.2.2 Leitfähigkeit
Elektronen mit der Driftgeschwindigkeit v transportieren einen Strom I

$$\boxed{I = ne_0Av, \qquad \text{Strom } I} \tag{11.2}$$

wobei n die Elektronendichte, e die Elementarladung, A die Querschnittsfläche und l die Länge des Leiters bedeuten. Mithilfe des Ohm'schen Gesetzes $U = IR$, dem Widerstand $R = \rho l/A = l/(\kappa A)$ und $E = U/l$ erhält man für die spezifische Leitfähigkeit κ oder den spezifischen Widerstand ρ:

$$\boxed{\kappa = e_0 n\mu \quad \text{und} \quad \rho = \frac{1}{\kappa} = \frac{1}{e_0 n\mu}. \qquad \text{spezifischer Widerstand } \rho} \tag{11.3}$$

Die spezifische Leitfähigkeit κ (und der spezifische Widerstand ρ) ist also durch die Dichte n und Beweglichkeit μ der Elektronen gegeben. In Abschn. 8.2.3 wird beschrieben, dass die Ladungsträgerdichte en mittels des Hall-Effektes gemessen werden kann.

11.2.2.3 Elektronengas

Die freie Beweglichkeit der Leitungselektronen führt zu der Bezeichnung *Elektronengas*. Um Elektronen aus dem Metall herauszulösen, ist Energie erforderlich, die Austrittsarbeit W_A. Der Vorgang der Elektronenemission entspricht der Verdampfung von Atomen aus Festkörpern.

Abb. 11.5a zeigt das nicht aufgefüllte Leitungsband und darüber die Angabe der Austrittsarbeit. Bei $T = 0\,\text{K}$ ist das Valenzband bis zur Fermi-Energie E_F gefüllt, darüber ist es leer. Bei Erhöhung der Temperatur besetzen Elektronen auch energiereichere Zustände. Die Wahrscheinlichkeit f, mit der ein Zustand der Energie E eingenommen wird, bestimmt die *Fermi-Statistik:*

$$\boxed{f = \frac{1}{1 + \exp\frac{E - E_F}{kT}} \quad k = 1,380\,649 \cdot 10^{-23}\,\frac{\text{J}}{\text{K}}. \quad \text{Fermi-Verteilung}} \quad (11.4a)$$

$k = 1,380\,649 \cdot 10^{-23}\,\text{J/K}$ ist die Boltzmann-Konstante und T die absolute Temperatur. Die Fermi-Statistik ist speziell für Elektronen (und andere Teilchen mit dem Spin $s = 1/2$) gültig. Näherungsweise kann stattdessen die einfachere Boltzmann-Verteilung benutzt werden, die auch für Gase gilt:

$$\boxed{f = \frac{1}{\exp\frac{E - E_F}{kT}} = \exp - \frac{E - E_F}{kT}. \quad \text{Boltzmann-Verteilung}} \quad (11.4b)$$

Diese Näherung ist für $E - E_F > 2,5\,kT$ zulässig, da in diesem Fall die 1 im Nenner von (11.4a) vernachlässigbar ist.

Mithilfe der Fermi-Statistik kann der Prozess der Glühemission, d. h. die Verdampfung von Elektronen berechnet werden. Man bestimmt die Zahl der Elektronen, für welche die Energie $E - E_F$ größer als die Austrittsarbeit W_A ist. Die Glühemission steigt mit zunehmender Temperatur T stark an.

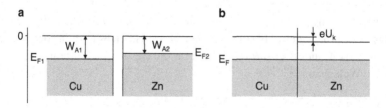

Abb. 11.5 Darstellung der Austrittsarbeit W_A und Entstehung einer Kontaktspannung U_K zwischen zwei Metallen: **a** Metalle vor der Berührung, **b** nach Berührung

11.2.2.4 Kontaktpotenzial

Berühren sich zwei Metalle mit verschiedenen Fermi-Niveaus, entsteht ein Diffusionsstrom und die Niveaus werden ausgeglichen (Abb. 11.5b). Das Metall mit höherem Fermi-Niveau gibt so lange Elektronen ab, bis eine Kontaktspannung U_K entsteht und beide Fermi-Niveaus auf gleicher Höhe liegen.

Die Kontaktspannung hängt von der Temperatur ab (Seeberg-Effekt). Die Ursache dafür ist, dass durch die Umverteilung der Elektronen eine Verschiebung der Fermi-Energie erfolgt. Dieser Effekt wird in Thermoelementen ausgenutzt, die nach Abb. 11.6 aus zwei Verbindungsstellen verschiedener Metalle bestehen. Herrscht an den Kontaktbereichen eine Temperaturdifferenz ΔT, wird eine Thermospannung U_T gemessen:

$$U_T = \varepsilon \Delta T \quad [\varepsilon] = \frac{V}{K}. \qquad \text{Thermospannung } U_T \qquad (11.5)$$

Die Thermokraft ε ist in Tab. 11.2 für einige Thermoelemente dargestellt.

11.2.2.5 Peltier-Effekt

Dieser Effekt stellt die Umkehrung der beschriebenen thermoelektrischen Erscheinung dar. Fließt durch die Berührungsstelle zweier Leiter ein Strom, tritt je nach Stromrichtung eine Erwärmung oder Abkühlung auf. Peltier-Elemente dienen zur Kühlung kleiner Objekte, z. B. von Halbleiterlasern.

Beispiel 11.2.2a
An einem 0,1 mm dickem Kupferdraht von $l = 1$ m Länge wird bei einer Spannung von $U = 1$ V ein Strom von $I = 0,46$ A gemessen. Wie groß sind die Beweglichkeit und die Driftgeschwindigkeit der Elektronen (Elektronendichte von Cu $n = 8,5 \cdot 10^{28}$ m^{-3})?

Spezifischer Widerstand (8.48): $\rho = RA/l$. Mit $R = U/I$ folgt $\rho = 1,7 \cdot 10^8\ \Omega$ m.

Beweglichkeit (11.3): $\mu = 1/(e_0 n \rho) = 4,3 \cdot 10^{-3}$ m^2/(V s).

Driftgeschwindigkeit (11.1): $v = \mu E = \mu U/l = 4,3 \cdot 10^{-3}$ m/s.

Beispiel 11.2.2b
Berechnen Sie die Elektronendichte von Eisen (Dichte $\rho = 7,87$ g/cm^3).

Mit der Massenzahl von 55,85 (Tab. 10.2) erhält man: 1 kmol entspricht 55,85 kg mit einer Teilchenzahl von $N_A = 6,02 \cdot 10^{26}$ kmol^{-1} (Avogadro-Konstante (5.5a)).

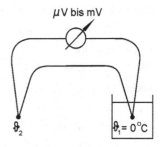

Abb. 11.6 Schematischer Aufbau eines Thermoelements. Es wird die Temperaturdifferenz zwischen beiden Verbindungspunkten gemessen. Befindet sich eine Seite in schmelzendem Wasser, kann die Temperatur in °C angegeben werden

Daraus erhält man die Elektronendichte pro kg: $N = 6{,}02 \cdot 10^{26}/55{,}85\,\mathrm{kg}^{-1} = 1{,}08 \cdot 10^{25}\,\mathrm{kg}^{-1}$.

Aus der Dichte $\rho = 7870\,\mathrm{kg/cm^3}$ folgt die Elektronendichte pro m³: $n = N\rho = 8{,}5 \cdot 10^{28}\,\mathrm{m}^{-3}$.

Beispiel 11.2.2c

Eine Lötstelle eines Thermoelementes wird in Eiswasser (0 °C) getaucht, die andere in ein Wasserbad von 59,5 °C. Es wird eine Spannung von 3,1 mV gemessen.

Wie groß ist die Thermokraft und um welche Werkstoffe kann es sich handeln (Tab. 11.2)?

Nach (11.5) gilt: $\varepsilon = U_T/\Delta T = 3{,}1/59{,}5\ \mathrm{mV/K} = 52{,}1\ \mu\mathrm{V/K}$. Es könnte sich um Eisen-Konstantan handeln.

Frage 11.2.2d

Was versteht man unter der Fermi-Energie?

Bei der Temperatur 0 K sind die Energiezustände bis zur Fermi-Energie gefüllt.

Frage 11.2.2e

Was ist die Fermi-Verteilung?

Bei Temperaturen über 0 K gehen Elektronen in höhere Energiezustände über. Die Verteilung auf die Energiezustände kann durch die Fermi-Verteilung berechnet werden.

11.2.3 Supraleitung

Der elektrische Widerstand von Metallen nimmt mit fallender Temperatur stark ab (Abb. 11.7). Bei $T = 0$ bleibt in der Regel ein Restwiderstand übrig, der durch Gitterfehler verursacht wird. Bei supraleitenden Metallen, wie Pb und Hg, sinkt jedoch der Widerstand unterhalb der *kritischen Temperatur* T_c schlagartig auf null. In Supraleitern können somit Kreisströme entstehen, die ohne Spannungsquelle ständig fließen. Neben einigen Metallen zeigen auch Metallverbindungen und keramische Werkstoffe Supraleitung.

11.2.3.1 Kritisches Magnetfeld

Die kritischen Temperaturen verringern sich, wenn ein äußeres Magnetfeld H wirkt. Oberhalb einer kritischen Flussdichte $B_c = \mu_0 H_c$ wird der supraleitende Zustand zer-

Tab. 11.2 Thermokraft ε einiger Thermoelemente

Thermoelement	ε in μ V/K	Temperaturbereich in °C
Eisen-Konstantan	53,7	0 bis 200
Kupfer-Konstantan	42,5	0 bis 100
Nickel-Chromnickel	41,3	0 bis 1000
Indium-Iridium/Rhenium	17	0 bis 2000
Platin-Platin/Rhodium	9,6	0 bis 1000

Abb. 11.7 Verlauf des elektrischen Widerstandes bei Normal- und Supraleitern bei tiefen Temperaturen

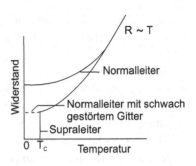

stört. Stromführende supraleitende Drähte erzeugen ein Magnetfeld (Abb. 8.8), das bei Überschreitung des kritischen Wertes die Supraleitung aufhebt. Der verlustfreien Übertragung von Strömen sind damit Grenzen gesetzt.

11.2.3.2 Meißner-Ochsenfeld-Effekt

In Supraleitern werden Magnetfelder mit $H < H_c$ aus dem Material verdrängt. Dieser Effekt tritt unabhängig davon auf, ob das Feld vor oder nach der Abkühlung unterhalb von T_c vorhanden war. Schaltet man das äußere Magnetfeld im supraleitenden Zustand ein, wird das Herausdrängen der Feldlinien durch das Induktionsgesetz und der Lenz'schen Regel verständlich. War das Magnetfeld vor dem Eintreten der Supraleitung vorhanden, ist die Feldfreiheit im Material durch die üblichen Gesetze der Elektrodynamik nicht erklärbar.

11.2.3.3 Supraleiter 1., 2. und 3. Art

Materialien, die einen vollständigen Meißner-Ochsenfeld-Effekt zeigen, nennt man *Supraleiter 1. Art*. Bei *Supraleitern 2. Art* existiert bei kleinen Feldstärken ebenfalls eine Meißner-Phase, d. h. das Feld wird aus dem Material verdrängt. Bei Erhöhung des Feldes dringt jedoch ab der ersten kritischen Flussdichte B_{c1} das äußere Feld in Form von normalleitenden Flussschläuchen in den Supraleiter ein. Der elektrische Widerstand des Materials bleibt makroskopisch gemessen gleich null. Beim Erreichen der zweiten kritischen Flussdichte B_{c2} verschwindet die Supraleitung. Im gemischten Zustand ($B_{c1} < B < B_{c2}$) besteht ein magnetischer Flussschlauch aus Flussquanten der Größe $\Phi_0 = h/(2e_o) = 2 \cdot 10^{-15}$ Wb.

Supraleiter 2. Art mit starken Gitterstörungen bilden die Klasse der *Supraleiter 3. Art*. Sie zeichnen sich durch eine hohe kritische Flussdichte B_{c2} aus; damit wird die verlustfreie Übertragung großer Ströme möglich.

11.2.3.4 Hochtemperatur-Supraleiter

Supraleiter 1., 2. und 3. Art müssen unter hohem technologischem Aufwand mit flüssigem Helium gekühlt werden. 1986 wurde unerwartet eine neue Klasse von Supraleitern mit wesentlich höheren kritischen Temperaturen entdeckt. Es handelt sich um keramische Werkstoffe mit CuO-Schichten. Kritische Temperaturen von über 77 K erlauben eine Kühlung der Supraleiter mit flüssigem Stickstoff. Dies ist technisch wesentlich einfacher als die He-Kühlung.

11.2.3.5 Anwendungen

Kabel aus Supraleitern 3. Art werden zum Transport elektrischer Energie verwendet. Da eine Kühlung durch flüssige Gase erforderlich ist, werden diese Systeme nur in Ballungsgebieten eingesetzt. Supraleitende Magnete sind für die Medizintechnik (MRT), elektrische Antriebe, Magnetschwebebahnen und für die Forschung von großer Bedeutung. Supraleitende Magnetometer oder SQUID (superconducting quantum interferometer devices) nutzen die Flussquantisierung aus. Sie dienen zur Messung kleiner Magnetfelder von der Größe $B = \Phi_0/A$. Bei Querschnittsflächen von $1 \, mm^2$ erhält man $B \approx 2 \cdot 10^{-9} \, T$. Die breite Anwendung von Hochtemperatur-Supraleitern scheitert gegenwärtig noch an den kleinen kritischen Magnetfeldern und an Problemen der Verarbeitung der Materialien.

Frage 11.2.3
Was bedeuten die Begriffe kritische Temperatur und kritisches Magnetfeld?
  Supraleitung tritt nur unterhalb der kritischen Temperatur und dem kritischen Magnetfeld auf.

11.2.4 Halbleiter

Die wichtigsten Halbleiter sind die vierwertigen Elemente (IV. Gruppe des Periodensystems), wie Si, Ge, Sn. Sie kristallisieren in kovalenter Bindung und kubisch-flächenzentrierter Struktur (Diamantgitter). Jedes Atom besitzt vier Nachbarn, die an den Ecken eines regelmäßigen Tetraeders angeordnet sind. Durch gemeinsam benutzte Elektronenpaare sind die Schalen abgesättigt. Eine zweidimensionale Darstellung der Kristallstruktur zeigt Abb. 11.8.

In der Optoelektronik werden Mischkristalle auf der Basis von III–V-Halbleitern eingesetzt: ternäre Mischkristalle $Ga_xAl_{1-x}As$ und quarternäre Mischkristalle $In_xGa_{1-x}As_y$ P_{1-y}.

11.2.4.1 Eigenleitung

Die reinen Halbleiter Si oder Ge besitzen nur gebundene Elektronen; das Valenzband ist vollständig gefüllt, das Leitungsband leer. Am absoluten Nullpunkt ist der Kristall ein Isolator. Durch Energiezufuhr, beispielsweise durch Temperaturerhöhung, Licht oder andere Strahlung, werden einzelne Bindungen aufgebrochen und Elektronen vom Valenz- ins Leitungsband gehoben (Abb. 11.8). Damit wird ein Stromtransport durch zwei Prozesse möglich: 1) Beim Anlegen einer Spannung bewegen sich die Elektronen im Leitungsband auf den Pluspol zu. 2) Durch die frei gewordenen Plätze im Valenzband, die man Defektelektronen nennt, wird ein zusätzlicher Strom gebildet. An der Stelle eines fehlenden Elektrons ist das Ladungsgleichgewicht im Kristall gestört und

Eigenleitung	n-Leitung (Elektronen)	p-Leitung (positive Löcher)
Gruppe IV	Gruppe V	Gruppe III
4 Valenzelektronen	5 Valenzelektronen	3 Valenzelektronen
C, Si, Ge, Sn	N, P, As, Sb (Donatoren)	B, Al, Ga, In (Akzeptoren)

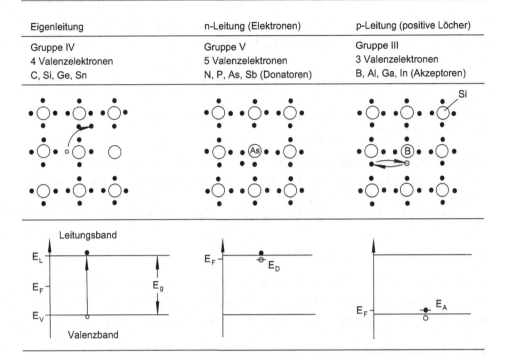

Abb. 11.8 Mechanismen der elektrischen Leitung in Halbleitern im Bändermodell. E_V: Energie des Valenzbands, E_L: Energie des Leitungsbands, E_F: Fermi-Energie, ·Elektron, ∘ Positives Loch

die positiven Kernladungen überwiegen. Man spricht daher auch von *positiven Löchern*. Benachbarte Elektronen können in die Löcher fallen und es entsteht eine Wanderung der Löcher zum Minuspol.

> Der Strom wird also in Halbleitern durch Elektronen und positive Löcher transportiert.

Die spezifische Leitfähigkeit κ eines Halbleiters wird durch die Dichte der freien Elektronen n und der positiven Löcher p gegeben (11.3):

$$\kappa = e_0\left(n\mu_n + p\mu_p\right) \quad [n] = [p] = \frac{1}{\text{m}^3}. \qquad \text{Eigenleitung} \qquad (11.6a)$$

Für Si beträgt die Beweglichkeit der Elektronen $\mu_n = 1350\,\text{cm}^2/(\text{V s})$ und die der positiven Löcher $\mu_p = 480\,\text{cm}^2/(\text{Vs})$. Die Beweglichkeiten nehmen mit der Temperatur T ab:

$$\mu_n \sim T^{-3/2} \quad \text{und} \quad \mu_n \sim T^{-3/2}. \qquad (11.6b)$$

Da jedes Elektron im Leitungsband ein positives Loch im Valenzband hinterlässt, sind die Dichten der freien Elektronen n und Löcher p gleich:

$$\boxed{n = p = n_i. \qquad \text{Intrinsische Trägerdichte } n_i} \qquad (11.7a)$$

Dieser Ausdruck gilt für undotierte Halbleiter, die nur Eigenleitung zeigen. n_i nennt man *intrinsische Trägerdichte*.

11.2.4.2 Temperaturabhängigkeit

Die Dichte der Ladungsträger n und p steigt mit der Temperatur an; am absoluten Nullpunkt fällt sie auf null. Das Produkt der freien Elektronen- und Löcherdichte (n und p) hängt wie folgt von der Temperatur und der intrinsischen Trägerdichte n_i ab:

$$np = n_i^2 \sim \exp - \frac{E_g}{kT}. \qquad (11.7b)$$

Dabei stellt $E_g = E_L - E_V$ den Bandabstand in Abb. 11.8 dar und k ist die Boltzmann-Konstante und T die Temperatur. Da diese Gleichung nicht von der Fermi-Energie abhängt, gilt sie auch für den Fall der Störstellenleitung (n- und p-Leitung).

11.2.4.3 Thermistor

Die Eigenleitung wird bei *NTC-Widerständen* (NTC = negative temperature coefficient) oder *Thermistoren* ausgenutzt. Für den Widerstand R in Abhängigkeit von der Temperatur T erhält man:

$$R(T) \sim \frac{1}{n} \sim \exp\frac{E_g}{2kT}. \qquad \text{NTC-Widerstand} \qquad (11.8)$$

Aufgrund der starken Temperaturabhängigkeit des Widerstandes werden NTC-Widerstände als Temperatursensoren eingesetzt.

11.2.4.4 Photowiderstände

Durch Absorption von Licht können durch den inneren Fotoeffekt freie Ladungsträger erzeugt werden. Bei Photowiderständen sinkt der Widerstand bei Lichteinstrahlung, vorausgesetzt dass die Energie eines Photons größer als der Bandabstand ist: $hf > E_g$. Der gleiche Effekt tritt bei Photodioden und -transistoren auf (Abschn. 11.3.2).

11.2.4.5 Störstellenleitung

Wird die regelmäßige Kristallstruktur eines Eigenhalbleiters durch Leerstellen, Versetzungen oder Fremdatome gestört, kann die Leitfähigkeit beträchtlich erhöht werden. Technisch besonders wichtig ist der kontrollierte Einbau 3- und 5-wertiger Atome in Silizium und Germanium, man nennt diesen Vorgang *Dotierung*. Man unterscheidet n- und p-Dotierung.

11.2.4.6 n-Leitung

Silizium und Germanium sind 4-wertig und kristallisieren in Form der Paarbindung. Freie Elektronen existieren bei $T = 0\,\mathrm{K}$ nicht. Setzt man beim Ziehen der Kristalle aus der Schmelze 5-wertige Atome hinzu, wie Phosphor, Arsen, Antimon, so können nur vier Elektronen zur Paarbindung beitragen. Das fünfte Außenelektron des Fremdatoms wird nur schwach gebunden, sodass es bei Zimmertemperatur praktisch frei ist (Abb. 11.8). Nahezu jedes Fremdatom in einem Siliziumkristall stellt damit ein freies Elektron zur Verfügung und trägt zur Erhöhung der Leitfähigkeit bei. Bereits bei mäßiger Dotierung gilt daher für die Dichte der freien Elektronen n mit (11.7b):

$$n = N_D \quad \text{und} \quad p = \frac{n_i^2}{N_D}.$$

Die typische Dichte der Atome N_D beim Dotieren liegt bei 1 Fremdatom auf 10^5 bis 10^6 Gitteratome. Man nennt die 5-wertigen Elemente *Donatoren*, Abb. 11.8 stellt die Donatoren und abgegebenen Elektronen im Bändermodell dar. Die Donatoren befinden sich an festen Stellen bei der Energie E_D im Kristall. Man zeichnet sie daher symbolisch als Striche in Abb. 11.8. Die Energie E_D befindet sich leicht unterhalb des Leitungsbandes, sodass die Elektronen praktisch frei sind. Die Fermi-Energie E_F liegt ebenfalls in der Nähe von E_D.

Das Produkt np ändert sich bei der Dotierung nicht (11.7b). Das bedeutet: erhöht man die Dichte der freien Elektronen durch Donatoren $n = N_D$, so nimmt die Löcherdichte p ab. Das ist verständlich, da durch die zahlreichen Elektronen Löcher aufgefüllt werden. Der Ladungstransport bei Dotierung mit Donatoren erfolgt nahezu vollständig durch Elektronen. Man nennt diesen Mechanismus *n-Leitung*.

11.2.4.7 p-Leitung

Beim Einbau 5-wertiger Fremdatome in Silizium oder Germanium entsteht n-Leitung. Verwendet man zur Dotierung 3-wertige Atome, wie Bor, Aluminium, Gallium oder Indium, so fehlt für die Paarbildung ein Elektron (Abb. 11.8). Dadurch kann leicht ein Elektron, das durch die Wärmebewegung von einem Nachbaratom befreit wurde, an der Störstelle gebunden werden. Man nennt daher die 3-wertigen Fremdatome *Akzeptoren*. Es fehlt nun am Nachbaratom ein Elektron und es entsteht dort ein Defektelektron oder positives Loch. Bereits bei mäßiger Dotierung ist die Dichte der positiven Löcher p durch die Dichte der Fremdatome N_A gegeben (aus 11.7b):

$$p = N_A \quad \text{und} \quad n = \frac{n_i^2}{N_A}.$$

Abb. 11.8 stellt die Akzeptoren, die zu positiven Löchern führen, im Bändermodell dar. Die Akzeptoren befinden sich an festen Stellen bei der Energie E_A etwas oberhalb des Valenzbandes. Die Fermi-Energie E_F liegt ebenfalls in der Nähe von E_A.

Auch bei p-Dotierung bleibt das Produkt $np = n_i^2$ nach (11.7c) unverändert. Durch Erhöhung der positiven Löcher sinkt die Zahl der freien Elektronen. Der Ladungstransport bei Dotierung mit Akzeptoren erfolgt nahezu vollständig durch positive Löcher. Man spricht von *p-Leitung*.

In Halbleitern bei üblicher Dotierung gilt $N_D \gg n_i$ und $N_A \gg n_i$. Als Beispiel werden folgende Daten zitiert: Silizium enthält $5 \cdot 10^{22}$ Atome/cm^3, bei 300 K entstehen im eigenleitenden Halbleiter $n_i = 1,4 \cdot 10^{10}$ Ladungsträger/cm^3. Die Dotierung (N_D oder N_A) liegt im Bereich von 10^{14} bis 10^{17} Fremdatome/cm^3.

Beispiel 11.2.4a

Vergleichen Sie den Bandabstand von Si mit der thermischen Energie eines Elektrons bei Zimmertemperatur.

Thermische Energie: $E = 1,5 \, kT = 1,5 \cdot 0,86 \cdot 10^{-4}$ eV $\cdot$ 300 K $= 0,039$ eV. Der Bandabstand beträgt 1,12 eV.

Damit ist ein thermischer Übergang eines Elektrons ins Leitungsband sehr unwahrscheinlich.

Beispiel 11.2.4b

GaAs hat einen Bandabstand von 1,43 eV. Ab welcher Wellenlänge wird Licht nicht mehr absorbiert?

Wenn die Energie eines Lichtquants kleiner als der Bandabstand ist, kann Absorption nicht stattfinden (9.28b):

$hf = hc_0/\lambda < 1,43$ eV $= 2,29 \cdot 10^{-19}$ J. Daraus folgt (9.28b): $\lambda < hc_0/E = 865$ nm.

Frage 11.2.4c

Was bedeutet n- und p-Leitung?

n-Leitung: Ein 4-wertiger Halbleiter wird mit einem 5-wertigen Atom dotiert. Dadurch wird ein überschüssiges Elektron n frei, das zum Pluspol wandern kann.

p-Leitung: Ein 4-wertiger Halbleiter wird mit einem 3-wertigen Atom dotiert. Dadurch kann ein Elektron der Umgebung leicht an diese Störstelle gebunden werden. Dadurch fehlt in der Umgebung ein Elektron und es entsteht ein positives Loch p. Das positive Loch p wandert (durch Auffüllen mit Elektronen) zum Minuspol.

11.2.5 pn-Übergang

Die bipolare Halbleitertechnologie beruht im Wesentlichen auf den Eigenschaften von pn-Übergängen. Abb. 11.9a zeigt die Bandstruktur eines p- und n-Halbleiters, die voneinander getrennt sind. Es kann sich um unterschiedlich dotiertes Silizium handeln. Der Bandabstand ist gleich, jedoch liegen die Fermi-Niveaus aufgrund anderer Dotierung verschieden.

11.2.5.1 pn-Schicht

In Abb. 11.9 ist ein pn-Übergang in einem Einkristall dargestellt, dessen Dotierung sich innerhalb weniger Atomabstände von p nach n ändert. Im Gedankenexperiment stellt man sich vor, dass zwei getrennte Halbleiter zusammengefügt werden. Aufgrund des

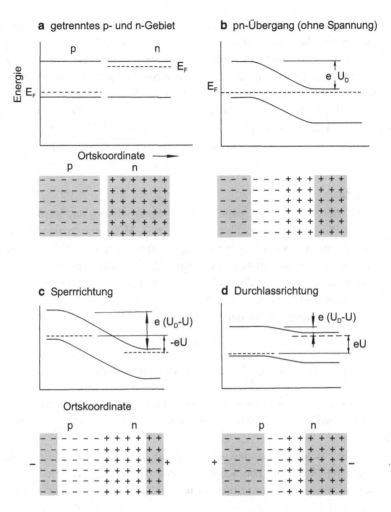

Abb. 11.9 Eigenschaften einer pn-Schicht: **a** getrennte p- und n-Leiter, **b** pn-Schicht ohne äußere Spannung, **c** Spannung in Sperrrichtung, **d** in Durchlassrichtung. Es wird folgende Symbolik verwendet: − = Akzeptoren, + = Donatoren, graue Unterlegung = positive Löcher oder Elektronen, keine graue Unterlegung = positive oder negative Raumladungszone frei von beweglichen Ladungsträgern. E_F: Fermi-Energie, U_D: Spannung durch Diffusion, U: äußere Spannung

hohen Konzentrationsgefälles diffundieren Elektronen aus dem n-Leiter in den p-Bereich und positive Löcher in umgekehrter Richtung, bis die Fermi-Niveaus zusammenfallen. Dadurch steigt das elektrische Potenzial der p-Schicht, auf der n-Seite sinkt es. Es entsteht eine Spannung von $U_D \approx 0,5\,\text{V}$, welche die Driftbewegung begrenzt. Abb. 11.9b veranschaulicht den Vorgang ohne äußere Spannung U. Die Minus- und Pluszeichen stellen die Akzeptoren (−) und Donatoren (+) dar. Die positiven Löcher und Elektronen werden durch graue Unterlegung symbolisiert. Bei getrennten p- und n-Leitern gehört zu jedem

Akzeptor ein positives Loch, zu jedem Donator ein Elektron. Beim Zusammenfügen beider Halbleiter tritt die oben beschriebene Diffusion der Ladungsträger auf. In einem Grenzbereich der p- und n-Schicht (ohne graue Unterlegung gezeichnet) verarmen die Gebiete an freien Ladungsträgern. Die entstehende Spannung U_D verhindert ein weiteres Anwachsen der Grenzschicht, die nahezu frei von beweglichen Ladungsträgern ist.

Man kann zusammenfassen: Im Bändermodell (Abb. 11.9b) führt die Diffusionsspannung U_D zu einer Verschiebung der Bandkanten um die Energie eU_D. Sie wird dadurch bestimmt, dass die Fermi-Energien der p- und n-Schicht auf gleichem Niveau liegen.

11.2.5.2 Diode

Legt man nach Abb. 11.9c eine Spannung U in Sperrrichtung an, werden die freien Elektronen zum Plus- und die positiven Löcher zum Minuspol gezogen. Die Raumladungszone, verarmt an beweglichen Ladungsträgern, verbreitert sich. Der Strom ist nahezu null, bis auf einen geringen Sperrstrom (Abb. 11.10). Er beruht darauf, dass Ladungsträger an den Übergang diffundieren und dort unter Wirkung der hohen Feldstärke auf die andere Seite transportiert werden.

Bei größeren Spannungen kann der Sperrstrom I_S aus dem Bandabstand E_g ermittelt werden:

$$I_S \sim \exp - \frac{E_g}{kT}. \qquad \text{Dioden-Sperrstrom } I_S \qquad (11.9)$$

Dieser Ausdruck setzt voraus, dass I_S proportional zur Dichte der Minoritätsträger ist, im n-Gebiet handelt es sich um die Löcherdichte p. Für Si beträgt der Sperrstrom $I_S \approx 0,9$ nA.

Legt man eine äußere Spannung U in Flussrichtung an (Abb. 11.9d), wird die Diffusionsspannung abgebaut. Die ladungsträgerarmen Zonen werden reduziert und verschwinden bei Spannungen zwischen 0,5 und 1 V. Die Ladungsträger dringen in das

Abb. 11.10 Kennlinie einer Si-Diode in Durchlass- und Sperrrichtung

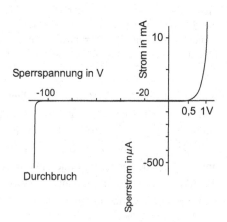

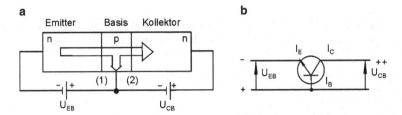

Abb. 11.11 Beschreibung des Transistoreffektes: **a** Aufbau, **b** Schaltsymbol. U_{EB}: Spannung zwischen Emitter und Basis, U_{CB}: pannung zwischen Kollektor und Basis, I_E: Emitterstrom, I_B: Basisstrom, I_C: Kollektorstrom

benachbarte Gebiet ein und der Strom I steigt steil mit zunehmender Spannung an U (Abb. 11.10):

$$I = I_S\left(\exp\frac{eU}{kT} - 1\right). \qquad \text{Dioden-Durchlassstrom } I \qquad (11.10)$$

11.2.5.3 Transistor-Effekt

Der bipolare Flächentransistor ist ein wichtiges elektronischen Bauelemente. Er besteht aus zwei pn-Übergängen in der Reihenfolge npn oder pnp. Die mittlere Schicht ist sehr dünn, etwa 1 μm. Die Wirkungsweise wird an einem npn-Transistor beschrieben (Abb. 11.11). Die verschiedenen Schichten werden wie folgt bezeichnet: Emitter (n-Schicht, von der die Elektronen ausgehen), Basis (dünne p-Schicht) und Kollektor, an welchem die Elektronen gesammelt werden). Das System besteht aus zwei Dioden mit den Grenzflächen (1) (= Emitter-Basis-Diode) und (2) (= Basis-Kollektor-Diode).

Die Grenzschicht 2 wird in Sperrrichtung geschaltet, der Strom ist nahezu null. Schließt man die Grenzschicht +1 in Flussrichtung an, fließen Elektronen von der linken n- in die mittlere p-Schicht. Diese ist so dünn, dass etwa 95 % der Elektronen zur Grenzschicht 2 gelangen, wo sie vom elektrischen Feld zur rechten n-Zone transportiert werden. Der Strom zwischen beiden n-Schichten (Emitter und Kollektor) wird durch die Durchlassspannung der Grenzschicht 1 gesteuert, bzw. den entsprechenden Strom an der Basis. Mit den Beziehungen aus Abb. 11.11 kann ausgesagt werden: der Emitter sendet Elektronen aus, die nahezu vollständig zum Kollektor gelangen. Der Kollektorstrom I_C wird durch den kleinen Basisstrom I_B gesteuert.

Bei pnp-Transitoren sind die Ladungsträger positive Löcher, ansonsten ist die Funktionsweise analog. Weitere Einzelheiten über Transistoren sind im nächsten Abschn. 11.3 beschrieben.

Beispiel 11.2.5a
Skizzieren Sie die Kennlinie einer Diode.
Lösung: siehe Abb. 11.10.

Beispiel 11.2.5b
Berechnen Sie die Kennlinie einer Si-Diode in Durchlassrichtung bei $T = 300\,\mathrm{K}$ mit $I_S = 1\,\mathrm{mA}$.
Nach (11.10) gilt: $I = I_S exp(e_0 U/kT - 1)$. Man berechne I für $U = 0\,\mathrm{V}$, $0{,}3\,\mathrm{V}$, $0{,}5\,\mathrm{V}$, $0{,}6\,\mathrm{V}$, $0{,}7\,\mathrm{V}$.

Frage 11.2.5c
Beschreiben Sie den Transistor Effekt.
Lösung: siehe Abschnitt Transistor-Effekt.

11.3 Halbleiterbauelemente

11.3.1 Transistoren

Transistoren dienen zum Verstärken und Schalten elektrischer Signale. Man unterscheidet *bipolare* und *unipolare Transistoren*. Die unipolaren Bauelemente werden auch Feldeffekttransistoren genannt, die in Sperrschicht- und MOS-Feldeffekttransistoren untergliedert werden.

11.3.1.1 Bipolare Transistoren

Bipolare oder Flächentransistoren bestehen, wie im letzten Abschnitt beschrieben, aus npn- oder pnp-Schichten. Im Prinzip handelt es sich um zwei gegeneinander geschaltete Dioden, bei denen die gemeinsame mittlere Schicht, die Basis, sehr dünn ausgelegt ist. Nach Abb. 11.11 ist die Emitter-Basis-Diode eines npn-Transistors in Durchflussrichtung geschaltet. Dagegen liegt der Übergang Basis-Kollektor in Sperrrichtung. Dennoch ist der Emitter-Basisstrom sehr klein, da die Basis so dünn ist, dass die vom Emitter ausgehenden Elektronen in den Bereich des Kollektors diffundieren. Der Emitterstrom teilt sich also in den (großen) Kollektorstrom I_C und den (kleinen) Basisstrom I_B auf. Entsprechend den drei Anschlüssen des Flächentransistors unterscheidet man zwischen Basis-, Emitter- und Kollektorschaltung.

11.3.1.2 Basisschaltung

Bei der Basisschaltung liegt am Eingang zwischen Emitter und Basis eine Spannung von etwa $U_{EB} \approx 0{,}7\,\mathrm{V}$. Dieser Wert entspricht der Durchlassspannung einer Diode (Abb. 11.10). Bei npn-Transistoren fließen die Elektronen vom Emitter zur Basis, wo eine Aufteilung in den kleinen Basisstrom I_B und den größeren Kollektorstrom I_C stattfindet. Emitter- und Kollektorstrom I_E und I_C sind nahezu gleich, es gilt für die Stromverstärkung A:

$$A = \frac{I_C}{I_E} \approx 0{,}9 \text{ bis } 0{,}995. \qquad \text{Stromverstärkung } A \qquad (11.11)$$

Eine Verstärkung der Spannung kommt dadurch zustande, dass ein kleiner Eingangs- und ein großer Ausgangswiderstand von praktisch dem gleichen Strom durchflossen werden.

Die Spannung am Ausgang U_{CB} ist wesentlich größer als die Eingangsspannung U_{EB}, da U_{CB} in Sperrrichtung geschaltet ist. Es tritt eine Spannungsverstärkung zwischen 100 und 1000 auf, vorausgesetzt dass eine entsprechend hohe Netzspannung anliegt. Der Transistor in Basisschaltung arbeitet somit als Spannungs- oder als Leistungsverstärker. Bei nahezu konstantem Strom ist die Leistung proportional zur Spannung ($P = UI$).

11.3.1.3 Emitterschaltung
Häufig wird die Emitterschaltung nach Abb. 11.12b eingesetzt. Der Emitterstrom I_E, der etwa gleich dem Kollektorstrom I_C ist, wird durch den kleinen Basisstrom I_B gesteuert. Als Stromverstärkung B wird das Verhältnis I_C/I_B bezeichnet. Mit $I_B = I_E - I_C$ folgt daraus:

$$B = \frac{I_C}{I_B} = \frac{A}{1 - A} \approx 10 \text{ bis } 200. \qquad \text{Stromverstärkung } B \qquad (11.12)$$

Die angegebenen Werte für B berechnen sich aus $A = 0{,}9$ bis $0{,}995$ (11.11). Die Emitterschaltung liefert eine Strom- und Spannungsverstärkung. Sie ist universell zum Verstärken von Strom, Spannung und Leistung einsetzbar.

11.3.1.4 Kollektorschaltung
Die Kollektorschaltung nach Abb. 11.12c zeichnet sich durch einen sehr hohen Eingangswiderstand aus. Dies liegt daran, dass sich der Eingang an der Basis-Kollektor-Diode befindet, die in Sperrrichtung geschaltet wird. Die Schaltung wird als Impedanzwandler eingesetzt, eine Spannungsverstärkung tritt nicht auf.

Frage 11.3.1a
Warum wird bei Transistoren meist die Stromverstärkung angegeben?
Dies liegt daran, dass ein Transistor im Wesentlichen ein Stromverstärker ist und durch Ströme gesteuert wird. Die Verstärkung der Spannung hängt von den Widerständen der Schaltung ab.

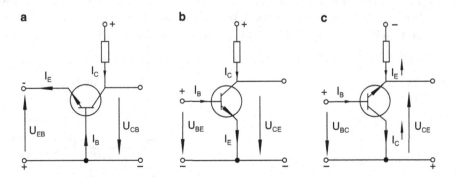

Abb. 11.12 Grundschaltungen des npn-Transistors: **a** Basis-, **b** Emitter-, **c** Kollektorschaltung. (Die Spannungspfeile zeigen von plus nach minus.)

11.3.2 Optoelektronik

Die Optoelektronik befasst sich mit der Umwandlung optischer Signale in elektrische und umgekehrt. Wichtige Anwendungsgebiete liegen in der Fernsehtechnik, Informationstechnik, Elektronik, Laser- und Energietechnik (Solarenergie). Die interdisziplinären Anwendungen optischer Verfahren in diesen Gebieten werden unter dem Begriff *Photonik* zusammengefasst.

11.3.2.1 Leuchtdioden

Lumineszenz- oder Leuchtdioden, als LED (Light Emitting Diode) abgekürzt, bestehen aus einem pn-Übergang, der in Durchflussrichtung geschaltet wird. Elektronen fließen ins p- und positive Löcher ins n-Gebiet. Im Bereich des Überganges können Elektronen und Löcher rekombinieren. Bei Leuchtdioden geschieht dies durch Aussendung von Licht (Abb. 11.13). Die Energie hf der Lichtquanten ist durch die Energie des Bandabstandes E_g gegeben. Damit gilt für die Wellenlänge λ, wobei h das Planck'sche Wirkungsquantum und c_0 die Lichtgeschwindigkeit sind:

$$hf = E_g \quad \text{und} \quad \lambda = \frac{hc_0}{E_g}. \qquad \text{Wellenlänge } \lambda \qquad\qquad (11.13)$$

Die Wellenlänge λ (oder die Farbe) der LED kann je nach Bandabstand des Halbleiters zwischen infrarot und blau liegen. Oft werden Kristalle vom Typ $Ga_xAs_{1-x}P$ eingesetzt. Je nach Mischungsverhältnis beträgt der Bandabstand zwischen 2,2 eV ($x = 0$) und 1,4 eV ($x = 1$). Die Rekombination durch Strahlung tritt nur bei Halbleitern mit sogenanntem direktem Übergang auf. Si und Ge weisen indirekte Übergänge auf, sodass diese Materialien nicht für LEDs eingesetzt werden.

11.3.2.2 Halbleiterlaser

Bei sehr hoher p- oder n-Dotierung rückt das Fermi-Niveau in das Leitungs- oder Valenzband und man bezeichnet diese Halbleiter als *entartet*. Bei GaAs beträgt die erforderliche Konzentration der Fremdatome etwa $10^{19}/cm^3$. Abb. 11.14a stellt das Energieband einer Diode aus einer speziellen p- und n-Schicht dar. Schaltet man die Diode in Durchlassrichtung (Abb. 11.14b), entsteht in der pn-Übergangszone eine

Abb. 11.13 Aufbau einer
Leuchtdiode

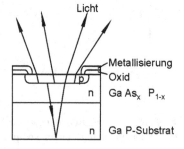

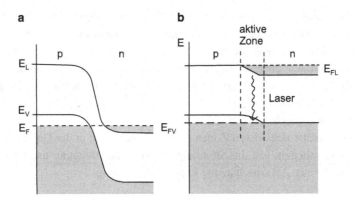

Abb. 11.14 Energiebänder beim Halbleiterlaser: **a** pn-Übergang ohne äußere Spannung. **b** Erzeugung einer Inversion durch Anlegen einer Durchflussspannung

Inversion; der obere Zustand ist stärker mit Elektronen besetzt als der untere. Dies ist eine der Voraussetzungen für die stimulierte Emission beim Laser (Abschn. 9.3.1).

Abb. 11.15a zeigt den prinzipiellen Aufbau eines Halbleiterlasers, auch Laserdiode genannt. Es handelt sich um einen hochdotierten pn-Übergang in GaAs mit einer Inversion beim Anlegen einer Durchlassspannung. Bei einem ausreichenden Strom (ca. 50 mA) überwiegt die stimulierte Emission über die spontane und es kann eine Lichtverstärkung in einer dünnen aktiven Zone entstehen. Durch Anbringen von Spiegeln an den Endflächen wird eine Rückkopplung erreicht und es tritt Lasertätigkeit auf. Die seitlichen Flächen sind optisch rau, sodass quer zur Schicht eine Rückkopplung unterbleibt.

Der Aufbau nach Abb. 11.15a hat den Nachteil, dass die Strahlung auch in die Bereiche außerhalb der pn-Schicht dringt. Derartige Verluste können reduziert werden, wenn die Brechzahl durch zusätzliche dünne Al-dotierte Schichten am pn-Übergang verringert wird ($\Delta n/n \approx 5$ %). Dadurch tritt Totalreflexion auf und die Strahlung bleibt in der aktiven

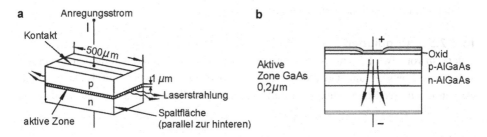

Abb. 11.15 Aufbau von Halbleiterlasern: **a** Prinzipieller Aufbau. **b** Laser mit Heterostrukturen: durch Dotieren mit Al wird die Brechzahl über und unter den aktiven Zonen verringert, sodass eine Wellenleitung entsteht

Zone. Derartige Laser mit Heterostruktur zeigen Wirkungsgrade um 50 %. Zusätzlich kann durch die Form der Elektrode der Strom streifenförmig geführt werden (Abb. 11.15b).

In der Informationstechnik werden häufig GaAlAs-Laser mit unterschiedlichen Mischungsverhältnissen eingesetzt, mit Wellenlängen im roten bis nahen infraroten Bereich (Tab. 11.3). Für die Übertragung durch Glasfasern weist die Strahlung der InGaAsP-Laser im Bereich um 1,3 µm geringere Verlust auf. Zahlreiche andere Typen von Halbleiterlasern sind in der Entwicklung.

Da die Querschnitte der aktiven Zonen bei Halbleiterlasern in der Größenordnung der Lichtwellenlänge λ liegen, tritt die Strahlung aufgrund der Beugung unter einem hohen Divergenzwinkel θ aus. Als Abschätzung kann die Gleichung.

$$\theta = \frac{\lambda}{d} \quad [\theta] = \text{rad} \qquad \text{Divergenzwinkel } \theta \qquad (11.14)$$

dienen, wobei d die Schichtdicke angibt. Typische Werte sind $\theta \approx \pm 40°$. Die Divergenz kann durch Einsatz von Linsen auf das bei Lasern übliche Maß von etwa 1 mrad reduziert werden, was bei normalen Lichtquellen nicht möglich ist. Die mittlere Leistung von Halbleiterlasern beträgt mehrere W. Durch monolithische Laserarrays können einige k-Watt erzeugt werden.

11.3.2.3 Photodetektoren
Beim Eindringen von Strahlung in Festkörper können durch den inneren Fotoeffekt freie Elektronen entstehen (Abschn. 10.1.2). Dadurch ist der Nachweis von Licht mit Halbleitern möglich. Abb. 11.16 zeigt den Absorptionskoeffizienten verschiedener Halbleiter, der die Bandstruktur widerspiegelt. Photonen müssen eine Mindestenergie aufweisen, damit sie Elektronen aus dem Valenz- in das Leitungsband heben können. Damit verbunden ist eine maximale Wellenlänge, oberhalb welcher der Absorptionskoeffizient stark abfällt.

11.3.2.4 Photowiderstände
Bei Fotowiderständen führen die durch den Fotoeffekt erzeugten Elektronen zu einer Änderung des elektrischen Widerstandes. Derartige Bauelemente werden hauptsächlich zum Nachweis infraroter Strahlung im µm-Bereich eingesetzt. Beispiele sind PbS oder Germanium mit verschiedenen Dotierungen, wie Ge:Zn.

11.3.2.5 Photodioden
Unterhalb von etwa 1,5 µm werden zum Nachweis von Strahlung Photodioden eingesetzt, insbesondere aus Si und Ge (Abb. 11.16). Wird ein pn-Übergang mit Licht bestrahlt, werden die in der Raumladungszone erzeugten freien Elektronen durch das vorhandene

Tab. 11.3 Halbleiterlaser

Material	GaAlAs	InGaAsP/InGaP	InGaAsP	Bleisalze
Wellenlänge in µm	0,69–0,87	0,6–0,7	0,92–1,65	4–40

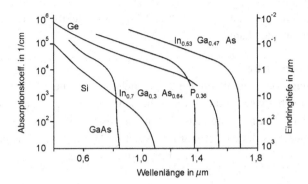

Abb. 11.16 Absorptionsverhalten verschiedener Halbleiter für Photodioden. Die obere Grenzwellenlänge (z. B. 1,1 μm für Si) spiegelt die Breite der verbotenen Zone wider

elektrische Feld getrennt (Abb. 11.17a). Die Ladungstrennung erfolgt auch ohne äußere Spannung. Wird die Diode mit einem hochohmigen Lastwiderstand oder offen betrieben, lädt sich die p-Seite positiv und die n-Seite negativ auf. An den Enden wird die Leerlaufspannung U_L gemessen. Bei kurzgeschlossener Photodiode fließt der Kurzschlussstrom I_K, der proportional zur eingestrahlten Intensität E des Lichtes ist. Die Kennlinie einer Photodiode zeigt Abb. 11.17b; ohne Bestrahlung erhält man den Verlauf einer üblichen Diode.

Bei der Anwendung als Photodetektor oder Lichtmessgerät schaltet man eine Photodiode in Sperrrichtung mit einem Widerstand zwischen Spannungsquelle und Diode. An dem Widerstand wird eine Spannung gemessen, die dem Photostrom proportional ist. Man befindet sich im unteren linken Quadranten der Kennlinie und erhält ein Signal, das proportional zur Bestrahlungsstärke ist.

Ohne äußere Spannungsquelle wird die Diode als Solarzelle betrieben. Der Strom fließt durch einen äußeren Widerstand R. Der Arbeitspunkt A ist der Schnittpunkt zwischen der Widerstandsgeraden $I = -U/R$ und der Diodenkennlinie. Gegenwärtig arbeiten Solarzellen mit einem Wirkungsgrad von etwas über 10 %. Das bedeutet, dass

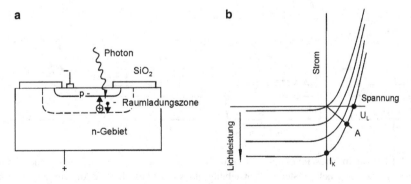

Abb. 11.17 Aufbau (**a**) und Kennlinie (**b**) einer Photodiode

bei Bestrahlung durch die Sonne mit $E \approx 1 \, \text{kW/m}^2$ eine elektrische Leistung von etwa $100 \, \text{W/m}^2$ erzeugt werden kann.

11.3.2.6 PIN-Fotodiode

Zur Vergrößerung des empfindlichen Volumens wird bei PIN-Fotodioden ein hochohmiger Bereich zwischen die p- und n-Schicht eingebaut. Es handelt sich um eine undotierte Schicht mit Eigenleitung (englisch: intrinsic). Die Schichtfolge ist also p, intrinsic, n, woraus sich die Abkürzung PIN erklärt. Diese Dioden zeichnen sich durch kurze Schaltzeiten ($< 1 \, \text{ns}$) und eine hohe Empfindlichkeit aus.

11.3.2.7 Fototransistor

Der Fototransistor stellt einen Detektor mit innerer Verstärkung dar. Sie werden in der Messtechnik dann eingesetzt, wenn die Frequenzen der Signale unterhalb von $100 \, \text{kHz}$ liegen.

11.3.2.8 Digital-Kamera

Ein einzelnes aktives Element, ein Pixel, eines Bildsensors hat eine Größe von etwa $10 \times 10 \, \mu\text{m}^2$. Diese Elemente werden linear oder flächenartig angeordnet und arbeiten so als Fernsehkamera. Der Aufbau der lichtempfindlichen Elemente erfolgt in MOS-Technik.

11.3.2.9 Kopierer und Laserdrucker

Eine Anwendung der Fotoleitung stellt der Fotokopierer oder Laserdrucker dar. Auf einer leitenden Unterlage wird ein amorpher Fotoleiter, z. B. As_2Se_3, als dünne Schicht aufgetragen (Abb. 11.18). Vor dem Druckvorgang wird diese Schicht durch einen Sprühdraht, der aufgrund seiner hohen Spannung eine Entladung erzeugt, positiv aufgeladen. Bei der Belichtung, beim Kopierer durch eine optische Abbildung des Originals, fließen die Ladungen an den hellen Stellen ab. Auf dem Fotoleiter entsteht ein Ladungsbild. Tonerteilchen werden durch das elektrische Feld an den geladenen unbelichteten Stellen angezogen und beim Druckvorgang auf das Papier übertragen. Ähnlich arbeitet der Laserdrucker, bei dem die Belichtung durch einen schreibenden Laserstrahl erfolgt.

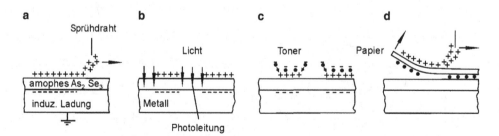

Abb. 11.18 Prinzip eines Fotokopierers: **a** Aufsprühen der Ladung, **b** Belichtung und Abfließen der Ladungen an den hellen Stellen, Entstehung eines Ladungsbildes, **c** Aufbringen des Toners, **d** Übertragen des Toners auf das Papier

Frage 11.3.3a

Wie groß ist der Divergenzwinkel der Laserstrahlung aus einem Halbleiterlaser mit einer Dicke der aktiven Schicht von $d = 1\,\mu\mathrm{m}$ bei einer Wellenlänge von $\lambda = 0,6\,\mu\mathrm{m}$.

Nach (9.35) gilt: $\theta = 2\lambda/\pi d = 0,64\,\mathrm{rad} = 36,5°$. (Eine Linse macht die Strahlung parallel.)

Frage 11.3.3b

Was ist der Unterschied zwischen einer Leuchtdiode und einem Halbleiterlaser?

Beim Laser muss eine Inversion auftreten, d. h. Bereiche im Leitungsband müssen stärker mit Elektronen besetzt sein als Bereiche im Valenzband (Abb. 11.14b). Dies wird durch eine starke Dotierung erreicht, sodass das Ferminiveau in das Leitungs- und Valenzband rückt.

Frage 11.3.3c

Warum gibt es keine Photodioden für $\lambda > 1,5\,\mu\mathrm{m}$? Werden die Dioden in Durchlass- oder Sperrrichtung geschaltet?

Der Bandabstand der Halbleiter für die Dioden ist zu groß. Die Photodioden werden in Sperrrichtung geschaltet.

Frage 11.3.3d

Welche Photodetektoren können für $\lambda > 1,5\,\mu\mathrm{m}$ eingesetzt werden?

Es können Photowiderstände verwendet werden.

Frage 11.3.3e

Was ist der Vorteil einer PIN-Fotodiode gegenüber einer normalen Photodiode?

Die empfindliche Schichtdicke ist größer, sodass nahezu jedes Photon ein Elektron erzeugt.

Kernphysik 12

Wesentliche Abläufe des Lebens und der Technik spielen sich in der Atomhülle ab: biologische und chemische Prozesse, elektromagnetische Phänomene oder optische Vorgänge. Reaktionen im Atomkern bestimmen den Aufbau des Weltalls und sind ursächlich für die Energiegewinnung mittels der Kerntechnik. Sie sind mit der Radioaktivität verbunden. Die auftretenden Energien in einer Kernreaktion liegen im MeV-Bereich; sie übersteigen die entsprechenden Werte in der Hülle von einigen eV ($= 1{,}6 \cdot 10^{-19}$ J). Es werden der Aufbau der Atomkerne, das Zerfallsgesetz und die α-, β- und γ-Strahlung beschrieben. In unserer Umwelt treten die natürliche und künstliche Radioaktivität auf. Die wichtigsten Anwendungen der künstlichen Radioaktivität liegen bei Kernreaktoren, der Kernfusion und der Medizin. Die Dosimetrie beschäftigt sich mit der Messung der Radioaktivität und den entsprechenden Wirkungen auf den Menschen. Die wichtigsten Messgrößen sind die Energiedosis in Gray und die Äquivalentdosis in Sievert.

12.1 Struktur der Atomkerne

12.1.1 Kernteilchen

Der Kern ist aus *Nukleonen,* d. h. Protonen und Neutronen, aufgebaut. Die Nukleonen bestehen aus jeweils drei Quarks. Im Kern treten das u-Quark (u wie up) mit der Ladung $Q = (2/3)e$ und das d-Quark (d wie down) mit $Q = (-1/3)e$ auf. Das *Proton* (p) besteht aus zwei u- und einem d-Quark, beim *Neutron* (n) wird u und d vertauscht:

$$\boxed{p = u + u + d \quad \text{und} \quad n = d + d + u. \qquad \text{Quarks}} \qquad (12.1)$$

Das Proton trägt also die Elementarladung $e = 1{,}602\,176\,634 \cdot 10^{-19}$ C und das Neutron ist ungeladen (siehe Abschn. 10.1.1). Die Protonenzahl Z im Kern ist identisch mit der

J. Eichler und A. Modler, *Physik für das Ingenieurstudium,*
https://doi.org/10.1007/978-3-658-38834-8_12

Zahl der Elektronen der Atomhülle. Sie gibt das Element im Periodensystem an, man nennt sie daher auch *Ordnungszahl*. Die Nukleonen- oder *Massenzahl A* setzt sich aus Z und der Neutronenzahl N zusammen (10.6):

$$A = Z + N.$$

12.1.1.1 Isotope

Eine Atomart oder ein *Nuklid* wird durch den entsprechenden Wert von Z und A wie folgt charakterisiert:

$$_Z^A\text{Nuklid} \quad \text{z. B.} \quad _2^4\text{He}, \ _{92}^{238}\text{U}.$$

Es gibt etwa 270 stabile Nuklide und über 2000 instabile, die sich durch radioaktiven Zerfall in stabile Nuklide umwandeln. Dagegen existieren nur 92 stabile chemische Elemente. Nuklide eines Elements bezeichnet man als *Isotope,* die gleiche Protonenzahl Z aber unterschiedliche Neutronenzahl N aufweisen. Bei Isotopen sind die Atomhüllen gleich, jedoch besitzen die Atomkerne durch den Einbau von Neutronen eine andere Massenzahl A. Bei Wasserstoff und Uran sind folgende Isotope von Bedeutung:

$$_1^1\text{H}, \ _1^2\text{H} \ (\text{Deuterium}), \ _1^3\text{H} \ (\text{Tritium}) \quad \text{und} \quad _{92}^{235}\text{U}, \ _{92}^{238}\text{U}.$$

In Abb. 12.1 sind alle Nuklide in einem Z-N-Diagramm dargestellt.

12.1.1.2 Kernmodell

Der Kernradius r hängt von der Massenzahl A ab (10.2):

$$r = 1{,}4 \cdot 10^{-15} \sqrt[3]{A}\text{m}. \qquad \text{Kernradius}$$

Für $A = 1$ erhält man $r = 1{,}4 \cdot 10^{-15}$ m. Dieser Wert stimmt ziemlich genau mit dem Nukleonenradius für Proton und Neutron überein. Der Zusammenhalt der Kerne wird durch die *Kernkräfte* verursacht. Sie besitzen eine sehr kurze Reichweite, sodass sie nur bis zum Kernrand wirken.

Abb. 12.1 Darstellung der stabilen und instabilen Nuklide

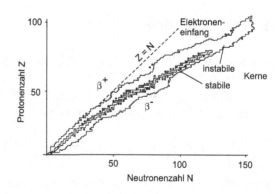

12.1.1.3 Bindungsenergie und Kernmasse

Bei der Bildung von Molekülen aus Atomen wird Energie frei, die *Bindungsenergie*. Ähnlich ist es beim Zusammenbau der Kerne aus den Nukleonen. Die mittlere Bindungsenergie je Nukleon stellt Abb. 12.2 dar. In leichten Kernen ist die Bindung relativ schwach, die Energie je Nukleon erreicht ein Maximum bei mittleren Massenzahlen A. Daraus ergeben sich die Möglichkeiten der Energiegewinnung durch die Verschmelzung leichter oder die Spaltung schwerer Kerne.

Die Relativitätstheorie zeigt die Äquivalenz von Masse m und Energie $E = mc_0^2$ (10.10). Daraus folgt, dass die Freisetzung der Bindungsenergie E_B beim Aufbau der Kerne mit einem Massenverlust Δm verbunden ist. Die Kernmasse m ist also stets etwas geringer als die Summe von Z Protonenmassen m_P und N Neutronenmassen:

$$\boxed{m = Zm_P + Nm_N - \Delta m \quad \text{mit} \quad \Delta mc_0^2 = E_B. \quad \text{Massendefekt } \Delta m} \quad (12.2)$$

In Massenspektrometern (Abb. 8.30) kann die Kernmasse m genau vermessen und daraus die Bindungsenergie E_B ermittelt werden (Abb. 12.2).

Als *atomare Masseneinheit u* wurde die Masse des ^{12}C-Atoms $m(^{12}C)$ zugrunde gelegt:

$$\boxed{1u = m_u = \frac{1}{12}m(^{12}C) = 1{,}66056 \cdot 10^{-27} \text{ kg}. \quad \text{Atomare Masseneinheit } u} \quad (12.3)$$

Wegen der Bindungsenergie und des resultierenden Massendefekts weichen die Masseneinheiten u von anderen Kernen um etwa 1 % von ganzen Zahlen ab. Der Wert von u stimmt ziemlich genau mit der Masse eines Protons oder Neutrons überein (10.1).

Beispiel 12.1.1a
Welchen Durchmesser hat der Kern eines Bleiatoms?
Der Durchmesser beträgt: $2r = 2{,}8 \cdot 10^{-15}\sqrt[3]{A}\,m = 17 \cdot 10^{-15}$ m $\quad (A = 207,$ Tab. 10.1).

Abb. 12.2 Bindungsenergie je Nukleon E_B/A in Abhängigkeit der Massenzahl

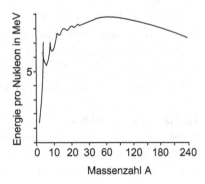

Beispiel 12.1.1b

Was bedeuten die Ziffern: $^{27}_{13}$Al?

Der Aluminiumkern hat 27 Protonen und Neutronen (Nukleonenzahl) sowie 13 Protonen (Ordnungszahl). Die Neutronenzahl ist also 14. (Die Atomhülle besitzt 13 Elektronen.)

Beispiel 12.1.1c

Wie hoch ist die Dichte im Atomkern?

Welche Masse besitzt ein Neutronenstern mit $R = 10$ km Radius?

Dichte: Die Kernmasse beträgt: $m = Am_u = A \cdot 1,66 \cdot 10^{-27}$ kg. Kernradius r und Kernvolumen V ergeben sich zu: $r = 1,4 \cdot 10^{-15}\sqrt[3]{A}$m, $V = (4\pi/3)(1,4 \cdot 10^{-15})^3 A$m^3. Damit wird die Kerndichte: $\rho = m/V = 1,4 \cdot 10^{17}$ kg. *Neutronenstern:* Masse $M = \rho V = \rho(4\pi/3)R^3 = 7,5 \cdot 10^{29}$ kg ($= 13.000$ mal Erdmasse!).

Beispiel 12.1.1d

Wie groß ist die Bindungsenergie des Kerns $^{27}_{13}$Al (aus Tab. 10.1: 26,98 m_u)?

Der Massendefekt beträgt (12.2): $\Delta m = 13m_P + 14m_N - 26,98m_u = 3,9 \cdot 10^{-28}$ kg. Daraus erhält man die Bindungsenergie: $E_B = \Delta m c_0^2 = 3,5 \cdot 10^{-11}$ J $= 220$ MeV, d. h. 8,1 MeV je Nukleon.

Frage 12.1.1e

Was versteht man unter einem Isotop?

Isotope zu einem Elemente haben eine unterschiedliche Anzahl von Neutronen im Kern. Chemisch unterscheiden sie sich nicht.

12.1.2 Kernniveaus

12.1.2.1 Kernkräfte

Die Protonen und Neutronen werden im Atomkern durch die *starke Wechselwirkung* zusammengehalten. Die Reichweite dieser Kräfte ist sehr gering. Sie wirken nur innerhalb des Kerns und überwinden dort die abstoßenden Coulomb-Kräfte der positiven Protonen.

Außerhalb des Kerns ist die Anziehung der Kernkräfte praktisch gleich null, sodass nur die Abstoßungskräfte wirken. Betrachtet man die Kräfte auf ein Proton, das sich einem Kern nähert, ergibt sich zunächst eine elektrostatische Abstoßung bis zum Kernrand und dann eine Anziehung und eine mögliche Bindung. Für ein Neutron entfällt die elektrostatische Kraft außerhalb des Kerns.

12.1.2.2 Kernmodelle

Selbst einfache Atomkerne entziehen sich bisher einer exakten physikalischen Beschreibung, sodass man auf Modelle angewiesen ist. Tatsache ist, dass die Nukleonen relativ dicht im Kern liegen. Im *Tröpfchenmodell* wird der Kern mit einem Flüssigkeitstropfen verglichen, wobei die Nukleonen den Molekülen entsprechen. Die Kerne führen auch Vibrationen aus, die zu angeregten Kernniveaus führen. Bei hohen Massenzahlen treten ellipsoidförmige Strukturen auf. Diese können rotieren und somit hohe Energie-zustände einnehmen.

Im *Schalenmodell* wird die Bewegung eines einzelnen Nukleons im mittleren Potenzial der anderen Kernteilchen untersucht. Es zeigt sich, dass unterschiedliche Bahnen möglich sind, die zu angeregten Kernniveaus führen. Die Vorstellungen dieses Modells sind ähnlich wie in der Atomhülle. Allerdings wirkt die Kernkraft und nicht die elektrostatische Anziehung wie in der Hülle. Nach den beschriebenen Modellen besteht der Kern aus einem Grundzustand und angeregten Zuständen (Abb. 12.3).

12.2 Radioaktive Kernumwandlungen

Radioaktive Strahlung wird mit den historischen Namen α-, β- und γ-Strahlung belegt. Ursprünglich wurde die radioaktive Strahlung nur in der Natur beobachtet. Inzwischen überwiegt die Zahl der bekannten künstlichen radioaktiven Isotope bei weitem die der natürlichen. Es bleibt zu hoffen, dass die Produktion künstlicher Isotope nur zum Nutzen der Menschheit eingesetzt wird.

12.2.1 α-, β- und γ-Strahlung

12.2.1.1 γ-Strahlung

Bei der γ-Strahlung handelt es sich um eine elektromagnetische Erscheinung, ähnlich wie Röntgenstrahlung oder Licht. Sie entsteht im Atomkern bei Übergängen zwischen verschiedenen Kernzuständen (Abb. 12.3). Beim γ-Übergang erfolgt im Kern eine Umverteilung der Bewegungszustände der Protonen und Neutronen. Die Strahlung besitzt Teilchencharakter, man spricht von γ-*Quanten,* deren Energie $E = hf$ im Bereich von 10 keV bis zu einigen MeV liegt. Sie berechnet sich wie beim Licht aus dem Energieabstand $E_2 - E_1$ der Niveaus (10.16a):

$$\boxed{E = hf = E_2 - E_1, \qquad \gamma\text{-Quanten}} \qquad (12.4)$$

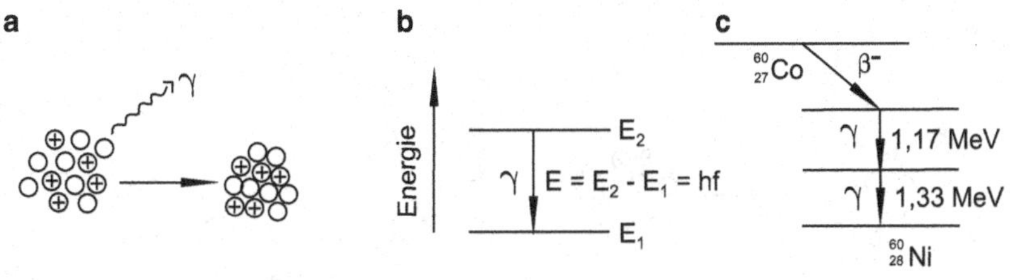

Abb. 12.3 γ-Strahlung: **a** Bei der Emission von γ-Strahlung ändert sich die Verteilung von Protonen und Neutronen im Kern. **b** Der γ-Übergang findet zwischen zwei Kernniveaus statt. **c** γ-Linien im Zerfall ^{60}Co $\rightarrow$ ^{60}Ni

wobei $h = 6{,}626\,070\,15 \cdot 10^{-34}$ Js das *Planck'sche Wirkungsquantum* und f die Frequenz der Strahlung darstellen. γ-Strahlung durchdringt Materie relativ stark.

γ-Spektroskopie Natürliche und künstliche radioaktive Elemente senden γ-Strahlung in Form eines Linienspektrums aus, die durch mehrere γ-Übergänge entstehen. Durch Messung des γ-Spektrums ist eine genaue Analyse radioaktiver Isotope möglich. Davon wird im Umweltschutz, in der Medizin und Technik Gebrauch gemacht. Abb. 12.3c zeigt das γ-Spektrum von ^{60}Co mit Energien von 1,17 und 1,33 MeV. Der Einsatz dieses Isotops erfolgt in der Strahlentherapie und zur Sterilisierung von Materialien.

Innere Konversion Angeregte Kernzustände können durch γ-Übergänge oder auch durch sogenannte innere Konversion zerfallen. Der Vorgang erfolgt strahlungslos und die Energie wird auf ein Elektron der Atomhülle übertragen, welches das Atom mit hoher Geschwindigkeit verlässt.

Mößbauer-Effekt Zur Untersuchung von Festkörpern und Kernen dient die Mößbauer-Spektroskopie. Bei der Aussendung eines γ-Teilchens erfährt der Kern einen Rückstoß. Durch den Doppler-Effekt verschieben sich dadurch geringfügig Frequenz und Energie der Strahlung. Befinden sich die radioaktiven Kerne in einem Kristall, kann unter bestimmten Bedingungen der Rückstoßimpuls vom gesamten Kristall aufgenommen werden. Eine Energieverschiebung der γ-Strahlung findet dann nicht statt (Mößbauer-Effekt).

12.2.1.2 β-Strahlung

Beim β^--Übergang wird ein überschüssiges Neutron n im Kern in ein Proton p umgewandelt (Abb. 12.4a):

$$\boxed{\text{n} \to \text{p} + \text{e} + \overline{v}. \qquad \beta^-\text{-Strahlung}} \qquad (12.5\text{a})$$

Es wird ein Elektron e und ein Neutrino $\overline{v}$ (genauer: Elektron-Antineutrino) emittiert. Das Elektron, β^--Teilchen genannt, verlässt den Kern mit hoher Energie. Das Neutrino ist in

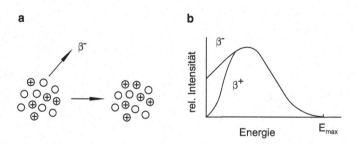

Abb. 12.4 β^--Strahlung: **a** Beim β^--Übergang wird ein Neutron in ein Proton umgewandelt. **b** Energieverteilung der β-Teilchen

der Praxis nur schwer nachweisbar; es ist ungeladen und reagiert nicht auf die sogenannte *starke*, sondern nur auf die *schwache* Kernkraft. Man beachte, dass in (12.5a) die Summe der Ladung vor und nach der Reaktion erhalten bleibt. Beim β^--Übergang ist normalerweise nur das Elektron messtechnisch erfassbar. Die Energieverteilung der β^--Teilchen ist kontinuierlich, da auch auf das Neutrino Energie übertragen wird (Abb. 12.4b).

Formuliert man die Reaktionsgleichung 12.5a für einen Kern, erhält man:

$$\boxed{{}^A_Z X \rightarrow {}^A_{Z+1} Y + \beta^- + \bar{\upsilon}. \qquad \beta^-\text{-Übergang}} \tag{12.5b}$$

Aus dem Kern X entsteht ein neues Element Y mit der nächst höheren Ordnungszahl $Z+1$ und gleicher Massenzahl A. Abb. 12.3c zeigt den Übergang von ^{60}Co in ^{60}Ni. Meist erfolgt der β-Übergang in einen angeregten Zustand des neuen Kerns, der als Folge mehrere γ-Quanten emittiert. β^--Strahlung, d. h. Elektronenstrahlung, wird von Materie stark absorbiert, die Reichweite liegt in Festkörpern im 0,1-mm-Bereich.

12.2.1.3 β-Strahlung

Kerne oberhalb der Stabilitätsgrenze in Abb. 12.1, die Blei mit der Ordnungszahl von 82 markiert, enthalten zu viele Protonen. Dieser Überschuss kann durch einen β^+-Übergang abgebaut werden, bei dem ein Proton im Kern in ein Neutron umgewandelt wird. Beim β^+-Übergang erniedrigt ein Kern X bei konstanter Massenzahl A die Ordnungszahl von Z nach $Z-1$:

$$\boxed{{}^A_Z X \rightarrow {}^A_{Z-1} Y + \beta^+ + \upsilon. \qquad \beta^+\text{-Übergang}} \tag{12.6}$$

Es entsteht ein neuer Kern Y und es wird ein Positron, das β^+-Teilchen, und ein Neutrino υ (genauer: Elektron-Neutrino) emittiert. Der β^+-Prozess wird nicht in der Natur beobachtet. Er tritt nur bei künstlichen radioaktiven Nukliden auf.

Die β^+-Teilchen oder Positronen sind die Antiteilchen zu den Elektronen (positive Elektronen). Treffen Antiteilchen mit den entsprechenden Teilchen zusammen, zerstrahlen sie in zwei entgegen gerichtete γ-Quanten. Beim Elektron und Positron treten zwei γ-Quanten mit je 511 keV auf. In der Medizin wird die sogenannte Positronen-Emissions-Tomographie angewandt, welche die 511-keV-Strahlung mit zwei Detektoren nachweist und zur Bilderzeugung ausnutzt. Vor der Aufnahme wird dem Patienten ein kurzlebiger β^+-Strahler zugeführt, z. B. ${}^{11}_6$C, ${}^{13}_7$N, ${}^{18}_8$O, ${}^{18}_9$F, die mit einem Zyklotron erzeugt werden.

Elektroneneinfang Bei schweren Elementen befinden sich die Elektronen der innersten Schale relativ nahe am Kern. Der β^+-Zerfall erfolgt dann nicht. Stattdessen fängt der Kern ein Elektron ein und wandelt ein Proton in ein Neutron um. Meist tritt beim Elektroneneinfang keine messbare radioaktive Strahlung auf.

12.2.1.4 α-Strahlung

Instabile schwere Kerne mit $A > 170$ und $Z > 70$ können durch Emission von α-Teilchen zerfallen. Ein derartiges Teilchen besteht aus je zwei Protonen und Neutronen, d. h.

aus einem Heliumkern He. Die Reaktion kann allgemein wie folgt geschrieben werden
(Abb. 12.5):

$$\boxed{{}_Z^A X \rightarrow {}_{Z-2}^{A-4} Y + \alpha. \qquad \alpha\text{-Übergang}} \qquad (12.7)$$

Aus einem Kern X entsteht ein neuer Kern Y mit einer um 2 verminderten Ordnungszahl; die Massenzahl ist um 4 reduziert (Abb. 12.5). Beispielsweise ist das natürliche
Uranisotop ${}_{92}^{238}$U ein α-Strahler mit einer Halbwertszeit von 4,5 Mrd. Jahren. α-Strahlung
wird von dünnen Folien mit wenigen μm Dicke absorbiert. In Luft beträgt die Reich-
weite wenige cm.

Beispiel 12.2.1a
Berechnen Sie die Wellenlänge von γ-Strahlen mit 60 keV.
    Nach   (12.4)   gilt: $E = hf = hc_0/\lambda$.   Daraus   folgt:
$\lambda = hc_0/E = 2 \cdot 10^{-11}$ m $\left(1\text{eV} = 1,6 \cdot 10^{-19}\text{ J}\right)$.

Beispiel 12.2.1b
${}_{92}^{238}$U und ${}_{92}^{235}$U senden α-Strahlung aus. Welches sind die Endkerne?
    Die Massenzahl verringert sich um 4 und Ordnungszahl um 2: ${}_{90}^{234}$Th und ${}_{90}^{231}$Th.

Beispiel 12.2.1c
Das medizinische Isotop ${}_6^{11}$C zerfällt durch β^+-Strahlung. In welchem Element endet der Übergang?
    Die Kernladungszahl verringert sich um 1: ${}_6^{11}$C $\rightarrow {}_5^{11}$B $+ \beta^+ +$ Neutrino.

Frage 12.2.1d
Welche Teilchen emittiert ein Kern beim α-, β-, γ-Übergang?
    α-Übergang: He-Kerne (2 Protonen $+$ 2 Neutronen), β-Übergang: Elektronen und Anti-
Neutrinos bei β^- und Positronen und Neutrinos bei β^+, γ-Übergang: γ-Teilchen (Photonen).

12.2.2 Radioaktives Zerfallsgesetz

Die spontane Umwandlung instabiler Kerne ist ein statistischer Vorgang. Man kann nie
genau sagen, wann ein bestimmter Kern Strahlung emittiert. Ähnlich ist es beim Zerfall

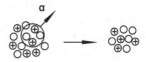

Abb. 12.5 α-Umwandlung: Bei der α-Umwandlung emittiert der Kern ein α-Teilchen, das aus
2 Protonen und 2 Neutronen besteht

angeregter Zustände in der Atomhülle. Für eine große Anzahl von Kernen lassen sich jedoch statistisch präzise Aussagen über die Halbwertszeit formulieren.

12.2.2.1 Halbwertszeit T

Die Zahl der Zerfälle pro Zeiteinheit ($-\mathrm{d}N/\mathrm{d}t$) ist proportional zur Zahl der Kerne:

$$\boxed{\frac{\mathrm{d}N}{\mathrm{d}t} = -\lambda N \quad [\lambda] = \frac{1}{\mathrm{s}}. \quad \text{Zerfallskonstante } \lambda} \tag{12.8a}$$

Die Proportionalitätskonstante ist die *Zerfallskonstante* λ. Das Minuszeichen muss eingeführt werden, da die Änderung d N eine Abnahme beschreibt und damit negativ ist.

Die Zahl der Zerfälle pro Sekunde bezeichnet man als *Aktivität A:*

$$A = \frac{\mathrm{d}N}{\mathrm{d}t} \quad [A] = \frac{1}{\mathrm{s}}. \quad \text{Aktivität } A \tag{12.8b}$$

Die Einheit der Aktivität ist $[A]$ = Becquerel = Bq = 1 Zerfall/s. Bisweilen wird noch der Begriff Curie benutzt (12.15a).

Durch Integration von (12.8a) erhält man das *radioaktive Zerfallsgesetz:*

$$N = N_0 e^{-\lambda t}. \quad \text{Radioaktives Zerfallsgesetz} \tag{12.8c}$$

Die Ausgangssubstanz hatte zur Zeit $t = 0$ N_0 Kerne, zur Zeit t sind davon noch N Kerne vorhanden. Es ist üblich, die *Halbwertszeit T* einzuführen, nach der die Hälfte der N_0 Kerne zerfallen sind. Aus der Gleichung $N_0/2 = N_0 e^{-\lambda t}$ findet man:

$$T = \frac{\ln 2}{\lambda} = \frac{0{,}693}{\lambda}. \quad \text{Daraus folgt für das Zerfallsgesetz :}$$

$$\boxed{N = N_0 e^{-t\,\ln 2/T} = N_0 2^{-t/T} \quad \text{sowie} \quad A = A_0 e^{-t\,\ln 2/T} = A_0 2^{-t/T}.} \tag{12.9}$$

Die letzte Gleichung für die Aktivität A folgt aus der Proportionalität von A ($= -\mathrm{d}N/\mathrm{d}t$) und N. Die Aktivität einer radioaktiven Substanz klingt in Form einer e-Funktion ab. Nach Abb. 12.6 erhält man in einer logarithmischen Skala eine Gerade; beim halben Wert der Ausgangsaktivität A_0 kann die Halbwertszeit T abgelesen werden. Einige Angaben sind in Tab. 12.1 zusammengefasst.

Beispiel 12.2.2a

Das medizinische eingesetzte Isotop ^{131}I hat eine Halbwertszeit von $T = 8{,}04$ Tagen.

a) Wie viel % sind nach $t = 1$ Woche zerfallen? b) Nach welcher Zeit ist noch 1 % der Ausgangsaktivität vorhanden?

a) Das Zerfallsgesetz (12.8c) lautet: $N/N_0 = 2^{-t/T} = 0{,}47$. Es sind $1 - 0{,}547 = 45{,}3$ % vorhanden.

b) Aus $N/N_0 = 0{,}01 = 2^{-t/T}$ folgt: $t = -T \log 0{,}01/\log 2 = 53{,}4$ Tage.

Abb. 12.6 Logarithmische
Darstellung des radioaktiven
Zerfallsgesetzes mit der
Halbwertszeit T

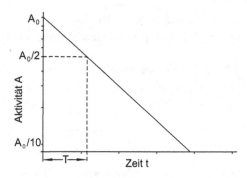

Nuklid	T
$^{108}_{47}\mathrm{Ag}$	2,41 min
$^{56}_{25}\mathrm{Mn}$	2,58 h
$^{131}_{53}\mathrm{I}$	8,02 d
$^{32}_{15}\mathrm{P}$	14,3 s
$^{60}_{27}\mathrm{Co}$	5,27 a
$^{90}_{38}\mathrm{Sr}$	28,5 a
$^{137}_{55}\mathrm{Cs}$	30,2 a
$^{14}_{6}\mathrm{C}$	5730 a
$^{36}_{17}\mathrm{Cl}$	$3,0 \cdot 10^5$ a
$^{238}_{92}\mathrm{U}$	$4,5 \cdot 10^9$ a

Tab. 12.1 Halbwertszeiten
T verschiedener Nuklide (h =
Stunden, d = Tage, a = Jahre)

Beispiel 12.2.2b
Die Halbwertszeit von Uran beträgt 4,5 Mrd. Jahre. Wie viele Kerne zerfallen pro Sekunde in 1 kg
Uran?

In 1 mol $=$ 238 g Uran befinden sich $6,02 \cdot 10^{23}$ Atome (Avogadro'sche Konstante).
In 1 kg erhält man damit $N = 6,02 \cdot 10^{23}/0,238 = 2,53 \cdot 10^{24}$ Atome. Die Halbwertszeit beträgt $T = 4,5 \cdot 10^9$ Jahre $= 1,4 \cdot 10^{17}$ s. Daraus folgt für die Zerfallskonstante
$\lambda = \ln 2/T = 4,88 \cdot 10^{-18}$ s^{-1}. Damit kann mit (12.8a) berechnet werden:
$dN/dt = N\lambda = 1,2 \cdot 10^7$ s$^{-1} = 1,2 \cdot 10^7$ Bq.

Frage 12.2.2c
Was ist die Halbwertszeit?
Sie ist die Zeit, nach welcher die Hälfte eines radioaktiven Isotops noch vorhanden ist.

Frage 12.2.2d
Wie viel Prozent eines Isotops sind nach 2 Halbwertszeiten noch vorhanden?
Die Hälfte von der Hälfte, also ein Viertel (25 %) ist noch vorhanden. 75 % sind zerfallen.

12.2.3 Natürliche Radioaktivität

In der Natur kommen ungefähr 75 radioaktive Nuklide vor. Ein Teil davon wurde bei der Entstehung der Erde vor etwa 4,6 Mrd. Jahren gebildet. Die Lebensdauer dieser Nuklide hat etwa die gleiche Größenordnung. Es handelt sich um ^{232}Th $(1,4 \cdot 10^{10}$ Jahre$)$, ^{235}U $(7,4 \cdot 10^{8}$ Jahre$)$, ^{238}U $(4,5 \cdot 10^{9}$ Jahre$)$, ^{40}K$(1,3 \cdot 10^{9}$ Jahre$)$, ^{87}Rb $(4,8 \cdot 10^{10}$ Jahre$)$, sowie um 11 weitere Kerne.

Die ersten drei bilden Zerfallsreihen mit jeweils etwa zehn instabilen Isotopen. Daneben entstehen einige radioaktive Nuklide ständig durch kosmische Strahlung in der Erdatmosphäre, die wichtigsten sind ^{14}C (5730 Jahre), und Tritium (12,3 Jahre).

12.2.3.1 Zerfallsreihen

Die drei natürlichen Zerfallsreihen starten bei, und ^{238}*Uran*. Diese Kerne wandeln sich durch mehrmalige β- und α-Übergänge nach Abb. 12.7 um. Die stabilen Endprodukte sind verschiedene Bleiisotope. In den Reihen treten radioaktive Isotope des Edelgases Radon (Rn) auf. Da der Boden und die Baumaterialien der Häuser stets gewisse Mengen von Thorium und Uran enthalten, wird ständig radioaktives Radon in die Luft überführt. In geschlossenen Räumen kann dadurch eine leichte Erhöhung der Radioaktivität auftreten.

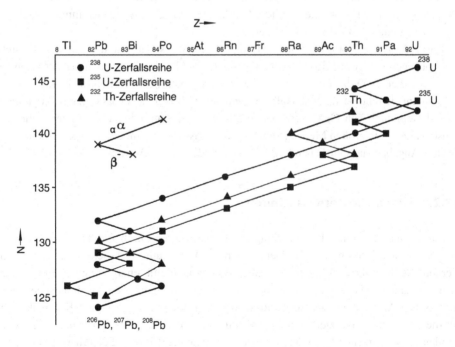

Abb. 12.7 Natürliche Zerfallsreihen ausgehend von ^{238}U, ^{235}U und ^{232}Th. *N*: Zahl der Neutronen, *Z*: Zahl der Protonen = Ladungszahl

Zur Datierung von Mineralien und Gesteinen wird häufig die *Bleimethode* herangezogen. Bestimmt man in einer Probe die Anzahl der radioaktiven Mutteratome, wie
Uran oder Thorium, und die daraus gebildeten stabilen Bleiisotope, so kann daraus das
Alter ermittelt werden. Voraussetzung ist, dass zur Zeit $t = 0$ keine Bleiisotope vorhanden waren. Ähnlich arbeitet die *Kalium-Argon-Methode,* wobei ^{40}K die Mutter-
substanz und ^{40}Ar das Zerfallsprodukt sind. Es gibt noch einige andere Methoden, z. B.
die Bestimmung von U und He ($=$ gebremste α-Teilchen) in Gesteinen.

12.2.3.2 Kosmische Strahlung

Die primäre Komponente der kosmischen Strahlung besteht aus 91,5 % Protonen, 7,8 %
α-Teilchen und 0,7 % Kernen bis zu $Z = 30$. Beim Beschuss der atmosphärischen Gase
Stickstoff, Sauerstoff und Argon werden verschiedene radioaktive Isotope und Neutronen
gebildet. Am bekanntesten ist die Erzeugung von radioaktivem Kohlenstoff ^{14}C in
höheren Schichten der Erdatmosphäre durch Neutronenbeschuss:

$$^{14}\mathrm{N} + \mathrm{n} \rightarrow ^{14}\mathrm{C} + \mathrm{p} \quad \text{oder}^{14}\mathrm{N}(\mathrm{n, p})^{14}\mathrm{C}.$$

Über die Erdoberfläche gemittelt entstehen etwa 25.000 ^{14}C-Kerne/(m^2 s). Der β-Strahler
^{14}C gelangt als CO_2 zur Erdoberfläche, wo er von den Pflanzen auf genommen wird.
Nach dem Absterben findet keine Aufnahme mehr von ^{14}C statt und es beginnt ein Zer-
fall dieses Isotops mit einer Halbwertszeit von 5730 Jahren. Der Anteil des radioaktiven
^{14}C bezogen auf das normale stabile ^{12}C erlaubt somit eine Altersbestimmung archäo-
logischer Funde aus organischem Material.

Das radioaktive Isotop Tritium (^{3}H) des Wasserstoffs entsteht u. a. ebenfalls durch
Neutronenbeschuss von Stickstoff $^{14}\mathrm{N}\left(\mathrm{n},^3\mathrm{H}\right)^{12}\mathrm{C}$. Die Produktionsrate in der Atmosphäre
liegt etwa bei 2500 ^{3}H-Kerne/(m^3 s). Der gesamte natürliche Weltvorrat beträgt einige
Kilogramm. Tritium besitzt eine Halbwertszeit von 12,3 Jahren, sodass es zur geologischen
Altersbestimmung von Gewässern bis zu 50 Jahren herangezogen wird. (Unerfreulicher-
weise wurde ^{3}H in großen Mengen zum Bau von Wasserstoffbomben künstlich produziert.)
Weitere Angaben zur natürlichen Radioaktivität finden sich in Abschn. 12.4.

12.2.4 Künstliche Kernreaktionen

Kernreaktionen mit einer Umwandlung der Kerne werden durch Beschuss von Materie
mit Neutronen, Protonen (^{1}H), Deuteronen (^{2}H), Helium (α-Teilchen) und anderen
Kernen durchgeführt. Möglich sind auch Reaktionen mit energiereichen Elektronen
oder γ-Quanten. Die erzeugten Isotope dienen wissenschaftlichen, medizinischen und
technischen Anwendungen. Die Neutronen werden meist mit speziellen Kernreaktoren
für die Forschung produziert. Zur Beschleunigung der anderen oben erwähnten Teilchen
werden die entsprechenden Atome ionisiert und den elektrischen Feldern von Teilchenbeschleunigern ausgesetzt.

12.2.4.1 Teilchenbeschleuniger

Zur Einleitung von Kernreaktionen mit geladenen Teilchen (Ionen) muss das Projektil in den Kern eindringen. Dazu ist die Coulomb-Abstoßung zu überwinden. Die erforderliche hohe Geschwindigkeit und Energie wird in Teilchenbeschleunigern erzeugt. Diese bestehen aus einer Ionenquelle, in der die Projektil-Atome ionisiert werden. Die elektrischen Felder zur Beschleunigung der Ionen können linear oder zirkular angeordnet werden.

Ein wichtiger Linearbeschleuniger trägt den Namen *Van-de-Graaff*. In einer Entladung werden auf ein umlaufendes Gummiband Elektronen gesprüht, die in einigen Metern Entfernung im feldfreien Raum im Inneren einer isolierten Metallhohlkugel abgestreift werden. Dadurch wird die Kugel auf $10^6\,\mathrm{V} = 1\,\mathrm{MV}$ und mehr aufgeladen. Die Ionenquelle befindet sich ebenfalls im Inneren der Metallkugel. Die Spannung wird über einen Spannungsteiler an Metallsegmente eines evakuierten Rohres gelegt, in dem der Ionenstrahl beschleunigt wird.

Höhere Energien von über 50 MeV werden in Kreisbeschleunigern, wie dem *Zyklotron* erreicht (Abb. 8.29). Heutzutage dient es hauptsächlich zur Erzeugung radioaktiver Isotope für die Medizin. Beim *Synchrotron* bleibt der Radius der beschleunigten Teilchen konstant. Dies wird durch ein Magnetfeld erreicht, das mit zunehmender Geschwindigkeit der Ionen ansteigt. Insbesondere zur Erforschung der Elementarteilchen wurden Beschleuniger mit Protonenenergien bis zu mehreren $\mathrm{TeV} = 10^{12}\,\mathrm{eV}$ mit einem Umfang von einigen Kilometern gebaut.

12.2.4.2 Reaktionstypen mit Ionen

Als beschleunigte Ionen in Teilchenbeschleunigern werden insbesondere Protonen und Deuteronen eingesetzt. Für Anwendungen in Technik und Medizin erzeugt man hauptsächlich Radionuklide mit kurzer Lebensdauer, um Mensch und Umwelt so gering wie möglich zu belasten. Dagegen treten bei Kernexplosionen Halbwertzeiten bis zu mehreren 100 Jahren auf; das ist unverantwortlich. Ein Beispiel für ein kurzlebiges Isotop ist $^{123}\mathrm{I}$ (Jod) mit einer Halbwertzeit von 13,2 h. Es wird durch Beschuss einer dünnen Schicht aus TeO_2 nach der Reaktion $^{122}\mathrm{Te}(\mathrm{d,n})^{123}\mathrm{I}$ durch Deuterium (d) erzeugt.

12.2.4.3 Reaktionen mit Neutron

Der Kernreaktor als Neutronenquelle ist die wichtigste Anlage zur Erzeugung radioaktiver Nuklide. Bei langsamen Neutronen treten (n, γ)-Reaktionen auf. Das Neutron wird im beschossenen Kern eingefangen und dort eingebaut. Es entsteht ein schwereres Isotop des gleichen Elementes. Überschüssige Energie wird durch γ-Strahlung abgeben. Ein Beispiel ist die Produktion von radioaktiven Goldnadeln zur Tumortherapie nach der Reaktion $^{197}\mathrm{Au}(\mathrm{n}, \gamma)^{198}\mathrm{Au}$. Aus dem natürlichen Isotop $^{197}\mathrm{Au}$ entsteht der β- und γ-Strahler $^{198}\mathrm{Au}$ mit einer Halbwertzeit von 2,7 Tagen. Das Isotop $^{60}\mathrm{Co}$ wird zur Tumorbestrahlung in der Reaktion $^{59}\mathrm{Co}(\mathrm{n}, \gamma)^{60}\mathrm{Co}$ produziert. Bei schnellen Neutronen kann eine (n, p)-Reaktion ablaufen, z. B. $^{32}\mathrm{S}(\mathrm{n}, \mathrm{p})^{32}\mathrm{P}$.

Bei der Aktivierungsanalyse wird eine Probe im Reaktor mit langsamen Neutronen bestrahlt. Durch (n, γ)-Reaktionen entstehen je nach Zusammensetzung der Elemente verschiedene radioaktive Isotope, die γ-Strahlung aussenden. Durch den Einsatz der γ-Spektroskopie kann eine Analyse der Elemente erfolgen, um Spurenelemente in äußerst geringer Konzentration zu bestimmen.

Durch langsame Neutronen wird Kernspaltung in ^{235}U verursacht (Abschn. 12.3). Aus den Spaltprodukten können zahlreiche radioaktive Isotope chemisch abgetrennt werden. Ein Beispiel ist ^{131}I (Jod) mit einer Halbwertzeit von 8,02 Tagen, das zur Untersuchung der Schilddrüse eingesetzt wird. Bei diesem Verfahren wird mit einem γ-Scanner der Halsbereich punktweise abgetastet, sodass ein Bild der Verteilung des radioaktiven Jod entsteht. Der Arzt ermittelt daraus seine Diagnose.

12.3 Kernspaltung und Kernfusion

Beim Beschuss von Isotopen von Uran, Plutonium und Thorium mit Neutronen findet eine Kernspaltung statt. Eine Spaltung ist auch mit anderen Projektilen möglich, jedoch ohne technische Bedeutung. Bei der Kernspaltung wird Energie frei, die 10^8-mal größer ist als bei chemischen Reaktionen. Dies hat zum Fluch der Kernwaffen und zu den im Prinzip nützlichen aber umstrittenen Kernreaktoren geführt.

12.3.1 Spaltung mit Neutronen

12.3.1.1 Spaltreaktionen

Neutronen sind ungeladen. Damit können sie sich dem Kern ohne Abstoßung durch Coulomb-Kräfte nähern und von diesem eingefangen werden. Da sich langsame Neutronen länger in Kernnähe befinden, ist die Wahrscheinlichkeit für den Einfang besonders hoch. Dabei wird die Bindungsenergie frei, die nach Abb. 12.2 etwa 6 MeV beträgt. Durch diese Energie befindet sich der neue Kern in einem hoch angeregten Compound-Zustand. Bei den meisten Kernen entsteht durch Emission von γ-Strahlung ein Übergang in den stabilen Grundzustand. Anders ist es bei einigen Kernen, wie $^{233}_{92}$U, $^{235}_{92}$U und $^{239}_{94}$Pu (Plutonium). Entsprechend Abb. 12.8 deformiert sich der Compound-Kern und zerplatzt in zwei etwa gleich große Bruchstücke:

Kern $+$ n $\rightarrow$ 2 Spaltprodukte $+$ 2–3 Neutronen $+$ Energie ΔE, beispielsweise

$$^{235}_{92}\text{U} + \text{n} \rightarrow {}^{145}_{56}\text{Ba} + {}^{88}_{36}\text{Kr} + 3\text{n} + 200\,\text{MeV}. \tag{12.10}$$

Für $^{235}_{92}$U und die anderen zitierten schweren Kerne existiert jeweils eine große Anzahl unterschiedlicher Spaltprodukte, die meist hoch radioaktiv sind und weiter zerfallen. Die letzte Zerfallsgleichung für $^{235}_{92}$U ist auch von historischem Interesse, da an ihr 1938 zufällig die Kernspaltung durch den chemischen Nachweis von Ba entdeckt wurde.

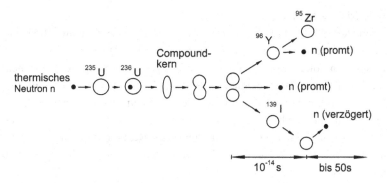

Abb. 12.8 Ablauf der Kernspaltung von ^{235}Uran durch thermische Neutronen

12.3.1.2 Energie und Massendefekt

Die in jeder Spaltung frei werdende Energie von etwa 200 MeV $= 3{,}2 \cdot 10^{-11}$ J kann aus Abb. 12.2 verstanden und berechnet werden. Es handelt sich um die Differenz der Bindungsenergien vor und nach der Spaltung. (Bei chemischen Reaktionen ist es ähnlich, mit dem Unterschied, dass die Reaktionen in der Hülle bei 10^{-8} fach niedrigerer Energie ablaufen.) Vor der Spaltung liest man aus Abb. 12.2 für die Nukleonenzahl $A = 235$ eine Bindungsenergie von $235 \cdot 7{,}6$ MeV $= 1800$ MeV ab. Nach der Spaltung in zwei Kerne im mittleren A-Bereich erhält man $235 \cdot 8{,}5$ MeV $= 2000$ MeV. Die Differenz der Bindungsenergien entspricht etwa den 200 MeV aus (12.10), die bei jeder Spaltung entstehen.

Die Bindungsenergie führt zu einer geringen Verringerung der Kernmasse (Abschn. 12.1.1). Die bei der Spaltung frei werdende Energie $\Delta E = 200$ MeV entspricht einem Massenverlust, dem sogenannten *Massendefekt,* von $\Delta m = \Delta E / c_0^2 = 0{,}2\,m_u \approx 0{,}3 \cdot 10^{-27}$ kg. Da die Uranmasse etwa $235\,m_u$ beträgt, entspricht dies einem Massenverlust von etwa 1 ‰.

In 1 kg Uran befinden sich $\left(1\,\text{kg} \cdot 6{,}022 \cdot 10^{26}/\text{kmol}\right)/(235\,\text{kg/kmol}) = 2{,}6 \cdot 10^{24}$ Kerne. Bei der Spaltung von 1 kg entstehen somit $3{,}2 \cdot 10^{-11} \cdot 2{,}6 \cdot 10^{24}$ J $\approx 2 \cdot 10^{7}$ kW h. Dagegen wird bei der Verbrennung von 1 kg Kohle nur etwa 10 kW h frei.

12.3.1.3 Kettenreaktion

Bei der Spaltung nach (12.10) werden 2 bis 3 Neutronen gebildet, die weitere Kerne zertrümmern können. Damit ist das Prinzip einer Kettenreaktion möglich. Wenn jede Spaltung mehr als eine weitere Spaltung verursacht, wächst der Prozess exponentiell an. Dieses kann zu einer Kernexplosion führen, sofern der Anstieg nicht gebremst wird. Letzteres ist bei den Kernreaktoren der Fall, die nach dem Hochfahren der Leistung im Gleichgewicht arbeiten; jede Spaltung erzeugt nur eine neue.

12.3.1.4 Kritische Masse

Beim Einschalten des Reaktors läuft anfangs eine langsame Kettenreaktion ab und die Leistung erhöht sich. Die entstehenden Neutronen dürfen den Kernbrennungsstoff nicht verlassen, sondern sollen neue Spaltprozesse auslösen. Da sich die Neutronen jedoch über große Bereiche der Brennelemente bewegen, bevor eine weitere Spaltung auftritt, muss die Masse groß genug sein, damit nur wenige Neutronen entweichen. Eine Kettenreaktion ist somit nur oberhalb der *kritischen Masse* möglich. Sie hängt von der Form und Zusammensetzung der Brennelemente und dem Reaktoraufbau ab. Liegt das spaltbare Material in reiner Form vor, so reichen Volumina von der Größe eines Fußballs für die kritische Masse und den Bau einer Atombombe aus.

12.3.1.5 Urananreicherung

Von den in der Natur vorkommenden Isotopen ist nur $^{235}_{92}$U für den Betrieb von Kernreaktoren brauchbar. Natürliches Uran besteht aus 0,7 % $^{235}_{92}$U und 99,3 % ungeeignetem $^{238}_{92}$U. Für die Brennelemente der meisten Reaktoren muss eine Anreicherung von $^{235}_{92}$U erfolgen, in der Regel bis auf 3 bis 4 %. Uran, das zu etwa 90 % angereichert ist, kann zur Erzeugung von Atombomben und für Reaktoren in U-Booten missbraucht werden. Man unterscheidet folgende Verfahren der Urananreicherung, die auf physikalischen Effekten beruhen: Gas-Diffussion, Gas-Zentrifugen, und Trenndüsen.

Beispiel 12.3.1a
Welche Energie wird bei der Spaltung von 1 kg $^{235}_{92}$U frei (210 MeV pro Spaltung)? Was kostet die Energie bei einem Wirkungsgrad von 30 % und einem Preis von 0,10 €/kW h?

In 1 kg Uran befinden sich $N = 6,02 \cdot 10^{23}/0,238 = 2,53 \cdot 10^{24}$ Atomkerne (Aufgabe 12.2.1b). Die Energie beträgt $E = 2,53 \cdot 10^{24} \cdot 210\,\text{MeV} = 8,8 \cdot 10^{13}\,\text{J} = 2,5 \cdot 10^{7}\,\text{kW h}$. Daraus folgt ein Preis von $2,5 \cdot 10^{7} \cdot 0,3 \cdot 0,1 = 750.000$ €.

Beispiel 12.3.1b
Ermitteln Sie aus Abb. 12.2, dass bei der Kernspaltung von Uran etwa 200 MeV frei werden.

Die Bindungsenergie pro Nukleon von Uran mit $A = 235$ beträgt nach Abb. 12.2 etwa 7 MeV. Die Spaltprodukte haben jeweils etwa die halbe Massenzahl von etwa 120. In diesem Bereich beträgt die Bindungsenergie pro Nukleon 8 MeV. Pro Nukleon wird also bei der Spaltung etwa 1 MeV frei. Bei 235 Nukleonen ergeben sich etwa 200 MeV.

Frage 12.3.1c
Wozu benötigt man in der Kerntechnik die Urananreicherung?

In der Natur kommt überwiegend das Isotop 238 vor, das für eine Kernspaltung ungeeignet ist. Das Isotop 235, das für eine Spaltung geeignet ist, kommt nur zu einem geringen Anteil (0,7 %) vor. Für eine Kettenreaktion ist dieser Anteil zu gering.

12.3.2 Kernreaktoren

In Reaktoren läuft eine gesteuerte Kettenreaktion ab (Abb. 12.9). Ein Teil der Neutronen wird in den Absorbern der Regelstäbe kontrollierbar eingefangen. Bei thermischen

Abb. 12.9 Kontrollierte
Kernspaltung von ^{235}Uran mit
Moderator (Bremssubstanz)
und Absorber (Regelstab),
sowie Brüten von Plutonium

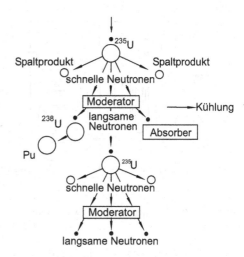

Reaktoren werden die Neutronen im Moderator abgebremst, um die Wahrscheinlichkeit
für eine Spaltung zu erhöhen.

Die Energie der Spaltfragmente wird durch Stoß in der Materie in Wärme
umgewandelt, die durch das Kühlmittel abgeführt wird. Ein Kernreaktor besteht also
neben dem Behälter und der Abschirmung im Wesentlichen aus folgenden Teilen:

- Brennstoff (angereichertes Uran, Natururan, Plutonium),
- Moderator (schweres Wasser (D$_2$O), leichtes Wasser (H$_2$O), Graphit),
- Kühlmittel (Gase, Wasser),
- Regelstäbe (Cadmium).

Einige Reaktortypen arbeiten mit langsamen, so genannten thermischen Neutronen
andere mit schnellen. Bei Brutreaktoren findet neben der Energiegewinnung eine
Umwandlung von nicht spaltbarem Material in spaltbares statt.

12.3.2.1 Leichtwasser-Reaktoren

Die auf dem Weltmarkt derzeit dominierende Linie bevorzugt die Leichtwasser-
Reaktoren. Leichtes, d. h. normales Wasser H$_2$O, wird sowohl als Kühlmittel als auch
als Moderator verwendet. Der Leichtwasser-Reaktor ist ein thermischer Reaktor mit
langsamen Neutronen. Als Brennstoff kommt hauptsächlich Uran infrage, das zu etwa
3 % mit ^{235}U angereichert ist, jedoch ist auch ein Betrieb mit ^{233}U oder ^{239}Pu möglich,
die künstlich in sogenannten Brutreaktoren erzeugt werden. Die Steuerung der Leicht-
wasser-Reaktoren erfolgt mit Regelstäben, die Cadmium enthalten. Dieses Element
besitzt einen sehr hohen Wirkungsquerschnitt für Neutroneneinfang. Abb. 12.10
zeigt einen Leichtwasser-Reaktor in der Ausführungsform eines *Druckwasser-Typs*.
Der primäre Kühlkreislauf und die radioaktiven Stoffe sind in sich geschlossen. Die
Temperatur liegt um 320 °C. Damit das Wasser nicht siedet, ist das Reaktorgefäß als

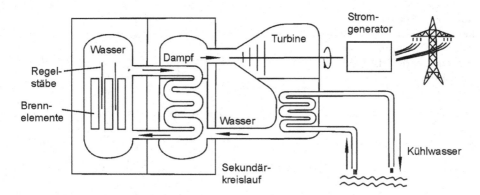

Abb. 12.10 Prinzip eines Druckwasser-Reaktors

Druckbehälter (160 bar). Die Energie wird in einem Wärmeaustauscher abgegeben, in dem Dampf zum Betreiben von Turbinen entsteht. Die meisten noch arbeitenden deutschen Reaktoren funktionieren nach diesem Prinzip.

Der hohe Druck wird beim *Siedewasser-Reaktor* auf etwa 70 bar verringert, indem der Dampf direkt im Reaktorbehälter erzeugt wird. Dies hat den Nachteil, dass radio-aktiver Dampf auf die Turbine geleitet wird.

12.3.2.2 Schwerwasser-Reaktoren

Da normales Wasser Neutronen absorbiert, kann es in Reaktoren mit Natururan nicht verwendet werden. Schweres Wasser (D_2O) weist eine schwächere Absorption auf, sodass die geringe Konzentration (0,7 %) von ^{235}U in Natururan für einen Betrieb aus-reicht. Schwerwasser-Reaktoren mit Natururan sind selten.

12.3.2.3 Gasgekühlte Graphit-Reaktoren

Dieser Reaktor wird nur dort zur Energiegewinnung verwendet, wo das Militär eine Plutonium-Gewinnung als Nebenprodukt durchgesetzt hat, z. B. in Tschernobyl. Der Moderator besteht aus Graphit, die Kühlung wird durch CO_2 übernommen. Der Reaktor-typ kann auch mit Natururan betrieben werden.

12.3.2.4 Probleme

Während der normale Betrieb von Reaktoren akzeptable Umweltprobleme aufzuwerfen scheint, trifft dies für Unfälle, die Wiederaufbereitung von Brennelementen und die Ent-sorgung nicht zu.

12.3.2.5 Atombomben

Bisher wurden etwa 1000 Atombomben gezündet – das war unverantwortlich. Kon-ventionelle nukleare Bomben beruhen allein auf dem Prinzip der Kernspaltung. Im einfachsten Fall werden zwei Körper aus spaltbarem Material mittels einer normalen Explosion in einem Rohr zusammengeschossen. Beim Zusammenprall wird die kritische Masse überschritten. Durch spontane Spaltung sind immer einige Neutronen vorhanden und es kommt zu einer explosiven Kettenreaktion. Durch Einstrahlung mittels einer Neutronenquelle (z. B. ein Gemisch aus Radium und Beryllium) wird die Explosions-kraft verstärkt. Die Hiroshima-Bombe, die einige 100.000 Menschen tötete, enthielt 6 kg ^{235}U. Die nächste Bombe, über Nagasaki abgeworfen, bestand aus ^{239}Pu. Dieses Spalt-material fällt in Reaktoren als Abfall an. Das Vernichtungspotenzial nuklearer Bomben wurde durch die Entwicklung von Wasserstoff-Bomben, die zusätzlich die Kernfusion einsetzen, um ein Vielfaches gesteigert (Abschn. 12.3.3).

Frage 12.3.2a
Wozu dient der Moderator beim Reaktor?
  Bei der Spaltung von $^{235}_{92}$U entstehen schnelle Neutronen. Diese fliegen zu schnell an anderen Urankernen vorbei, um eine weitere Spaltung einzuleiten. Daher werden die Neutronen im Moderator abgebremst.

Frage 12.3.2b
Kann ein Reaktor auch ohne angereichertes Uran arbeiten?
  Ja, mit Natururan und schwerem Wasser als Moderator und Kühlmittel. Außerdem können künstlich erzeugtes $^{233}_{92}$U oder $^{239}_{94}$U mit normalem Wasser verwendet werden.

12.3.3 Kernfusion

Es gibt zwei Möglichkeiten, durch Kernreaktionen Energie freizusetzen: die *Kern-spaltung* und die *Kernverschmelzung*. Beide Prozesse nutzen die Bindungsenergie der Kernteilchen aus. Im folgenden Abschnitt wird die Kernverschmelzung oder Kernfusion behandelt. Sie ist die Ursache für die Strahlung der Sonne und damit fundamental für das Leben. Seit Jahrzehnten wird versucht, die Kernverschmelzung kontrolliert in Fusions-reaktoren zu beherrschen und als praktisch unbegrenzte Energiequelle zu nutzen. Trotz wichtiger Erfolge ist eine technische Lösung erst in einigen Jahrzehnten zu erwarten.

12.3.3.1 Fusionsreaktionen der Sonne
Aus Abb. 12.2 ist ersichtlich, dass bei Verschmelzung leichter Kerne, z. B. Wasserstoff, eine Freisetzung von Energie erfolgt. Die Sonne basiert auf diesem Prinzip, insbesondere läuft der *Deuterium-Zyklus* in drei Stufen ab:

$$p + p \rightarrow D + e^+ + \nu$$
$$D + p \rightarrow\ ^3He + \gamma \qquad \text{Fusion in der Sonne}$$
$$^3He +\ ^3He \rightarrow\ ^4He + 2p :$$

$$\text{Bruttoreaktion:} 4p \rightarrow\ ^4He + 2e^+ + 2\nu + \text{Energie} (24{,}7\ \text{MeV} = 4 \cdot 10^{-12}\ \text{J}).$$

(12.11)

Zwei Protonen p verschmelzen zu einem Deuteron (D), wobei sich ein Proton durch β^+-Übergang in ein Neutron umwandelt (siehe Abschn. 12.2.1). Im nächsten Schritt wird ^{3}He, im übernächsten ^{4}He gebildet. Insgesamt entsteht als Bruttoreaktion aus vier Protonen: ^{4}He, begleitet von zwei β^+-Übergängen. Im Sonneninneren verläuft dieser Prozess bei Temperaturen von etwa $1,5 \cdot 10^7$ K. Bei diesen Temperaturen besitzen die Protonen genügend thermische Energie, um die elektrostatische Abstoßung unter-einander zu überwinden. Die Sonne gewinnt somit ihre Energie aus der Verschmelzung von Protonen, d. h. Wasserstoff, zu Helium.

12.3.3.2 Kontrollierte Kernfusion

Seit Jahrzehnten wird versucht, die Kernfusion zur Gewinnung von Energie zu nutzen. In Versuchsanlagen werden leichte Kerne, hauptsächlich die Wasserstoff-Isotope Deuterium (D) oder Tritium (T), im Plasmazustand auf hohe Temperaturen gebracht, um die Kerne zu verschmelzen. Insbesondere wird die Reaktion

$$D + T \rightarrow\,^4He + n + 17,6\,MeV \quad \left(= 2,8 \cdot 10^{-12}\,J\right) \qquad \text{Kontrollierte Fusion}$$
$$(12.12a)$$

untersucht. Bei den ebenfalls aussichtsreichen Reaktionen

$$D + D \rightarrow\,^3He + n + 3,3\,MeV$$
$$D + D \rightarrow T + p + 4,0\,MeV \qquad \text{Kontrollierte Fusion}$$
$$D +\,^3He \rightarrow\,^4He + n + 3,3\,MeV \qquad\qquad\qquad\qquad (12.12b)$$
$$D +\,^{11}B \rightarrow 3\,^4He + 8,7\,MeV$$

ist der Potenzialwall höher und damit die Zündung der Reaktion schwieriger.

12.3.3.3 Erzeugung von Tritium

Für die besonderes aussichtsreiche Fusionsreaktion $D + T$ wird Deuterium und Tritium benötigt. Tritium ist ein radioaktives Isotop des Wasserstoffs, bestehend aus einem Proton und zwei Neutronen. Da die Halbwertzeit 12,3 Jahre beträgt, kommt es in der Natur praktisch nicht vor (Abschn. 12.2.3). Es kann künstlich durch Beschuss von Lithium mit Neutronen erzeugt werden. Bisher wird Tritium in speziellen militärischen Kernreaktoren für den Bau und die Erneuerung von H-Bomben großtechnisch produziert – eine schreckliche Tatsache. Später bei einer friedlichen Nutzung können die Fusionsreaktionen ihr benötigtes Tritium selbst erzeugen. Dazu wird das bei der D-T-Reaktion erzeugte Neutron benutzt. In einem zukünftigen 1-GW-Reaktor werden jährlich 5 kg Tritium verbraucht und aus Li erzeugt.

Das für die Fusion benötigte Deuterium, auch *schwerer Wasserstoff* genannt, kommt im normalen Wasser vor. Das Verhältnis H_2O zu D_2O beträgt 6000:1. Die Menge von 10^{13} t Deuterium und 10^{11} t Lithium (der gewinnbare Anteil ist geringer) stellen einen enormen Energievorrat dar. Ähnliche Vorräte liegen im Uran und Thorium bei Verwendung von

Brut- und Hochtemperaturreaktoren vor, die allerdings erhebliche Sicherheitsrisiken aufweisen.

Zur Energiegewinnung durch Kernfusion sind hohe Temperaturen von etwa 10^8 K erforderlich. Zusätzlich müssen die Teilchendichte n des D-T-Gasgemisches und die Brenndauer T ausreichend groß sein; entscheidend ist das Produkt nT. Man ist von einer kontrollierten Kernfusion noch relativ weit entfernt. Die Bewältigung der technischen Schwierigkeiten zur Energiegewinnung durch Fusion wird noch Jahrzehnte dauern.

12.3.3.4 H-Bombe

Während der Explosion von Atombomben entstehen Temperaturen von vielen Millionen Grad. Bei einer Wasserstoffbombe befindet sich ein Gemisch aus Deuterium und Tritium in der Mitte des nuklearen Sprengkopfes. Nach der Zündung wird durch die Fusion zusätzliche Energie frei, die die Sprengkraft einer Atombombe um den Faktor 20 erhöht. Eine Weiterentwicklung ist die Neutronenbombe, die durch Neutronen tötet, aber wenig Fallout und eine reduzierte Druckwelle erzeugt. In ihr läuft hauptsächlich eine D-T-Reaktion ab, wobei die nach (12.12a) entstehenden Neutronen möglicherweise durch n-2n-Reaktionen vervielfacht werden.

Beispiel 12.3.3a
Die Sonne strahlt in Erdentfernung ($r = 150$ Mio. km) eine Leistungsdichte von $S = 1,4$ kW/m^2 ab. Welche Masse verliert die Sonne pro Sekunde?
$W/t = \Delta m c_0^2/t = S \cdot 4\pi r^2$. Daraus folgt: $\Delta m/t = S \cdot 4\pi r^2/c_0^2 = 4,4 \cdot 10^9$ kg/s.

Beispiel 12.3.3b
Welche Energie wird bei der Fusion von 1 kg Deuterium mit Tritium nach der Gleichung frei: $D + T = He + n + 17,6$ MeV? Wie hoch ist der Preis bei 0,10 €/kW h?
In 1 mol $= 2$ g Deuterium befinden sich N_A (Tab. 1.3) Atome. Damit erhält man für 1 kg $N = 3 \cdot 10^{26}$ Atome. Die Energie beträgt: $E = N \cdot 17,6$ MeV $= 2,3 \cdot 10^8$ kWh mit einem Preis von 23 Mio. €.

Frage 12.3.3c
Sind die Umwelt-Probleme bei der zukünftigen Energiegewinnung durch Kernfusion ähnlich wie bei Kernreaktoren?
Nein. Beim Fusionsreaktor gibt es keine Kernschmelze, der radioaktive Abfall hat kurze Halbwertszeiten, es kann kein Material für Atombomben hergestellt werden.

12.4 Strahlenschutz

Wir leben in einer Umwelt mit natürlicher und künstlicher Radioaktivität. Das Verhalten von Strahlung in Materie und die biologische Wirkung ist daher von erheblicher Bedeutung.

12.4.1 Wechselwirkung von Strahlung und Materie

Strahlung wird in Materie durch unterschiedliche Mechanismen absorbiert. Es wird zwischen geladenen Teilchen, wie α- oder β-Strahlung, ungeladenen Neutronen und γ - oder Röntgenstrahlung unterschieden.

12.4.1.1 α-Strahlung

α-Teilchen, d. h. He-Kerne, haben nur eine sehr kurze Reichweite in Materie. Die Strahlung verliert durch Ionisierung Energie, wobei die Bewegungsrichtung wegen der großen Masse der α-Teilchen weitgehend geradlinig bleibt. In Luft unter Normalbedingungen kann die mittlere Reichweite R (in mm) aus folgender Faustformel abgeschätzt werden:

$$\boxed{R = 3{,}1 \cdot E_\alpha^{3/2}. \qquad \alpha\text{-Reichweite } R} \qquad (12.13)$$

In der Zahlenwertgleichung muss die Energie E_α in MeV eingesetzt werden. Für 5 MeV erhält man $R = 35$ mm, d. h. 50 % der α-Teilchen haben bei diesem Wert ihre Energie verloren. Die maximale Reichweite ist etwas größer. Die Reichweite in Festkörpern liegt, je nach Ordnungszahl und α-Energie, um 10 µm, z. B. Papier 50 µm, Al 20 µm und Pb 4 µm. Ähnliche Aussagen gelten für Protonen, Deuteronen und andere beschleunigte Ionen.

12.4.1.2 β-Strahlung

β-Teilchen, d. h. Elektronen aus dem Kern, sind 2000-mal leichter als Protonen. In Materie werden die Teilchen daher stark an den Atomen abgelenkt und der Weg verläuft unregelmäßig zickzackförmig. Für die Energieverluste sind folgende Prozesse verantwortlich: Ionisation und atomare Anregung sowie Bremsstrahlung.

Bei β^+-Strahlung findet *Vernichtungsstrahlung* mit einem atomaren Elektron statt und es entstehen zwei γ-Quanten mit je 511 keV (Abschn. 12.2.2)

$$e^+ + e^- \rightarrow 2\gamma. \qquad \text{Vernichtungsstrahlung}$$

Der unregelmäßige Weg der β-Teilchen in Materie führt zu einer starken Rückstreuung. Die Teilchenflussdichte in Materie fällt anfangs näherungsweise exponentiell ab. Die maximale Reichweite R_{max} kann aus Abb. 12.11 entnommen werden, in dem ρR_{max} (ρ = Dichte) in Abhängigkeit von der maximalen β-Energie aufgetragen ist. Beispielsweise erhält man für Aluminium mit $\rho = 2720$ kg/m^3 bei $E_{max} = 1$ MeV eine maximale Reichweite von $R_{max} = 1{,}8$ mm.

12.4.1.3 γ-Strahlung

γ-Strahlung und Röntgenstrahlung werden in Materie durch verschiedene Prozesse geschwächt (Abb. 12.12).

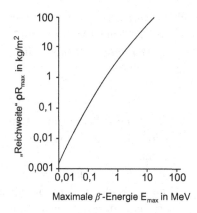

Abb. 12.11 Maximale Reichweite ρR_{max} von β-Strahlung in Abhängigkeit von der Energie E_{max} ($\rho =$ Dichte des Materials, $R_{max} =$ max. Reichweite)

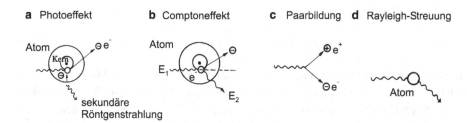

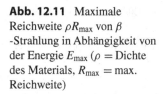

Abb. 12.12 Wechselwirkung von γ-Strahlung und Materie: **a** Photoeffekt, **b** Compton-Effekt, **c** Paarbildung, **d** Rayleigh-Streuung

Der *Photoeffekt* bestimmt die Absorption bei Energien unterhalb von 100 keV bei $Z > 20$ (Abb. 12.13). Dabei wird ein Elektron insbesondere aus der K- oder L-Schale herausgeschlagen. Durch Auffüllen der Löcher mit Elektronen entsteht charakteristische Röntgenstrahlung (Abschn. 10.3.1).

Beim *Compton-Effekt* stößt ein Photon mit einem ungebundenen oder gebundenen Elektron (Abschn. 10.1.2) zusammen. Das Photon verliert an Energie und wird abgelenkt. Das gestoßene Elektron wird im Festkörper genau wie ein β-Teilchen gebremst. Bei der

Abb. 12.13 Je nach Energie überwiegt ein Effekt bei der Wechselwirkung von γ-Strahlung mit Materie

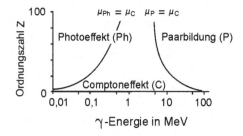

Schwächung eines γ-Strahls dominiert der Compton-Effekt im Energiebereich zwischen etwa 100 keV und 5 MeV (Abb. 12.13).

Der *Paareffekt* beschreibt die Entstehung eines Elektron-Positron-Paares nach der Reaktion

$$\gamma \to e^+ + e^-. \qquad \text{Paareffekt}$$

Die Gleichung stellt die Umkehrung der Zerstrahlung eines Positrons dar. Die Erzeugung erfordert eine Energie von mindestens 1,026 MeV, was der doppelten Elektronenmasse entspricht.

Die *Rayleigh-Streuung* beschreibt die elastische Streuung ohne Energieverluste; es wird nur die Richtung der γ-Strahlung geändert. Dieser Effekt trägt nicht zur Absorption, sondern zur Schwächung eines Strahls durch Ablenkung der γ-Quanten bei.

Die Schwächung von γ- oder Röntgenstrahlung in Materie gehorcht einem Exponentialgesetz (10.22):

$$\boxed{\Phi = \Phi_0 e^{-\mu x}. \quad \gamma\text{-Schwächung}} \qquad (12.14a)$$

Die Flussdichte Φ (in Photonen/(m^{2}s)) nimmt mit der Strecke x in das Material hinein ab. Φ_0 ist die einfallende Flussdichte. Der Schwächungskoeffizient μ (in m^{-1}) wird durch die beschriebenen Effekte bestimmt und ist in Abb. 12.14 für verschiedene Elemente dargestellt. Die Reichweite R der Strahlung kann durch den Wert beschrieben werden, bei welchem die Zahl der Photonen auf den Wert $1/e = 37\,\%$ gefallen ist:

$$\boxed{R = \frac{1}{\mu}. \qquad \gamma \text{ Reichweite } R} \qquad (12.14b)$$

Für 100 keV beträgt $R = 0{,}2$ mm für Blei und 2 cm für Aluminium (Abb. 12.14).

Abb. 12.14 Linearer Schwächungskoeffizient μ für γ-Strahlung bei verschiedenen Materialien

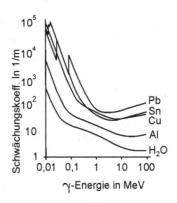

Beispiel 12.4.1a

Wie groß ist die Reichweite von α- und β-Strahlen in Luft bei 1 MeV?

α-*Strahlung:* Nach (12.13) gilt: $R = 3,1$ mm (50 %-Wert).

β-*Strahlung:* Aus Abb. 12.11 liest man bei 1 MeV ab: $\rho R_{max} \approx 3 \text{kg/m}^2$. Mit der Luftdichte $\rho \approx 1,2 \text{ kg/m}^3$ erhält man für die maximale Reichweite $R_{max} \approx 2,5$ m.

Beispiel 12.4.1b

Wie groß ist die Reichweite von γ-Strahlung in *Wasser* und *Blei* bei 100 keV?

Man entnimmt Abb. 12.14: *Wasser:* $R = 1/\mu \approx 1/10$ m. *Blei:* $R = 1/\mu \approx 1/5000$ m $= 0,2$ mm.

Beispiel 12.4.1c

Wie dick muss eine Wand aus Blei sein, damit 10 keV Röntgenstrahlung auf 1 ‰ des Ausgangswertes abgeschwächt wird ($\mu = 5 \text{ mm}^{-1}$)?

Nach (12.14a) gilt: $\phi/\phi_0 = 0{,}001 = \exp(-\mu x), x = -(\ln 0{,}001)/5 \text{ mm} = 1{,}4 \text{ mm}$.

Frage 12.4.1d

Welche Effekte spielen in der bildgebenden Röntgentechnik eine wichtige Rolle?

Es handelt sich um den Photoeffekt (Absorption) und den Compton-Effekt (Streuung). Abb. 12.13 zeigt in Abhängigkeit von der Ordnungszahl und der Energie, welcher Effekt wichtiger ist. Die Absorption ist für die Bildgebung verantwortlich und die Streuung für die Bildunschärfe.

12.4.2 Messung radioaktiver Strahlung

Radioaktive Strahlung schlägt in Materie Elektronen frei, die als Strom oder Spannung nachgewiesen werden.

12.4.2.1 Ionisationskammer

In einer Ionisationskammer werden die in Luft oder einem anderen Gas entstehenden Elektronen und Ionen durch Anlegen eines elektrischen Feldes an die Elektroden gesaugt und als Strom nachgewiesen. Zur Messung von α- und energiearmer β-Strahlung wird das radioaktive Material in die Kammer eingebracht. Bei β-Strahlung höherer Energie wird ein dünnes Fenster aus einer Folie in die Ionisationskammer eingebaut, sodass sich das radioaktive Material auch außen befinden kann.

Der Nachweis von γ-Strahlung erfolgt hauptsächlich durch die aus den Wänden gelösten Elektronen. Die Empfindlichkeit wächst bei gesteigertem Gasdruck. Zur Dosimetrie von Röntgen- oder γ-Strahlung werden *gewebeäquivalente Materialien* verwendet.

12.4.2.2 Proportionalzählrohr

Mit Ionisationskammern wird ein Strom gemessen, der als Mittelwert die ionisierende Wirkung zahlreicher Quanten angibt. Proportionalzählrohre können einzelne α-, β- oder

γ-Teilchen und deren Energie nachweisen. In die Achse eines Rohres wird ein isolierter Draht angebracht, an den eine positive Spannung gelegt wird (Abb. 12.15). Als Füllgase werden beispielsweise Argon, Methan oder Mischungen eingesetzt. In der Nähe des Drahtes entsteht eine hohe Feldstärke, sodass die im Gas erzeugten Elektronen schnell Energie gewinnen. Dadurch sind sie in der Lage, weitere Elektronen aus den Atomen zu schlagen (Stoßionisation). Es entsteht eine Vervielfachung der Ionen, sodass jedes ionisierte Teilchen eine relativ große Ladung erzeugt. Der entstehende Strom wird an einem Widerstand in einen Spannungspuls umgewandelt und elektronisch verarbeitet. Die Höhe der maximalen Spannung ist ein Maß für die Energie des ionisierenden Teilchens.

12.4.2.3 Geiger-Müller-Zählrohr

Steigert man die Spannung eines Proportionalzählrohrs, steigt die Pulshöhe, bis sie schließlich nicht mehr von der Energie abhängt. Man nennt die Anordnung dann *Geiger-Müller-Zählrohr*, mit dem man die Quanten zählen kann.

12.4.2.4 Szintillationszähler

Bei der Absorption eines γ-Quants durch den Photoeffekt in NaI-Kristallen entsteht ein Lichtblitz, verursacht durch die Anregung der Atome durch das Fotoelektron. Dieser kurze Lichtpuls wird mit einem *Fotomultiplier* oder *Sekundärelektronen-Vervielfacher* in ein elektronisches Signal umgewandelt.

12.4.2.5 Halbleiterdetektoren

Das Prinzip von Halbleiterdetektoren ähnelt dem der Ionisationskammern. In Materie werden durch Strahlung Elektronen erzeugt, die einen Strompuls produzieren. In der γ-Spektroskopie werden spezielle Halbleiterdioden eingesetzt, insbesondere aus Ge und Si. Bei der Herstellung von Ge(Li)- und Si(Li)-Detektoren wird Lithium in die Kristalle eingedriftet. Zwischen dem p- und n-Gebiet entsteht eine ausgedehnte ladungsträgerarme Zone, die als Intrinsic- oder i-Schicht bezeichnet wird. In dieser Schicht von einigen cm Dicke werden durch die Strahlung Elektronen erzeugt, die bei angelegter Sperrspannung einen Strompuls liefern (Abb. 12.16). Ähnlich arbeiten HPGe-Detektoren, wobei HP für high purity steht. Halbleiterdetektoren hoher Auflösung für γ-Spektroskopie müssen oft mit flüssigem Stickstoff gekühlt werden. Es gibt auch Halbleiterdetektoren für α- und β-Strahlung, die der Reichweite angepasst und wesentlich dünner sind.

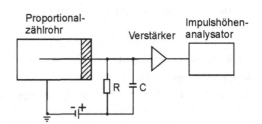

Abb. 12.15 Aufbau eines Proportionalzählrohres

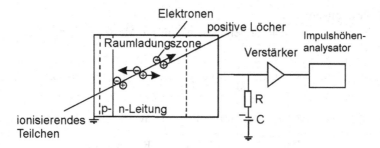

Abb. 12.16 Aufbau eines pn-Halbleiterdetektors (pin) für γ-Strahlung. Für α- und β-Strahlung sind die Detektoren wegen der geringeren Reichweite dünner

12.4.3 Dosimetrie

Radioaktive Strahlung wirkt stark schädigend auf Menschen und biologisches Material, sodass die biologische Strahlenmesstechnik, die *Dosimetrie,* erhebliche Bedeutung hat. Im Folgendem werden die wichtigsten Messgrößen des Strahlenschutzes definiert.

12.4.3.1 Aktivität *A*
Die Zahl der Umwandlungen pro Sekunde wird als *Aktivität* bezeichnet. Die Einheit lautet:

$$\boxed{1 \text{ Bequerel} = 1 \text{ Bq} = 1/\text{s}. \quad \text{Aktivität, Bequerel}} \qquad (12.15a)$$

Früher wurde die Einheit Curie eingesetzt:

$$\boxed{1 \text{ Curie} = 3{,}7 \cdot 10^{10} \text{Bq} = 3,7 \cdot 10^{10} \, 1/\text{s}. \quad \text{Aktivität, Curie}} \qquad (12.15b)$$

Als Beispiel sei die natürliche spezifische Aktivität des Grundwassers zwischen 0,05 und 0,5 Bq/kg erwähnt (Tab. 12.2).

Tab. 12.2 Natürliche spezifische Aktivität *A* in Lebensmitteln

Produkt	Nuklid	*A* in mBq/1
Trinkwasser	^{3}H	20 bis 70
Trinkwasser	^{40}K	200
Trinkwasser	^{238}U	0,4
Produkt	**Nuklid**	***A* in mBq/kg**
Milch	^{40}K	46
Rindfleisch	^{40}K	116
Hering	^{40}K	136

12.4.3.2 Energiedosis D

Die *Energiedosis D* gibt die absorbierte Energie dE pro Massenelement dm an:

$$D = \frac{dE}{dm} \quad [D] = \frac{J}{kg} = \text{Gray} = \text{Gy.} \qquad \text{Energiedosis } D \qquad (12.16a)$$

Die Einheit der Energiedosis beträgt $[D] = \text{J/kg} = \text{Gray}$. Die ältere Einheit lautet:

$$1\,\text{Rad} = 1\,\text{rd} = 0,01\,\text{Gy.} \qquad \text{Rad und Gray} \qquad (12.16b)$$

Zur Kennzeichnung eines Strahlenfeldes ist die Angabe des betrachteten Materials notwendig, wobei meist Gewebe oder gewebeähnliche Materialien betrachtet werden. Die tödliche Energiedosis von 10 Gy (= 1000 rd) führt lediglich zu einer Temperaturerhöhung von 0,002 °C im Gewebe. Damit wird klar, dass spezielle nichtthermische Schädigungsmechanismen vorliegen, wie die Erzeugung von Radikalen mit anschließenden biologischen Reaktionen.

12.4.3.3 Ionendosis J

Die *Ionendosis J* gibt die erzeugte Ladung dQ pro Massenelement dm an:

$$J = \frac{dQ}{dm} \quad [J] = \frac{C}{kg}. \qquad \text{Ionendosis } J \qquad (12.17a)$$

Die Einheit der Ionendosis beträgt $[J] = \text{C/kg}$. Der Zusammenhang mit der älteren Einheit Röntgen lautet (12.17b):

$$1\,\text{Röntgen} = 1R = 2{,}58 \cdot 10^{-4} \text{C/kg.} \qquad \text{Röntgen}$$

Auch bei der Ionendosis J muss zur eindeutigen Kennzeichnung des Strahlungsfeldes das bestrahlte Material angegeben werden. Für Luft und Gewebe erhält man folgenden Zusammenhang für die Zahlenwerte:

$$\{1R\} \approx \{1\text{rd} = 0{,}01\text{Gy}\}. \quad \text{Gray und Röntgen} \qquad (12.17b)$$

12.4.3.4 Äquivalentdosis H

Zur Beurteilung der biologischen Wirkung wurde die Äquivalentdosis H eingeführt. Nicht jede Strahlung ist gleich gefährlich; der dimensionslose *Qualitätsfaktor Q* (nicht mit der Ladung Q verwechseln) ist ein Maß für den verursachten Schaden:

$$H = QD \quad [H] = \text{Sievert} = \text{Sv.} \qquad \text{Äquivalentdosis } H \qquad (12.18a)$$

Die Qualitätsfaktoren Q verschiedener Strahlungsarten zeigt Tab. 12.3. Die Einheit der Äquivalentdosis H ist die gleiche wie die der Dosis D: 1 J/kg. Zur Unterscheidung wurde

Tab. 12.3 Qualitätsfaktoren Q für unterschiedliche Strahlungsarten bei äußerer Bestrahlung

Strahlung	Q
Photonen, Elektronen, Positronen	1
Neutronen, Protonen, einfach geladene Ionen	10
α-Teilchen, mehrfach geladene Ionen	20

der Name Sievert oder Sv eingeführt. Die Einheit von H lautet somit $[H] = \text{Sievert} = \text{Sv}$. Statt Sievert wird noch die ältere Bezeichnung rem benutzt (rem steht für roentgen equivalent man). Es gilt:

$$1\,\text{rem} = 0{,}01\,\text{Sv}. \qquad \text{Rem und Sievert} \qquad (12.18b)$$

Zur Kennzeichnung der biologischen Wirkung von Strahlung muss also H in Sievert angegeben werden. Für Röntgen- und γ-Strahlung entspricht $1\,\text{Sv} = 1\,\text{Gy}$, da $Q = 1$ ist.

Wird ein Organ bestrahlt, bezeichnet man die Äquivalentdosis als Organdosis. Bei Bestrahlung mehrerer Organe oder des ganzen Körpers berechnet man die effektive Dosis als die gewichtete Summe der Organdosen. Die Wichtungsfaktoren betragen z. B.: 0,20 für Keimdrüsen, 0,12 für Knochenmark, 0,12 für Dickdarm, 0,12 für Lunge, 0,12 für Magen, 0,05 für Brust und 0,05 für Blase.

12.4.3.5 Biologische Wirkung

Tab. 12.4 zeigt die biologischen Konsequenzen einer Bestrahlung mit höherer Dosis. Im Vergleich dazu sind die normalen, natürlichen und bisherigen künstlichen Werte in Tab. 12.5 und 12.6 zusammengefasst. Die natürliche radioaktive Belastung des Menschen liegt jährlich bei 2 mSv. Über das gesamte Leben werden somit etwa 0,2 Sv akkumuliert. Röntgenaufnahmen und die nuklearmedizinische Diagnostik belasten den

Tab. 12.4 Wirkung bei kurzzeitiger Ganzkörperbestrahlung mit γ-Strahlung

Dosis	1. Woche	2. Woche	3. Woche	4. Woche
0,25 Sv	Keine subjektiven Symptome, Abnahme der Zahl weißer Blutkörper	Blutbild wird normal		
Subletal 1 Sv	Keine subjektiven Symptome	Blutbild wird normal	Unwohlsein, Haarausfall, wunder Rachen	Kräfteverfall, Erholung wahrscheinlich
Letal 4 Sv 400 rem	Erbrechen, Abnahme der Zahl der weißen Blutkörperchen auf 1000/mm^3	Keine deutlichen Symptome	Wie oben, Entzündungen im Dünndarm	Kräfteverfall, 50 % Todesfälle

Tab. 12.5 Mittlere Strahlenbelastung im Jahr eines erwachsenen Menschen: a) Natürliche Strahlung

	Strahlenquelle	Art	Mittlere jährliche Dosis in mSv	
	Kosmische Strahlung	γ, (n)	0,30	
	Terrestrische Strahlung	γ	0,42	Summe: 0,72
Innere Bestrahlung (Atmung und Nahrung)	^{3}H, ^{14}C, ^{22}Na (kosmogen)	β	0,01	
	^{40}K	$\beta(\gamma)$	0,17	
	Uranreihe	$\alpha(\beta, \gamma)$	0,4 bis 1,0	
	Thoriumreihe	$\alpha(\beta, \gamma)$	0,1 bis 0,2	Summe: 0,7 bis 1,4
			Gesamte natürliche Belastung: ca. 1,5 bis 2,0	

Tab. 12.6 Mittlere Strahlenbelastung im Jahr eines erwachsenen Menschen: b) Zivilisatorische Strahlung

Ursache		Keimdrüsendosis je Untersuchung in mSv	Mittlere jährliche Dosis in mSv
Röntgen:	Computertomografie	6–8	
	Lungendurchleuchtung	0,003–0,06	
	Magendarstellung	0,6–3,4	
	Kontrasteinlauf	0,1–29	
Szintigraphie:	Schilddrüse (^{131}I)	0,02–0,9	
	Hirn (^{99m}Tc)	0,2–3	
	Leber (^{198}Au)	0,04–3	
	Bauchspeicheldrüse (^{75}Se)	9–60	
Medizinische Strahlenanwendung, jährliches Mittel			0,5 bis 1,0
Flug (8 h, 12 km)			0,04 bis 0,1
Fallout aus Kernwaffenversuchen (Auswirkung in Deutschland)			0,01
Emission von Kern- und Kohlekraftwerken			<0,01
Reaktorunfälle (Tschernobyl, Auswirkung in Deutschland im 1. Jahr)			1

Menschen im Mittel mit über 1 mSv/Jahr. Es ist bewiesen, dass schon geringe Strahlendosen, welche die natürlichen Werte überschreiten, zu genetischen und cancerogenen Schäden führen, die in Tab. 12.4 nicht enthalten sind. Tab. 12.2 stellt die natürliche spezifische Aktivität einiger Nahrungsmittel dar.

Beispiel 12.4.3a

Beweisen Sie, dass die tödliche Energiedosis von $D = 10$ Gy zu einer Temperaturerhöhung von nur 0,002 °C führt.

Die Gleichung zur spezifischen Wärmekapazität c lautet (5.14): $dQ = mcdT$.

Daraus folgt: $dT = dQ/mc = D/c = 0{,}002$ °C.

Dabei wurde $dQ/m = D$ gesetzt und für c der Wert für Wasser eingesetzt: $c = 4200$ J/(kg K).

Beispiel 12.4.3b

Bei einer Röntgendurchleuchtung während einer Operation herrscht eine Dosisleistung (Dosis pro Zeit) von $\dot{D} = 0{,}02$ mGy/s. Wie groß sind näherungsweise die *Dosis D*, die *Äquivalentdosis H* und die *Ionendosis J* nach 10 min?

Dosis: $D = \dot{D}t = 0,02 \cdot 600$ mGy $= 12$ mGy. *Äquivalentdosis* (12.18a): $H = DQ = 12$ mSv. *Ionendosis:* Für Röntgenstrahlung gilt (12.17b): 0,01 Gy $= 0{,}000258$ C/kg. Damit erhält man: $J = 3,1 \cdot 10^{-4}$ C/kg.

Beispiel 12.4.3c

In der Nuklearmedizin werden Röntgenstrahlung, γ-Strahlung, Elektronenstrahlung, β-Strahlung, Neutronen, α-Strahlung, Protonen und mehrfach geladene Ionen eingesetzt. Geben Sie die Äquivalenzdosis für 1 mGy an.

Es gilt $H = DQ$, wobei Q aus Tab. 12.3 entnommen wird.

Frage 12.4.3d

Wie groß ist die natürliche Strahlenbelastung und die mittlere Belastung durch die Medizintechnik?

Natur: 1,5 bis 2 mSv, *Medizintechnik:* 0,5 bis 1 mSv.

Frage 12.4.3e

Was ist der Unterschied zwischen der Dosis (in Gy) und der Äquivalentdosis (in Sv)?

Die Dosis ist ein rein physikalische Messgröße (absorbierte Energie pro Masse in J/kg $=$ Gy). Die Wirkung dieser Dosis auf den Menschen hängt von der Strahlenart ab. Dies wird durch die Äquivalentdosis berücksichtigt (Sv), die entscheidend für die Schädigung ist.

Frage 12.4.3f

Wie ist das Verhältnis von Dosis und Äquivalentdosis bei Röntgenstrahlung?

Bei Röntgenstrahlung ist die Äquivalentdosis genau so groß wie die Dosis. Der Qualitätsfaktor ist gleich 1.

Frage 12.4.3g

In der Zeitung stand: „Bei dem Reaktorunfall trat eine Dosis von 0,8 Sv auf." Ist das verständlich?

Nein. Es fehlt die Zeit. Man muss für die Gefährdung die Dosisleistung angeben, z. B. 0,8 Sv pro Stunde oder pro Arbeitstag.

Stichwortverzeichnis

© Springer Fachmedien Wiesbaden GmbH, ein Teil von Springer Nature 2023
J. Eichler und A. Modler, *Physik für das Ingenieurstudium*,
https://doi.org/10.1007/978-3-658-38834-8